"十四五"职业教育国家规划教材
首届全国教材建设奖江苏省优秀培育教材

园林植物保护技术

（第三版）

马国胜　主编

苏州大学出版社

图书在版编目(CIP)数据

园林植物保护技术 / 马国胜主编. -- 3 版. -- 苏州 :
苏州大学出版社, 2024. 11(2025.8重印). -- ISBN 978-7-5672-4207
-4

Ⅰ. S436. 8

中国国家版本馆 CIP 数据核字第 2024F4S003 号

书　　名: **园林植物保护技术(第三版)**

主　　编: 马国胜
责任编辑: 徐　来
装帧设计: 刘　俊

出版发行: 苏州大学出版社(Soochow University Press)
社　　址: 苏州市十梓街 1 号　邮编: 215006
印　　刷: 苏州市古得堡数码印刷有限公司
邮购热线: 0512-67480030
销售热线: 0512-67481020

开　　本: 787 mm×1 092 mm　1/16　**印张**: 24. 25　**插页**: 1　**字数**: 598 千
版　　次: 2024 年 11 月第 3 版
印　　次: 2025 年 8 月第 2 次印刷
书　　号: ISBN 978-7-5672-4207-4
定　　价: 69. 00 元

若有印装错误,本社负责调换
苏州大学出版社营销部　电话: 0512-67481020
苏州大学出版社网址　http: //www. sudapress. com
苏州大学出版社邮箱　sdcbs@ suda. edu. cn

前言

党的十八大以来，以习近平同志为核心的党中央始终把生态文明建设摆在全局工作的突出位置，美丽中国建设迈出重大步伐。习近平总书记在参加首都义务植树时强调，生态系统保护和修复、生态环境根本改善不可能一蹴而就，仍然需要付出长期艰苦努力，必须锲而不舍、驰而不息。为适应高等职业教育能力本位的教学改革需要，提高城乡园林绿化和生态环境保护相关岗位人员在城乡绿化美化和生态保护工作中的专业能力，科学开展园林植物病虫草害的综合防治工作，江苏省教育厅高等教育教改研究课题立项建设了《园林植物保护技术》精品教材。该教材先后入选国家职业教育"十二五"和"十四五"规划教材。"园林植物保护技术"是以植物保护科学为基础，直接为园林绿化生产和生态环境建设与维护服务的一门技术应用性很强的课程，也是园林技术、园林工程技术、林业技术、生态保护技术、生态环境修复技术、林草生态保护与修复、植物保护与检疫技术、现代植保技术、园林工程、林草保护工程、生态环境工程技术及相关专业的专业必修课和专业主干课之一。

本教材打破了传统教材的编写体例，以园林绿化植物的大类为序编写，按照培养技能型、应用型人才的要求，充分考虑高职高专学生的生理年龄、心理特征和认知顺序，构建教材内容体系，及时将园林植物保护技术研究和教学改革中的最新成果和成熟、实用的技术与理论收集进来，强化区域的针对性和技能的实用性，以"必需、够用"为度，以能力为本位，以培养学生的实用技能为核心，重点培养高职高专学生对园林植物保护技术的应用能力、实践能力和创新能力，突出常见园林植物的主要病虫草害的诊断、识别与防治等园林植物保护技术。

为了便于学生学习掌握，本教材采用项目任务式体例编写。先提出每个项目的目标任务，再提出各子任务的能力目标，子任务中设有工作准备、任务实施、学习成果、任务评价、职业能力测试等部分内容，在各任务的最后设有任务小结、讨论与提高和考证提示等，力争使本教材在便于学生学习的同时，兼顾教师教学的方便。

本教材是首届全国教材建设奖（职业教育与继续教育类）江苏省优秀培育教材、"十四五"职业教育江苏省规划教材。全书分为四个能力递进模块，把园林植物保护基础理论和园林植物保护应用技术融合为一体，涵盖了园林植物病害基础、园林植物昆虫基础、园林植物杂草基础、园林植物病虫草识别与诊断技术、园林植物病虫草害防治技术、园林植物常用农药及其使用技术、园林植物苗期病害与地下害虫防治技术、园林草本花卉病虫害防治技术、园林木本植物病虫害防治技术、草坪及地被植物病虫害防治技术、园林植物杂草防治技术等理论与实践内容，真正做到了将理论与实践融为一体，便于学生在做中学、在学中做。此外，本教材中提到的农药一律使用通用名，按照国家统一要求，规范农药名称的使用。

本教材由马国胜教授（苏州农业职业技术学院）统稿并负责编写前言、课程概述、项目一、项目二、项目八、项目十和项目十三以及全部技能强化训练，陈娟副教授（苏州农业职业技术学院）编写项目三、项目六中的任务2和任务3、项目七、项目十一和项目十二，周英副教授（苏州农业职业技术学院）编写项目四、项目五中的任务1和任务3、项目九，孙振军推广研究员（苏州市植物保护植物检疫站）编写项目五中的任务2、项目六中的任务1，钱大正高级工程师（苏州市园林和绿化管理局）编写项目十四。本教材由马国胜任主编，陈娟和周英任副主编，蔡平教授（苏州大学）主审。在本教材出版之际，谨向所有提供支持和帮助的单位与个人表示最衷心的感谢！

按照项目任务式体例编写《园林植物保护技术》教材是编者的一次大胆而有益的尝试。由于我国地域辽阔，园林植物病虫害种类繁多，而本书篇幅有限，很难做到面面俱到，加之编者水平有限，编写时间仓促，书中难免有疏漏和不足之处，敬请同行专家和读者批评、斧正。

与教材配套的全套课件、试卷等课程资源可访问苏大教育网站（http://www.sudajy.com/）下载，书中各项目的彩色图片可通过扫描相应二维码获取。

编　者

目录 Contents

模块三　园林植物常见病虫草害的识别诊断与防治

课程概述

一、岗位能力设计说明

本教材是基于工作过程的项目化教学设计构建的一本全新教改教材，着重强调能力本位。

面向岗位：可以胜任园林绿化养护技术经理岗位。

综合技能：熟练掌握园林植物病虫草害识别与防治技术。

知识水平：掌握园林植物病虫草害相关知识。

素质目标：具备从事园林绿化养护的职业素养。

二、能力项目设计说明

本教材共设计了四个能力递进模块。

模块一：园林植物病虫草的识别与诊断。

模块二：园林植物病虫草害调查测报与防治方法选择应用。

模块三：园林植物常见病虫草害的识别诊断与防治。

模块四：园林植物病虫草害整体防治方案的制订。

三、项目化教学方法说明

模块一是本教材的第一个核心技能模块，重点围绕校园园林植物病虫草的识别与诊断开展项目教学；模块二是本教材的第二个核心技能模块，重点围绕校园园林植物病虫草害调查测报与防治方法选择应用开展项目教学；模块三是本教材的第三个核心技能模块，重点围绕校园园林植物病虫草害的识别诊断与防治开展项目教学；模块四是本教材的第四个核心技能模块，重点围绕校园园林植物病虫草害整体防治方案的制订开展项目教学。

教师教学准备说明：各地各校可以根据条件，有选择地开展基于工作过程的教、学、做一体的项目化教学。上课前，教师要提前准备好授课任务的相关材料并发给学生，如所授课内容中有关病害的调查方法、病害分级标准、发生危害情况调查表和症状记载表等，所授课内容中有关害虫的调查方法、危害等级分级标准、发生危害情况调查表和昆虫形态记载表等。

学生分组说明：全班分 8~10 组，每 4~6 人为一组，每组指定组长 1 人，组长可以由本组内学习者轮流担任。

评判规则说明：布置任务时，提前告知评分规则，再组织学习者进行分组学习讨论。本组的任务完成之后，由组内自主推荐 1 人参加全班交流学习，然后由其他组来评判任务完成情况，最后由教师对各组任务完成情况进行总结评价。学习者的最终任务完成成绩按照教师评价分占 50%、组间评价分占 30%、组内评价分占 20%进行加权计算，最终形成每个学习者的任务完成评价积分成绩。教师评价分由任课教师根据学习者完成任务的情况及出勤、纪律、态度等进行综合打分;不同学习者得分有差异,最高分 50 分,最低分 0 分。组间评价分由其他各组根据学习交流情况,给除本组外的其他组进行客观打分,各组打分的平均分即为学习者的组间评价分;同一组的学习者得分相同,最高分 30 分,最低分 0 分(若全组完成情况低于合格分数,则组长扣 5 分)。组内评价分由本组内其他人对学习者的学习情况进行打分,平均分即为学习者的组内评价分;同一组的学习者得分有差异,最高分 20 分,最低分 0 分。

四、课程重要性说明

园林绿化是城市生态环境建设的重要内容之一,花草树木等园林植物不仅能创造出适宜人类生活的优美环境,而且还能带来较好的经济效益。然而园林植物在生长发育过程中,往往会受到各种自然灾害的袭击。其中,园林植物的病、虫、草害就是一种极为普遍的自然灾害,并且危害日益加剧,严重制约了生态环境建设的进程。同时,微甘菊、一枝黄花、烟粉虱、松材线虫等外来有害生物的入侵,对园林植物的生长也造成了较为严重的威胁。因此,园林植物保护对园林生产、城市绿化以及生态环境保护具有重要的意义。

园林植物有害生物常导致花草树木生长不良,根、茎、叶、花、果等部位出现坏死斑,或发生畸形、凋萎、腐烂以及形态残缺、落叶和根腐等。这不仅降低了花木质量,使其失去观赏价值及绿化效果,甚至还会引起整株植物死亡,使城市绿化树种和林木大片衰败或死亡,严重破坏生态环境,毁坏绿化成果。在我国,病虫害给园林植物造成危害的事例屡见不鲜。例如,草坪病虫害、菊花褐斑病、菊姬长管蚜、樟巢螟、重阳木锦斑蛾、芍药和牡丹红斑病、桂花枯斑病、马蹄莲细菌性软腐病、金叶女贞叶斑病、月季黑斑病以及危害珊瑚树和园林树木的草履蚧等近年来在华东地区不仅发生普遍,而且危害严重。

有些园林植物病虫害能使某些花卉品种逐年退化,植株矮小、畸形,花少、花小、色淡,甚至最终导致全部毁种,从而造成重大的经济损失。如郁金香、仙客来、唐菖蒲等花卉的病毒病就是限制我国球根花卉种球国产化的重要因素之一。

有些有害生物对园林植物的危害影响了我国园林花卉产品的出口创汇,如盆景病虫害、菊花病毒病、兰花线虫病等。病毒病在花卉上发生普遍,我国的重要花卉几乎都受病毒病危害,有些已成为影响花卉生产和出口的严重问题。

有些园林植物有害生物会造成大量树种以及风景林死亡。例如,松材线虫、天牛、白粉病、介壳虫等常造成严重的经济损失和生态环境的破坏。1982 年,松材线虫病首次在江苏省南京市中山陵被发现,此后迅速蔓延至多个省份。受害松树针叶先失绿变黄,继而枯死并转变为红褐色,从感染病害到全株死亡仅需 30~45 天,但针叶长时间不脱落。据不完全统计,截至 2023 年底,我国松材线虫病疫情发生面积已达 1 834.03 万亩,导致 759.86 万株松树病死,造成了极大的经济损失。20 世纪 80 年代初期,驰名中外的北京香山红叶黄栌,由于白粉病的流行不能正常变红,致使北京秋季香山红叶的壮丽景观大为逊色,严重影响了这一著名游览区的秀丽景色。苏州天平山风景区素以天平红枫闻名,以树龄 400 年以上的古枫香为主,但自 20 世纪 90 年代以来,由于天牛等害虫的为害,这里的古树陆续出现枯死现象,天牛虫害严重,平均每年都有一棵古枫树死亡,周边林地也不断出现因天牛等虫害而引发的松树死亡现象,严重影响了天平红枫的壮丽景观。

有些园林植物有害生物会对环境造成不良影响。例如,近年来长三角地区多个城市重阳木锦斑蛾幼虫暴发时,受害树林的树叶会被全部吃光,虫体遍地爬行,甚至侵入建筑物内部,对城市景观绿化效果造成严重破坏。夏季蚜虫大暴发时,大量有翅蚜在城市上空迁飞,极大地干扰了人们的日常出行。梧桐木虱大发生时,其分泌的白色絮状蜡质物会随风飘散并落在地面上,对环境造成污染。2023 年 5 月,南京电视台新闻综合频道《直播南京》栏目报道,南京市鼓楼区花开四季小区因栾树蚜虫为害,小区路面上和停放路边的车身上总是有一层黏糊糊的"胶",不仅给居民生活造成很大困扰,还对城市生态环境造成了污染。

此外,有些园林植物有害生物如蚜虫、介壳虫、温室白粉虱等,不仅会对植物造成危害,还会诱发煤污病,传播多种病毒病。

综上所述,园林植物有害生物的发生及其所造成的危害,既有碍景观,又影响人们的日常生活,同时还会造成严重的经济损失和生态环境的破坏。因此,加强园林植物保护是园林绿化和生态环境保护中的一项重要任务。

五、园林植物保护技术与我国古典园林文化传承

我国号称世界园林之母,辉煌成就令世人瞩目。我国古典园林文化以江南私家园林和北方皇家园林为代表,是我国山水园林文化的集中体现,深刻影响了中国现代园林的发展。建筑、山石、水体、植物,是古典园林的四大核心构成要素,它们通过融合自然与人工景观,共同营造出富有意境的空间层次和文化内涵,达到人与自然高度和谐的境界。传统园林、城市绿地系统和景观建筑是现代"大园林"理论的三大支柱,三者协同构建起人与自然和谐共生的城市生态景观开放空间。

无论中国传统园林还是现代园林,植物都是一个重要的造园要素,也是园林中最具生命力的造景元素。在古典园林中,众多古树名木或屹然挺立,或虬枝蜿蜒,成为园林中不可或缺的生态景观和文化象征。北方皇家园林植物配置以松、柏等常绿树种为主,注重四季景观变化与历史文化象征,松、竹、柳、荷被誉为盛时四大园林植物。江南私家园林则以竹子、芭蕉、桂花、牡丹、银杏等为主,更加注重植物配置、景观变化与文化意境营造。沧浪亭以竹闻名;拙政园举办过多次荷花节、杜鹃花节;留园以精致古朴、造型各异的苏式盆景著称。园林植物保护技术,就如同植物的医疗养护,让园林中的众多植物尤其是古树名木得以健康生长,也让古典园林的历史文化价值得以永续传承。

六、新时代相关领域建设成就

中国式现代化是人与自然和谐共生的现代化。党的十八大以来,在习近平生态文明思想指引下,加快建设人与自然和谐共生的美丽中国成为共识,我国城乡绿化美化水平持续提升,生态环境质量持续改善。根据《2024 年中国国土绿化状况公报》,全国完成营造林面积 444.6 万公顷,分别完成林业、草原有害生物防治面积 840 万公顷、786.6 万公顷;松材线虫病疫情防控提前实现五年攻坚行动防控目标,美国白蛾发生面积连续 7 年下降。2025 年 3 月 15 日,国务院新颁布的《古树名木保护条例》正式生效,为 508 万株古树提供法律保障,明确资源调查、养护责任、文化传承等要求,推动各地建立"一树一策"保护方案。

园林植物保护技术,已经从传统的单一病虫草害防治上升到有害生物综合防治,近年来又上升到有害生物生态防治和健康管理,更加强调生态系统平衡以及高质量发展和高水平保护的协同性。无论是生态系统多样性保护,还是城乡绿化美化建设的花草树木健康,都离不开园林植物保护技术的支撑。如今,园林植物保护技术已成为园林绿化与生态环境保护行业贯彻绿色发展理念、维护城市生态安全、保障植物健康生长的核心技术支撑,为实现碳达峰碳中和、生物多样性保护和美丽中国建设目标提供了科学路径。

七、课程学习方法说明

对于园林植物保护技术的学习,我们除了应认真学习教材上的理论知识和实验实训技能外,最重要的是要在实践中不断加强对理论的应用,并提高实验实训技能,学会分析问题和解决问题,因地制宜地制订合理的防治技术方案。此外,通过专业网站和专业学术期刊学习最新理论和最先进的技术,学习和借鉴他人的成功经验也是学好园林植物保护知识和技能的重要途径和方法。

八、教材资源库

与教材配套的全套课件和试卷等课程资源可访问苏大教育网站(http://www.sudajy.com/)下载,书中各项目的彩色图片可通过扫描相应二维码获取。

模块一

园林植物病虫草的识别与诊断

项目一 园林植物病害的识别与诊断

目标任务

知识目标：了解病害发生的三要素及病害诊断的基本流程；理解园林植物病害的基本概念；掌握病害的症状类型及不同病原的鉴定特征。

能力目标：能识别典型的外部病害症状；能准确描述病害症状特征；能规范执行田间诊断操作；能熟练运用实验室病害诊断技能；能规范撰写诊断报告。

素质目标：培养认真观察、实事求是的科学态度；树立安全规范操作意识；培育科学精神与批判性思维。

思政目标：提升学生运用科学方法论解决问题的能力，传承科学家精神，激发专业责任担当。

任务1 认识园林植物病害

项目一
彩色图片

子任务1 园林植物病害的症状识别与描述

目标要求

通过对园林植物病害的症状类型及其特征的学习，能对园林植物病害的症状及其特点进行准确描述与识别记录。通过导入典型园林植物病害危害的案例，提升学生的专业自信和学习热情。

工作准备

(1) 材料准备：观赏植物花叶病、樱花褐斑病、兰花炭疽病、月季枝枯病、桃细菌性穿孔病、鸢尾细菌性软腐病、花卉腐霉病、菊花枯萎病、观赏植物青枯病、苗木猝倒病、桃缩叶病、根癌病、泡桐丛枝病、仙客来灰霉病、郁金香青霉病、大叶黄杨白粉病、海棠锈病、大叶黄杨褐斑病、花木白绢病等新鲜标本、盒装标本、散装标本、照片、课件图片或挂图等。园林植物日灼病、缺素症等新鲜标本、盒装标本、散装标本、照片、课件图片或挂图等。

（2）用具准备：放大镜、镊子、挑针、擦镜纸、搪瓷盘、照相机等。

任务实施

一、园林植物病害病状识别与描述

（一）识别与观察

（1）变色：仔细观察观赏植物花叶病、大叶黄杨褐斑病、园林植物日灼病和缺素症等病害的发病部位，注意观察叶片绿色是否均匀一致，是否有黄化等现象，描述病状特点。

（2）坏死：仔细观察樱花褐斑病、兰花炭疽病、月季枝枯病、大叶黄杨褐斑病等病害的发病部位，注意观察比较病斑的大小、形状、颜色等，描述病状特点。

（3）腐烂：仔细观察鸢尾细菌性软腐病、花卉腐霉病、苗木猝倒病等病害的发病部位，注意观察腐烂部位的特征，描述病状特点。

（4）萎蔫：仔细观察菊花枯萎病、观赏植物青枯病等病害的发病部位，描述病状特点。

（5）畸形：仔细观察桃缩叶病、根癌病、泡桐丛枝病等病害的发病部位，描述病状特点。

（二）总结与归纳

病状是发病植物自身表现出的不正常状态，如叶片上形成的斑点等。园林植物病害的病状可归纳为以下5种类型：

1. 变色

受病原物侵染后，植物病部细胞内的叶绿素被破坏，或其形成受到抑制，或其他色素（如花青素、胡萝卜素等）形成过多，致使植物的发病部位出现不正常的颜色，称为变色。变色症状有两种形式：一种是整个植株、整个叶片或者叶片的一部分均匀地变色，主要表现为褪绿和黄化。褪绿是由于叶绿素的减少而使叶片表现为浅绿色。当叶绿素的量减少到一定程度就表现为黄化，如缺铁引起的栀子黄化病。另一种形式是叶片不均匀地变色，如常见的花叶上的颜色就是由形状不规则的深绿、浅绿、黄绿或黄色部分相间而形成的不规则的圆形杂色，不同变色部分的轮廓是很清楚的。有时，变色部分的轮廓不是很清楚，这种症状称作斑驳。

2. 坏死

坏死是细胞和组织的死亡，因受害部位不同而表现出各种症状。叶片组织的坏死，常表现为叶斑和叶枯两种症状。叶斑为叶片上小型的坏死斑点，又可分为角斑、圆斑、轮斑、条斑、穿孔斑、黑斑、灰斑和褐斑等。叶枯为叶片上较大面积的枯死。斑点一般由真菌或细菌引起，如月季黑斑病、菊花褐斑病等。有些叶斑还可能脱落形成穿孔，如樱花和碧桃的穿孔病。茎干部组织的坏死常表现为形成凹陷病斑，病斑周围常为木栓化愈伤组织所包围，后期病部常常开裂，形成溃疡斑。溃疡一般由真菌或细菌引起，如杨树溃疡病、槐树溃疡病等。

坏死还可表现为炭疽症状，由真菌引起，主要发生在叶片和果实上。在坏死病斑上常有轮纹状排列的黑色小点，有时还产生粉红色黏液状物质，如兰花炭疽病、茉莉炭疽病等。

3. 腐烂

腐烂是植物组织较大面积的分解和破坏。根、茎、叶、花、果都可发生腐烂，幼嫩或多肉的组织则更容易发生腐烂。腐烂与坏死有时很难区别。一般来说，腐烂是整个组织和细胞受到破坏和消解，而坏死则多少还保持原有组织和细胞的轮廓。腐烂按其性状的不同可分为湿腐(软腐)和干腐。含水分较多的植物组织腐烂后形成湿腐(软腐);含水分较少而且比较坚硬的植物组织(如木质部)发生腐烂后形成干腐。按腐烂的部位不同又可分为根腐、茎腐、花腐、果腐和芽腐等。树干皮层的腐烂又称为烂皮。腐烂一般由真菌或细菌引起,如鸢尾细菌性软腐病、唐菖蒲干腐病、杨树烂皮病等。

与腐烂相似的现象是有些园林植物的流胶和流脂,这是细胞和组织在坏死后,分解成为化学成分不同的产物从植物的受害部位流出而形成的,如桃树流胶病和针叶树流脂病等。

4. 萎蔫

植物因病而表现出的失水状态称为萎蔫。植物萎蔫的发生有各种原因。茎基的坏死或腐烂、根的腐烂或根的生理活动受到破坏,都能引起萎蔫。典型的萎蔫症状是植物根茎的维管束受到破坏而发生的凋萎现象,而其根茎的皮层组织还是完好的。病理萎蔫是不能恢复的。根据受害部位的不同,植物会出现局部性萎蔫,如一个枝条的凋萎,但更常见的是全株性凋萎。病理萎蔫一般由真菌和细菌引起,如香石竹枯萎病、八仙花细菌性枯萎病、万寿菊镰刀菌萎蔫病等。

5. 畸形

畸形是指植物受病原物侵染后异常生长的现象,分为增大、增生、减生和变态。各种病原物引起的病害都能引起畸形症状,但多数表现畸形症状的病害是由病毒或植原体的侵染所引起的,如菊花矮化病、百合丛簇病。

植物病害的畸形症状很多。全株生长不正常所呈现的畸形,常见的有矮缩和丛簇。矮缩表现为植株各个器官的生长成比例地受到抑制,病株比健株矮小得多。丛簇则只是主轴节间的缩短,或同时节间的数目也减少,但叶片的大小还是正常的。

植物部分器官发生的畸形,如枝条不正常地增多,形成成簇枝条的现象称作丛枝。病枝瘦弱,节间缩短,叶片显著变小。植原体会引起泡桐丛枝病、枣疯病等。有时丛枝病也可由真菌引起,如竹丛枝病等。在植物或树木的根、茎干、枝条上局部细胞增生,会形成瘤肿,一般由细菌、线虫和个别真菌引起,如樱花、月季、紫叶李、梅花、唐菖蒲等花卉的根癌病。感病植物的叶、果、枝变形,发病器官肿大、皱缩或形成毛毡,失去原来的形状,如出现缩叶、卷叶、小叶、缩果、袋果、枝条带化等。该病一般由真菌、病毒、螨类、缺素引起,如桃缩叶病、葡萄毛毡病等。叶片或果实上局部细胞增生并木栓化而形成的小突起称为疮痂,一般由真菌和细菌引起,如大叶黄杨疮痂病、柑橘疮痂病等。

二、园林植物病害病征识别与描述

(一)识别与观察

(1)霉状物:仔细观察花卉腐霉病、郁金香青霉病、仙客来灰霉病等病害的发病部位,注意观察比较霉状物的颜色、形态、密度和部位,描述其特点。

(2)粉状物:仔细观察大叶黄杨白粉病、海棠锈病等病害的发病部位,注意观察比较粉状物的颜色、形态和部位,描述其特点。

(3)粒状物:仔细观察樱花褐斑病、兰花炭疽病、月季枝枯病、大叶黄杨褐斑病等病害的发病部位,注意观察比较粒状物的颜色、大小和部位,描述其特点。

(4)核状物与索状物:仔细观察花木白绢病等病害的发病部位,注意观察核状物与索状物的颜色、形态、大小和部位,描述其特点。

(5) 伞状物：仔细观察花木根腐病，描述其病征特点。

(6) 脓状物：仔细观察桃细菌性穿孔病、鸢尾细菌性软腐病等病害的发病部位，注意观察是否有脓状黏液或黄褐色胶粒，描述其特点。

(二) 总结与归纳

病征是病原物自身在发病部位表现出的特征，包括病原物的营养体和繁殖体特征，如叶斑上的小黑点。园林植物病害的病征主要表现为以下 5 种类型：

1. 粉状物与霉状物

有些病原真菌在植物病部产生白色、黄色、黑色、绿色或其他颜色的粉状物或霉状物。这些粉状物或霉状物即病原真菌的菌丝体、孢子梗和孢子，如多种花木的白粉病、锈病、煤污病及菊花霜霉病、仙客来灰霉病等。

2. 点状物

有些病原真菌在植物病部产生黑色、褐色小点，多为真菌的各种繁殖体，如月季黑斑病、山茶炭疽病、大叶黄杨褐斑病等在病斑上产生的黑色点状物。

3. 粒状物、核状物与索状物

有些病原真菌在植物病部产生粒状、核状或索状结构，如茉莉花白绢病在茎基部形成的茶褐色的粒状物、苗木紫纹羽病在病根上形成的紫色的索状物。

4. 伞状物与马蹄状物

有些病原真菌在植物病部产生伞状物或马蹄状物，如花木根朽病在根茎部产生的伞状物、桃木腐病在病枝干上产生的马蹄状物。

5. 脓状物

有些病原细菌在病部产生脓状黏液，呈液滴状或形成薄薄的一层散布在病部表面，干燥后成为胶质块状物或颗粒，这是细菌病害特有的病征。

三、园林植物病害症状的总结

园林植物发生病害有一定的病理变化的程序：最先发生生理病变，随后是组织病变，最后发展到从外部可以观察到的病变，如植物根、茎、叶、花、果的变色、坏死、畸形、枯萎等，这种病变称为形态病变。感病植物在外部形态上表现出的不正常特征称为植物病害的症状，一般由病状和病征共同构成。

植物病害的病状和病征是描述、命名、诊断和识别病害的主要依据。在多数情况下，一种植物在特定条件下发病后只表现出一种症状，称为典型症状。有些病原物侵染寄主植物后在一段时间内植物不表现出明显的症状，称为潜伏侵染。许多病毒病的症状往往因高温而消失，称为症状潜隐。

四、园林植物病害相关基础知识

(一) 园林植物病害的定义

园林植物在生长发育过程中，由于受到病原物或不良环境条件的持续干扰，其强度超过了植物能够忍耐的程度，使植物正常的生理功能受到影响，从而在生理上和外观上表现出异常，并造成经济损失的现象，称为园林植物病害。

园林植物在发生病害后，由于病原的影响，在生理上、组织上和形态上发生不正常变化并持续发展的过程称为病理过程(又称病理程序)。有无病理过程是识别园林植物病害的重要标志。园林植物病害的性质和一般的机械创伤是不同的,风、雹、昆虫以及高等动物对植物造成的伤害,都是植物在短时间内受外界因素作用而突然形成的,受害植物在表现受害特征前并没有发生病理程序,因此它们都不能称为植物病害,而称为损伤。

从生产和经济的观点出发,有些园林植物在受到其他生物的侵染或不良环境的影响后,虽然也表现出某些"病态",但却增加了它们的经济价值或观赏价值,因此,园林植物的这些"病态"现象一般都不称作病害,如碎色郁金香、月季品种中的"绿萼"等。

(二) 园林植物病害的三要素

病原物、感病植物和环境条件是园林植物病害发生的三个必要条件。

1. 病原物

引起园林植物发病的直接原因统称为病原,病原是植物发病的主导因素和必要条件之一。按其性质的不同,病原可分为生物性病原和非生物性病原两大类。由生物性病原引起的病害能相互传染,有侵染过程,称为侵染性病害。引起侵染性病害的生物性病原简称病原物,包括真菌、细菌、病毒、线虫、植原体、类病毒和寄生性种子植物等(图 1-1)。由非生物性病原引起的病害无侵染过程,不能相互传染,称为非侵染性病害或生理性病害。非生物性病原包括温度、湿度、土壤的成分、环境污染、药害等。

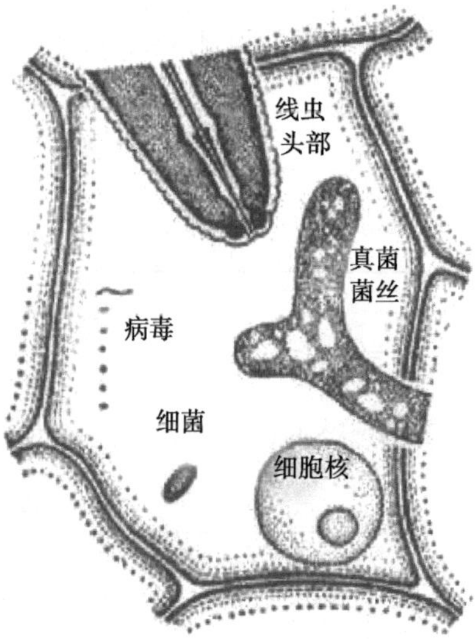

图 1-1 几类植物病原物与植物细胞相对大小的比较

(引自 Agrios G.N.《植物病理学》 第二版)

2. 感病植物

感病植物也是植物病害发生的必要条件之一。在侵染性病害中,受病原物寄生危害的植物称为寄主。每一种病原物都有一定的寄主范围,只能侵染某些植物。即使某种植物是一种病原物的寄主,不同品种、品系或个体之间也有一定的差异:有的是感病的,即很容易遭受这种病原物的侵染和破坏;有的是抗病的,能抵抗病原物的侵染及破坏作用。因此,一种病原物虽然能够诱发病害,但病害是否发生和发生的轻重,还要看被侵染植物对它的反应。

3. 环境条件

环境条件是指直接或间接影响寄主及病原的一切生物和非生物条件,包括气候、土壤、栽培等非生物条件和人、昆虫、其他动物及植物周围的微生物区系等生物条件。植物病害的发生必须有一定的环境条件相配合,即植物病害是在一定的环境条件下发生的,所以,环境条件也是植物发病的必要条件之一。环境条件一方面直接影响病原物,促进或抑制其生长发育;另一方面影响寄主的生活状态及其抗病性。当环境条件有利于病原物而不利于寄主时,病害才能发生和发展。

可见,植物病害的发生是由病原物、感病植物和环境条件三方面的因素决定的,三者相互依存,缺一不可,任何一方的变化均会影响另外两方,这三者间的关系被称为"病害三角"或"病害三要素"。(通过分析寄主、病原、环境三者之间的动态关系,培养学生的系统性归因思维能力。)

（三）园林植物病害的类型

园林植物病害的类型见表1-1。

表1-1 园林植物病害的类型

划分依据	病害类型	划分目的
病原物	侵染性病害和非侵染性病害，侵染性病害又可分为真菌病害、细菌病害、病毒病害等	说明每一类病原物所引起的病害的一些共同特征
发病症状	叶斑病、腐烂病、萎蔫病等	说明病理解剖上的变化和病害发展的过程
植物受害部位	根部病害、茎干病害、叶部病害等	说明它们发病的共同特征
病原物的传播途径	气流传播病害、雨水传播病害、土壤病害、种苗传播病害、昆虫等介体传播病害	考虑主要的防治措施
植物大类	大田作物病害、果树病害、蔬菜病害、观赏植物病害、林木病害等	了解某种作物存在的病害问题

学习成果

（1）将园林植物病害症状的识别与描述结果填入表1-2。

表1-2 园林植物病害症状的识别与描述记录表

病害名称	发病部位	病状类型	病状描述	病征类型	病征描述

（2）用照相机或高像素手机拍摄几种园林植物常见病害的典型症状照片，并描述其特征。

任务评价

任课教师当堂发放任务评价单，由学习者当堂完成组间评价和组内评价后，收回任务评价单。任课教师可以当堂给出教师评价分，也可以在任务学习者将当堂任务学习成果提交给任课教师后，课后给出教师评价分。学习者可以在课后规定时间内继续提交第二课堂自主学习成果，如学习者本人拍摄的病害症状照片及对症状的描述等。任课教师根据学习者任务完成情况，按照教师评价分占50%、组间评价分占30%、组内评价分占20%进行加权计算，最终形成每个学习者的任务完成评价成绩。成绩可以当堂反馈，也可以在下一次课堂上反馈。

职业能力测试

（1）影响园林植物病害发生的三要素之间是如何相互作用的？

（2）园林植物病害的病状和病征各有哪些特点？

（3）是否在发生病害的园林植物上都能见到病状和病征？为什么？

子任务 2　园林植物病害病原的一般形态识别

目标要求

通过对园林植物病害侵染性病原和非侵染性病原的性状及其特征的学习，能对园林植物病害病原的一般性状特征进行准确描述与识别。通过导入为病原学发展做出重要贡献的科学家及其研究案例，培养学生形成科学研究的工作作风。

工作准备

（1）材料准备：无性子实体和有性子实体、冬孢子或冬孢子堆的形态、叶点霉属、茎点霉属、拟茎点属、色二孢属、刺盘孢属、壳针孢属、菌核、有隔菌丝和无隔菌丝的玻片标本及挂图等；培养基上生长的瓜果腐霉病菌、根霉菌，或霜霉菌、锈菌、青霉菌等真菌的新鲜植物病害离体标本；植物病原细菌、植物病原线虫等园林植物病害病原菌的玻片标本及挂图等；菟丝子、列当、桑寄生、槲寄生等寄生性种子植物的盒装标本、示范装片及挂图等。

（2）用具准备：普通光学显微镜、放大镜、擦镜纸、吸水纸、搪瓷盘等。

任务实施

一、园林植物病原真菌一般形态识别

（一）识别与观察

（1）病原真菌的营养体及繁殖体识别：仔细观察分生孢子梗束、分生孢子座、分生孢子盘、分生孢子器、子囊壳、闭囊壳、子囊盘的担子果等示范装片，描述其真菌无性子实体和有性子实体的形态特征。

（2）病原真菌的典型特征识别：仔细观察腐霉病菌、霜霉菌、锈菌、根霉菌、青霉菌等园林植物病害病原真菌的示范装片，描述其菌丝、孢子及子实体的典型特征。

（3）自制临时玻片标本鉴别病原真菌：取瓜叶菊白粉病、大叶黄杨白粉病或郁金香青霉病新鲜标本，用挑针挑取粉状物制作临时玻片，置于显微镜下仔细观察其闭囊壳或分生孢子的形态特征。

（二）总结与归纳

真菌的分布很广，淡水、海水和土壤中以及地面的各种物体上都发现有真菌。截至 2024 年，已描述的真菌种类约有 15 万种。真菌与其他生物的主要区别是：① 营养体很简单，没有根、茎、叶的分化，也没有维管束组织，但细胞内已有固定的细胞核；② 营养方式是异养

的,没有叶绿素或其他可以进行光合作用的色素,主要从外界吸收营养物质,少数吞食其他微生物或有机质; ③ 典型的繁殖方式是产生各种类型的孢子。

在植物病害中,真菌是一类极其重要的病原物,有 80%以上的病害是由真菌造成的。危害严重的有月季黑斑病和白粉病、芍药红斑病、菊花黑斑病、水仙大褐斑病、梨-桧锈病、杨(柳)腐烂病和松苗立枯病等。众多的真菌病害,降低了花木的观赏价值和美化环境的效果,影响了花木的生产和贸易。

1. 真菌的一般性状

(1) 真菌的营养体。真菌生长和发育的一般过程,先是经过一定时期的营养生长阶段,然后产生孢子繁殖和进行有性繁殖。真菌营养生长阶段的结构称为营养体。

真菌营养体的形状不同,典型的营养体是发育程度不同的很细的丝状体,称作菌丝体。菌丝体上的单根丝状体称作菌丝。菌丝体是靠菌丝的顶端部分生长和延伸的,但菌丝体的每一部分都有潜在生长的能力。菌丝通常呈圆管状,无色或有色,多数直径为 5~6μm。高等真菌的菌丝有隔膜,称为有隔菌丝;低等真菌的菌丝一般无隔膜,称为无隔菌丝(图 1-2)。菌丝的功能主要是摄取养分,并不断生长发育。寄生在植物上的真菌以菌丝侵入寄主的细胞间或细胞内吸收营养物质。有些真菌侵入寄主后,从菌丝体上形成吸收养分的特殊结构——吸器,伸入寄主细胞内吸收养分和水分。真菌的种类不同,其吸器的形状也各不相同(图 1-3)。

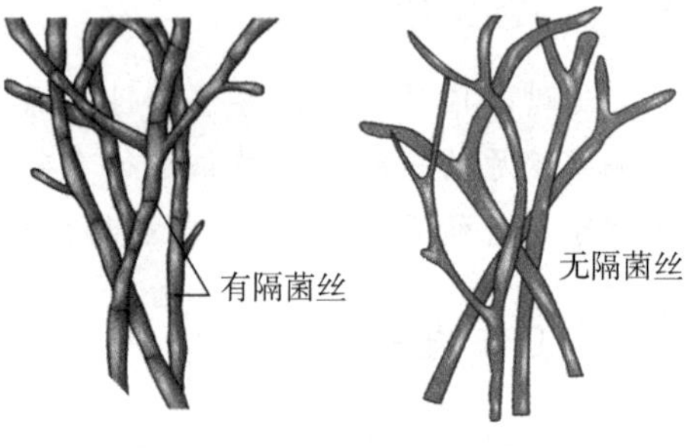

图 1-2 真菌的菌丝形态

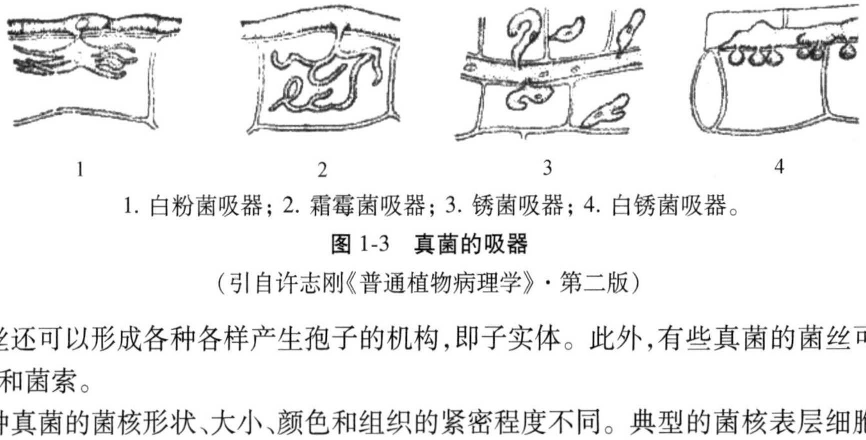

1. 白粉菌吸器; 2. 霜霉菌吸器; 3. 锈菌吸器; 4. 白锈菌吸器。

图 1-3 真菌的吸器

(引自许志刚《普通植物病理学》· 第二版)

菌丝还可以形成各种各样产生孢子的机构,即子实体。此外,有些真菌的菌丝可形成菌核、子座和菌索。

各种真菌的菌核形状、大小、颜色和组织的紧密程度不同。典型的菌核表层细胞的细胞壁很厚,一般很坚硬,颜色很深,往往呈黑褐色或黑色。菌核贮存较多的养分,对高温、低温和干燥的抵抗能力都很强。当条件适宜时,菌核就萌发产生菌丝体或从上面形成产生孢子的机构,一般不直接产生孢子。

子座是由菌丝在寄主表面或表皮下交织形成的一种垫状结构,有时与寄主组织结合而成。子座表面或内部可产生孢子或子实体。因此,子座既是真菌的休眠结构,又是产孢结构,有度过不良环境的作用。

菌索是由菌组织形成的绳索状结构，外形与高等植物的根有些相似，所以也称根状菌索。不同真菌产生的菌索在粗细、长短、颜色等方面差别较大。菌索可抵抗不良环境，条件适宜时又从生长点恢复生长。菌索在引起树木病害和木材腐烂的高等担子菌中最常见。

（2）真菌的繁殖体。真菌的营养体生长到一定时期所产生的繁殖器官称为繁殖体。真菌的繁殖方式分为无性繁殖和有性繁殖两种。繁殖的结果是产生新的个体——孢子。孢子是真菌繁殖的基本单位，就像高等植物繁殖的基本单位是种子一样。

① 无性繁殖及无性孢子类型。无性繁殖是指不经过性细胞或性器官的结合，而是由营养体直接产生孢子的一种繁殖方式。无性繁殖产生的孢子称为无性孢子。无性繁殖及无性孢子主要起着快速繁殖、传播蔓延和侵害植物的作用。但是，无性孢子对不良环境的抵抗力较差，大部分在不适宜的环境下短期内即失去生活力。真菌的无性孢子有以下几种（图 1-4）：

1. 厚垣孢子；2. 芽孢子；3. 粉孢子；4. 游动孢子囊和游动孢子；5. 孢子囊和孢囊孢子；6. 分生孢子。

图 1-4 真菌的无性孢子

（引自许志刚《普通植物病理学》· 第二版）

游动孢子：一种产生在孢子囊中的内生孢子。其产生的过程是：菌丝上产生分枝，形成孢囊梗。菌丝或孢囊梗顶端膨大，形成孢子囊。孢子囊成熟后破裂，释放出具有1~2 根鞭毛的游动孢子。游动孢子可借助鞭毛在水中游动，遇到寄主即可进行侵染活动。产生游动孢子的孢子囊又称游动孢子囊。

孢囊孢子：一种产生在孢子囊中的内生孢子，产生过程与游动孢子相似，不同点是具有细胞壁，没有鞭毛。

分生孢子：真菌无性孢子中最常见的一种。它先在菌丝上产生各种形态的分生孢子梗，然后在分生孢子梗的顶端或侧方产生分生孢子，是一种外生孢子，成熟后即从梗上分生而脱落，随风雨传播。分生孢子的形状、颜色、大小、形成和着生方式多种多样，是真菌分类的重要依据。也有许多真菌的分生孢子梗和分生孢子着生在一种由菌丝形成的盘状或球状结构中，这两种结构分别称为分生孢子盘和分生孢子器。

粉孢子（节孢子）：由菌丝自分隔处断裂形成的无性孢子，外观呈粉末状。

芽孢子：由一个细胞发芽而形成的无性孢子。首先，细胞产生小突起，并逐渐膨大成子细胞。当子细胞长到正常大小时，它便脱离母细胞而独立成为新个体，或不脱离母细胞，继续进行芽殖，产生新的芽孢子。

厚垣孢子：有些真菌由于其菌丝顶端或中间的个别细胞膨大，原生质浓缩，细胞壁加厚而形成的无性休眠孢子。其寿命较长，抗逆性强，能抵抗不良的环境条件，具有越冬的功能。

② 有性繁殖及有性孢子类型。真菌经过营养生长和无性繁殖后，多数转入有性繁殖阶段。有性繁殖是指通过性细胞或性器官的结合而产生孢子的一种繁殖方式。真菌有性繁殖

的过程,一般要经过质配、核配、减数分裂3个阶段。有性繁殖产生的孢子称为有性孢子。真菌的有性繁殖多发生在植物的生长季节末期,往往1年只发生1次,产生的有性孢子生命力强,能抵抗不良环境条件。所以,有性孢子通常可以越冬,并成为第2年的初次侵染源。真菌的有性孢子有以下几种(图1-5):

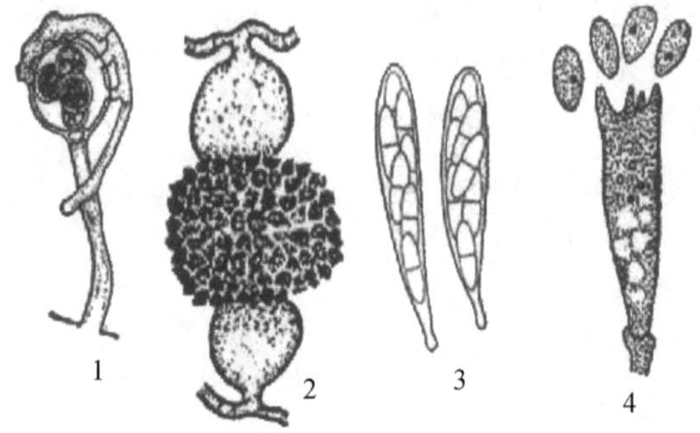

1. 卵孢子; 2. 接合孢子; 3. 子囊孢子; 4. 担孢子。

图1-5 真菌的有性孢子

(引自许志刚《普通植物病理学》· 第二版)

卵孢子:由菌丝上长出的小型配子囊——雄器和大型配子囊——藏卵器,通过质配和核配,发育形成细胞核为二倍体的厚壁卵细胞,是较高等鞭毛菌的有性孢子。

接合孢子:由菌丝上生出的两个同型配子囊接合后发育形成的有性孢子,如接合菌的有性孢子。

子囊孢子:由菌丝上形成的两个异型配子囊(雄器与产囊体)结合后,经过核配、一次减数分裂和一次有丝分裂后,发育形成8个细胞核为单倍体的内生孢子,即子囊孢子,如子囊菌的有性孢子。

担孢子:一般不产生两性器官,而直接由不同性别的菌丝体互相结合形成双核菌丝。双核菌丝的顶端细胞膨大成棍棒状的担子,担子内的两个异性细胞核经过核配和一次减数分裂后,形成4个单倍体核,最后在担子顶端或侧方形成4个外生的、细胞核为单倍体的担孢子,如担子菌的有性孢子。也有些担子菌如锈菌等,其双核菌丝并不直接产生担子,而是先形成许多厚壁的冬孢子,经过休眠后,由冬孢子萌发再产生担子和担孢子。

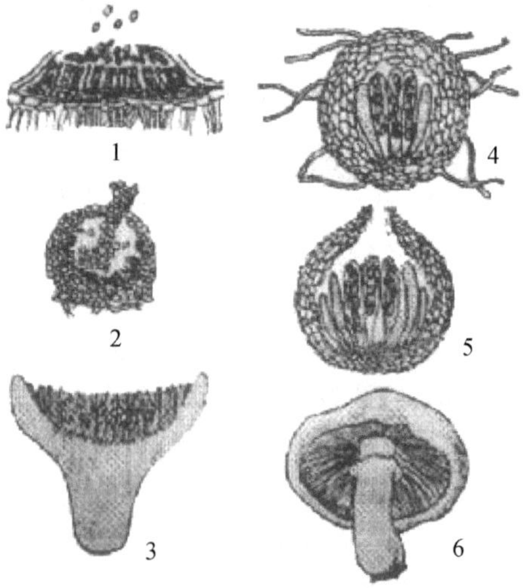

1. 分生孢子盘; 2. 分生孢子器; 3. 子囊盘; 4. 闭囊壳; 5. 子囊壳; 6. 担子果。

图1-6 真菌的子实体

(引自许志刚《普通植物病理学》· 第二版)

真菌的无性孢子、有性孢子以及子实体(图1-6)的类别和形态是真菌分类的重要依据。

(3)真菌的生活史(图1-7)。真菌的生活史是指从一种孢子开始,经过萌发、生长和发育,最后又产生同一种孢子的过程。真菌的典型生活史有两个阶段。真菌营养生长到一定时期,就进行无性繁殖,这是它的无性阶段。无性繁殖产生的孢子称为无性孢子,在它的生活史中往往可以连续产生许多次。因此,一般来说,植物病原菌的无性孢子对一种病害在生长季节中的传播作用很大。真菌营养生长后期就进行有性繁殖而产生有性孢子,这是它的有性阶段。真菌的有性阶段只产生 1 种孢子。植物病原真菌有性阶段的孢子多是在侵染后期或经休眠期以后产生,往往是病害最初侵染的来源,但对病害在生长季节中的传播作用不大。由此可见,真菌生活史中可能产生 2 种孢子,有的还不止 2 种孢子,即所谓的多型现象。

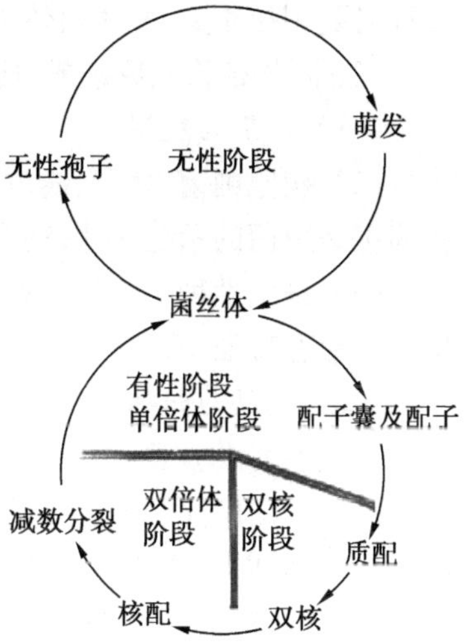

图 1-7 真菌的生活史

各种真菌的生活史是不同的,以上所述是典型的情况。有些真菌的生活史中没有或未发现有性阶段,有些没有无性阶段,也有些在整个生活史中不产生任何孢子。

2. 真菌的分类

对真菌进行分类是诊断、防治和研究植物真菌性病害的基础。真菌的分类和所有生物一样,也是按界、门、纲、目、科、属、种的分类阶元进行的,必要时还可进一步细分为一些亚级,如亚门、亚纲等。种是真菌分类的基本单位,许多亲缘关系相近的种就归于属。种的建立是以形态为基础的,种与种之间在主要形态上应该有显著而稳定的差别。在某些真菌种的下面,还可再划分出若干变种、专化型和生理小种。

真菌的分类是以真菌的形态、细胞、生理、生化、生态、遗传等综合特征为依据的,其中真菌营养体和繁殖体的形态特征,尤其是有性繁殖阶段的形态特征是真菌分类的重要依据。

关于真菌的分类,目前体系较多,差异较大,但本书依然采用广为大家熟知的安思沃斯(Ainsworth)分类系统,将真菌界分为黏菌门和真菌门(表 1-3)。在真菌门下,依据营养体、无性繁殖和有性繁殖的特征,将真菌门划分为 5 个亚门:鞭毛菌亚门、接合菌亚门、子囊菌亚门、担子菌亚门和半知菌亚门。

表 1-3 真菌界门和亚门检索表

1. 营养体为原质团或假原质团	黏菌门 Myxomycota
1. 营养体无原质团或假原质团,为菌丝	真菌门 Eumycota
2. 无性阶段有能动细胞(游动孢子),有性阶段产生典型的卵孢子	鞭毛菌亚门 Mastigomycotina
2. 无性阶段无能动孢子,有有性阶段	
3. 有性阶段产生接合孢子	接合菌亚门 Zygomycotina
3. 有性阶段产生子囊孢子	子囊菌亚门 Ascomycotina
3. 有性阶段产生担孢子	担子菌亚门 Basidiomycotina
2. 无性阶段无能动细胞,无有性阶段	半知菌亚门 Deuteromycotina

3. 真菌的命名

真菌的命名和其他生物一样,也是采用国际通用的双名法,前一个名称是属名,后一个名称是种名,种名之后是定名人的姓氏,如梨锈病菌即 *Gymnosporangium haraeanum* Syd.。假如原学名不恰当而被更改,则将原定名人放在学名后的括号内,在括号后再加更名人,如花木白纹羽病菌即 *Rosellinia necatrix* (Hart.) Berl.。属名和定名人的第一个字母要大写,属名和种名要用拉丁文,并用斜体表示。

二、园林植物病原细菌、病毒、线虫及寄生性种子植物一般形态识别

(一) 识别与观察

(1) 病原细菌、病毒、线虫典型特征识别:仔细观察植物病原细菌、病毒、线虫等园林植物病害病原菌的示范装片,观察其典型特征。

(2) 寄生性种子植物观察:仔细观察菟丝子、列当、野菰、桑寄生、槲寄生等寄生性种子植物的形态特征。

(二) 总结与归纳

1. 园林植物病原细菌

植物的细菌性病害主要发生在被子植物上,在裸子植物上很少发生,其数量和危害性仅次于真菌和病毒性病害,居第三位。在园林植物上,比较常见的细菌性病害有:菊花和大丽花青枯病、花木根癌病、桃细菌性穿孔病、球根花卉的软腐病以及唐菖蒲、鸢尾、秋海棠、天竺葵的细菌性叶斑病等。植物病原细菌的一般性状如下:

(1) 形态结构。

细菌属于原核生物界,是单细胞生物,具有细胞壁,但没有真正的细胞核(仅有核质而无核膜),也不含叶绿素,绝大多数细菌是异养的。细菌很小,其基本形态可分为球状、杆状和螺旋状3种。植物病原细菌大多是杆状菌,其结构如图1-8所示,大小为(1~3)μm×(0.5~0.8)μm。绝大多数植物病原细菌从细胞膜长出细长的鞭毛,伸出细胞壁外,是细菌运动的工具。鞭毛(图1-9)通常为3~7根,最少为1根。着生在菌体一端或两端的称极生鞭毛,着生在菌体周围的称周生鞭毛。鞭毛的有无、数目和着生位置是细菌分类的重要依据之一。细菌的细胞壁外围绕着一层厚薄不等的黏液状物质,比较厚而固定的黏液层称为荚膜。荚膜对细菌具有保护作用。植物病原细菌一般没有荚膜。有些细菌生长到一定阶段,其细胞质浓缩凝结,逐步形成一种圆形或椭圆形结构,称为芽孢。芽孢的形成有利于增强细菌对不良环境条件的抵抗力。植物病原细菌一般不形成芽孢。

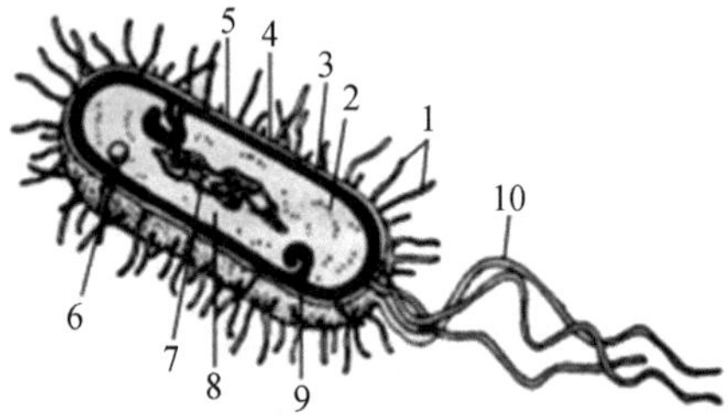

1. 菌毛;2. 核糖体;3. 细胞膜;4. 细胞壁;5. 夹膜;6. 内含物;7. 原核;8. 细胞质;9. 间体;10. 鞭毛。

图1-8 细菌的结构示意图

(引自 Agrios G.N.《植物病理学》·第三版)

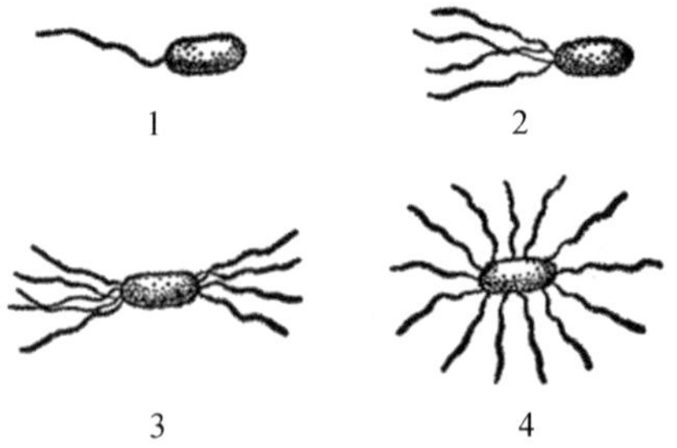

1、2. 单极生;3. 双极生;4. 周生。

图1-9 细菌鞭毛的着生方式

(引自许志刚《普通植物病理学》·第二版)

(2) 繁殖。

植物病原细菌的繁殖方式是裂殖,即细菌的细胞生长到一定限度时,在菌体中部产生隔膜,随后分裂成2个大小相似的新个体。细菌繁殖的速度很快,一般1h分裂1次,在适宜的条件下,20min 就能分裂 1 次。

(3) 生理特性。

植物病原细菌绝大多数能在人工培养基上生长繁殖。在固体培养基上形成各种形状和颜色的菌落,通常以白色和黄色的为多,也有褐色的。植物病原细菌生长繁殖的最适温度一般为 26℃~30℃,能耐低温,对高温较敏感,一般致死温度为 50℃左右。大多数植物病原细菌都是好氧菌,在中性或微碱性(pH 7.2)的基物上生长良好。

(4) 生化特性。

细菌个体很小,通常要经过染色才能在光学显微镜下观察到。由于不同的细菌对染料的反应不同,所以细菌的染色就具有鉴别作用。染色反应中最重要的是革兰氏染色反应。细菌用结晶紫染色和碘液处理后,再用酒精或丙酮冲洗,呈紫色的是阳性细菌,呈红色的是阴性细菌。抗生素中,青霉素对阳性细菌作用较大,而链霉素对阳性和阴性细菌都有一定作用。了解细菌的革兰氏染色反应,对于细菌的分类和筛选有效防治药物都具有重要意义。植物病原细菌中,只有从棒形杆菌属(Clavibacter)中划分出来的几个属呈革兰氏阳性反应,其他属都呈革兰氏阴性反应。

2. 园林植物病原病毒

病毒是一种非细胞结构的分子生物,植物病原病毒(简称植物病毒)是仅次于真菌的重要病原物。由病毒引起的植物病害称为病毒病,广义的病毒病还包括植原体和类病毒引起的病害。每种园林植物几乎都受到一种或多种病毒的侵害。花卉病毒病有 300 余种,树木病毒病也在百种以上,已鉴定和定名的花木病毒病已有几十种,如水仙病毒病、仙客来病毒病以及大丽花、菊花、香石竹等多种花木的病毒病,而泡桐丛枝病、枣疯病、桑萎缩病、翠菊黄化病则是重要的植原体病害。

(1) 植物病毒的一般性状。

一个完整的病毒称为病毒粒体,植物病毒粒体的形态主要有球状、杆状和线状 3 种类型,大小从几纳米到上千纳米不等(图 1-10)。病毒粒体主要由核酸和蛋白质组成(图 1-11),一般核酸占病毒粒体重量的 5%~40%,蛋白质占 60%~95%,另外还有水分、矿质元素和脂类物质等。

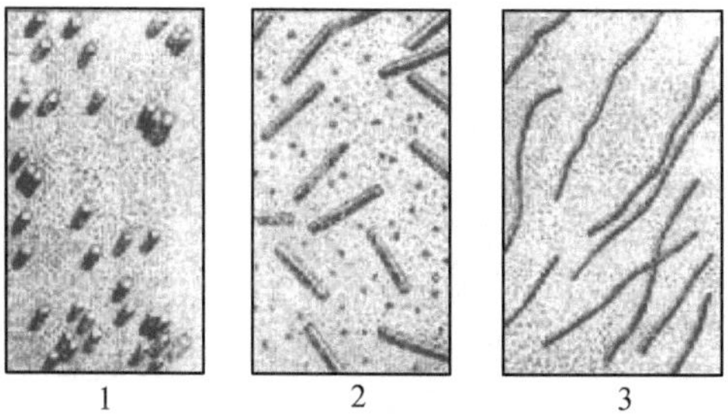

1. 球状(芜菁花叶病毒); 2. 杆状(烟草花叶病毒); 3. 线状(甜菜黄化病毒)。

图 1-10　电镜下病毒粒体形态

(引自许志刚《普通植物病理学》· 第二版)

1. 核酸链; 2. 蛋白质。

图 1-11　烟草花叶病毒结构

(引自 Agrios G.N.《植物病理学》· 第三版)

病毒的增殖不同于一般细胞生物的增殖。病毒只有在寄主活细胞内,利用寄主的物质合成系统、原料和能量,分别合成核酸和蛋白质,再装配成子代病毒粒体,才能完成自身的增殖,称为复制增殖。病毒在复制增殖过程中自然变异率较高,可在生物、化学和物理等因素的作用下形成新株系,从而导致传播特性、致病力、寄主范围等性状的改变。

(2) 植物病毒的侵染。

因为病毒不能穿过植物表面的细胞壁,所以植物病毒只能从机械作用或传毒介体所造成的伤口侵入。最适宜植物病毒侵入的是不会导致寄主细胞死亡的微伤口,但这种机会并不多,因此植物病毒侵染植物的效率比较低。侵入细胞内的病毒必须合成新的病毒才能引起侵染。植物病毒的侵染有局部性和全株性之分,但大多是全株性的。其区别在于:全株性侵染的病毒可转移和扩散到整株,而表现全株性症状;局部性侵染的病毒局限在侵入点附近,多数表现过敏性反应而形成局部枯斑。

(3) 植物病毒的传播方式。

病毒不能在植物活细胞以外生存,因此它的传播方式受到很大限制。植物病毒的传播方式主要有介体传播、接触传播、无性繁殖材料传播和种子、花粉传播。

(4) 植物病毒的体外稳定性。

植物病毒在活体外的稳定性通常是指在病株汁液中的病毒经温度处理和稀释处理后的传病能力,常用钝化温度、稀释限点、体外存活期三项指标来表示。钝化温度是指将病株汁液加热 10min 后,使病毒失去侵染力的最低温度。大多数植物病毒的钝化温度为 55℃~70℃,烟草花叶病毒的钝化温度则高达 97℃。稀释限点是指病株汁液保持侵染活力的最大稀释限度,如黄瓜花叶病毒的稀释限点为 10^{-4},烟草花叶病毒的稀释限点为 10^{-6}。体外存活期是指病组织汁液在室温(20℃~22℃)下保持侵染活力的最长时间。多数植物病毒的体外存活期在几天到几个月之间,如香石竹坏死病毒为 2~4 天,烟草花叶病毒为 30 天以上。以上三项指标既是病毒的重要特性,也是病毒分类识别与鉴定的重要依据。

3. 园林植物病原线虫

线虫又称蠕虫,是低等动物,种类多,分布广。为害植物的线虫称为植物病原线虫或植物寄生线虫。植物受线虫为害后表现的症状与一般病害的症状相似,因此,习惯上把植物病原线虫作为病原物来研究。对园林植物危害较严重的线虫病害有仙客来、牡丹、月季等植物根结线虫病,菊花、珠兰叶枯线虫病,水仙茎线虫病,松材线虫病等。

(1) 线虫的形态和结构。

植物线虫形态较小,长 0.3~1mm,也有长达 4mm 左右的,宽 0.015~0.035mm。植物线虫很细,虫体多半透明,肉眼不易看见。线虫绝大多数雌雄同形,体形细长,呈圆筒形。少数线虫为雌雄异形,即雄虫为线形,雌虫在幼虫阶段为线形,成虫阶段则膨大成洋梨形或近球形(图 1-12)。

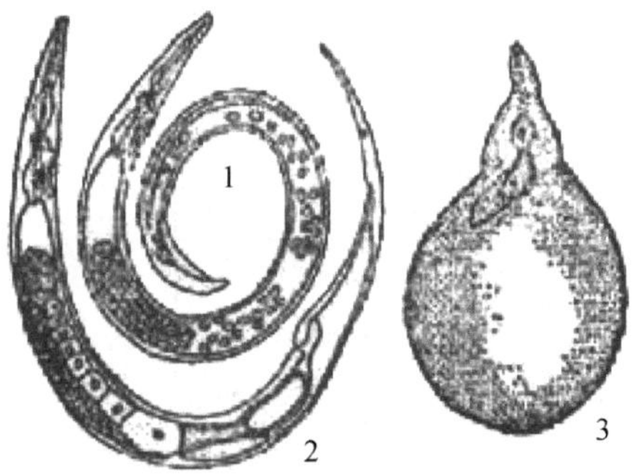

1. 雌虫; 2. 雄虫; 3. 根结线虫雌虫。

图 1-12 植物病原线虫的形态

(引自许志刚《普通植物病理学》· 第二版)

线虫结构简单,不分节,从外向内分为体壁和体腔两部分，从前到后分为头部、颈部、腹部和尾部。头部有唇、口腔、吻针和侧器等器官，其中吻针是线虫吸取营养的重要器官；颈部有食道、神经环和排泄孔；腹部有肠管和生殖器官；尾部有肛门及其他器官，尾部感觉器官侧尾腺的有无是分类的依据之一。

（2）线虫的生活史和生态。

植物线虫的生活史包括卵、幼虫和成虫3个阶段。幼虫有4个龄期，其中2龄幼虫从卵内孵出，开始侵染寄主，称为侵染幼虫。在适宜的条件下，线虫完成1代一般只要3~4个星期的时间。多数线虫1年可以完成多代，少数线虫1年只完成1代。

植物寄生线虫有一段时间生活或存活在土壤中。有些线虫只有很短促的时间从植物上取食，而大部分时间生活在土壤中，即使是一些固定寄生在植物体内的线虫，它们的卵、侵入寄主前的幼虫和雄虫都有一个时期存活于土壤中。线虫在田间的水平分布呈块状或多中心分布，垂直分布与植物根系的分布密切相关。

（3）线虫的寄生性和致病作用。

植物线虫都是专性寄生的，寄生方式有外寄生和内寄生。外寄生线虫的虫体大部分留在植物体外，以头部穿刺在组织内吸食；内寄生线虫的虫体进入组织内吸食，多数在寄生过程中是移动的。有些线虫开始为外寄生，后期则转变为内寄生。线虫可以寄生在植物的各个部位。由于多数线虫存活在土壤中，植物的根和地下的块茎、鳞茎和块根等最容易受到线虫侵染。线虫对植物破坏作用最大的是食道腺的分泌物。植物受害后，地上部表现的症状有顶芽和花芽坏死，茎叶卷曲或组织坏死，形成叶瘿或种瘿等；根部的症状有生长点被破坏、停止生长或卷曲，根上形成瘤肿或过度分枝，根组织坏死和腐烂等。此外，线虫还可以传播病毒，线虫所造成的伤口常成为某些病原真菌或细菌的侵入途径，对植物造成更为严重的伤害。

4. 寄生性种子植物

种子植物大多是自养的，其中少数由于缺少足够的叶绿素或者因为某些器官的退化而成为寄生性的。寄生性种子植物都是双子叶植物，大约有2 500种，分别属于12个科，其中最重要的是菟丝子科、列当科、桑寄生科和槲寄生科。在园林花卉和树木上，最常见的是菟丝子科的寄生性种子植物。

寄生性种子植物寄生于植物的不同部位。寄生于植物的地上部分的称为茎寄生，如菟丝子、桑寄生、槲寄生；寄生于植物的地下根部分的称为根寄生，如列当。根据它们对寄主依赖程度的不同，可以分为半寄生和全寄生两类。半寄生性种子植物含有叶绿素，能进行正常的光合作用，以吸根深入寄主木质部，吸取寄主的水分和无机盐，桑寄生和槲寄生属于这一类。全寄生性种子植物没有叶片或叶片退化，不含叶绿素，以吸器伸入寄主体内，吸取寄主植物的水分、无机盐和有机营养物质，菟丝子和列当属于这一类。

寄生性种子植物的致病性，主要表现在通过对营养物质、水分和无机盐的争夺，从而抑制寄主植物的生长。一般来说，全寄生性种子植物比半寄生性种子植物的致病能力强。草本植物受害主要表现为植株矮小黄化，直至全株枯死；木本植物受害后生长也会受到抑制。

三、园林植物非侵染性病原分析

园林植物非侵染性病原主要指园林植物生长环境中不适宜的环境因素。引起非侵染性病害发生的环境因素很多，主要包括温度、湿度、土壤和空气成分、药害等。

（一）温度

温度影响植物各方面的生理活动。各种植物的生长和发育有它们最低、最适宜和最高温度，超出了它们的适应范围，就可能造成不同程度的损害。而剧烈变温对植物的影响往往比单纯的高、低温更大。

1. 高温

高温能使光合作用减弱，呼吸作用增强，碳水化合物积累减少，生长减慢，有时能使植物矮化和提早成熟。温度过高，会导致园林植物的茎（干）、叶、果发生局部灼伤等症状。在自然条件下，高温往往是与强光照相结合的，所以高温灼伤一般都表现在受害器官的向阳面，如夏季盆花在阳光下暴晒，可导致叶片灼伤，叶缘和叶尖产生模糊的褐色斑块。如果夏季苗圃地土壤表面温度过高，常会导致幼苗茎基部灼伤，从而使幼苗出现生理性猝倒或立枯。

2. 低温

温度过低，植物的生长受到抑制。低温可引起园林植物的霜害和冻害。0℃以上的低温称为冷害，植物会出现变色、坏死和表面斑点等症状；0℃以下的低温称为冻害，主要症状是幼茎或幼叶出现水浸状暗褐色的病斑，之后组织逐渐死亡，严重时整株植物变黑、枯干甚至死亡。

（二）湿度

土壤湿度过低，引起不同程度的旱害，植物营养生长受到抑制，叶面积减小，花的发育也受到影响，导致植株变矮、细弱，严重时可引起植物萎蔫、叶缘枯焦等症状，造成落叶、落花和落果，甚至导致植株凋萎枯死。土壤水分过多，会影响土温的升高和土壤的通气性，使植物根系活力减弱，甚至受到毒害，引起烂根，植株生长缓慢，下部叶片变黄、下垂，落花、落果，严重时导致植株死亡。

（三）土壤和空气成分

1. 土壤的营养条件

植物生长发育需要多种营养元素，其中氮、磷、钾、钙、镁、硫等为主要元素。当土壤中某些元素供应不足时，植物就会表现为缺素症。铁、锰、硼、锌、铜、钼等是植物所必需的微量元素，缺少这些元素，植物的生长发育也会受到影响，并表现出相应的缺素症。另一方面，当某些营养元素过多时，同样也会对园林植物的正常生长发育带来不良影响和毒害作用。

2. 空气

空气对园林植物的影响，主要是指空气污染，其中最主要的是氟化氢、二氧化硫、二氧化氮和臭氧等的影响。

（四）药害

各种农药和化学肥料如使用浓度过高，或用量过大，或使用时期不适宜，均可对园林植物造成化学伤害。植物药害可以按照发生的时间快慢分为急性和慢性两种：急性药害一般在施药后2~5天发生，主要表现为在叶面上或叶柄基部出现坏死的斑点或条纹，叶片褪绿变黄，严重时凋萎脱落；慢性药害并不会使植株很快出现明显的症状，而是逐渐影响植株的正常生长发育。

不同种类的植物对农药毒害的敏感性不同，有的差异很大。同一植物不同生育期对农药的敏感性也不同，一般来说，幼苗和开花期的植物更敏感。不适当地使用除草剂或植物生长调节剂也会引起药害。经除草剂处理过的土壤或邻近喷药的田块中的敏感植物也会受害，主要症状表现为叶片出现不同程度的畸形、黄化、变褐、干燥，以及植株的矮化甚至死亡。

学习成果

（1）比较所观察的园林植物病原菌的一般形态特征，填入表1-4。

表1-4　园林植物病原菌的一般形态特征记录表

病原菌名称	一般形态特征

（2）用照相机或高像素手机拍摄几种园林植物病原真菌的一般形态照片，并描述其特征。

任务评价

任课教师当堂发放任务评价单，由学习者当堂完成组间评价和组内评价后，收回任务评价单。任课教师可以当堂给出教师评价分，也可以在任务学习者将当堂任务学习成果提交给任课教师后，课后给出教师评价分。学习者可以在课后规定时间内继续提交第二课堂自主学习成果，如学习者本人拍摄的园林植物真菌病害病原菌的照片等。任课教师根据学习者任务完成情况，按照教师评价分占50%、组间评价分占30%、组内评价分占20%进行加权计算，最终形成每个学习者的任务完成评价成绩。成绩可以当堂反馈，也可以在下一次课堂上反馈。

职业能力测试

（1）真菌和细菌在形态上有哪些区别？

（2）植物病原线虫病害的一般形态与入侵关系如何？

子任务3　园林植物病害的发生与发展认知拓展

目标要求

通过对园林植物病害侵染过程、侵染循环和流行因素的学习，能对园林植物病害的发生、发展和流行进行准确分析。通过自学，增强学生自我教育、自我监督的能力，逐步培养其成为具备自主学习和合作学习能力的创新型人才。

工作准备

提前给学习者布置任务学习内容,请学习者提前查阅资料并举出不同类型病害侵染过程、侵染循环和流行因素的例子加以说明,以便于课堂上分组讨论。

任务实施

一、园林植物病害的侵染过程

(一) 分组讨论

根据查阅的资料举例说明园林植物病害的病原菌是怎样完成侵染过程的。

(二) 总结与归纳

植物侵染性病害的发生有一定的过程:病原物侵入寄主植物后,先在植物体内繁殖和扩展,然后发生致病作用。同时,植物也会对病原物的侵染作出反应,从而发生一系列的变化。由于这两方面的作用,植物最终将显示病状而发病。这就是病原物的侵染过程,也是植物个体遭受病原物侵染后的发病过程(也称作病程)。病原物的侵染过程一般分为侵入期、潜育期和发病期 3 个时期。病原物与寄主植物并不是从侵入才开始发生关系,有些病原物与寄主植物接触之前就相互影响。因此,为进一步说明侵染过程,在侵入期、潜育期和发病期 3 个时期前再加一个"侵入前期",即接触期。

1. 接触期

接触期是指病原物侵入以前与寄主植物的相互关系,一般从病原物与寄主接触,或达到能够受到寄主外渗物质影响的根围或叶围后,开始向侵入的部位生长或运动,并形成某种侵入机构为止,也称侵入前期。接触期是防止病原物侵入和发展的有利阶段。近年来植物病害生物防治方面取得的进展,就是基于这个阶段深入研究的结果。

环境条件对侵入前病原物的影响以湿度、温度的影响最大。对于绝大部分气流传播的真菌,湿度愈高对侵入愈有利。而温度主要影响病原物的萌发和侵入的速度。

2. 侵入期

从侵入到建立寄生关系是病原物的侵入期。病原物有各种不同的侵入途径,包括角质层或表皮的直接侵入、气孔等自然孔口的侵入、自然和人为造成的伤口侵入。病原物侵入以后,必须与植物建立寄生关系,才有可能进一步发展而引起病害。外界环境条件、寄主植物的状态和反应以及病原物侵入量的多少和致病力的强弱等因素都可能影响病原物的侵入或寄生关系。

(1) 侵入途径。

各种病原物的侵入途径和方式是不同的。真菌大多是以孢子萌发形成的芽管或以菌丝从自然孔口或伤口侵入,有的真菌能从角质层或者表皮直接侵入,高级担子菌还能以侵入能力很强的根状菌索侵入。各种病原物的侵入机制也有所不同,有被动和主动之分。植物病原细菌和病毒的侵入是被动的,真菌的侵入往往具有主动性,线虫和寄生性种子植物侵入时的主动性更加明显。

① 直接侵入。直接侵入是指病原物直接穿透角质层和细胞壁的侵入方式。一部分真

菌、各类线虫和寄生性种子植物等都能直接穿透侵入。例如,有些侵害叶片和植物幼嫩组织的真菌,其孢子萌发产生芽管,芽管与叶片接触处形成附着器和侵入丝,然后借助侵入丝的机构压力和酶的分解能力,直接穿过植物体表的角质层和表皮细胞而侵入植物体内(图 1-13)。植物组织越幼嫩,角质层越薄,病原物就越容易直接穿透。病原物要穿过已经角质化的表皮细胞是相当困难的,所以有些病原物(如真菌中的白粉菌、锈菌等)主要危害植物的幼嫩器官病原物(如嫩叶、嫩茎等)。

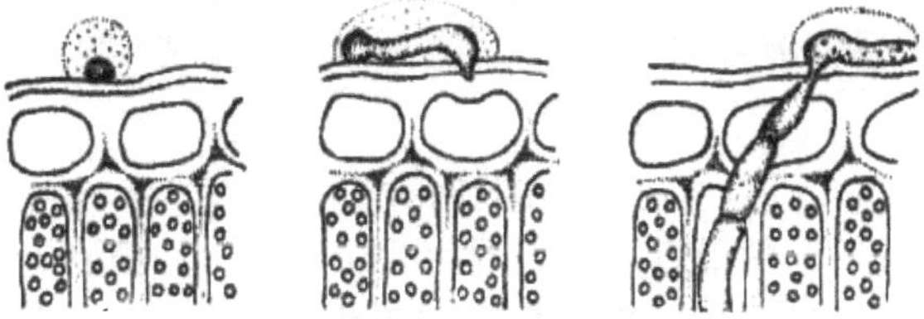

图 1-13　真菌芽管直接穿透寄主表皮的过程

(引自许志刚《普通植物病理学》· 第二版)

② 自然孔口侵入。植物的许多自然孔口,如气孔、排水器、皮孔、柱头、蜜腺等,都可能是病原物侵入的途径。在自然孔口中,以气孔最为重要(图 1-14)。真菌、细菌中有相当一部分是从自然孔口侵入的,病毒、类病毒一般不能从自然孔口侵入。

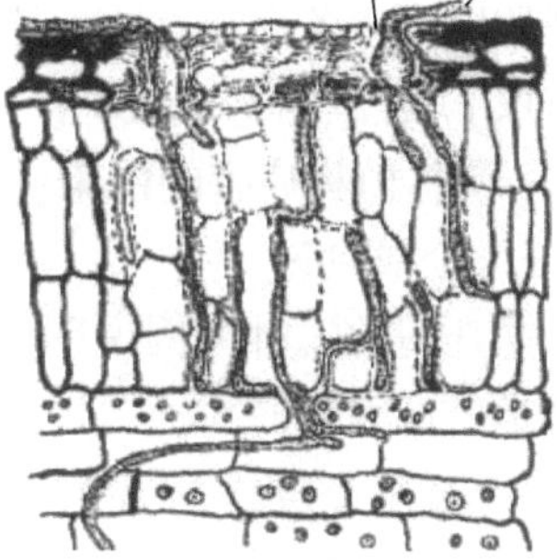

图 1-14　松落针病病菌芽管自气孔侵入

(引自徐明慧《园林植物病虫害防治》)

③ 伤口侵入。植物表面的各种损伤,如虫伤、冻伤、日灼伤、机械伤等,都可能是病原物侵入的途径。除外因导致的机械损伤外,植物在生长过程中也会形成一些病原物侵入的自然伤口,如叶片脱落后的叶痕和侧根穿过皮层时所形成的伤口等。在自然条件下,一些病原细菌和许多寄生性较弱的真菌往往由伤口侵入。从伤口侵入的病原菌大多在伤口的死亡组织上度过一段时间的腐生生活,然后再进一步侵入健全的组织。在园林植物病害中,鸢尾细菌性软腐病菌、仙人掌类茎腐病菌、银杏苗木茎腐病菌、杨树烂皮病菌等都能从伤口侵入。对于病毒来说,只能从活细胞的微伤口侵入。

(2) 侵入与环境条件的关系。

病原物的侵入与环境条件有关,其中温度和湿度的影响最为显著。大气的湿度和温度是由气象条件决定的,因此,可以根据气候条件预测病原物侵入的可能性。在一定范围内,湿度决定孢子能否萌发和侵入,湿度愈高,愈有利于病原物的萌发和侵入。在园林植物的栽培管理中,可以采取降低湿度的办法来抑制病原物的萌发和侵入,从而减轻病害的发生与危害。温度则影响萌发和侵入的速度,各种真菌都有自身的最低(1℃～2℃)、最适(17℃～28℃)和最高(30℃～36℃)萌发温度。在最适温度下,真菌孢子萌发速度快,萌发率高,因而可以增加病菌侵入的速度和机会。光照与侵入也有一定的关系。对于气孔侵入的病原真菌,光照可以决定气孔的开闭,从而影响侵入。

3. 潜育期

病原物从侵入和建立寄生关系，到表现明显的症状为止，这一时期为病害的潜育期。潜育期是病原物在植物体内进一步繁殖和扩展的时期，也是寄主植物调动各种抗病因素抵抗病原繁殖和扩展的时期，而症状的出现则标志着潜育期的结束。

各种病害的潜育期长短不一，短的只有几天，长的可达 1 年，有些果树病害在病原物侵入后几年才发病。寄主植物生长健壮，抗病力强，潜育期相应延长。环境条件中以温度对潜育期的影响最大，温度愈接近病原物要求的最适温度，潜育期愈短，反之愈长。潜育期的长短与病害流行有密切关系。潜育期短，在 1 个生长季节中重复侵染的次数就会增加，病害就容易大发生。

4. 发病期

植物受到侵染，经过一定的潜育期即表现症状而发病。从植物开始表现症状，到症状停止发展为止，这段时期称为发病期。发病期是病原物大量繁殖、扩大危害的时期，是植物受害的表面化。在发病期，寄主植物的受害部位会呈现出明显的病状。许多病状不仅表现在病原物侵入和蔓延的部位，有时还会扩散到其他部位，甚至引起整个植株的死亡。

由于病原真菌、细菌、病毒等都在发病期产生大量的孢子或个体，这就为下一次侵染过程的开始提供了条件。这些病原物的孢子或个体经过一定的媒介传播到植物的健康部位或其他植株上，继续与寄主植物接触，从而开始下一次侵染，导致病害扩散蔓延。

二、园林植物病害的侵染循环

（一）分组讨论

根据查阅的资料举例说明园林植物病害一年中的侵染循环是怎样完成的。

（二）总结与归纳

侵染循环是指病害从前一生长季节开始发病，到下一生长季节再度发病的全部过程。侵染性病害的发生，必须有侵染来源，病原物必须经过一定的途径传播至植物上，病原物还要以一定的方式越冬或越夏，度过寄主的休眠期，才能引起下一生长季节的发病。因此，植物病害侵染循环（图 1-15）可以分为 3 个阶段：① 初侵染和再侵染；② 病原物的越冬或越夏；③ 病原物的传播。

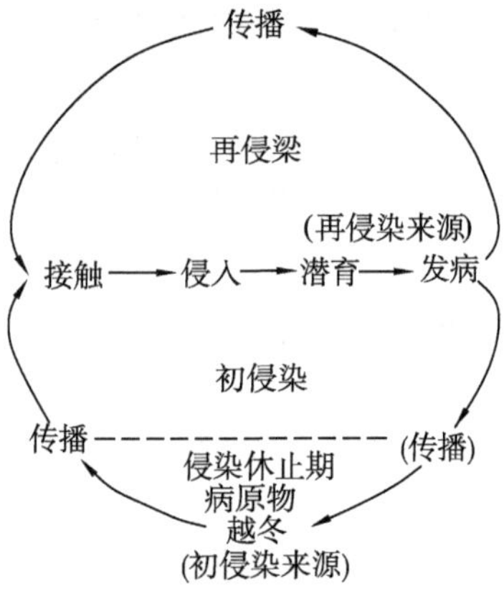

图 1-15　侵染循环模式图

1. 初侵染和再侵染

越冬或越夏的病原物在植物开始生长以后引起的最初的侵染称为初侵染。在同一个生长季节，初侵染发生后，由病原物产生的孢子或其他繁殖体传播后引起的连续发生的各次侵染称为再侵染。初侵染的作用是引起植物最初的感染，而病害在生长季节中的蔓延，则依赖于不断的再侵染过程。植物病害的潜育期的长短与再侵染发生的次数有关。病害潜育期短，则再侵染的可能性较大。

少数病害在一个生长季节仅发生一次侵染，即初侵染，如梨（海棠）桧锈病等，这类病害的潜育期较长。大多数病害不但存在初侵染，还会发生多次再侵染，如各种植物的霜霉病、白粉病、锈病、叶斑病和幼苗猝倒病等，这类病害的潜育期都较短。对于存在再侵染的病害来说,它们的初侵染发生并不普遍,往往只有少数植株发病形成发病中心。但在适宜的环境条件下,经过若干次再侵染,病害就能不断地扩散蔓延,有的蔓延速度还很快,持续时间也较长,从而导致植物病害普遍流行。

2. 病原物的越冬或越夏

病原物的越冬或越夏,是指病原物在一定场所度过寄主休眠阶段而保存自己的过程。病原物的越冬或越夏与寄主生长的季节性有关,寄主植物生长结束,其上的病原物也就停止了活动。因为大部分植物是冬季休眠的,所以病原物越冬问题就显得更为突出。

不同病原物的越冬或越夏场所各异,同一种病原物也可有不同的越冬或越夏场所。植物病原物的越冬或越夏场所(或初侵染源)主要有田间病株、种子、苗木及其他繁殖材料、土壤、病株残体和肥料等。

3. 病原物的传播

病原物的传播是指病原物从原来存在的场所转移到健康植物体上的过程。病原物从越冬场所到达新的侵染地,从一个病程到另一个病程,都要通过一定的传播途径。因此,防止病原物的传播,可以切断侵染循环,控制病害的发生、扩散和蔓延。

病原物可以依靠自身的运动或扩展蔓延进行传播,如真菌游动孢子和细菌借鞭毛在水中游动、线虫在土壤中蠕动、真菌外生菌丝或菌索在土壤中生长蔓延等。但病原物的传播主要依赖外界因素,其中包含自然因素和人为因素。自然因素中,以风、水、昆虫和其他动物传播的作用最大。

气流传播是病原物中最常发生的一种传播方式。真菌孢子数量多、体积小、质量轻,最适合气流传播。气流传播一般距离较远,覆盖面积大,常易引起病害流行。细菌和胶体物质、产生游动孢子的真菌主要依靠风雨或流水传播。多数植物病毒、类病毒、植原体等都可借昆虫传播,尤以蚜虫、叶蝉、飞虱和木虱等昆虫传播为多。人类经济活动和农事操作也可导致病原物的传播,如调运带病的种子、苗木、农产品及包装材料等可造成病害远距离传播,引起病区扩大和新病区的形成,因此人为因素传播病害的危害性最大。

三、园林植物病害的流行因素

(一) 分组讨论

根据查阅的资料举例说明园林植物病害是如何流行的,其影响因素有哪些。

(二) 总结与归纳

在一定时间、一定区域内,病害在植物群体中普遍发生,并造成严重危害的现象称为病害的流行。经常流行的病害称为流行性病害,分为积年流行病害(如狗牙根黑穗病)和单年流行病害(如苗木猝倒病)。病害流行的基本因素与病害发生的基本因素一样,都需病原物、感病植物和环境条件的共同参与。所不同的是,病害的流行对这3个基本因素的要求更高、更严格。

1. 病原物

病原物数量的多少和致病力的强弱是病害流行的基本条件。越冬或越夏菌源多、初侵染发生早、再侵染次数多,就能为病害流行提供大量的菌源。感病植物的长期连作、转主寄主的存在、对发病植株及其残体处理不当,均有利于病原物的积累。对于只有初侵染的病害,其流行程度直接取决于越冬病原物的数量。对于有多次再侵染的病害,其流行程度不仅取决于越冬病原物的多少,还取决于病原物的生长繁殖速度和再侵染的次数。病原物生长繁殖速度快,再侵染次数多,短期内病原物可迅速积累,就容易引起病害流行。

病原物致病力的强弱或致病力的变化,也是病害流行的重要原因。当存在致病力特别强的菌系时,可以造成病害的流行和更大的危害。病原物致病力不同的生理小种的变化,往往使植物原来抗病的品种丧失抗性。从外地传入的新病原物,由于栽培地区的感病植物对它缺乏适应能力,因而表现出极强的侵染力,易造成病害的流行。园林植物调运十分频繁,需要格外警惕新病害的传入。因此,病害流行的第一个因素是大量高致病力病原物。

2. 感病植物

决定病害流行程度的寄主因子主要包括品种的抗病性和种植面积。园林植物不同种或同种但不同树龄、不同个体间对某一病害的感病性的不同及大面积单一化种植感病的植物品种,是造成感病个体大量集中的原因,容易引起病害的流行。例如,在园林植物设计上,往往有月季园、牡丹园等,如果品种搭配不当,就容易引起病害的大发生。同样,将梨树、海棠和转主寄主桧柏、龙柏近距离栽植,易造成锈病的流行。所以,在园林植物栽培中,实行合理的树种布局、品种搭配,可以减轻病害的流行程度,降低其危害。因此,病害流行的第二个因素是大面积感病植物。

3. 环境条件

决定病害流行的环境条件主要包括气象条件和耕作栽培条件。气象条件既影响病原物的繁殖、传播和侵入,又影响感病植物的抗性。气象条件中,尤以温度、水分(包括相对湿度、雨量、雨日、雾和露)和光照的影响最为重要。近年来,由于保护地栽培面积的扩大及园林植物复种指数的提高,使得病原物及其传播介体有了更好的越冬场所,初次侵染源增加。因此,病害流行的第三个因素是适宜的环境条件。

病害流行需要存在大量的强致病性病原物、大面积感病植物和适宜的环境条件 3 个条件,缺一不可。影响病害流行的 3 个因素都是非常重要的,但它们所起的作用却不是均衡相等的,通常我们将在病害流行过程中起决定作用的因素称为主导因素。在一定的时间范围内,必然有一种因素起主导作用,强烈地影响着病害的发展和流行。

学习成果

(1) 举例说明园林植物病害的侵染途径及侵染循环。

(2) 举例说明园林植物病害的主要越冬或越夏的场所。

任务评价

任课教师当堂发放任务评价单,由学习者当堂完成组间评价和组内评价后,收回任务评价单。任课教师可以当堂给出教师评价分,也可以在学习者将当堂任务学习成果提交给任课教师后,课后给出教师评价分。学习者可以在课后规定时间内继续提交第二课堂自主学习成果。任课教师根据学习者任务完成情况,按照教师评价分占 50%、组间评价分占 30%、组内评价分占 20%进行加权计算,最终形成每个学习者的任务完成评价成绩。成绩可以当堂反馈,也可以在下一次课堂上反馈。

职业能力测试

一种园林植物病害大面积流行危害的主要原因是什么？

【任务小结】

本任务主要传授和训练园林植物病害的定义、园林植物病害的三要素、园林植物病害的症状、园林植物病害的类型、园林植物侵染性病原、园林植物非侵染性病原、园林植物病害的侵染过程、园林植物病害的侵染循环以及园林植物病害的流行因素等内容和技能。

【讨论与提高】

(1) 什么是园林植物病害？如何理解植物病害的相对性？
(2) 植物病害的三要素是什么？
(3) 什么是园林植物病害的症状？病状有哪几种类型？病征有哪几种类型？
(4) 植物病害的类型有哪些？划分依据是什么？
(5) 园林植物侵染性病原和非侵染性病原有哪些？有何共同特点？
(6) 阐述营养体、菌核、子座和菌索的概念。
(7) 什么是真菌的繁殖体？有性孢子与无性孢子的类型有哪些？
(8) 简述真菌的生活史。
(9) 真菌界门和亚门的检索特征是什么？
(10) 植物病原细菌的形态与繁殖特点是什么？
(11) 植物病毒的形态与特性是什么？
(12) 线虫的形态与危害特性是什么？
(13) 园林植物病害的侵染过程是什么？
(14) 不同病原菌的侵入途径是什么？
(15) 什么是植物病害的侵染循环？
(16) 病害流行的3个因素是什么？

【考证提示】

本任务涉及园林植物保护工、绿化工、花卉工、花卉园艺师等工种的考核，涉及考证的内容主要为园林植物病害的基本理论，应牢固掌握以上要点。

任务2 园林植物病害的诊断与病原识别鉴定

子任务1 园林植物病害的病原形态识别与鉴定

目标要求

通过对园林植物病害侵染性病原和非侵染性病原的性状及其特征的学习，掌握植物病原菌临时玻片标本的制作方法，能对园林植物病害的病原及其特征进行准确描述与识别鉴定。通过导入植物病理学前辈的成长和科研的故事，让学生感受他们不畏艰难、勇于担当、甘于奉献、严谨治学、探索创新的精神。

工作准备

(1) 材料准备：无性子实体和有性子实体、冬孢子或冬孢子堆、叶点霉属、茎点霉属、拟茎点属、色二孢属、刺盘孢属、壳针孢属、菌核、有隔菌丝和无隔菌丝的玻片标本及挂图等；腐霉菌、镰刀菌、疫霉菌、霜霉菌、炭疽菌、小煤炱菌、丝核菌、小核菌、锈菌、白粉菌、黑粉菌、根霉菌、青霉菌等真菌5个亚门病原菌主要属的玻片标本及挂图等；植物病原细菌、植物病原线虫等园林植物病害病原菌的玻片标本及挂图等；菟丝子、列当、桑寄生、槲寄生等寄生性种子植物的盒装标本、示范装片及挂图等；花木烟煤病、草坪腐霉病、葡萄霜霉病、牡丹叶霉病、郁金香青霉病、大叶黄杨褐斑病、桂花斑枯病、大叶黄杨白粉病、海棠锈病的新鲜标本及散装标本；人工诱导或培养的有白色绵毛状菌丝的瓜果腐霉病菌或青霉菌。

(2) 用具准备：普通光学显微镜、放大镜、挑针、镊子、刀片、滴瓶及胶头滴管、盖玻片、载玻片、擦镜纸、吸水纸、搪瓷盘等。

任务实施

一、临时玻片标本制作练习

取清洁载玻片，中央滴蒸馏水一滴，用挑针挑取少许瓜果腐霉病菌的白色绵毛状菌丝，或者挑取少许青霉菌的菌丝或孢子放入水滴中，用两支挑针轻轻拨开过于密集的菌丝或孢子，然后自水滴一侧用挑针支持，慢慢加盖玻片即成，放到显微镜下观察。注意加盖玻片时不宜太快，以防形成大量气泡，影响观察或将待观察的病原物冲溅到玻片外。

二、园林植物病原真菌病害识别

(一) 识别与观察

(1)病原真菌的营养体及繁殖体识别：仔细观察分生孢子梗束、分生孢子座、分生孢子盘、分生孢子器、子囊壳、闭囊壳、子囊盘的担子果等真菌无性子实体和有性子实体示范装片，描述其形态特征的区别。

（2）病原真菌的典型特征识别：仔细观察腐霉菌、镰刀菌、疫霉菌、霜霉菌、炭疽菌、小煤炱菌、丝核菌、小核菌、锈菌、白粉菌、黑粉菌、根霉菌、青霉菌等园林植物病原真菌病害的示范装片，描述其典型特征的区别。

（3）自制临时玻片标本鉴别病原真菌：取瓜叶菊白粉病、大叶黄杨白粉病或郁金香青霉病新鲜标本，用挑针挑取闭囊壳或分生孢子制作临时玻片，置于显微镜下观察并描述其形态特征。

（二）总结与归纳

真菌病害的识别首先依据安思沃斯 1973 年提出的分类系统，按营养体、无性繁殖特征、有性繁殖特征把真菌分为 5 个亚门：鞭毛菌亚门、接合菌亚门、子囊菌亚门、担子菌亚门、半知菌亚门。

1. 鞭毛菌亚门所致病害识别技术

鞭毛菌亚门真菌是一类最低等的真菌，有腐生的，也有寄生的。大多数鞭毛菌水生，少数两栖或陆生，潮湿环境有利于其生长发育。鞭毛菌的主要特征是：营养体绝大多数为发达的无隔菌丝体；无性繁殖形成孢子囊，并在其中产生游动孢子；有性繁殖产生卵孢子。与园林植物病害关系密切的鞭毛菌主要有腐霉属（图 1-16）、疫霉属（图 1-17）、霜霉属（图 1-18）和白锈菌属（图 1-19），其分类归纳见表 1-5。

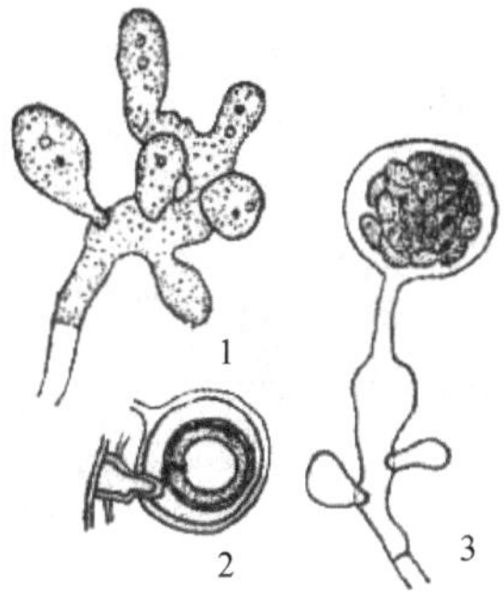

1. 孢子囊；2. 卵孢子；3. 泡囊。

图 1-16　腐霉属

（引自许志刚《普通植物病理学》· 第二版）

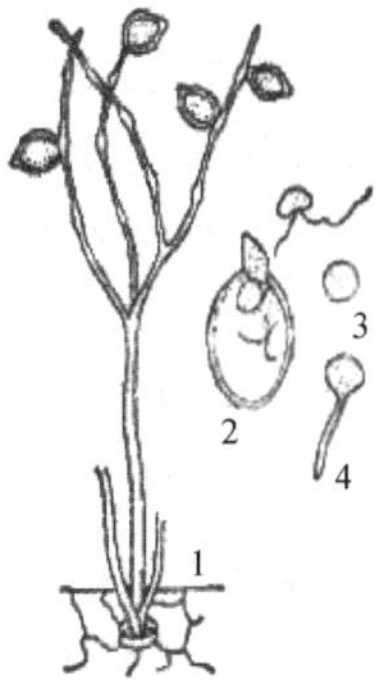

1. 孢囊梗从气孔中伸出；2. 放大的孢子囊；3. 休止孢；4. 孢子萌发。

图 1-17　疫霉属

（引自曹若彬《果树病理学》）

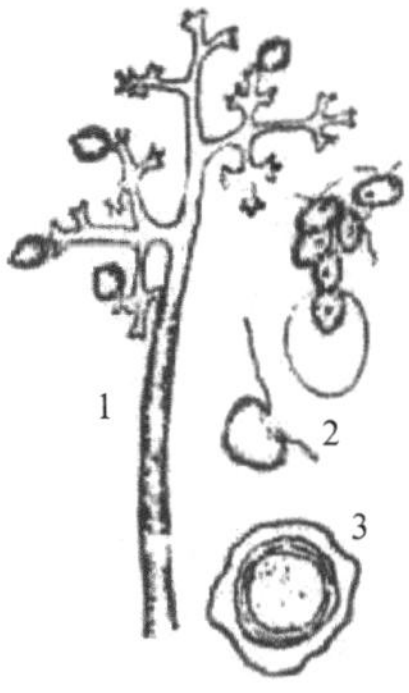

1. 孢囊梗；2. 游动孢子；3. 卵孢子。

图 1-18　霜霉属

（引自许志刚《普通植物病理学》· 第二版）

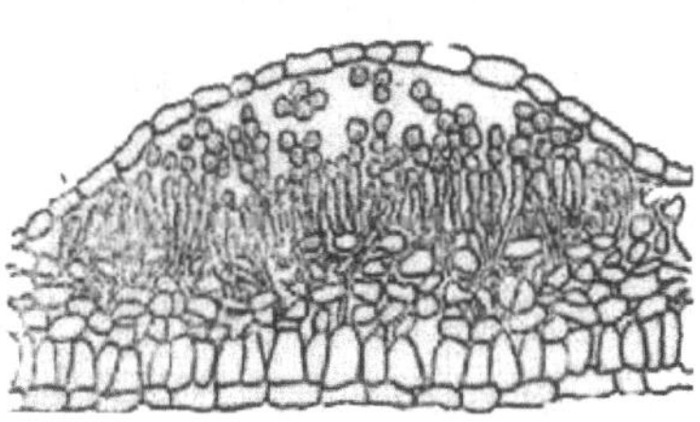

示植物表皮下的孢囊梗和孢子囊。

图 1-19　白锈菌属

（引自许志刚《普通植物病理学》· 第二版）

表 1-5　鞭毛菌亚门引起的常见园林植物病害识别

病原菌	病原形态特点	症　状	代表病害
腐霉属（*Pythium*）	孢囊梗与菌丝无明显区别；孢子囊圆筒形、近球形或姜瓣形，不脱落；孢子囊萌发时先形成一个泡囊，在泡囊中形成游动孢子	猝倒（茎腐）、根腐和果腐	多种针叶、阔叶树木及花卉的幼苗猝倒病
疫霉属（*Phytophthora*）	孢囊梗分枝或不分枝；孢子囊卵圆形，成熟后脱落；孢子囊萌发时产生游动孢子或直接萌发长出芽管；其他习性与腐霉基本相同	根腐、茎腐、芽腐、叶枯	一品红疫病、牡丹疫病、茶根腐病等
霜霉属（*Peronospora*）	孢囊梗顶部对称二叉状锐角分枝，末端尖；孢子囊卵圆形或椭圆形，萌发时产生游动孢子或直接萌发长出芽管	病斑表面产生白色霜状霉层	葡萄霜霉病、矢车菊霜霉病、紫罗兰和二月兰霜霉病
白锈菌属（*Albugo*）	孢囊梗发达、粗短，棒状，不分枝，在寄主表皮下排成栅栏状；孢子囊球形，呈短链状生于孢囊梗顶端	白色疱状物（孢子囊堆）	牵牛花白锈病、二月菊白锈病

2. 接合菌亚门所致病害识别技术

接合菌亚门真菌是另一类较低等的真菌，绝大多数为腐生菌，广泛分布于土壤、粪肥中，少数为弱寄生菌，能引起植物贮藏器官如果实、块根、块茎的霉烂。接合菌的主要特征是：营养体为发达的无隔菌丝体；无性繁殖形成孢子囊，并在其中产生孢囊孢子；有性繁殖产生接合孢子。与园林植物病害有关的主要是根霉属（*Rhizopus*）（图 1-20）。

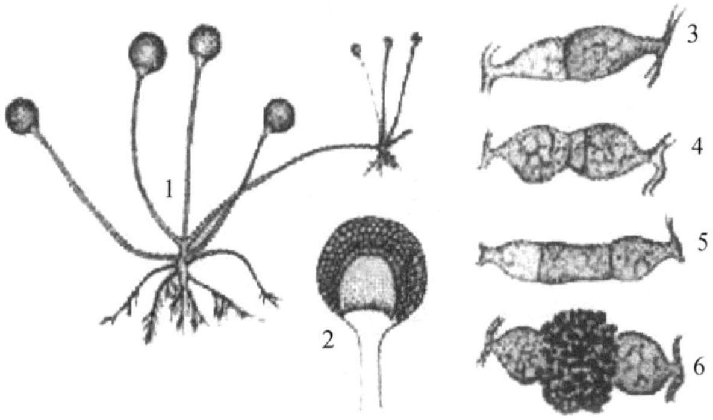

1. 胞囊梗、孢子囊、假根和匍匐枝；2. 放大的孢子囊；
3. 原配子囊；4. 原配子囊分化为配子囊和配囊柄；
5. 配子囊交配；6. 接合孢子。

图 1-20　根霉属

（引自许志刚《普通植物病理学》· 第二版）

根霉的菌丝发达，有分枝，分布于基物表面和基物内，有匍匐丝和假根。孢囊梗着生于假根的上方，两三根丛生，不分枝，顶端产生孢子囊。孢子囊呈球形，成熟后呈黑色，破裂后散发出大量孢囊孢子。接合孢子壁厚、黑色，表面有瘤状突起。接合孢子不常见。根霉危害贮藏期间的种实、球根、鳞茎等，引起软腐和霉烂症状。根霉多在植物贮藏器官生活力微弱、湿度大、温度高的条件下造成危害，引起园林植物病害，如百合鳞茎软腐病。

3. 子囊菌亚门所致病害识别技术

子囊菌亚门真菌都是高等真菌，全部陆生，已知的有 1 920 属，15 000 种，是真菌中数量最多的一类。其主要特征是：许多子囊菌的菌丝体常可交织在一起形成子座、菌核等结构；无性繁殖发达，主要产生分生孢子；有性繁殖产生子囊和子囊孢子。多数子囊菌的子囊呈棍棒形或圆筒形，少数呈圆形或椭圆形，每个子囊内通常含有 8 个子囊孢子。多数子囊产生在由菌丝形成的子囊果内，少数子囊裸生。子囊果有 4 种类型（图 1-21）：子囊果完全封闭没有固定孔口的称闭囊壳；子囊果有固定孔口的称子囊壳；子囊果呈盘状的称子囊盘；子囊着生在子座组织消解形成的腔内的称子囊腔，这种内生子囊的子座称子囊座。寄主植物的子囊菌形成子囊果后，往往在病组织表面形成黑色小颗粒和病症。子囊菌亚门根据子囊果的有无、子囊果类型以及子囊在子囊果内的排列情况等特性进行分类。引起园林植物病害的重要子囊菌主要有以下几类：

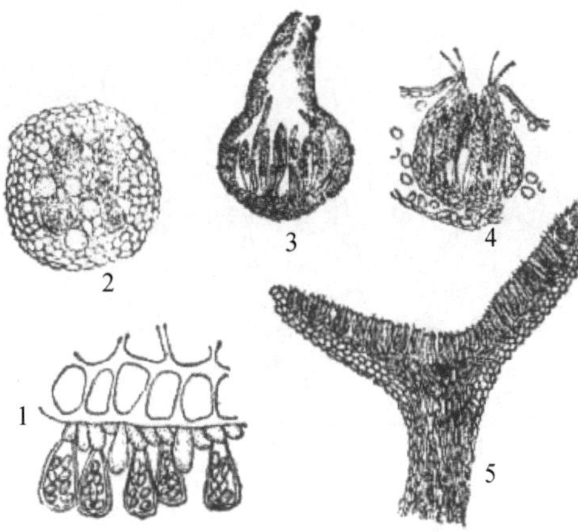

1. 裸生子囊层；2. 闭囊壳（横切面）；3. 子囊壳；4. 子囊腔；5. 子囊盘。

图 1-21　子囊菌亚门子囊果类型

（引自 Agrios G.N.《植物病理学》·第三版）

（1）外囊菌（*Taphrina*）。外囊菌没有子囊果，子囊裸生，平行排列在寄主表面，呈栅栏状（图 1-22）。子囊呈长筒形，内含 8 个子囊孢子。子囊孢子为单细胞，呈圆形或椭圆形。外囊菌在自然界都是专性寄生菌，通常侵染木本植物的嫩叶、幼果和芽，引起缩叶（病叶肥厚皱缩）、袋果（病果肿大中空）、丛枝等畸形类症状。所致园林植物病害有桃缩叶病、李袋果病、樱桃丛枝病、梅膨叶病等。

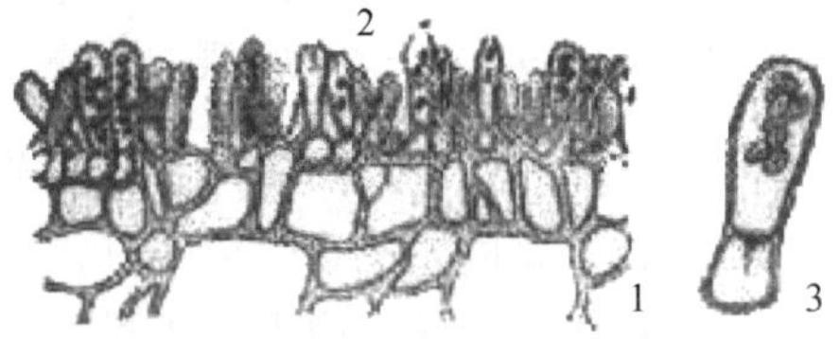

1. 寄主组织；2. 子实层；3. 放大的子囊和子囊孢子。

图 1-22　外囊菌

（引自徐明慧《园林植物病虫害防治》）

（2）白粉菌（*Erysiphales*）。白粉菌是白粉菌目真菌的统称，既是高等植物上的外寄生菌，又是能在低湿度环境中生长的真菌。白粉菌的菌丝体呈白色，菌丝体和繁殖体大多生在植物体表面，以吸器伸入寄主表皮细胞中吸养料。无性繁殖发达，自菌丝体产生分生孢子梗，梗顶端串生成单生无色单细胞的分生孢子。有性繁殖产生闭囊壳，闭囊壳外表生有各种形状的附属丝。闭囊壳内子囊数目（1 个或多个）以及外部附属丝的形态是白粉菌分类的依据。白粉菌在自然界都是高等植物的专性寄生菌，主要危害植物的叶片和嫩梢，有时也能危害花器和果实。由于白粉菌的菌丝体、分生孢子梗和分生孢子在寄主植物表面形成一层白色粉状物，故称为白粉菌。常见的有 6 个属：白粉菌属（*Erysiphe*）、单囊壳属（*Sphaerotheca*）、球针壳属（*Phyllactinia*）、钩丝壳属（*Uncinula*）、叉丝壳属（*Microsphaera*）和叉丝单囊壳属（*Podosphaera*）（图 1-23）。所致园林植物病害有大叶黄杨、狭叶十大功劳、月季、黄栌、芍药、凤仙花、杨树、丁香、枫杨等植物的白粉病。

（3）小煤炱菌（*Capnodium*）。小煤炱菌的菌丝寄生在植物体表面，子囊果为闭囊壳（图 1-24）。菌丝体呈暗色或黑色，未发现无性阶段。小煤炱菌主要危害植物叶片，在受害部位表面产生煤烟状粉煤层（由小煤炱菌的黑色菌丝体聚集而成），故称煤污病或烟煤病。引起的煤污病多分布在热带和亚热带地区，温带较少。所致园林植物病害有山茶花煤污病、柑橘煤污病、枸骨煤污病等。

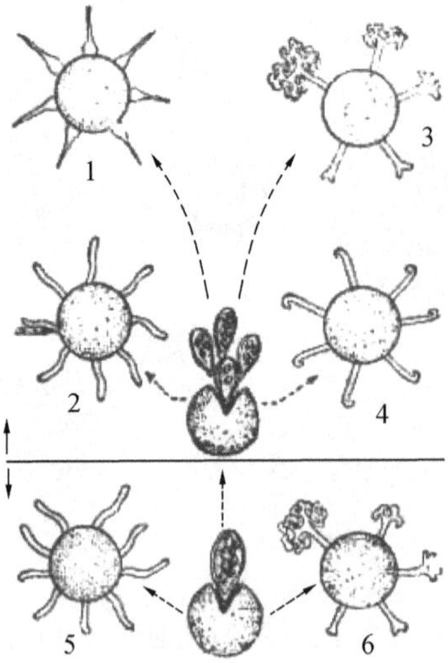

1. 球针壳属; 2. 白粉菌属; 3. 叉丝壳属;
4. 钩丝壳属; 5. 单囊壳属; 6. 叉丝单囊壳属。
图 1-23 白粉菌目常见属形态
(引自 *Agrios G.N.*《植物病理学》· 第三版)

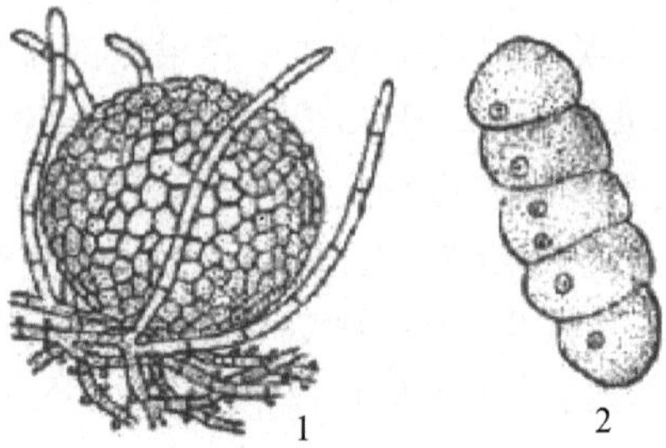

1. 子囊果; 2. 子囊孢子。
图 1-24 小煤炱菌
(引自许志刚《普通植物病理学》· 第二版)

(4) 球壳菌(*Sphaeriales*)。球壳菌的子囊果为子囊壳,呈球形、半球形或烧瓶状,如有子座,则埋在子座内。子囊壳顶端有孔口,有的子囊壳有长颈或短颈。子囊一般为棍棒形或圆筒形,子囊之间侧丝有或无。子囊壳内一般含有 8 个子囊孢子,单细胞至多细胞。球壳菌类的无性繁殖很发达,并产生各种形态的分生孢子。许多园林植物病害的发生流行,都是由它们的分生孢子多次产生和侵害造成的。球壳菌类危害植物的茎、叶、果实和根等器官,大多引起坏死型症状,如叶斑、枝干(茎)烂皮、根腐等。球壳菌的重要属有黑腐皮壳属(*Vasla*)等,所致园林植物病害有杨树烂皮病、苹果树腐烂病等。

(5) 盘菌(*Discomycetes*)。盘菌的子囊果为子囊盘,呈盘状或杯状,有柄或无柄,盘内着生子囊(图 1-25)。许多子囊和侧丝整齐排列成一层,构成外露的子实层。子囊盘的大小、形状、颜色和质地是分类的重要依据。盘菌的无性繁殖不发达,只有少数盘菌可以产生较发达的分生孢子。盘菌类真菌大多数是腐生的,少数可以寄生在植物上引起病害,危害花卉树木的叶、枝干(茎)等器官,引起叶斑、枝枯、茎腐等症状。盘菌的重要属有核盘菌属(*Sclerotinia*),可侵染 32 科 160 多种植物,所致园林植物病害有牡丹菌核病等。

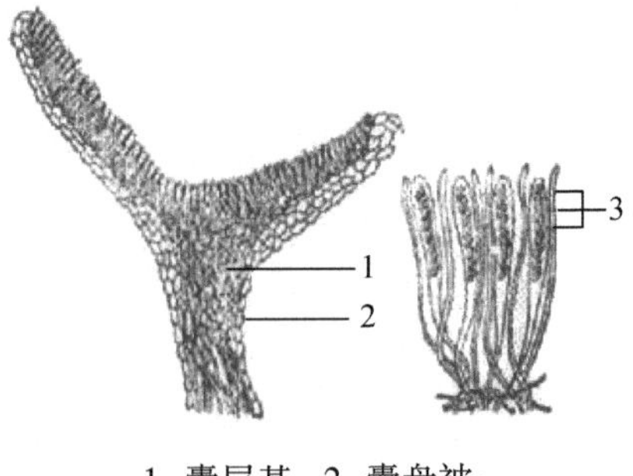

1. 囊层基; 2. 囊盘被;
3. 子囊、侧丝及子囊孢子。
图 1-25 核盘菌属子囊盘
(引自许志刚《普通植物病理学》· 第二版)

(6) 腔菌(*Loculoascomycetes*)。腔菌的子囊果为子囊座,子囊散生、成束着生或成排着生,双层壁。子囊之间无侧丝,有时在子囊之间可看到与侧丝相似的丝状体,称为拟侧丝。每个子囊座可以含有 1 个或多个子囊腔。子囊腔的个数、子囊的排列情况以及拟侧丝的有无等，是腔菌分类的重要依据。腔菌类的无性繁殖很发达，对植物的危害主要是无性繁殖阶段危害植物地上部分各器官，引起叶斑等症状。腔菌的重要属有黑星菌属（*Venturia*）等，所致园林植物病害有梨黑星病等。

4. 担子菌亚门所致病害识别技术

担子菌亚门真菌是最高等的一类真菌，陆生，已知的有 900 个属，1 200 余种，寄生或腐生，其中包括众多的食用真菌和药用真菌，如蘑菇、木耳、灵芝等，也有一些是农林植物上很重要的病原菌，如锈菌、黑粉菌。该亚门真菌形态变化很大，结构复杂，其共同特征是：营养体为发达的有隔菌丝体，细胞一般为双核。双核菌丝体可形成菌核、菌索和担子果等结构。高等担子菌进行有性繁殖时，形成担子果；低等担子菌如锈菌、黑粉菌则不形成担子果，其担子产生于休眠孢子上。

担子菌亚门根据担子果有无及其类型、担子有无隔膜等性状进行分类。引起园林植物病害的重要担子菌有以下几类：

（1）锈菌（*Uredinales*）。锈菌目真菌统称锈菌，共 5 000 余种，全部为高等植物专性寄生菌。锈菌的寄主范围极为广泛，包括蕨类植物、裸子植物和被子植物。锈菌生活史复杂，典型的生活史可分为 5 个发育阶段，依次产生 5 种类型的孢子：性孢子、锈孢子、夏孢子、冬孢子和担孢子，它们分别产生于性孢子器、锈孢子器、夏孢子堆、冬孢子堆和担子上（图 1-26）。冬孢子的形态和排列方式是锈菌分类的重要依据。但不是所有的锈菌都具备以上发育阶段，有些锈菌还有转主寄主现象，必须在两种亲缘关系很远的寄主上生活，才能完成其生活史。例如，松芍柱锈菌从寄生在松树枝干转换到芍药叶片上寄生。被寄生的两种植物，一种为主要寄主，另一种为转主寄主（中间寄主）。只要在一种寄主上生活就能完成其全部生活史，称为单主寄主，如蔷薇锈菌的 5 种孢子只在蔷薇上产生。

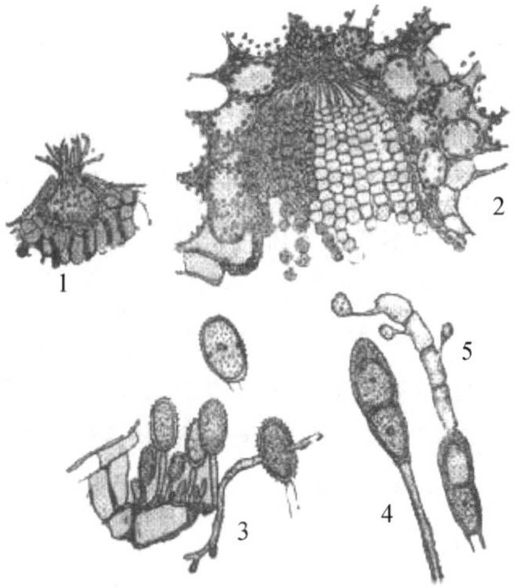

1. 性孢子器及性孢子；2. 锈孢子器及锈孢子；
3. 夏孢子堆及夏孢子；4. 冬孢子；
5. 冬孢子萌发产生的担子及担孢子。

图 1-26　锈菌的孢子类型

（引自许志刚《普通植物病理学》· 第二版）

锈菌危害植物的叶、枝干、果实等器官，引起叶片出现黄色斑点，枝干形成瘤肿、曲枝、肿胀等病状；在受害部位表面，病征部分非常明显，表现为鲜黄色或锈色的锈孢子器、夏孢子堆和黑色的冬孢子堆，外观为疱状物、毛状物或粉堆等。因锈菌引起的病害病征多呈锈黄色堆，故称为锈病。锈菌的重要属有柄锈菌属（*Puccinia*）、多胞锈菌属（*Phragmidium*）、胶锈菌属（*Gymnosporangium*）、柱锈菌属（*Cronartium*）和栅锈菌属（*Melampsora*）等。所致园林植物病害有玫瑰锈病、海棠锈病、细叶结缕草锈病、松芍药锈病等。

（2）黑粉菌（*Ustilaginales*）（图 1-27）。这类真菌因形成大量的黑色粉状孢子而得名，全是植物的寄生菌。黑粉菌的无性繁殖，通常由菌丝体上生出小孢子梗，其上着生分生孢子，或由担孢子和分生孢子以芽殖方式产生大量芽孢子。其有性繁殖是由双核菌丝体的中间细胞形成圆形、厚壁的冬孢子(又称厚垣孢子),冬孢子再萌发产生担子和担孢子。担子有隔或无隔。担孢子无柄,数目不定,顶生或侧生于担子上。在分类上,黑粉菌和锈菌一样,主要根据冬孢子的形态等性状进行分类。黑粉菌危害植物的花器、叶片、茎、根等器官,在植物受害部位产生大量黑粉(为冬孢子组成的冬孢子堆),故称黑粉病。花器受害后不能授粉或结实,植物幼嫩组织受害后则形成菌瘿。黑粉菌的重要属有黑粉菌属(*Ustilago*)、条黑粉菌属(*Urocystis*)等。所致园林植物病害有石竹科植物花药黑粉病、银莲花条黑粉病等。

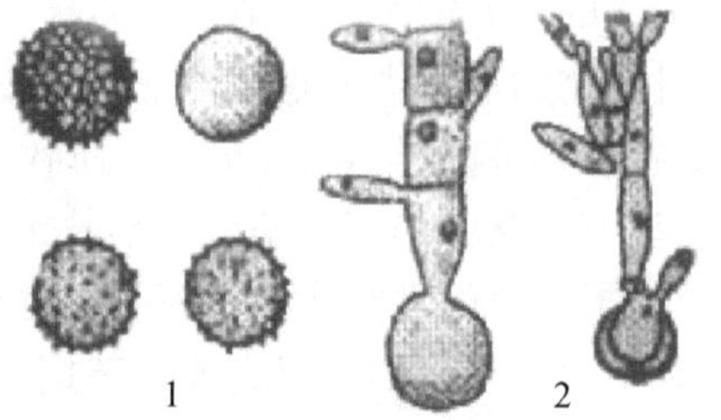

1. 冬孢子；2. 冬孢子萌发。

图 1-27 黑粉菌属

(引自许志刚《普通植物病理学》· 第二版)

(3) 层菌(*Hymenomycetes*)。层菌一般都有比较发达的担子架,呈膏药状、马蹄状或伞状。担子有隔或无隔,着生在担子果的一定部位上。担子很整齐地排列成层,构成子实层。层菌类通常只产生有性孢子,即担孢子,很少产生无性孢子。它们大多是腐生的,只有少数是植物病原菌,危害植物的根、茎(枝干)、叶等器官,引起根腐、木材腐朽、叶片膨肿等症状。层菌类真菌的重要属有卷担菌属、隔担菌属、伏隔菌属、外担菌属、蜜环菌属等。所致园林植物病害有苗木紫纹羽病、梅花膏药病等。

5. 半知菌亚门所致病害识别技术

真菌的分类主要是根据有性阶段的形态特征来划分的。但是在自然界中,有许多真菌的生活史只有无性阶段,没有或者还没有发现其有性阶段,这类真菌统称为半知菌。当发现其有性阶段时,大多数属子囊菌,极少数属担子菌。因此,半知菌和子囊菌的关系非常密切。

半知菌亚门的真菌是一大类很重要的真菌,将近 15 000 种,腐生或寄生。日常接触到的真菌和微生物培养中常见的污染菌有许多是半知菌,许多重要的植物病原菌也是半知菌。半知菌的主要特征是:菌丝体发达,有隔膜,从菌丝体形成分化程度不同的分生孢子梗,梗上产生孢子。分生孢子梗散生或形成束丝,分生孢子座聚生。有的半知菌形成盘状或球状有孔口的子实体,称分生孢子盘或分生孢子器(图 1-28)。半知菌亚门根据分生孢子的有无、分生孢子和分生孢子梗的形态以及无性子实体类型等性状进行分类。

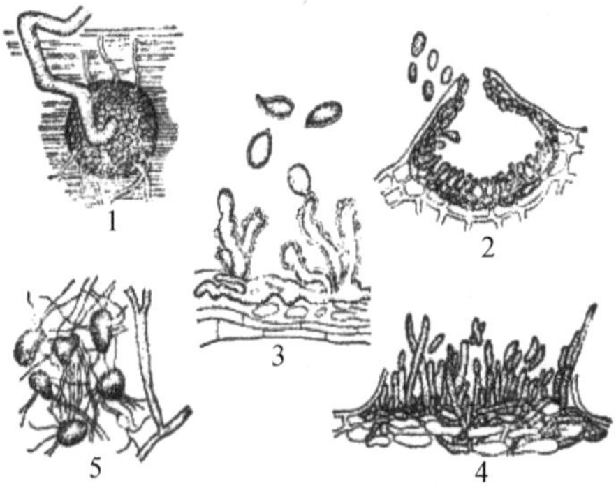

1. 分生孢子器外形；2. 分生孢子器剖面；3. 分生孢子梗；4. 分生孢子盘；5. 丝核菌菌丝及菌核。

图 1-28 半知菌的子实体和菌核

(引自曹若彬《果树病理学》)

引起植物病害的病原真菌约有半数是半知菌。它们危害植物的茎、叶、果、根等器官,引起局部坏死型症状,如枝干腐烂和溃疡、枝枯、茎基腐、叶斑、炭疽、果腐、根腐等,少数种类危害植物的维管束,引起全株萎蔫症状。与园林植物病害关系密切的半知菌主要有以下几种:

(1) 无孢菌(*Agonomycetales*)。无孢菌的菌丝体发达,褐色或无色,有的能够形成厚垣孢子，有的只能形成菌核。菌核形状多样，生于寄主表面，常有菌丝相连，不产生分生孢子。无孢菌的重要属有丝核菌属（*Rhizoctonia*）和小核菌属（*Sclerotium*）等。所致园林植物病害有苗木立枯病、草坪褐斑病、花木白绢病等。

（2）丝孢菌（*Hyphomycetales*）。丝孢菌的菌丝体发达，呈疏松棉絮状，分生孢子着生在松散的分生孢子梗上，或着生在孢梗束上，或着生在分孢子座上。丝孢菌目的重要属有粉孢属（*Oidium*）、尾孢属（*Cercospora*）、葡萄孢属（*Botrytis*）、链格孢属（*Alternaria*）、轮枝孢属（*Verticillium*）、枝孢属（*Cladosporium*）等（图 1-29）。所致园林植物病害有樱花褐斑穿孔病、杜鹃叶斑病、仙客来灰霉病、香石竹叶斑病、香石竹枯萎病、芍药叶霉病等。

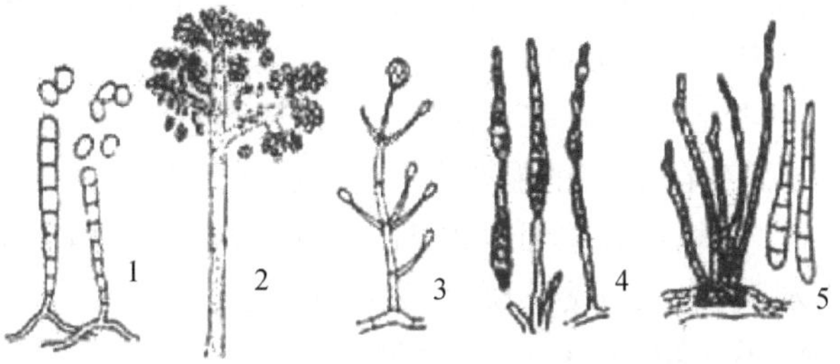

1. 粉孢属；2. 葡萄孢属；3. 轮枝孢属；4. 链格孢属；5. 尾孢属。

图 1-29 丝孢菌目的重要属

（引自许志刚《普通植物病理学》· 第二版）

（3）黑盘孢菌（*Melanconiales*）。黑盘孢菌的分生孢子着生在分生孢子盘上。黑盘孢菌的重要属有炭疽菌属（*Colletotrichum*）（图 1-30）、射线孢属（*Actinonema*）、盘多毛孢属（*Pestalotia*）等。所致园林植物病害有兰花炭疽病、月季黑斑病、山茶灰斑病等。

（4）球壳孢菌（*Sphaeropsidales*）。球壳孢菌的分生孢子器通常为球形，顶端有孔口，壁内下端产生不分枝的孢子梗，梗上着生分生孢子。球壳孢菌目的重要属有叶点霉属（*Phyllosticta*）、壳针孢属（*Septoria*）、盾壳霉属（*Coniothyrium*）、小穴壳属（*Dothiorella*）等（图 1-31）。所致园林植物病害有荷花斑枯病、桂花枯斑病、菊花褐斑病、月季枝枯病、槐树溃疡病等。

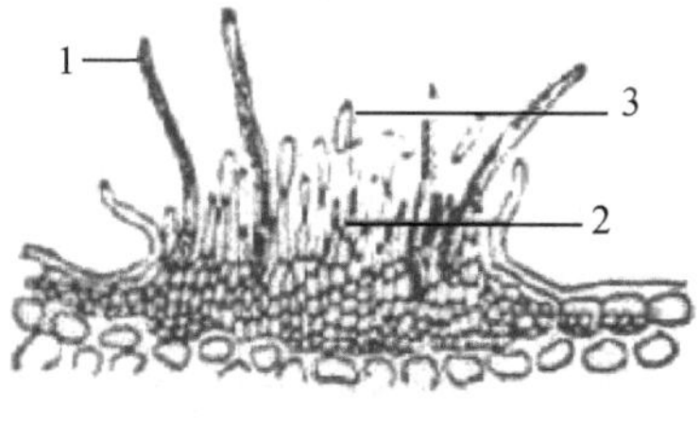

1. 刚毛；2. 分生孢子梗；3. 分生孢子。

图 1-30 炭疽菌属

（引自许志刚《普通植物病理学》· 第二版）

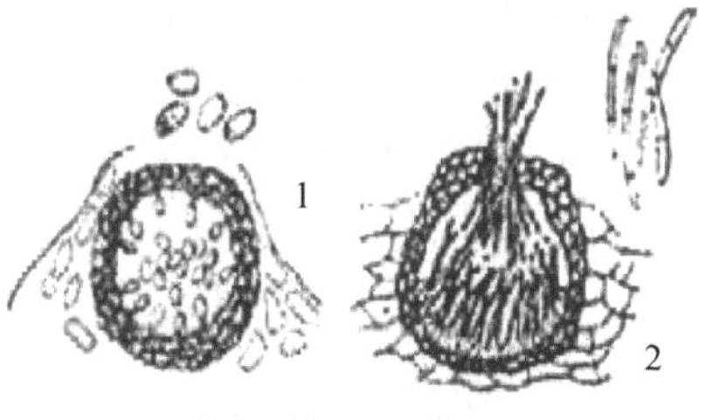

1. 叶点霉属；2. 壳针孢属。

图 1-31 球壳孢菌目的重要属

（引自许志刚《普通植物病理学》· 第二版）

三、园林植物病原细菌病害、病毒病害、线虫病害及寄生性种子植物的识别

（一）识别与观察

（1）病原细菌、病毒、线虫典型特征识别：仔细观察植物病原细菌、植物病原线虫等园林植物病害病原菌的示范装片，观察其典型特征。

(2) 寄生性种子植物观察：仔细观察菟丝子、列当、野菰、桑寄生、槲寄生等寄生性种子植物的形态特征，注意它们如何从寄主吸取营养。

(3) 自制临时玻片标本观察病原线虫：取根结线虫病新鲜标本，用刀片切开肿胀部位，然后用挑针挑取白色部分制作临时玻片，置于显微镜下观察其形态特征。

(二) 总结与归纳

1. 细菌病害识别技术

细菌的识别主要依据伯杰氏(D. H. Bergy)分类系统的分类特征进行鉴别，一般根据病原细菌的纯培养形态、鞭毛的性状、革兰氏染色反应、生理生化特性、致病性、症状特点等将细菌进行分类和识别鉴定。常见的植物病原细菌有 8 个属，其识别特征如下：

(1) 假单胞杆菌属(*Pseudomonas*)。

菌体呈杆状，有 1 根或几根极鞭，革兰氏染色反应阴性，严格好氧，氧化酶反应一般为阳性。在培养基上形成灰白色菌落，有的能产生荧光性色素。占植物病原细菌的一半，广泛分布于江湖河水和土壤中。有植物病原细菌 21 种，59 个致病变种，病害症状主要是叶斑、叶枯和青枯。所致园林植物病害有天竺葵叶斑病、丁香疫病等。

(2) 黄单胞杆菌属(*Xanthomonas*)。

菌体呈杆状，有 1 根极鞭，革兰氏染色反应阴性，严格好氧，氧化酶反应弱或阴性。在培养基上形成黄色菌落。有 20 个种，120 个致病变种，主要引起植物的叶斑和叶枯，少数引起萎蔫。所致园林植物病害有桃细菌性穿孔病、柑橘溃疡病等。

(3) 野杆菌属(*Agrobateriem*)。

菌体呈杆状，有 1~4 根周鞭，少数无鞭毛，革兰氏染色反应阴性，严格好氧，氧化酶反应阴性。为土壤习居菌，在培养基上形成黏性的白色菌落，为根瘤菌科下的一个属，主要引起木本植物的瘤肿和发根等畸形症状。所致园林植物病害有桃和樱花根癌病等。

(4) 欧氏杆菌属(*Erwinia*)。

菌体呈杆状，周生多根鞭毛，革兰氏染色反应阴性，多为兼性厌氧菌，氧化酶反应阴性。在培养基上形成白色菌落。DNA 中 G+C 含量为 50%~58%。有 15 个种，5 个亚种，7 个变种，主要引起植物软腐，少数引起枯死和萎蔫。所致园林植物病害有鸢尾细菌性软腐病等。

(5) 节杆菌属(*Arthrobacter*)。

菌体呈不规则杆状，细胞大小变化较大，一般直径为 0.6~1.2μm，杆状和球形细胞均呈革兰氏阳性反应，但较易褪色，不抗酸，杆状细菌不运动或偶有运动，绝对好氧，适宜生长温度为 25℃~30℃。节杆菌属成员的主要习居场所为土壤、污水等，在复合培养基上有明显的杆状至球形生长循环，一般 2~7 天的培养物全部是球形细胞。美国冬青节杆菌(*A. lices*)是该属唯一的植物病原菌。

(6) 棒形杆菌属(*Clavibacter*)。

菌体呈短杆状，大小为(0.4~0.75)μm×(0.8~2.5)μm，无鞭毛，革兰氏染色反应阳性。菌体多形态，直或微弯杆状，也可见到楔形或球形。细菌以单生为主，也常排列成 V、Y 和栅栏状，不抗酸，不运动。此属最主要的特征是在大多数培养基上一般生长缓慢且弱，菌落圆形光滑凸起，不透明，灰白色。绝对好氧，适宜生长温度为 21℃~26℃。包含 5 个种和 7 个亚种，都是植物病原菌，引起系统性病害，植株表现萎蔫、蜜穗、花叶等症状。在国内发现的有番茄细菌溃疡病棒形杆菌(*Cl. michiganense* subsp. *michiganense*)和马铃薯环腐病棒形杆菌(*Cl. michiganense* subsp. *sepedonicum*)等。

(7) 短小杆菌属(*Curtobacterium*)。

菌体呈不规则杆状,短小,大小为(0.4~0.6)mm×(0.6~3.0)mm,随菌龄变老,菌体变为球状,侧生鞭毛,好氧,革兰氏染色反应阳性,老龄细胞常呈革兰氏染色反应阴性,无芽孢。菌落圆形,隆起、奶油状,多为橘黄色。该属的植物病原菌仅一种,即菜豆萎蔫短小杆菌(*C. flaccumfaciens* pv. *flaccumfaciens*),引起菜豆幼苗矮化,成株萎蔫。

(8) 芽孢杆菌属(*Bacillus*)。

菌体呈直杆状,大小为(0.5~2.5)mm×(1.2~10)mm,周生多根鞭毛,活动性强,老龄菌体产生芽孢,好氧或兼性厌氧,革兰氏染色反应阳性。菌落扁平,灰白色,边缘不整齐,有缺刻或波纹,较黏稠。该菌多数加快病组织的腐烂或坏死,少数可单独侵染而致病。

2. 病毒病害识别技术

植物病毒主要依赖于症状特点、传播方式、生理生化特性、血清学反应、分子生物学特性以及病毒颗粒的电镜扫描特征等进行综合识别。

症状特点是初步识别许多植物病毒病害的重要依据。植物感染病毒后表现出各种症状,这种外部的病态是植株内部组织、细胞和生理变化发展的结果。植物感染病毒病害的症状可分为变色、坏死和畸形3种类型。有些植物在感病后并不表现症状,称为带毒现象。有些植物感病后在条件不适宜时症状减轻或消失,条件适宜时症状又重新表现出来,称为隐症。变色是植物感染病毒后最常见的症状,而变色中的花叶和黄化最为常见,因此许多病毒病就称作花叶病或黄化病,如美人蕉花叶病。坏死是感病植物的某些组织或器官的死亡,如叶片形成各种坏死枯斑、植株顶端和部分枝条的坏死以及茎、叶柄和主脉组织的条状坏死等,如建兰花叶病、百合病毒病。畸形是感病植物某些组织器官的卷叶、蕨叶、矮化、瘤肿、丛枝等,如仙客来病毒病。

危害园林植物的常见病毒病的传播方式、生理生化特性以及病毒颗粒形状等识别特征如表1-6所示。

表1-6 危害园林植物的重要病毒病的关键识别特征

病毒名称	颗粒形状	稀释限点	钝化温度	体外存活期	传播方式
烟草花叶病毒	杆状	10^{-6}	93℃~97℃	71天	摩擦、花粉、种苗
黄瓜花叶病毒	球状	10^{-4}	55℃~65℃	7天	蚜虫、摩擦、种苗
马铃薯Y病毒	线状	10^{-4}	52℃~55℃	1~8天	蚜虫、种子、种苗
芜菁花叶病毒	线状	10^{-3}	55℃~65℃	2~4天	蚜虫、摩擦、种苗
烟草环斑病毒	球状	10^{-4}	50℃~65℃	6~10天	蚜虫、叶蝉、蓟马、线虫
郁金香碎色病毒	线状	10^{-5}	65℃~70℃	4~6天	蚜虫、摩擦、种苗

3. 线虫病害识别技术

线虫的识别主要采用Chitwood分类特征进行鉴别,根据侧尾腺口的有无将线虫纲分为侧尾腺口亚纲和无侧尾腺口亚纲两大类。植物病原线虫主要属侧尾腺口亚纲中的垫刃目。

危害园林植物的常见线虫的识别特征如下(表 1-7):

表 1-7　危害园林植物的常见线虫的识别特征

属　　名	虫体形态特点	症　　状	代表病害
根结线虫属(*Meloidogyne*)	雌雄成虫异型:雌成虫为梨形,长 0.8mm,宽 0.5mm,表皮无色,卵排出体外;雄虫为线形,成虫体长 1.0~2.0mm,幼虫体长 0.5mm;内寄生	危害植物根部,引起根系局部多处肿大呈瘤肿状,称为根结或虫瘿	仙客来、四季海棠、鸡冠花、牡丹、月季、桂花、法桐、梓树、泡桐、黄杨及柳树等花木根结线虫病
茎线虫属(*Ditylenchus*)	雌雄成虫均为线形,体长可达 2mm,活跃,头尾弯曲度大,内寄生	危害茎、叶和地下球根,引起组织腐烂或变形扭曲,受害鳞茎的断面有褐色环斑	水仙、郁金香等花卉茎线虫病
滑刃线虫属(*Aphelenchoides*)	雌雄成虫均为蠕虫状,活动能力较强,在水中活动快,多为内寄生	危害叶片和幼芽,引起枯斑和凋萎;侵染花,引起花朵干枯或畸形;危害茎和根,引起植物外形萎缩	菊花、珠兰、翠菊、大丽花叶线虫病,姜花皮线虫病,唐菖蒲、水仙、扶桑、杜鹃等花木线虫病
根腐线虫属(*Pratylenchus*)	雌雄成虫均为蠕虫状,体长超过 1mm,可在细胞间移动,内寄生	危害根部,引起根腐	百合、水仙、金鱼草、蔷薇、樱花、鹅掌楸、仁果类、核果类等多种花木根腐线虫病

4. 其他侵染性病害识别技术

(1) 寄生性种子植物的识别。

寄生性种子植物引起的病害,在感病植物体上或根际可以看到寄生物,如寄生藻、菟丝子和独脚金等。槲寄生的被害树木的枝干上生有高约 0.5~1m 的寄生灌丛,灌丛着生处略肿大,冬季落叶后灌丛更明显。受害枝干的木质部被辐射状割裂,被害树木生长受阻。

① 菟丝子属。菟丝子是全寄生一年生草本种子植物,主要寄生在豆科、菊科、茄科、百合科、伞形科和蔷薇科等草本和木本植物上。菟丝子无根,叶片退化为鳞片状;茎多为黄色丝状体,呈旋卷状;花小,淡黄色,聚成球状花序;蒴果球形,内有种子 2~4 枚,种子小,卵圆形,灰褐色。

我国最常见的菟丝子有中国菟丝子和日本菟丝子两种。中国菟丝子主要危害草本植物,在园林花卉上常危害一串红、翠菊、两色金鸡菊、地肤、美女樱、长春花及扶桑等多种观赏植物。日本菟丝子主要危害木本植物,常危害杜鹃、六月雪、山茶花、木槿、金丝桃、紫丁香、榆叶梅、珊瑚树、银杏、垂柳、白杨等多种花灌木和绿化树种。

菟丝子以种子繁殖。成熟的种子落入土壤或混入植物种子中传播。断茎也有很强的生长能力,可进行营养繁殖。茎的每个片段,只要和寄主接触,就可以继续生长分枝,以扩大蔓延危害。

② 桑寄生属。桑寄生属植物是温带、亚热带和热带木本植物上常见的寄生性种子植物。该属植物为常绿寄生性灌木,也有少数是落叶的,高 1m 左右,茎褐色,圆筒状,有匍匐茎;叶对生、轮生或互生,少数退化成鳞片状,全缘;两性花,多为总状花序,花被 4~6 枚;果实为浆果状核果。

桑寄生属的种子一般借鸟类传播。鸟啄果实后，吐出或经过消化道排出种子使其黏附在树皮上。种子在适宜的环境条件下萌发，先长吸器，后产生吸根，侵入寄主枝条，与寄主导管相通，建立起吸收寄主水分和无机盐的寄生关系，并发育成绿色丛枝枝叶，极易与寄主植物相区别。常见的有桑寄生、槲寄生和樟寄生。桑寄生常寄生在山茶、石榴、木兰、蔷薇、梧桐、榆和山毛榉等29科植物上；樟寄生多寄生于山茶、蔷薇、金缕梅、樟、杨、柳等11科植物上。

（2）壁虱的识别。

壁虱属蛛形纲、蜱螨亚纲、真螨目、瘿螨总科。虫体微小，长0.1~0.3mm，多呈蛆状，有2对足，生于近头部处，虫体可分喙、头胸部和腹部3部分。幼虫较成虫小，卵球形，虫体大多匿居在虫瘿中，肉眼不易看到。瘿螨会引起植物产生各种畸形症状，如虫瘿、毛毡、疱瘿、丛生等，还能引起植物器官变色。

四、园林植物非侵染性病害的识别

（一）识别与观察

（1）园林植物缺素症的识别：仔细观察园林植物不同缺素症的标本、挂图、照片等，观察其典型特征。

（2）园林植物大气污染危害症的识别：仔细观察园林植物不同大气污染危害症的标本、挂图、照片等，观察其典型特征。

（二）总结与归纳

非侵染性病害主要由不良环境因素所引起。在田间一般成片发生，病株分布比较均匀，受害植株通常表现为全株性症状，没有逐步传染扩散的现象，同一病害症状往往大面积同时发生，有时有局部发生现象，但与发生地点、地形、土质及其他特殊环境条件有关。非侵染性病害只有病状而无病征，在感病植物上找不到任何病原物。

对非侵染性病害识别和诊断时，要先根据病害症状，排除侵染性病害，然后分析发病因素和规律，如发病时间、气候、地形、土壤、肥料、水分等因素与病害发生的关系。由于非侵染性病害引起的病状与侵染性病害引起的病状容易混淆，所以单凭其病状比较难以确诊，必须结合试验来鉴定非侵染性病害的病原，通常采用的试验方法包括化学诊断法、人工诱发试验法、指示植物鉴定法等。

1. 缺素症的识别

园林植物缺乏某种元素时，一般都在形态上表现出特有的症状，即所谓的缺素症，如失绿、斑点、畸形等（表1-8）。由于元素、生理功能不同，症状出现的部位和形态常有它的特点和规律。例如，由于元素在植物体内移动性的难易有别，失绿开始的部位也不同。一些容易移动的元素如氮、磷、钾及镁等，当植物体内呈现不足时，就会从老组织移向新生组织，因此这些元素缺乏的症状最初总是在老组织上先出现。相反，一些不易移动的元素如铁、硼、钙、钼等缺乏的症状则常常从新生组织开始表现。铁、铜、锰、锌等直接或间接与叶绿素形成或光合作用有关，缺乏时一般都会出现失绿现象；而磷、硼等与糖类的转运有关，缺乏时糖类容易在叶片中滞留，从而有利于花青素的形成，常使植物茎叶带有紫红色泽；硼与开花结实有关，缺乏时花粉发育、花粉管伸长受阻，不能正常受精，就会出现“花而不实”。而新生组织和生长点萎缩、死亡，则是由于缺乏与细胞膜形成有关的元素钙、硼等，使细胞分裂过程受阻碍引起的。畸形小叶即小叶病是因为缺乏锌,使生长素形成不足所致。这种外在表现和内在原因的联系是形态诊断的依据。

表 1-8 植物缺素症检索表

1 症状在老组织上先出现(缺 N,P,K,Mg,Zn)	
2 不易出现斑点(缺 N,P)	
3 新叶淡绿,老叶黄化枯焦,早衰	缺 N
3 茎叶暗绿或呈紫红色,生育期推迟	缺 P
2 容易出现斑点(缺 K,Mg,Zn)	
3 叶尖及边缘先枯焦,症状随生育期而加重,早衰	缺 K
3 叶小,斑点可能在主脉两侧出现,生育期推迟	缺 Zn
3 脉间明显失绿,有多种色泽斑点或斑块	缺 Mg
1 症状在幼嫩组织先出现(缺 B,Ca,Fe,S,Mn,Mo)	
2 顶芽容易枯死(缺 B,Ca)	
3 茎叶软弱,发黄焦枯,早衰	缺 Ca
3 茎叶柄变粗、脆,易开裂,开花结果不正常,生育期延长	缺 B
2 顶芽不易枯死(缺 Fe,S,Mn,Mo)	
3 新叶黄化,失绿均一,生育期延迟	缺 S
3 脉间失绿,出现斑点,组织易坏死	缺 Mn
3 脉间失绿,发展至整片叶淡黄或发白	缺 Fe
3 叶片生长畸形,斑点散布在整片叶片上	缺 Mo

有的营养元素缺乏的症状很相似,容易混淆。例如,缺锌、缺锰、缺铁和缺镁的主要症状都是叶脉间失绿,有相似之处,但又不完全相同,可以根据各元素缺乏症状的特点来辨识。辨别微量元素缺乏症状有 3 个着眼点,就是叶片大小和形状、失绿的部位和反差强弱。

叶片大小和形状:缺锌的叶片小而窄,在枝条的顶端向上直立呈簇生状;缺乏其他微量元素时,叶片大小正常,没有小叶出现。

失绿的部位:缺锌、缺锰和缺镁的叶片只有叶脉间失绿,叶脉本身和叶脉附近部位仍然保持绿色。而缺铁的叶片只有叶脉本身保持绿色,叶脉间和叶脉附近全部失绿,因而叶脉形成了细网状。严重缺铁时,较细的侧脉也会失绿。缺镁的叶片有时在叶尖和叶基部仍然保持绿色,与缺乏其他元素显著不同。

反差强弱:缺锌、缺镁时,失绿部分呈浅绿、黄绿以至于灰绿色,中脉或叶脉附近仍保持原有的绿色。缺铁时,叶片几乎呈灰白色,反差更强(绿色部分与失绿部分相比较,颜色深浅相差很大)。而缺锰时叶片反差很小,呈深绿或浅绿色,有时要迎着阳光仔细观察才能发现,与缺乏其他元素显著不同。

此外,各微量元素的缺乏情况也可以根据土壤类型加以区别。缺锰或缺铁一般发生在石灰性土壤上,缺镁只出现在酸性土壤上,而缺锌会出现在石灰性土壤和酸性土壤上。

2. 污染物中毒的识别

空气、土壤中的有毒物质可使花木受害。在工矿区,由于空气中含有过量的二氧化硫、二氧化氮、氯化氢和氟化物等有害气体及各种烟尘，常使花木遭受危害，引起叶缘、叶尖枯死，叶脉间组织变褐，严重时叶片脱落，甚至导致植物死亡。植物对空气污染物的反应及主要症状识别如表1-9所示。

表1-9 植物对空气污染物的反应及主要症状识别

污染物种类	污染来源	抗性强的植物	敏感性植物	主要症状
氟化氢（HF）	铝工业、磷肥制造厂、钢铁厂、制砖业等	夹竹桃、罗汉松、桧柏、侧柏、木槿、柳树、山楂等	唐菖蒲、郁金香、石竹、杜鹃、葡萄、玉簪、梅、杏、雪松、垂柳、桃等	双子叶植物的叶缘或单子叶植物的叶尖产生枯焦斑，病健交界处产生狭长红棕色条纹
二氧化硫（SO_2）	煤和石油的燃烧、天然气工业、矿石冶炼等	大叶黄杨、夹竹桃、丁香、臭椿、刺槐、侧柏、桂花、文竹、仙人掌等	樱花、雪松、银杏、悬铃木、油松、马尾松、落叶松、白桦、梅花、大波斯菊、玫瑰、天竺葵、月季、葡萄、桃及合欢等豆科植物	生长受到抑制，低浓度导致叶片失绿，变褐色，早衰；高浓度导致叶脉间漂白
二氧化氮（NO_2）	发动机废气，天然气、石油或煤的燃烧	香樟、龙柏、大叶黄杨等	杜鹃、水杉、黑杉、黑松、白榆、悬铃木、向日葵、秋海棠、烟草等	幼嫩叶片叶缘变红褐色或亮黄褐色，早衰
臭氧（O_3）	空气中光化学反应、太阳风暴等	香樟、悬铃木、大叶黄杨等	矮牵牛、女贞、烟草、银槭、梓树、丁香、葡萄、牡丹、石竹、菊花、柑橘、松等	叶片正面形成斑驳或褪绿斑点，大小不一，颜色多变；有时植株矮化、叶片早落

此外，化肥、植物生长调节剂等使用不当、浓度过大或条件不适宜，可使花木发生不同程度的伤害或灼伤，叶片常产生斑点或枯焦脱落，特别是花卉柔嫩多汁部分最易受害。

学习成果

（1）比较所观察的园林木本植物病原菌的形态特征，填入表1-10。

表1-10 园林木本植物病原菌的形态特征记录表

病原菌名称	分类地位	形态特征

（2）用照相机或高像素手机拍摄几种园林植物寄生性种子植物照片，并描述其特征。

任务评价

任课教师当堂发放任务评价单，由学习者当堂完成组间评价和组内评价后，收回任务评价单。任课教师可以当堂给出教师评价分，也可以在任务学习者将当堂任务学习成果提交给任课教师后,课后给出教师评价分。学习者可以在课后规定时间内继续提交第二课堂自主学习成果,如学习者本人拍摄的寄生性种子植物照片等。任课教师根据学习者任务完成情况,按照教师评价分占50%、组间评价分占30%、组内评价分占20%进行加权计算,最终形成每个学习者的任务完成评价成绩。成绩可以当堂反馈,也可以在下一次课堂上反馈。

职业能力测试

(1) 5个亚门的真菌在形态上有哪些异同点?

(2) 植物病原线虫病害的症状特点有哪些?

(3) 为什么寄生性种子植物是植物病原生物? 其和高等植物有什么异同?

子任务2　园林植物病害的诊断

目标要求

通过对园林植物真菌病害、细菌病害、病毒病害、线虫病害、非侵染性病害诊断技术的学习,能对园林植物发生的病害进行正确的诊断。

工作准备

(1) 材料准备:发生真菌病害、细菌病害、病毒病害、线虫病害、缺素症、大气污染或药害伤害的园林植物个体及群体照片或挂图,园林植物真菌病害、细菌病害或线虫病害盆栽。

(2) 用具准备:普通光学显微镜、放大镜、挑针、镊子、刀片、滴瓶及胶头滴管、盖玻片、载玻片、凹玻片、擦镜纸、吸水纸、搪瓷盘等。

任务实施

一、园林植物真菌病害的诊断

(一) 诊断训练

第一步:症状的识别与诊断。检查感病的园林植物叶片是否有坏死病斑,枝干是否有腐烂,根部是否有坏死等病状;检查病斑上是否有特殊的病征,如霉状物、粉状物、粒状物、点状物、核状物、伞状物、索状物等真菌病害所特有的病征;查阅资料确定属于哪一种病状和病征。

第二步:病原菌的识别与鉴定。挑取发病部位上的病原物置于载玻片上,制作成临时玻片,置于显微镜下观察病原菌的结构和形态特征,查阅资料确定属于哪一种病原真菌。

第三步:对一时难以发现病征的园林植物病害,还要进行连续观察,确定是否出现病征。对没有出现病征或病征不明显的园林植物病害,还要进行病原真菌的活体分离,然后再查阅资料,对分离出的病原菌进行进一步识别与鉴定。

第四步:对于新发生病害或难以确定的病害,还要应用柯赫氏法则(Koch's postulates)进行鉴定,以确定病原与病害之间的一一对应关系。

（二）总结与归纳

1. 症状诊断

症状诊断在野外调查和观察中对病害的识别具有实用价值。一般来说，每一种园林植物病害的症状都具有一定的特征，通常表现在发病部位和病斑的形状、大小、颜色、花纹等方面。因此，对于一些多发常见病害，根据症状可以作出初步诊断。进行症状诊断时，一般先要确定被害植物的受害部位，再进行症状观察，进一步确定病害的发生和类型。

观察症状时，先注意观察病害对全株的影响（如萎凋、萎缩、畸形和生长习性的改变等），然后检查病部。观察斑点病害时，要注意斑点的形状、数目、大小、色泽、排列和有无轮纹等；观察腐烂病时，要注意腐烂组织的色、味、结构（如软腐、干腐）以及有无虫伤等。症状观察常用的仪器为放大镜和体视显微镜。

真菌病害的症状以坏死和腐烂居多，病斑干燥，而且大多数真菌病害均具有明显的病征，环境条件适合时可在病部看到明显的霉状物、粉状物、粒状物等特定结构。如叶片生出白色粉状物，则多为白粉病或霜霉病；白粉病在叶片上多呈片状，霜霉病则多呈颗粒状。

在室外观察时，由于发病条件的限制，症状特点尤其是病征特点表现不够明显，难以确定病害种类。当遇到上述情况时，可在继续观察田间病害发生情况的同时，将病株或病部组织采回实验室，放在合适的温度和湿度条件下继续培养，促使其症状充分表现，然后进行鉴定。对于常见病害，根据病害在田间的发生分布情况和病害的症状特点，结合查阅相关资料，便可基本判断是何种病害。

2. 镜检诊断

对于真菌病害，如标本上病征明显，可直接进行显微镜检查，否则需用保湿培养和人工分离培养的方法，获得病原物后再镜检。镜检时，根据病原物在病部着生情况的不同，采用不同方法制片。

（1）刮挑法制片：病部产生霉层的标本，可用湿解剖刀刮取或用针挑取镜检材料，放在载玻片的水滴中，制成水浸片观察。

（2）剥取法制片：若要检查孢子着生在分生孢子梗上的情况，观察分生孢子盘和吸器的构造，可剥取病部表皮组织制片观察。

（3）压碎法制片：用于检查幼根中的病菌。

（4）真菌粘贴法：用于检查叶部表面的霉菌，即将透明胶带粘在有霉菌的叶面上，置于滴有乳油的载玻片上，菌体面朝上，再加乳酚油一滴，然后进行镜检。

（5）手工切片法：最适于检查深埋在寄主组织内的病原菌，具体操作是将病组织沾湿放在表面平滑的小木块上，用手指压住材料，另用刀片将材料切成薄片后，投入盛清水的培养皿中，用移植环挑取合适材料镜检。对于比较粗大而坚硬的材料，可先修整至合适大小（长 7~8cm，宽 1~5mm），再切片。细小柔软或较薄的材料可夹在胡萝卜、马铃薯等中切片。

人工培养的真菌可采用直接挑取法镜检，也可采用琼脂培养基中真菌检视法，即将带菌基物放在载玻片上，慢慢加热熔化基物，再加浮载剂制片镜检；或采用真菌玻片培养检视法，即在灭菌的载玻片上加少许灭菌培养基，接种并在适温保湿条件下培养，当菌丝体和孢子已生长附着于载玻片上时，去除琼脂，加浮载剂制片镜检，通过对真菌子实体、孢子、菌丝体形态特征的观察，便可确定病原真菌的种类。

因此,诊断真菌病害时,除观察症状外,还应对病原进行鉴定,尤其是对一些症状复杂的病害、不太常见的病害和新病害,病原鉴定是必不可少的。在植物病部出现明显的病征时,应及时进行病原检查。如病征为霉状物或粉状物,可用解剖针或解剖刀直接从病组织上挑取子实体制片;如病征为粒状物或点状物,可采用手工切片法制作临时切片;当病原物非常稀疏时,可采用粘贴制片。然后在显微镜下观察其形态特征,根据子实体和孢子的形态、大小、颜色及着生情况等,即可确定常见病和多发病。

3. 诱发试验诊断

对于新病害的鉴定,要应用柯赫氏法则进行诱发试验诊断。

柯赫氏法则一共有 4 条标准。1882 年,柯赫(Koch)在研究了人和动物的病害之后,提出了确定一种微生物致病性的三个必要条件:① 这种微生物经常与某种病害有联系,发生这种病害往往就有这种微生物存在;② 从病组织上可以分离得到这种微生物的纯培养,并且可以在各种培养基上研究它的性状;③ 将培养的菌种接种在健全的寄主上,可诱发出与原来相同的病害。史密斯(Smith)在 1905 年又补充一个条件:从接种后发病的植物上,能再次分离得到原来的微生物。

二、园林植物细菌病害的诊断

(一) 诊断训练

第一步:症状的识别与诊断。检查感病的园林植物叶片是否有水渍状斑点或坏死斑、软腐状腐烂、瘤状畸形等病状,检查发病部位是否发臭或有脓状物流出,查阅资料确定属于哪一种病状和病征。

第二步:病原菌的识别。叶部细菌病害可以选择病斑边缘新发展部分进行徒手切片,观察是否有“细菌溢”现象出现。

第三步:对一时难以发现病征的园林植物病害,还要进行连续观察,确定是否出现病征。对没有出现病征或病征不明显的园林植物病害,还要进行病原细菌的活体分离,然后再查阅资料,对分离出的病原菌进行进一步识别与鉴定。

第四步:对于新发生病害或难以确定的病害,还要应用柯赫氏法则进行鉴定,以确定病原与病害之间的一一对应关系。

(二) 总结与归纳

1. 症状诊断

细菌性病害引起的症状主要有坏死(斑点)、腐烂、萎蔫和畸形 4 种。细菌性病害在潮湿条件下一般在病部可见黄色或乳白色的脓状物,干燥后形成发亮的薄膜,即菌膜或颗粒状的菌胶粒。菌膜和菌胶粒都是细菌的溢脓,是细菌病害的病征。可取小块病组织置于滴有清水的载玻片上或盛有清水的试管中,观察溶液是否变浑浊,以判断是否有菌脓。当怀疑是细菌性病害但在田间病征又不明显时,可将病株带回实验室进行保湿培养,待病征充分表现后再进行鉴定。

2. 镜检诊断

一般细菌性病害的病部,都可以通过徒手切片看到喷菌现象。喷菌现象,又称细菌溢现象,为细菌病害所特有,是区分细菌与真菌、病毒病害最简便的手段之一。检查喷菌现象时,应严格排除病组织中的腐生细菌和表面污染,选择典型、新鲜、早期的病组织,并优先从新病斑及病斑边缘新发展部分进行取样制片。同时对于向深处发展的主体病组织,可用流水或清水冲洗数次,再用70%的酒精表面消毒后,选取新发病部分;对于质地较薄的叶片或幼嫩枝梢,可在流水下冲洗数次后,放入无菌培养皿中待用。检查时,先将病组织用自来水冲洗干净,吸干水分,用灭菌剪刀从病健交界处剪下0.5~1cm大小的病组织,将其置于载玻片中央,加1滴灭菌水,盖上盖玻片,静置几分钟后用肉眼观察或显微镜检查。镜检时光线不宜太强,观察病组织周围,如发现有大量细菌似云雾状溢出,则需进行制片。制片时可用涂片法,即将载玻片上的病组织移去后,把菌液涂抹成薄膜,经火焰烘干固定、染色后水洗,待干燥后镜检。显微镜检查尚不能确诊时,可进行培养性状、生化测定、血清学反应的鉴定,进一步确定细菌病害的病原种类。

三、园林植物病毒病害的诊断

(一) 诊断训练

第一步:症状的识别与诊断。检查感病的园林植物叶片是否有斑驳、花叶、畸形等病状,是否有蚜虫、叶蝉、粉虱等刺吸式口器的害虫存在。

第二步:对一时难以发现病征的园林植物病害,还要应用连续观察,确定是否出现病征。对没有出现病征或病征不明显的园林植物病害,还要进行病原真菌和细菌的活体分离,确定是否出现病原真菌或细菌。

第三步:对于新发生病害或难以确定的病害,还要应用柯赫氏法则进行鉴定,以确定病原与病害之间的一一对应关系。

(二) 总结与归纳

诊断病毒病害的主要依据是症状特点、病害田间分布、病毒传播方式、寄主范围以及病毒对环境影响的稳定性等。除此之外,还可用电子显微镜观察病毒粒体的形态和用血清学方法等进行识别鉴定。

1. 田间观察与分析

田间现场观察分析对于病害诊断意义较大。病毒病害在症状特点上容易与非侵染性病害,尤其是缺素症、空气污染等所引起的病害相混淆。感染病毒病的植株在田间分布多为零星分散,往往在病株周围可以发现完全健康的健株(也有少数例外,如通过接触传播或活动力很弱的昆虫传播的病毒病在田间的分布也可能较集中);而非侵染性病害多数为成片发病,这种病害通过增加营养和改善环境条件可以使植株恢复健康。植物病毒病害只有明显病状而无病征,病状多为花叶、黄化,且常常表现为系统侵染,较少有腐烂、萎蔫症状。当然,病毒病害的病状有时也易发生变化,不同的病毒在不同的寄主种类及品种上会有所差异,有些病毒病害还会因温度等变化而出现隐症。

针对不同的病毒病害,诊断的步骤是不同的。有些病毒病害引起较特殊的典型症状,并且很少有与其他病毒混淆的可能性,对于这类病害一般根据症状就可以作出诊断。

2. 内含体检查

内含体的性状主要决定于病毒,受寄主的影响很小。对于在细胞内形成特殊内含体的病毒,内含体检查是一种很快的诊断办法,可以确定植物是否感染某一种病毒,区别在同一种植物上引起相同症状的两种病毒。内含体多发现于有表现症状的叶片中,尤其是在叶片的表皮细胞中。花叶型病毒病害则在叶片褪色部分更容易看到内含体。检查内含体的方法主要有直接检查和染色检查两种。检查时,都要以健叶作为对照,对于花叶病还可比较叶片褪绿和未褪绿部分。

(1) 直接镜检组织表皮。将呈现典型花叶症状的发病叶片褪色部分的表皮或毛状物撕下,不经染色,直接在显微镜下观察,易看到感病植物细胞内含体。用相差显微镜效果更好。

(2) 用浮尔根(Feulgen)染色法结合甲烯蓝复染进行鉴别。① 将材料在固定液(95%乙醇及福尔马林盐水)中固定。② 配制席夫(Schiff)试剂:将1g碱性品红溶于200mL煮沸的水中,冷却至50℃,过滤后,加0.5mol/L盐酸20mL,加亚硫酸氢钠1g,密闭并置于暗处;经过24h,溶液褪为草黄色,加活性炭粉0.5g,振荡1min,过滤后贮于暗处备用。③ 将固定的材料洗净,在60℃的1mol/L盐酸中静置12min,移至清水中2min,在席夫试剂中处理15min后用亚硫酸溶液(蒸馏水50mL,浓硫酸0.5mL,重亚硫酸钾12g)洗2次,每次3min,再用清水洗3min。④ 用甲烯蓝水溶液染色。⑤ 用酒精脱水,再用丁香油处理,使组织透明;然后用二甲苯处理,再用加拿大树胶封固。⑥ 观察染色结果:细胞核被染成红色,内含体则被染成蓝色。

3. 传播性证明

证明其传播性是识别和诊断植物病毒病害的关键,为此需要进行人工接种实验。植物病毒的接种方法与它的传染途径有关,可以采用汁液摩擦、嫁接传染或昆虫传毒等接种试验,有的还可用不带毒的菟丝子作桥梁传染,少数病毒病可用病株种子传染。

汁液摩擦接种,即取病叶研碎,加水2~10倍,挤出汁液,再用纱布过滤。接种时,加少量细金刚砂于汁液中,用手指或玻璃刮匀,用毛笔蘸取汁液,在叶面上来回轻轻摩擦,进行接种。嫁接试验一般采取芽接法和皮接法,即从感病植株上切取接芽和接皮嫁接到无病砧木上,一般先从1个分枝上接种,观察症状是否扩展到其他部位,经过连续几次嫁接,可确诊植物病毒病害。

四、园林植物线虫病害的诊断

(一) 诊断训练

第一步:症状的识别与诊断。检查感病的园林植物是否有矮化、肿胀畸形、黄化变色、腐烂等病状。

第二步:病原菌的识别。选择发病部位肿胀畸形的病组织,用小刀或挑针拨开肿胀部位,挑出小块白色病组织,置于滴水的凹玻片上,盖上盖玻片,在显微镜下观察是否有蠕动的线虫出现。

第三步:对于新发生病害或难以确定的病害,还要应用柯赫氏法则进行鉴定,以确定病原与病害之间的一一对应关系。

(二) 总结与归纳

线虫病害的诊断主要应根据病害症状并进行病原鉴定才能确定病害种类。线虫病害的病原鉴定,一般是将病部产生的虫瘿或瘤肿切开,挑病原线虫制片或做病组织切片镜检,根据线虫的形态确定其分类地位。对于病部不形成瘤肿的病害,首先根据线虫的种类,采用相应的分离方法,将线虫分离出来,然后制片镜检。鉴定时要排除腐生线虫的干扰,必要时要应用柯赫氏法则进行验证。

1. 田间症状观察

植物线虫病害引起的症状主要有矮小、畸形、变色、萎蔫和早枯等。地上部分症状：叶片扭曲畸形、坏死或变色；茎肿胀、扭曲或腐烂；花序变短或不孕，小花增多，花芽变小畸形，整株枯萎，最后死亡。地下部分症状：被害植物根部形成大小不等的根结，根系腐烂坏死或根丛生。以上症状容易与缺肥、缺水、缺微量元素以及其他生理性病害混淆，在诊断时要注意区别。

2. 植物线虫的采集和分离

将线虫从寄生植物组织中或植物根际土壤中分离出来是诊断线虫病害重要而必不可少的环节。

（1）样品的采集。病变组织的采集：植物受线虫危害后，发生明显的病变，发病部位也往往是寄生线虫存在的场所，如根结线虫在根部的根结内。病根和根际土壤的采集：在植物根部营内寄生的线虫，采集根样是非常重要的；而在植物根部营外寄生的线虫，采集土样尤为重要。有时，内寄生线虫也有一段时期生活在土壤中，外寄生线虫在某一段时期在根部取食。因此，取样时应将根系和根际土壤一起采集。在土壤中，线虫绝大多数分布在0~20cm的土层中，所以取根系和根际土壤时应从0~20cm深处挖起，取样要有代表性。样本标记后，放在薄膜袋中，置于1℃~4℃的冰箱中暂时保存。

（2）寄生线虫的分离检查。田间简易直接检查法：用小刀切开或用挑针拨开被害部位，将其内的被害组织挑一小块放在手掌上的清水滴中，用10~20倍放大镜仔细观察，就可以看出线虫在水中蠕动。实验室简易直接检查法：这种方法是分离植物寄生线虫最基本的方法，主要用于分离固着型或休眠状态的线虫。取一小块病组织，放在载玻片上的清水滴中，用解剖针撕碎，放在显微镜下观察。对于较大的病材料，放在小培养皿中加水少许，在双目镜下借助镊子和解剖针将病材料挑破，线虫即游离到小培养皿中，用吸管将线虫吸出制片镜检或放到TAF固定液中保存。贝曼漏斗分离法：选用口径15cm的玻璃漏斗，在漏斗颈末端接10cm左右的透明软橡皮管，用止水夹把漏斗颈末端的软橡皮管夹住，漏斗内加入清水，然后把病材料冲洗干净，称取50g病材料，用剪刀剪成0.5cm长的小段，用线虫滤纸或2~3层纱布包好，轻轻地放入漏斗的水中。另外，称取50g病材料的根际土壤，用同样的方法浸泡。在室温下（18℃~25℃）浸泡24h，线虫游出后落沉底部，然后迅速移去分离材料，打开止水夹，放出底部几毫升带线虫的水于小培养皿中，在双目镜下观察。漏斗浅盆法：用止水夹把漏斗颈末端的橡皮管夹住，漏斗中加入清水，把病材料冲洗干净，称取50g，剪成0.5cm长的小段置于铺有线虫滤纸或2~3层纱布的小筛盆中摊平，然后把小筛盆放入盛满清水的漏斗中，以水浸过分离材料为度。另外，称取100g病材料的根际土壤，用同样方法浸泡。处理温度、浸泡时间以及镜检同贝曼漏斗分离法。简易漂浮法：胞囊线虫的雌虫为球形、柠檬形，不活动，一般采用漂浮法使胞囊从土中漂出。用孔径6mm的筛子筛去风干土中的石块、草屑等杂物，然后称取30~50g风干土，放在750~1 000mL的三角烧瓶中，并加入清水500mL，充分摇荡半分钟，再加满水，但不要外溢。静置2~3min至水清澈，胞囊浮在水面，然后将上层的漂浮液倒入60孔筛中。用清水冲洗漂浮物，并将筛上的胞囊洗到铺有滤纸的漏斗中，沥尽水，取出晾干，即可在体视显微镜下检查胞囊。

（3）致病性测定。从病株上分离到线虫后，有的根据形态特征和感病植物就可以确定其分类地位。对一些少见病害,虽然分离得到线虫,但不能确定其致病性,必须经过接种在原植物上,引起相同的症状后,才能确定线虫的致病性。

(4) 寄生线虫的鉴定。植物寄生线虫的鉴定,除了根据外部形态特征外,还可根据内部形态特点和体躯大小比例等,此外还可以根据寄主植物进行鉴定。

五、园林植物非侵染性病害的诊断

(一) 诊断训练

第一步: 单株症状的识别与诊断。检查感病的园林植物是否有矮化、失绿黄化、斑点、变色、顶芽或叶片坏死、小叶畸形等病状。

第二步: 群体症状的识别与诊断。检查是否全部植株或大多数植株同时患病。

第三步: 对于新发生病害或难以确定的病害,还要应用柯赫氏法则进行鉴定,以确定病原与病害之间的一一对应关系。

(二) 总结与归纳

1. 缺素症的试验诊断

缺素症的试验方法有化学诊断法和指示植物鉴定法。如初诊时怀疑是缺素症,可通过对病株组织或土壤进行化学分析,测定其营养元素、成分和含量,并与正常值相比较,得出分析结果,确定是否缺素;或在初步分析缺少某种元素时,可用所缺元素盐类配成的溶液给发病植物喷洒、注干或灌根,进行治疗,根据治疗或缺素营养试验的结果得出结论;也可将指示植物栽培在发病植物附近,根据指示植物的生长差状况、出现的症状来判断土壤是否缺乏指示植物所指示的营养元素。

2. 药害的诊断

农药对园林植物的药害可分为急性和慢性两种,一旦发生都具有不可逆转性。急性药害在喷药后几小时至数日内即表现出来,征象甚多。慢性药害经过较长时间才表现出来。农药的药害作用,不仅要从表面上检查,而且应从对植物内部生理作用影响及破坏程度来判断。常见药害类型有以下几种:

(1) 残留型药害。这种药害的特点是施药后,对当季植物不发生药害,而残留在土壤中的药剂对下茬较敏感的植物产生药害。由于这种药害容易和肥害等相混淆,所以诊断时应先了解前茬植物栽培管理情况、农药史,并进行土壤测试等才能确诊。

(2) 慢性型药害。这种药害的特点是施药后症状不能立即表现出来,具有一定的潜伏性,如生长受阻等。由于这种药害易和其他生理性病害相混淆,所以诊断时可通过了解病虫害发生情况以及施药的种类、数量、面积,并与一般没施药的植物进行对照来诊断。

(3) 急性型药害。这种药害具有发生快、症状明显的特点,一般在施药后几小时至几天就可出现症状,一般表现为植物叶片出现斑点、穿孔、焦灼、卷曲、畸形、枯萎、黄化、失绿或白化等。其受害部位的具体表现是: 根部受害,表现为根部短粗肥大,根毛稀少,根皮变黄或变厚、发脆、腐烂等;种子受害,表现为种子不能发芽或发芽缓慢等,多数是由于过量使用农药或使用农药进行种子处理不当所致;植株受害,表现为落花、落蕾、果实畸形、变小、出现斑点等。

六、园林植物病害诊断总结

植物病害诊断是指根据感病植物的特征、所处场所和环境条件,经过调查与分析,对植物病害的发生原因、流行条件和危害性等作出准确的判断。植物病害种类繁多，防治方法各异，只有对病害作出肯定、正确的诊断，找出病害发生的原因，才有可能制定出切实可行的防治措施。因此，正确的诊断是合理有效防治的前提。植物病害的诊断可在病害发生的任何阶段进行。

植物病害的诊断，应根据发病植物的症状和病害的田间分布等进行全面的检查和仔细分析，一般可按以下步骤进行：

1. 田间诊断

田间诊断，即进行现场观察。观察病害在田间的分布规律，判断其是零星的随机分布还是普遍发病，有无发病中心等，这些信息通常可为我们分析病原提供必要的线索。进行田间观察，还需注意询问病史，了解病害的发生特点、种植的品种与生态环境。

2. 症状的识别与描述

症状的识别与描述即对植物病害的症状作全面的观察和检察，尤其要对发病部位、病变部分内外的症状作详细的观察和记载。应注意对典型病征及不同发病时期的病害症状的观察和描述。对从田间采回的病害标本要及时观察和进行症状描述，以免因标本腐烂影响描述结果。

3. 病原物的室内鉴定

肉眼观察看到的仅是病害的外部症状，对病害内部症状的观察需对病害标本进行解剖和镜检。同时，绝大多数病原生物都是微生物，必须借助于显微镜的检查才能鉴别。因此，诊断不熟悉的植物病害时，室内检查鉴定是不可缺少的步骤。室内鉴定的主要目的在于识别感病植物的内部症状，确定病原类别，并对真菌性病害、细菌性病害以及线虫所致病害的病原种类作出初步鉴定，为病害确诊提供依据。

4. 病原分离培养和接种

对某些新的或少见的真菌和细菌性病害，还需进行病原菌的分离、培养和人工接种试验，才能确定真正的致病菌，这是植物病害诊断中最科学而可靠的方法。其诊断步骤应按柯赫氏法则进行，即首先把病原菌从受害植物组织中分离出来，在无菌操作的情况下进行人工培养，获得大量的致病病原菌，再将这种病原菌接种到相同的健康植物体上，如果通过接种试验，在被接种的植物上又产生了与原来病株相同的症状，同时又从接种的发病植物上重新分离获得该病原菌，即可确定接种的病原菌就是该病害的致病菌。

5. 提出适当的诊断结论

最后应根据上述各步骤得出的结果进行综合分析，提出适当的诊断结论，并根据诊断结论制定相应的防治对策。

学习成果

（1）把所诊断的园林植物病害的诊断结果填入表 1-11。

表 1-11　园林植物病害诊断结果记录表

受害植物名称	发病部位	病状类型	病状描述	病征类型	病征描述	病害名称

(2) 用照相机或高像素手机拍摄患病园林植物典型症状照片,从症状和病原两个角度描述诊断结果,并指出所诊断的病害属于哪一种园林植物病害。

任务评价

任课教师当堂发放任务评价单,由学习者当堂完成组间评价和组内评价后,收回任务评价单。任课教师根据各组制备的培养基和斜面情况以及完成任务过程中表现出的职业素养情况,当堂或课后给出教师评价分。任课教师根据学习者任务完成情况,按照教师评价分占50%、组间评价分占30%、组内评价分占20%进行加权计算,最终形成每个学习者的任务完成评价成绩。成绩可以当堂反馈,也可以在下一次课堂上反馈。

职业能力测试

(1) 简述真菌5个亚门病原菌的关键识别特征。
(2) 简述真菌及细菌所致病害的关键识别特征。
(3) 简述常见园林植物线虫病害的识别技术。
(4) 简述非侵染性病害的识别特征。

【任务小结】

本任务主要传授和训练真菌5个亚门病原菌及其所致病害识别技术、细菌8个属及所致病害识别技术、病毒病害识别技术、常见线虫病害识别技术、非侵染性病害识别技术、各种病害的诊断技术。

【讨论与提高】

(1) 简述细菌8个属及所致病害的关键识别特征。
(2) 简述园林植物病害的诊断步骤。

【考证提示】

本任务涉及园林植物保护工、绿化工、花卉工、花卉园艺师等工种的考核,涉及考证的内容主要为园林植物病害的识别与诊断,应牢固掌握以上要点。

项目成果展示与实战提高

(1) 布展场地准备: 精心选择校园人流量较大的道路边或公共场所,准备好布展需要的展板和意见簿，以组为单位进行物理空间的软分割，按照工作小组集中摆放，形成有序的布展参观路线，让参观者既能参观到每一组的每一件展品，又不走回头路。

（2）成果展出：把本项目各任务所完成的学习成果（照片或实物等）配上说明书和文字介绍，以组为单位在公开场合进行展示，要求完成者本人必须在现场对自己的学习成果进行介绍，听取围观者的评价并认真记录评价要点和改进意见。

（3）实战提高：购买几盆感病的花草树木或采集一些感病的园林植物植株、枝条、球根或叶片等，提供给几个参观者携带到现场。在活动现场，参观者现场咨询这些花草树木的病害问题，由学习者利用所学知识和技能，现场诊断，互动实战，提高专业知识水平、职业素质和职业能力。

技能强化训练一　园林植物病害的症状类型识别与描述

一、能力目标

了解病原物对植物的危害，学会识别并描述园林植物主要病害症状类型及其特点，为园林植物病害的病原鉴定、园林植物病害的诊断和防治奠定基础。引导学生善于观察、勤于思考，让学生了解植物病理学知识对于生态保护、美丽家园建设的重要性，有利于提高学生的学习兴趣和科学素养，增强其社会责任感。

二、材料

（1）侵染性病害：观赏植物花叶病、月季黑斑病、樱花褐斑病、兰花炭疽病、月季枝枯病、鸢尾细菌性软腐病、君子兰细菌性软腐病、花卉腐霉病、草坪腐霉病、苗木立枯病、苗木猝倒病、菊花枯萎病、观赏植物青枯病、杜鹃饼病、桃缩叶病、观赏植物毛毡病、根癌病、泡桐丛枝病、花木白绢病、紫纹羽病、大叶黄杨褐斑病、桂花斑枯病、大叶黄杨白粉病、仙客来灰霉病、郁金香青霉病、葡萄霜霉病、海棠锈病、牡丹叶霉病、桃细菌性穿孔病、观赏植物线虫病等的盒装标本、散装标本、课件图片或挂图等。

（2）非侵染性病害：园林植物日灼病、缺素症、药害、肥害和环境污染伤害等的盒装标本、散装标本、课件图片或挂图等。

三、仪器和用具

（1）仪器：体视显微镜、投影仪、多媒体教学设备等。

（2）用具：放大镜、镊子、挑针、擦镜纸、搪瓷盘等。

四、内容与方法

（一）病状识别与描述

（1）变色：观察观赏植物花叶病、大叶黄杨褐斑病等病害的病状特点，注意观察叶片绿色是否均匀一致，是否有斑驳、黄化等现象，描述其特点。

（2）坏死：观察月季黑斑病、樱花褐斑病、兰花炭疽病、玉兰褐斑病、菊花褐斑病、月季枝枯病、桂花斑枯病、葡萄霜霉病、海棠锈病、大叶黄杨褐斑病等病害的病状特点，注意观察比较病斑的大小、形状、颜色等，描述其特点。

（3）腐烂：观察花卉腐霉病、草坪腐霉病、苗木立枯病、苗木猝倒病等病害的病状特点，注意观察腐烂部位的特征，干腐还是湿腐，有无缢缩等其他特征，观察鸢尾细菌性软腐病、君子兰细菌性软腐病的腐烂情况及其在叶片上造成的症状特点,注意呈湿腐状的病部是否有特殊的臭味或酸味,描述其特点。

(4) 萎蔫:观察菊花枯萎病、观赏植物青枯病等病害的病状特点,注意观察植株枝叶的颜色是否仍然保持绿色,局部萎蔫还是整株萎蔫,病株维管束颜色是否改变,描述其特点。

(5) 畸形:观察杜鹃饼病、桃缩叶病、观赏植物毛毡病、根癌病、泡桐丛枝病、观赏植物病毒病、黄杨根结线虫病等病害的病状特点,观察泡桐丛枝病的小叶、叶革质化、枝叶丛生、腋芽多次萌发及节间缩短等症状特点,描述病状的特点。

(二) 病征识别与描述

(1) 霉状物:观察花卉腐霉病、草坪腐霉病、葡萄霜霉病、牡丹叶霉病、郁金香青霉病、仙客来灰霉病、苗木猝倒病等病害的病征特点,注意观察比较霉状物的颜色、形态、密度和部位,描述其特点。

(2) 粉状物:观察大叶黄杨白粉病、海棠锈病等病害的病征特点,注意观察比较粉状物的颜色、形态和部位,注意是否有小黑点,同时注意炭疽病病斑中央是否有同心轮纹状排列的小黑点,描述其特点。

(3) 粒状物:观察樱花褐斑病、兰花炭疽病、月季枝枯病、大叶黄杨褐斑病、桂花斑枯病等病害的病征特点,注意观察比较粒状物的颜色、大小和部位,描述其特点。

(4) 核状物与索状物:观察花木白绢病、紫纹羽病等病害的病征特点,注意观察核状物与索状物的颜色、形态、大小和部位,描述其特点。

(5) 脓状物:观察桃细菌性穿孔病、观赏植物细菌性软腐病等病害的病征特点,注意观察是否有脓状黏液或黄褐色胶粒,描述其特点。

五、实训成果

(1) 将园林植物病害症状的识别与描述结果填入表1-12。

表1-12 园林植物病害识别与描述记录表

病害名称	发病部位	病状类型	病状描述	病征类型	病征描述

(2) 按照生物绘图的标准,手工绘制几种园林植物常见病害的症状图。

六、职业能力测试

(1) 从观察结果来看,你认为哪些园林植物病害可能较难防治?为什么?

(2) 植物病害是否都能见到病状和病征?为什么?

(3) 植物病原真菌、细菌、线虫病害的症状特点有何异同?

技能强化训练二　园林植物病害的病原形态识别与鉴定

一、能力目标

(1) 掌握植物病害的病原菌临时玻片标本的制作方法,为园林植物病害的病原识别鉴定奠定基础。

（2）熟悉植物病原真菌 5 个亚门和重要属的主要特征及所致病害的症状特点，为园林植物真菌病害的诊断和防治奠定基础。

（3）熟悉细菌、线虫、寄生性种子植物的形态特征及所致病害的症状特点，为园林植物细菌病害、线虫病害及寄生性种子植物危害的诊断和防治奠定基础。培养学生解决问题及准确表达自己想法的能力，养成严谨的工作作风。

二、材料

（1）无性子实体和有性子实体、冬孢子或冬孢子堆的形态、叶点霉属、茎点霉属、拟茎点属、色二孢属、刺盘孢属、壳针孢属、菌核、有隔菌丝和无隔菌丝的玻片标本及挂图等。

（2）腐霉菌、镰刀菌、疫霉菌、霜霉菌、炭疽菌、小煤炱菌、丝核菌、小核菌、锈菌、白粉菌、黑粉菌、根霉菌、青霉菌等真菌 5 个亚门病原菌主要属的玻片标本及挂图等。

（3）植物病原细菌、植物病原线虫等园林植物病害病原菌的玻片标本及挂图等。

（4）菟丝子、列当、桑寄生、槲寄生等寄生性种子植物的盒装标本、示范装片及挂图等。

（5）花木烟煤病、草坪腐霉病、葡萄霜霉病、牡丹叶霉病、郁金香青霉病、大叶黄杨褐斑病、桂花斑枯病、大叶黄杨白粉病、海棠锈病的新鲜标本及散装标本。

（6）人工诱导或培养的有白色绵毛状菌丝的瓜果腐霉病菌或青霉菌。

三、仪器和用具

（1）仪器：光学显微镜、投影仪、多媒体教学设备等。

（2）用具：放大镜、挑针、镊子、刀片、滴瓶及胶头滴管、盖玻片、载玻片、擦镜纸、吸水纸、搪瓷盘等。

四、内容与方法

（一）临时玻片标本制作练习

取清洁载玻片，中央滴蒸馏水一滴，用挑针挑取少许瓜果腐霉病菌的白色绵毛状菌丝或青霉菌的菌丝（或孢子）放入水滴中，用两支挑针轻轻拨开过于密集的菌丝或孢子，然后自水滴一侧用挑针支持，慢慢加盖玻片（注意加盖玻片时不宜太快，以防形成大量气泡，影响观察或将待观察的病原物冲溅到玻片外），放到显微镜下观察。

（二）病原真菌形态识别与鉴定

（1）病原真菌的营养体及繁殖体识别：观察分生孢子梗束、分生孢子座、分生孢子盘、分生孢子器、子囊壳、闭囊壳、子囊盘的担子果等真菌无性子实体和有性子实体的示范装片，比较各种子实体的形态特征，区分其上着生的孢子哪些是分生孢子、子囊和子囊孢子、担子和担子孢子。

（2）病原真菌的典型特征识别：观察腐霉菌、镰刀菌、疫霉菌、霜霉菌、炭疽菌、小煤炱菌、丝核菌、小核菌、锈菌、白粉菌、黑粉菌、根霉菌、青霉菌等园林植物病害病原真菌的示范装片，注意观察其典型特征。

（3）自制临时玻片标本鉴别病原真菌：取瓜叶菊白粉病、大叶黄杨白粉病或郁金香青霉病新鲜标本，用挑针挑取闭囊壳或分生孢子制作临时玻片，置于显微镜下观察其形态特征。

（三）病原细菌、线虫及寄生性种子植物形态识别与鉴定

（1）病原细菌、线虫典型特征识别：观察植物病原细菌、植物病原线虫等园林植物病害

病原菌的示范装片,注意观察其典型特征。

(2) 寄生性种子植物观察:仔细观察菟丝子、列当、野菰、桑寄生、槲寄生等寄生性种子植物的形态特征,注意它们如何从寄主吸取营养。

(3) 自制临时玻片标本观察病原线虫:取根结线虫病新鲜标本,用刀片切开肿胀部位,然后用挑针挑取白色部分制作临时玻片,置于显微镜下观察其形态特征。

五、实训成果

(1) 按照生物绘图的标准,手工绘制 3 种园林木本植物病原真菌及根结线虫的形态图。

(2) 按照生物绘图的标准,手工绘制 1 种寄生性种子植物的形态图。

(3) 比较所观察的园林木本植物病原菌的形态特征,填入表 1-13。

表 1-13 园林木本植物病原菌的形态特征

病原菌名称	分类地位	形态特征

六、职业能力测试

(1) 5 个亚门的真菌在形态上有哪些异同点?

(2) 植物病原线虫病害的症状特点有哪些?

(3) 为什么寄生性种子植物是植物病原生物?和高等植物有什么异同?

项目二　园林植物主要昆虫的识别

目标任务

知识目标：了解环境因素对昆虫的影响；理解昆虫生物学特性及生态因子对昆虫的影响；掌握昆虫外部体躯构造及功能。

能力目标：能识别常见昆虫种类及分类特征；能根据虫体形态鉴定发育阶段；能熟练使用昆虫分类检索表；能进行昆虫年生活史的编制。

素质目标：养成科学探究、求真精神；初步树立生态伦理意识；初步形成跨学科关联思维。

思政目标：引导学生尊重自然规律，践行大自然生物多样性科学保护，培养学生精益求精的工匠精神。

任务1　认识园林植物昆虫

项目二
彩色图片

子任务1　园林植物昆虫外部特征识别与描述

目标要求

通过对园林植物昆虫外部特征的学习，能对园林植物昆虫的外部形态及主要特征进行准确的描述与识别记录，了解昆虫与害虫的基本区别，学会体视显微镜（解剖镜）的使用与保养。通过导入昆虫仿生学，加强学生对交叉学科的认知，激发学生的学习热情。

工作准备

（1）材料准备：昆虫外部特征标本材料，包括昆虫口器类型、昆虫触角类型、昆虫足的类型、昆虫翅的类型等新鲜标本、盒装标本、散装标本以及照片、课件图片或挂图等。蝗虫浸渍标本材料，包括福尔马林浸泡过的瓶装蝗虫标本。

（2）用具准备：体视显微镜、放大镜、镊子、挑针、擦镜纸、解剖针、培养皿、搪瓷盘等。

任务实施

一、双目体视显微镜的使用与保养

双目体视显微镜及其结构如图 2-1 所示。

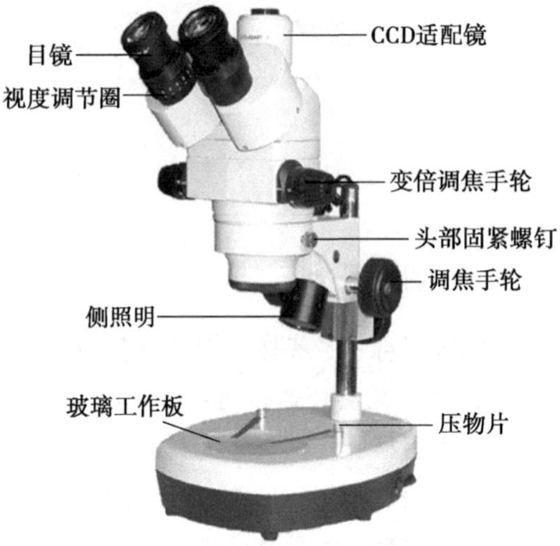

图 2-1　双目体视显微镜及其结构

(一) 操作步骤

第一步：小心拆开包装箱，取出显微镜的机架、双目变倍镜机头、10×高眼点平场目镜及系统附件。松开升降架上的固紧螺丝，将双目变倍镜机头放入升降架圈内，然后旋紧螺丝将变倍镜机头紧固。

第二步：把标本放在磨砂玻璃或黑白塑料板载物台上，选择照明方式打开开关。落射照明用于不透光标本，应选用黑白塑料板。透射照明用于透明或半透明标本内部结构的观察，此时应选用磨砂玻璃载物板。选择适当的亮度来满足观察的需要。

第三步：将双目目镜镜筒视度调至 0 位，将变倍调节圈旋转至最高倍率位置，从目镜中观察工作台上的物体像，并转动调焦手轮，使物体像清晰。再将变倍调节圈旋转至最低倍率位置，若成像不清晰，可以分别调节左右视度调节圈，至物体像清晰。再将变倍调节圈旋转到最高倍率位置，观察物体像是否清晰，若像不清晰，转动调焦手轮，使物体像清晰即可。

第四步：转动目镜座调节瞳距，使左右两像合二为一。

第五步：物镜放大倍率可以从变倍调节圈的标记处读出。物体像的总放大倍率：目镜倍数×变倍调节手轮系数×附加物镜倍数。

第六步：调焦时若转动手轮感觉过紧或过松，可用一扳手旋转右边轴调节松紧。

第七步：在利用落射照明时可扳动落射照明架的角度，使光斑落在被观察的物体上，并根据需要调节照明的亮度。

(二) 保养方法

(1) 为了保护好显微镜，应避免灰尘、水及湿气对仪器的侵袭。如果湿气等进入显微镜内，会滋生霉菌而损坏显微镜。另外，光学零件表面的油迹、手指印迹及灰尘、污迹都会影响成像质量。

(2) 显微镜长期使用难免会有尘迹，使用中有时也会不小心造成镜片的污染，可先用吹球吹掉表面污物，再用脱脂棉或镜头纸蘸上少许乙醇和乙醚混合液(体积比为 1∶4)轻轻擦拭。

(3) 不论在何种情况下，都不得干擦镜片表面，否则镜片会被划伤。另外，也不得用水或其他溶液擦拭镜片。

二、园林植物昆虫外部形态特征识别与观察

(一) 识别与观察

(1) 昆虫体段识别：仔细观察蝗虫的外部形态特征，描述头、胸、腹各个体段的主要

特征。

（2）昆虫口器类型识别：仔细观察昆虫口器类型标本，注意咀嚼式口器、刺吸式口器、虹吸式口器、舐吸式口器、咀吸式口器等口器类型的观察与识别，描述其特征及用途。

（3）昆虫触角类型识别：仔细观察昆虫触角类型标本，注意刚毛状、丝状、念珠状、锯齿状、羽毛状、膝状、具芒状、环毛状、球杆状、锤状、鳃叶状等昆虫触角类型的观察与识别，描述其特征与用途。

（4）昆虫足的类型识别：仔细观察昆虫足的类型标本，注意步行足、开掘足、跳跃足、捕捉足、携粉足、抱握足、攀缘足、游泳足等昆虫足类型的观察与识别，描述其特征及用途。

（5）昆虫翅的类型识别：仔细观察昆虫翅的类型标本，注意复翅、膜翅、鳞翅、半翅、缨翅、鞘翅、平衡棒等昆虫翅类型的观察与识别，描述其特征及用途。

（二）总结与归纳

昆虫的身体（图 2-2）由许多连续的环节组成，每一个环节称为体节。有些体节上有成对的分节附肢，故称为“节肢动物”。体躯分节时，在体壁上生成一系列的环形凹褶（称节间褶）连接前后骨化区间的膜质区。由于附肢功能的演变和肌肉的相应发展，昆虫身体集合成头、胸、腹 3 个体段。昆虫按附肢着生的位置体面分为背面、腹面和侧面。各体面人部分常硬化成骨板，按其所在的体面分别称为背板、腹板、侧板。沟是骨板成脊状、板状、叉状、臂状等向内陷褶之后表面留下的狭槽，内陷部分统称为内突。

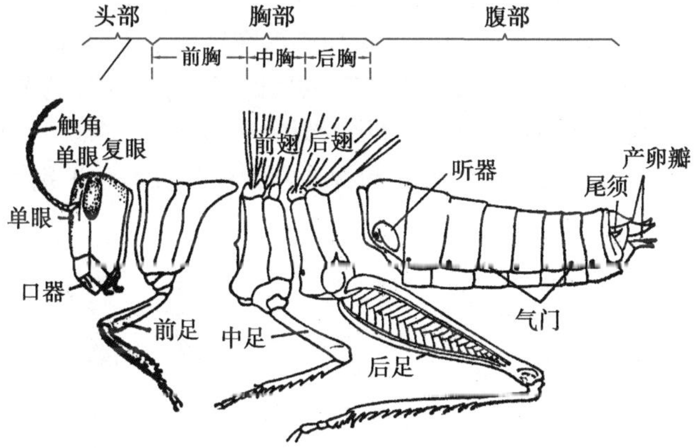

图 2-2 昆虫体躯的构造

（引自北京农业大学《昆虫学通论（上册）》· 第二版）

昆虫成虫的身体一般呈圆筒形，有的为椭圆形或圆形，有的较扁平，有的肥大，有的细长。体长是头部最前端到腹部最末端的长度，不包括附器的长度。翅展是翅展开时，两前翅翅尖间的直线长度。体色是昆虫的身体和翅等具有的各种色泽。

1. 昆虫的头部

头部（图 2-3）是昆虫的取食和感觉中心，有触角和口器，通常还有复眼和单眼。昆虫的头部由原头部和颚头部组成，颚头部由上颚、下颚和下唇 3 节组成。根据头部的蜕裂线和体壁内褶成内突而在表面形成的沟，将昆虫头部分为若干区域。

昆虫由于食性的不同，取食器官的构造及其在头上着生的位置也不相同，因此头部具有 3 种不同的形式：下口式，即口器位于头的下部，头的纵轴和体躯纵轴垂直，为植食性昆虫所具有,如蝗虫、蝶蛾类幼虫;前口式,即口器位于头的前部,头的纵轴和体躯纵轴方向一致,多见于捕食性和钻蛀性昆虫,如步行虫、天牛幼虫等;后口式,即口器在头的下后方伸出,头的纵轴和体躯纵轴成一锐角,见于刺吸式口器的昆虫,如蝉、蝽、蚜虫等。

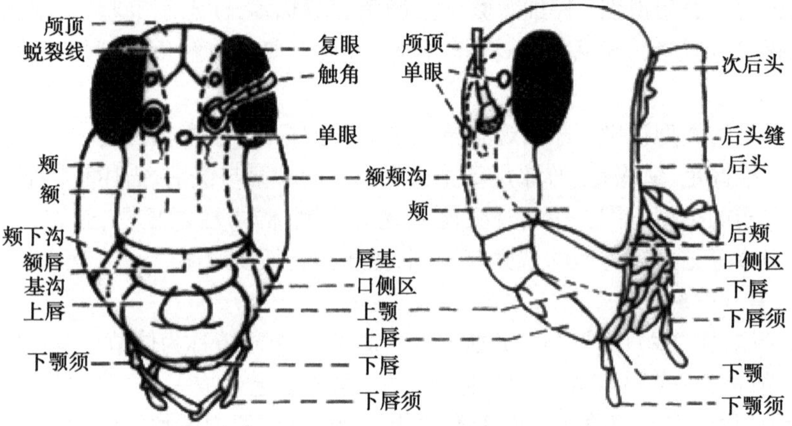

图 2-3　昆虫头壳的构造(左前面观,右侧面观)

(引自北京农业大学《昆虫学通论(上册)》·第二版)

(1) 触角。

触角着生于额区或上颚基部附近,由 3 节组成(图 2-4)。基部第 1 节称为柄节,通常较粗短;第 2 节称为梗节,通常较细小,有的昆虫如雄蚊在这一节上具有一种特殊的感觉器,称为江氏器;第 3 节称为鞭节,是触角从第 3 节起以后的各节,这部分的节数和构造通常变化很大,形成各种形状,如丝状、刚毛状、羽毛状、栉齿状、锯齿状、念珠状、球杆状、锤状、鳃叶状、具芒状、环毛状等(图 2-5),它们的形状和构造常常作为分类和识别雌雄的依据。

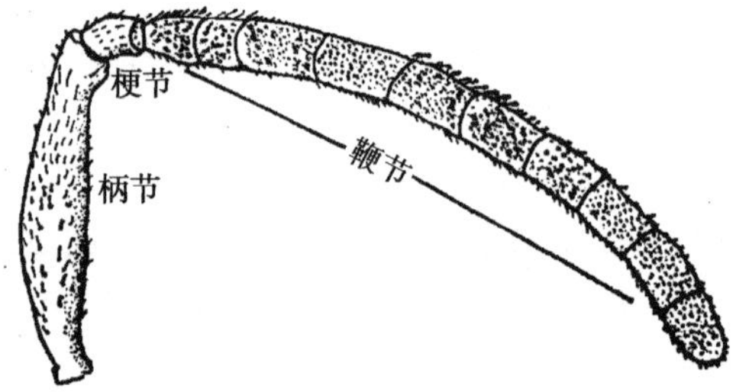

图 2-4　触角的构造

(引自北京农业大学《昆虫学通论(上册)》·第二版)

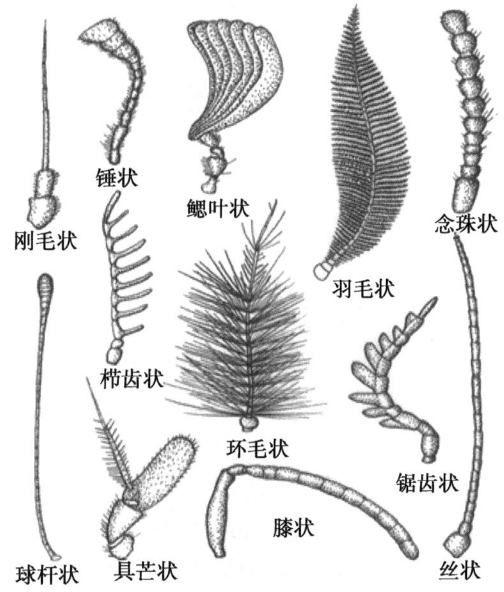

图 2-5　触角的类型

(引自北京农业大学《昆虫学通论(上册)》·第二版)

触角是昆虫的感觉器官，主要发挥嗅觉和触觉作用，有的也有听觉作用。有些昆虫的触角还有平衡、帮助呼吸、捕捉猎物等作用。

(2) 眼。

昆虫的眼有两种，一种叫复眼，另一种叫单眼（图 2-6）。复眼着生于头部的侧上方，由许多小眼集合而成，是昆虫的主要视觉器官。复眼愈大，小眼数愈多，视觉愈发达。昆虫的成虫和不完全变态昆虫的若虫一般具有 1 对复眼。雄虫的复眼常在头部背面相接，称为接眼；雌虫的复眼则相分离，称为离眼。单眼通常有 3 个，呈倒品字形于头顶上两复眼之间。成虫和不完全变态昆虫的若虫一般具有 2~3 个背单眼，也有的仅 1~2 个，甚至完全退化消失。一些完全变态昆虫的幼虫具有位于头部下侧缘 1~7 对不等数目的侧单眼。

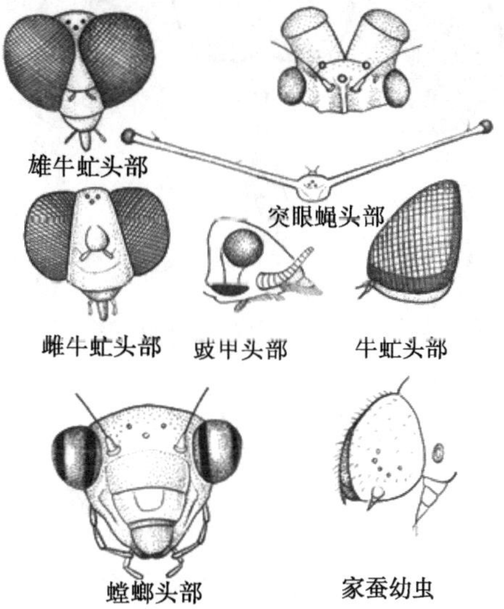

图 2-6　复眼和单眼

（引自北京农业大学《昆虫学通论(上册)》·第二版）

(3) 口器。

因食性和取食方式的不同，有些昆虫咬食树叶、树皮、木质部，有些昆虫舐食花蜜、从树干伤口流出的树液、动物粪便，有些昆虫刺吸嫩枝和树叶的汁液，使口器的构造产生了各种变异，归纳起来主要有以下几种类型：

① 咀嚼式口器。

咀嚼式口器（图 2-7）由上唇、上颚、下颚、下唇和舌 5 部分组成，为咬食树叶、树皮、木质部等固体食物的昆虫所具有，如直翅目与鞘翅目的成虫和幼虫、脉翅目成虫、鳞翅目幼虫、膜翅目成虫和叶蜂类幼虫。

② 刺吸式口器。

刺吸式口器（图 2-8）的上、下颚特化成针状的口针，下唇延长成喙，为取食植物汁液和动物体液的昆虫所具有，如蝉、蝽、蚊、蚜、虱等。

③ 虹吸式口器。

虹吸式口器为鳞翅目成虫所特有，在外观上是一条能卷曲和伸展的喙，吸吮深藏在花管底部的花蜜，也可吸吮水分和果汁等。虹吸式口器的喙由左、右下颚的外颚叶嵌合而成，每个外颚叶的横切面呈新月形，二外颚叶合在一起形成食物道。外颚叶由一系列的骨化环与膜质环相间紧密排列而成，因而可以卷曲伸展自如。下颚的轴节和茎节均已缩入头内，只在外面留一对不很发达的下颚须。上唇是一条很窄的横片。上颚已退化，只有少数较原始的蛾类才有上颚。下唇退化成三角形的小片，但下唇须发达，卷曲的喙被夹在两须之间。

④ 咀吸式口器。

咀吸式口器的上颚发达，下颚和下唇特化成吮吸液体食物的构造，兼有咀嚼和吸收两种功能，为一些蜂类所具有。

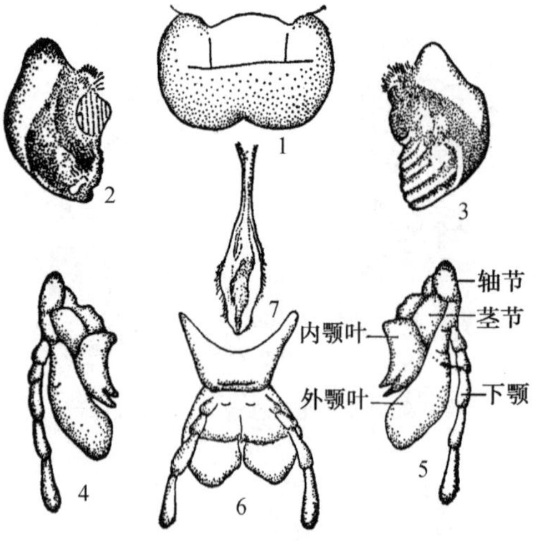

1. 上唇；2、3. 上颚；4、5. 下颚；6. 下唇；7. 舌。

图 2-7　咀嚼式口器的构造

（引自北京农业大学《昆虫学通论(上册)》· 第二版）

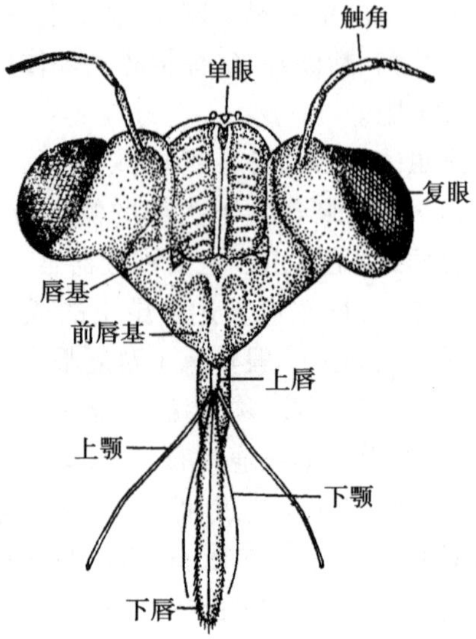

图 2-8　刺吸式口器的构造

（引自北京农业大学《昆虫学通论(上册)》· 第二版）

此外,还有舐吸式、刮舐式、锉吸式等口器类型。掌握昆虫头部及其附器的构造和特点,可对其加以利用进行害虫的防治。如根据地老虎、黏虫对糖、醋、酒味的喜好,配制毒饵来诱杀;根据植物的被害状,就可了解害虫的类别,再根据口器类型选用杀虫剂。

2. 昆虫的胸部

(1) 昆虫胸部的基本构造。

昆虫胸部由 3 节组成,分别是前胸、中胸和后胸。每胸节各具 1 对足,分别称为前足、中足和后足。大多数昆虫在中、后胸上还各具有 1 对翅,称为前翅和后翅。中、后胸由于适应翅的飞行运动,互相紧密结合,内具发达的内骨和强大的肌肉,在构造上和前胸有些不同,因此又称为具翅胸节。

昆虫胸部有 4 个面,即背面、腹面和左、右侧面,每一面上的骨片分别称为背板、腹板和侧板。每一面又被沟缝分成若干小区。

(2) 昆虫胸足的构造。

昆虫的胸足着生于侧板与腹板之间,基部由膜与体壁相连,形成一个膜质的窝,即基节窝,使足的基部可以活动。

成虫的胸足一般分为 6 节：基节、转节、腿节、胫节、跗节和前跗节(爪)(图 2-9)。除前跗节外,各节略成管状,由膜相连,并有 1～2 个关节互相支接,是节间可以活动的部分。完全变态昆虫幼虫胸足的构造较简单,节间膜较宽大,节间只有一个关节相支接,跗节不分亚节,前跗节呈独爪状。部分甲虫幼虫的跗节和胫节合并为一节,称为胫跗节。

昆虫胸足由于适应不同的生活环境和生活方式,特化成许多不同功能的构造。根据功能可将其分为以下几种类型：步行足、跳跃足、捕捉足、游泳足、开掘足、抱握足、携粉足等(图 2-10)。

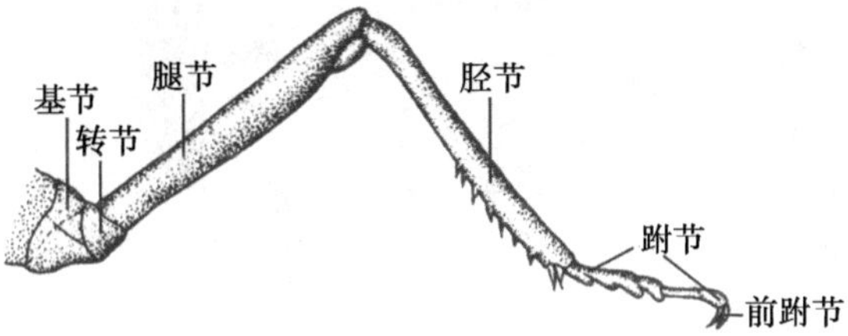

图 2-9　胸足的构造

（引自北京农业大学《昆虫学通论（上册）》·第二版）

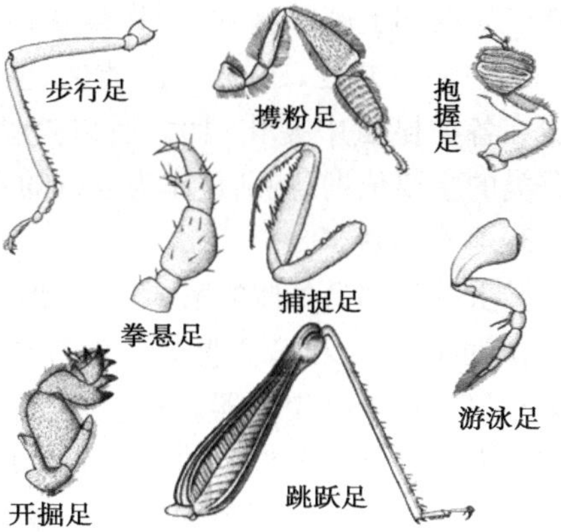

图 2-10　足的类型

（引自北京农业大学《昆虫学通论（上册）》·第二版）

昆虫步行时将 3 对足分成两组交替活动。身体左侧的前、后足及右侧的中足为一组，其余为另一组。虫体略作以中足为支点的转动，同时虫体的重心落在其余的三足上，虫体呈“之”字形曲线前进。但也有很多昆虫在步行时，3 对足顺次提起和着地，前进的路线近于直线。

（3）翅的基本构造和变化。

昆虫的翅通常呈三角形，具有 3 缘和 3 角，即前缘、内缘和外缘，肩角、顶角和臀角。根据翅面上的皱褶将翅划分为 4 个区域：腋区、轭区、臀区和臀前区（图 2-11）。翅的基本构造是：膜质的翅内有翅脉，分为纵脉和横脉，脉间为翅室，各条翅脉有相应的名称（图 2-12）。纵脉有：前缘脉（C）、亚前缘脉（Sc）、径脉（R）、中脉（M）、肘脉（Cu）、臀脉（A）、轭脉（J）。横脉通常以它所在前后纵脉的名称来命名，包括：肩横脉（h）、径横脉（r）、分横脉（s）、径中横脉（r-m）、中横脉（m）、中肘横脉（m-cu）。翅室只以前面的纵脉名称来命名。

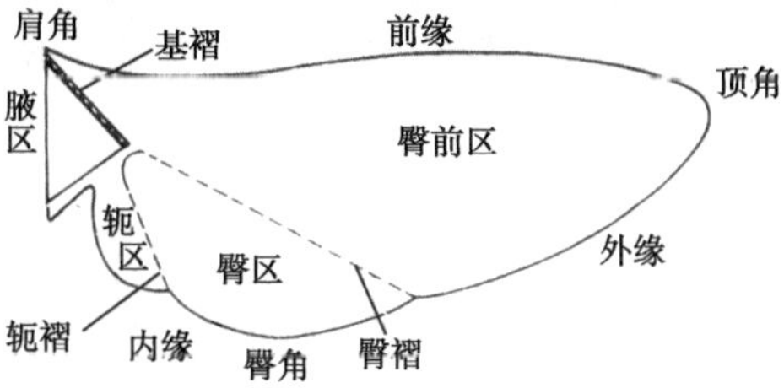

图 2-11　昆虫的翅褶模式图

（引自北京农业大学《昆虫学通论（上册）》·第二版）

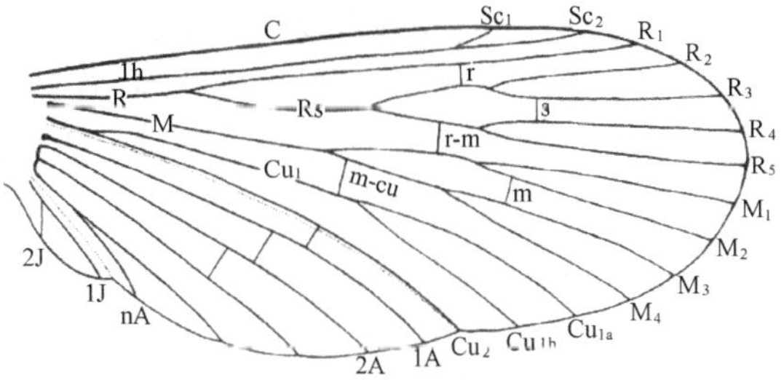

图 2-12　假想模式脉序图

（引自北京农业大学《昆虫学通论（上册）》·第二版）

各类昆虫中，翅的变化很大，包括翅的有无、对数、发达程度、质地和被覆物等。昆虫一般具有前翅和后翅 2 对翅，但由于各种昆虫生活环境不同，翅也相应发生了变化。有些昆虫的翅退化或消失了，如毒蛾和尺蛾的雌蛾；有些昆虫的后翅退化成平衡棒，如蝇类等；有些昆虫的前翅变成角质，叫作鞘翅，如天牛、叶甲等；有些昆虫的前翅变成革质，叫作复翅，如竹蝗和蝼蛄；有些昆虫的前翅基半部变成角质，端半部依旧为膜质，叫作半鞘翅，如蝽象；有些昆虫在膜质的翅上密被鳞片,叫作鳞翅;有些翅上有毛(图 2-13)。总之,翅的有无、质地、覆盖物、翅脉多少在各类昆虫中变化很大,所以这些特征常作为分类的主要依据,特别是作为分科的主要依据。

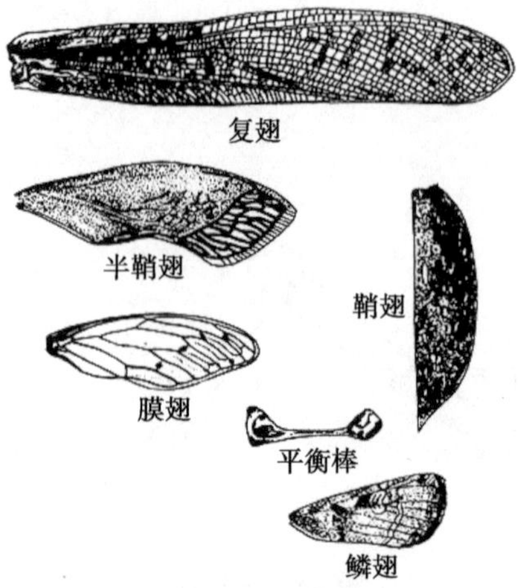

图 2-13 昆虫翅的类型

(引自北京农业大学《昆虫学通论(上册)》·第二版)

3. 昆虫的腹部

昆虫的腹部是身体的第 3 段,一般由 9~11 节组成,雌虫的第 8 和第 9 腹节着生有产卵器,雄虫的第 9 腹节着生有交配器。这些着生生殖器官的体节称为生殖节。末腹节的附肢变成尾须。腹部各节间有很发达的节间膜和侧膜。腹节可以互相套叠,因此能伸缩,扭曲自如,并可膨大和缩小,以适应呼吸、蜕皮、羽化、交配、产卵等活动。

(1) 外生殖器。

雌性昆虫的外生殖器(产卵器)位于腹部第 8、9 节的腹面,它由 3 对产卵瓣或生殖片组成。第 1 对产卵瓣着生在第 8 腹节上,为腹产卵瓣;第 2 和第 3 对产卵瓣着生在第 9 腹节上,分别为内产卵瓣和背产卵瓣。生殖孔开口于第 8、9 腹节之间的腹面上。用产卵器插入植物组织内产卵的某些昆虫,其产卵瓣往往呈锯齿状,产卵时有很大的破坏性,如跳蝉、叶蜂、蝉等。它们将卵产在嫩枝和幼干的皮下,造成树皮破裂、枯死,断枝,或感染病害。有些昆虫的腹部末几节逐渐变细,互相套入,能够伸缩,形成伪产卵器。它们只能把卵产在物体的表面、树皮裂缝内、雌虫用上颚所咬成的刻槽内及其他凹陷的地方。有些昆虫的产卵器很长;有些昆虫的产卵器则很短,或缩入生殖道内,从外面看不见。雄性昆虫在腹部第 9 节上有 1 对钳状、片状或其他形状的抱握器,交配时用来抱住雌虫的腹部,在生殖腔内有一阳具。

(2) 尾须。

尾须是由末腹节附肢演化而成的须状外突物,存在于部分无翅亚纲和有翅亚纲中的蜻蜓目、蜉蝣目、直翅目及革翅目等昆虫中。尾须的形状变化较大,有的不分节,呈短锥状,如蝗虫;有的细长多节呈丝状,如缨尾目、蜉蝣目昆虫;有的硬化成铗状,如革翅目昆虫。尾须除骨化成的尾铗有防御和折叠后翅的功能外,还常生有许多感觉毛,有感觉作用。

4. 昆虫的体壁

昆虫的体壁即包裹虫体的外壳,兼有皮肤和骨骼两种机能。体壁中厚硬的部分叫作骨片,软薄的部分称为膜区。体壁是复杂的分层结构,由真皮细胞层及其分泌物(表皮层)组成(图 2-14)。表皮层大体上可分为 3 层:内表皮、外表皮和上表皮。内表皮最厚,外表皮次之,上表皮最薄。外表皮是表皮的骨化层,上表皮是防水层。微孔道贯穿于内表皮和外表皮,内面与真皮细胞相连。表皮层的厚薄、表皮上覆盖物的多少、表皮内微孔道的存在与否及其数量以及微孔道中物质的性质与杀虫剂的接触和穿透性有很大关系。另外,体壁表面上有许多感觉器,它们是体壁最薄的部分,是杀虫剂透入虫体的“门户”。

在昆虫体上常生有鳞片、毛、刚毛等覆盖物,体壁常凸出或凹入形成各种刻纹、沟、褶、瘤起、脊纹等。体壁上有各种色彩的花纹和光泽,这些花纹和光泽常作为分类的特征。

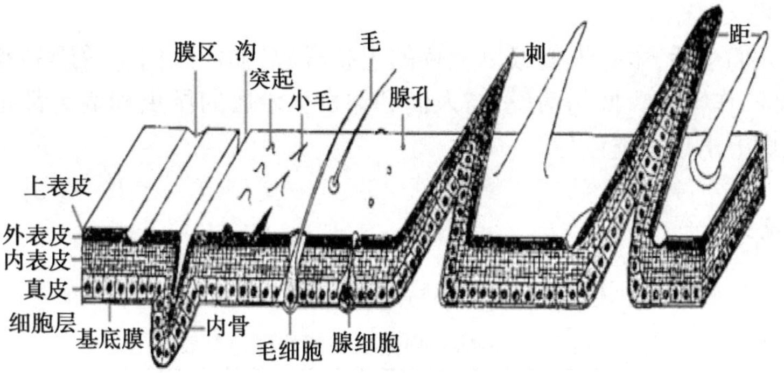

图 2-14　体壁的构造及其附属物

（引自国家级精品课程教材《普通昆虫学》）

三、昆虫的概念总结

1. 昆虫的定义

昆虫属于节肢动物门昆虫纲，是一类体躯分为头、胸、腹三段，胸部有 2 对翅、3 对足，并具有侧气门和外骨骼的小型动物。共胚后发育很少是直接发生的，通常发生变态。

2. 昆虫的分类地位

昆虫的分类地位如图 2-15 所示。原始节肢动物是由环节动物经有爪动物演化而来的。原始节肢动物分化为铗角亚门与大颚亚门两大支。铗角亚门分为 2 个主支：一支为蛛形纲，下分 3 支，一支为蛛形亚纲，一支为肢口亚纲，还有一支演化为海蛛亚纲；另一支为三叶虫纲。大颚亚门分为 2 个主支：一支为甲壳纲；另一支又分为 2 支，一支为昆虫纲，一支演化为 4 个纲，即唇足纲、结合纲、少足纲、重足纲。（昆虫本无绝对善恶，都是亿万年生命演化的精密系统工程。这一认知有助于培养学生对自然的敬畏之心。）

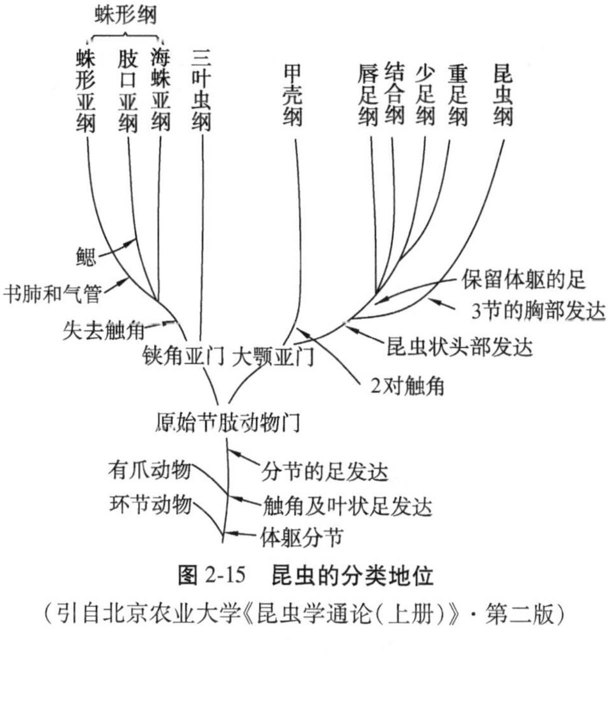

图 2-15　昆虫的分类地位

（引自北京农业大学《昆虫学通论（上册）》· 第二版）

3. 害虫的定义

凡是干扰人们生活,争夺人们赖以生存的生物资源,损坏人们生活用品和生活环境等的昆虫和螨类,都叫作害虫。换句话说,与人们利益发生矛盾的昆虫和螨类都是害虫。这个定义只适用于地球上出现人类以后。

学习成果

(1) 将观察识别的园林植物昆虫外部特征填入表 2-1。

表 2-1 园林植物昆虫外部特征记录表

口器		触角		足		翅	
类型	特征	类型	特征	类型	特征	类型	特征

(2) 用照相机或高像素手机拍摄几种园林植物昆虫的外部整体形态及单独器官形态照片,并描述其特征与用途。

任务评价

任课教师当堂发放任务评价单,由学习者当堂完成组间评价和组内评价后,收回任务评价单。任课教师可以当堂给出教师评价分,也可以在任务学习者将当堂任务学习成果提交给任课教师后,课后给出教师评价分。学习者可以在课后规定时间内继续提交第二课堂自主学习成果,如学习者本人拍摄的昆虫的外部整体形态及单独器官形态照片等。任课教师根据学习者任务完成情况,按照教师评价分占 50%、组间评价分占 30%、组内评价分占 20% 进行加权计算,最终形成每个学习者的任务完成评价成绩。成绩可以当堂反馈,也可以在下一次课堂上反馈。

职业能力测试

(1) 从观察结果来看,你认为哪些园林植物昆虫可能较难防治?为什么?
(2) 昆虫的不同口器类型会造成哪些特殊的为害特征?
(3) 昆虫的口器、翅和足的类型反映出昆虫可能具有哪些生物学习性?
(4) 举例说明昆虫与害虫的辩证关系。

子任务 2 园林植物昆虫的生物学特性识别与描述

目标要求

通过对园林植物昆虫生物学特性的学习,能对园林植物昆虫的发育历期、发育类型、生活习性等生物学特性进行准确的记载与描述，学会昆虫年生活史的编制方法；了解昆虫的生殖方式类型。培养学生利用昆虫的生物学习性，形成害虫防治及对有益昆虫进行利用的意识。

工作准备

（1）材料准备：昆虫的发育类型标本材料，包括昆虫的完全变态发育类型、昆虫的不完全变态发育类型的盒装标本、散装标本以及照片、课件图片或挂图等。昆虫的发育历期与生活史标本材料，包括昆虫卵、幼虫、蛹、成虫以及生活史标本、照片、课件图片或挂图等。

（2）用具准备：放大镜、培养皿、搪瓷盘、相机等。

任务实施

一、园林植物昆虫发育历期的识别与观察

（一）识别与观察

仔细观察昆虫卵、幼虫、蛹、成虫的外部形态特征，描述昆虫发育中各个历期的主要特点。

（二）总结与归纳

1. 昆虫的胚胎发育（卵期）

昆虫卵一般为有黄卵，卵黄充满其中，在卵黄的中央有1个细胞核。初产下的卵的外面包有一层卵壳。在卵壳下方有一层卵膜，在胚胎发育不久就会消失。昆虫卵在端部常有1个或数个受精孔（卵孔），是精子进入卵内的孔道。根据胚胎在卵内的发育状况，卵可分为两类：短胚卵，如蜻蜓目及直翅目昆虫的卵；长胚卵，如蝇类和鳞翅目昆虫的卵。

昆虫卵的大小种间差异很大，较大者如蝗卵，长6~7mm；赤眼蜂的卵则很小，长度仅有0.02~0.03mm。卵的类型多种多样（图2-16），最常见的呈椭圆形或肾形，此外还有半球形、

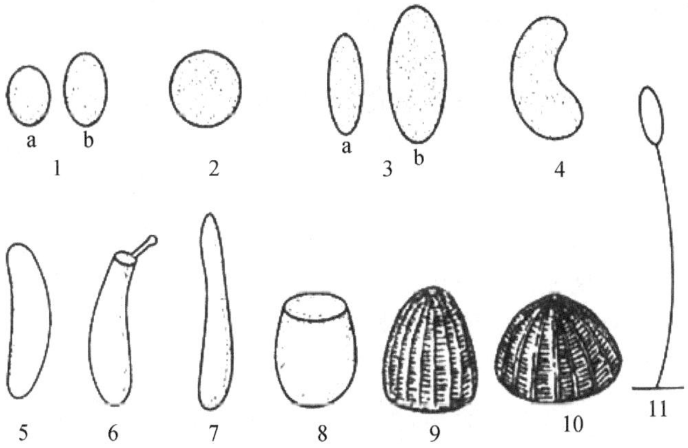

1. 椭圆形（a. 大黑鳃金龟，b. 蝼蛄）；2. 球形（甘薯天蛾）；
3. 长椭圆形（a. 棉蚜，b. 豆芫菁）；4. 肾形（棉蓟马）；5. 长卵形（蝗虫）；
6. 袋形（三点盲蝽）；7. 长茄形（飞虱）；8. 桶形（蝽象）；9. 馒头形（棉铃虫）；
10. 半球形（小地老虎）；11. 有柄形（草蛉）。

图2-16　昆虫卵的形态

（引自北京农业大学《昆虫学通论（上册）》·第二版）

球形、桶形等。草蛉类的卵有一丝状卵柄,蝽的卵还具有卵盖。有些昆虫在卵壳表面有各种各样的脊纹,或呈放射状(如一些夜蛾),或在纵脊之间还有横脊(如菜粉蝶),以增加卵壳的硬度。昆虫的产卵方式有单个分散产的,也有将许多卵粒聚集排列在一起形成各种形状的卵块的。有的昆虫将卵产在物体表面,有的产在隐蔽的场所甚至寄主组织内。

2. 昆虫的胚后发育

卵期是昆虫发育的第一个阶段,发育成熟的幼体破卵而出的过程即为孵化。幼体破卵壳有以下几种方法:体内某器官产生一定的酶;特殊构造;本身的动作。昆虫孵化后即进入胚后发育阶段。

(1) 幼虫期。

昆虫的体壁具有坚硬的表皮,缺乏足够的延展性,因此限制了虫体的长大。昆虫在幼虫时期生长迅速,虫体长大到一定程度必须将旧表皮蜕去,另外形成较为宽大的新表皮才能继续生长。昆虫的蜕皮是受激素控制的。昆虫蜕皮时整个体表以及外突物和体壁内陷的部分器官如前肠、后肠和气管的表皮均蜕去。幼虫的形态随变态类型不同而有差异,幼虫的外形可归纳为以下几种类型:原足型、多足型、寡足型、无足型(图2-17)。

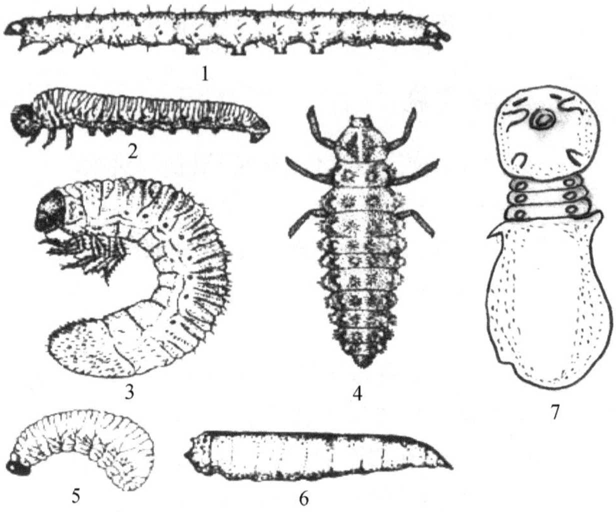

1、2. 多足型;3、4. 寡足型;5、6. 无足型;7. 原足型。

图2-17 完全变态昆虫幼虫类型图

不完全变态昆虫的幼虫被称为若虫,因此不完全变态昆虫的幼虫期也称为若虫期。

(2) 蛹期。

由幼虫转变为蛹的过程称为化蛹。从化蛹到成虫羽化所经历的时间称为蛹期。蛹是完全变态昆虫所特有的一种虫态,根据其外貌可分为三类:围蛹、离蛹(裸蛹)、被蛹。

(3) 成虫期。

不完全变态昆虫的末龄若虫蜕皮变为成虫或完全变态昆虫的蛹由蛹壳破裂而出变为成虫的过程称为羽化。成虫期实际上是生殖时期,主要任务是交配、产卵、繁衍后代。

二、园林植物昆虫发育类型的识别与观察

(一) 识别与观察

仔细观察不同的昆虫变态发育类型标本,注意描述不同发育类型的发育历期。

(二) 总结与归纳

根据个体发育系统发育的进化关系来划分,变态类型主要可分为以下几种类型:增节变态、表变态、原变态、不完全变态(半变态、渐变态、过渐变态)、完全变态、复变态。增节变态、表变态、原变态为无翅类昆虫所有。园林植物昆虫中以完全变态和不完全变态最常见。

1. 不完全变态

不完全变态指昆虫的个体发育要经过卵、若虫、成虫三个发育阶段，若虫（幼体）除翅和生殖器未发育完全外，其他方面（如生活习性、形态特征等）均与成虫基本相同的发育类型。不完全变态的昆虫具有3个虫期，即卵、若虫、成虫，又可区别为渐变态和半变态。渐变态：幼体与成虫的形态和习性很相似，只是幼体的翅未长成，生殖器官未发育完全，其幼体称为若虫，如蝗虫、蝉、蝽、白蚁等。半变态：幼体与成虫有明显的形态差异，生活习性也不相同，即幼体水生，具鳃，成虫陆生，其幼体称为稚虫，如蜻蜓和襀翅目的石蝇等。

2. 完全变态

完全变态指昆虫在个体发育过程中要经历卵、幼虫、蛹和成虫四个发育阶段，成虫、幼虫在外部形态和生活习性上完全不同的发育类型。具体而言，完全变态的昆虫除具有卵、幼虫、成虫3个阶段外，还有1个不食不动的蛹期。幼虫的形态和习性与蛹和成虫均大不相同，在从幼虫转变为成虫的过程中会发生显著的变化，如甲虫、蝶、蛾、蜂、蚊、蝇等。

三、园林植物昆虫的年生活史表编制

（一）分组讨论

根据查阅的资料举例说明园林植物昆虫在一年中的发育历期。

（二）总结与归纳

1. 世代和年生活史

（1）世代。

昆虫由卵到成虫开始产生后代的个体发育称为1个世代。昆虫世代的划分是以卵为标志的。在统计1年内发生的世代数时，以春季首次新出现的卵开始发育到第1代成虫出现作为第1世代，以后依次称为第2世代、第3世代……而越冬的虫态则为越冬代，翌春继续发育到越冬后成虫出现为止。

各种昆虫世代的长短和1年内所能完成的世代数不同。如星天牛、苹果透翅蛾等1年1代，苹小食心虫1年2代，梨小食心虫1年4~7代，而蚜虫则1年十几到20代。有些昆虫要几年才完成1代，如桑天牛2~3年完成1代，北美十七年蝉要17年才完成1代。1年发生数代的昆虫，常有世代重叠的现象。一般成虫发生期及产卵期短的种类，世代间可以划分得比较清楚，反之则不然。

世代的长短和1年内发生的世代数主要决定于种的遗传性和不同纬度地区的温度条件。如梨大食心虫在延边地区1年只发生1代，在辽宁及河北省1年发生2代，在河南黄泛区1年发生3代。也有少数昆虫不论南北各地，1年只发生1代，如天幕毛虫。

（2）年生活史。

由当年越冬虫期开始活动到第2年越冬结束为止的发育过程，称为年生活史，包括每年发生的代数、越冬虫态、越冬场所、每世代各虫态发生的时期和历期。由于每个种都是以群体方式存在的，生长发育时期有一幅度，但个体间有差异，所以每个世代总是有少数个体发生较早或较晚。当发生早的个体出现时称为发生始期，大量个体出现时称为发生盛期，少数发生晚的个体出现时称为发生末期。昆虫在1年中的发生情况，尤其是各虫态出现的时期，可用图解的方式来表示（表2-2）。

表 2-2　舟形毛虫年生活史

一月	二月	三月	四月	五月	六月	七月	八月	九月	十月	十一月	十二月
○○○	○○○	○○○	○○○	○○○	○○○	○○○	○				
						+ + +	+ +				
					++	●●●	●●●				
					●	–	–	–			
					–		○○○	○○○	○○○	○○○	○○○

注："●"表示卵，"–"表示幼虫，"○"表示蛹，"+"表示成虫。

2. 休眠和滞育

昆虫大多在受到不良环境条件的影响时，其生长发育或生殖会出现或长或短的中止现象，这种现象在昆虫生理上可区分为两种不同的情况，即休眠和滞育。

（1）休眠。

休眠是由不利环境条件所引起的生长发育临时中止的现象，而在适宜的条件下则可连续生长发育和繁殖。已经休眠的昆虫当不利环境条件消除后休眠也就结束了。发生在炎热的夏季的休眠为"夏蛰"，发生在冬季的休眠为"冬眠"。

（2）滞育。

滞育是周期性出现的比休眠更深的新陈代谢受抑制的生理状态，是对不利环境条件历史性的反应，往往是由昆虫遗传性所决定的，可在不利环境条件出现之前或始终没有出现真正不利环境条件的情况下发生。滞育可分为兼性滞育和专性滞育两大类。兼性滞育不发生在固定的世代，不同世代滞育的数量也各不相同。如桃小食心虫第 1 代脱果幼虫，一部分个体入土结茧越冬，随着脱果时间的延迟，脱果幼虫的滞育率也升高。专性滞育是指不论环境条件如何，在每个世代的一定阶段，昆虫每个个体均进入滞育，多为 1 年 1 代的昆虫，如梨茎蜂、天幕毛虫等。昆虫滞育的生理机制主要受激素的控制。滞育激素和环境影响脑激素，脑神经分泌细胞不活动，昆虫则处于完全滞育状态；经过低温刺激，激发脑神经分泌细胞活动，昆虫则解除滞育。

四、园林植物昆虫的生活习性

（一）分组讨论

根据查阅的资料举例说明园林植物昆虫的主要生活习性。

（二）总结与归纳

1. 昆虫的食性

昆虫在长期演化过程中形成的各自特殊的选择取食对象的习性称为昆虫的食性。按照昆虫所食食物性质的不同，可将昆虫分为植食性、肉食性和腐食性昆虫。植食性昆虫按照寄主范围又分为单食性、寡食性、多食性昆虫。

2. 昆虫的假死性

有些昆虫受到突然的接触或震动等惊吓时，立即呈麻痹状态。这是一种简单无条件反射，是在自然选择中被保留下来的能使它们逃避危险的防御性反射。成虫如金龟子、梨象鼻虫等,幼虫如大叶黄杨斑蛾、舟形毛虫等,受到震动时从树上掉落地面不动,稍待片刻又活动起来,这种现象即属于假死性。我们可以利用昆虫的这种行为震落捕杀园林植物害虫。

3. 昆虫的趋性

昆虫的趋性是较高级的神经活动,是昆虫对外部刺激来源如光、温度、化学物质、水等产生趋近或忌避的动作,这些动作带有强迫性。趋性有正、负趋性之分,趋向称为正趋性,背离称为负趋性。趋性对于昆虫的寻食、求偶、产卵及避过不良环境条件等是有利的。按照刺激物的性质,趋性可分为趋光性、趋温性、趋化性、趋水性等,以趋光性和趋化性最为重要。掌握昆虫的正趋性,可以用来预测害虫发生时期、发生数量和诱杀防治害虫。例如,梨小食心虫、苹果卷叶虫、小地老虎对甜、酸等气味具有强烈的趋化性,因此可用这一趋性来预测和防治害虫。又如,夜蛾、甲虫和叶蝉对不同波长的光线反应也不一样,因此在生产上应用黑光灯来预测和防治害虫。另外,对于一些对刺激有很强忌避作用的害虫,可用一些忌避剂来减轻为害,甚至可以驱除害虫。例如,树干白涂剂由于其白色及气味的关系能忌避天牛产卵。

4. 昆虫的群集性和迁移性

(1) 群集性。

在昆虫中,大量同种个体聚集在一起的现象称为群集性。根据群集方式的不同可将其分为两大类:临时性群集和永久性群集。

① 临时性群集。临时性群集是有限面积内个体大量集中或大量繁殖的结果。这种现象与昆虫对生活小区中一定地点的选择性有关。因为在它们群集的地方,可以获得生活上的最大满足。临时性群集常见于蚜虫、介壳虫、粉虱等昆虫中。有一些鳞翅目幼虫也有群集性,如樟巢螟的幼虫大部分时间生活在幼虫吐丝缀叶的巢内;天幕毛虫和舟形毛虫的低龄幼虫常群集一起为害,老龄时则分散为害。某些群集现象具有季节性,如很多瓢虫、叶甲、椿象等往往在越冬期间大量群集在砖石下、建筑物隐蔽处、地面覆盖层下等场所,可以形成有利于越冬的条件,越冬结束后就分散开来。

② 永久性群集。不同于临时性群集,成虫期的永久性群集现象通常与昆虫向其他生活小区迁移有关,并且具有本能的性质。永久性群集的时间占据个体生命的全部或几乎占据个体生命的全部,因此永久性群集是长期性的聚集,又称为群栖。群栖形成以后,往往不再分散,而且全部个体以密集的群体共同地向一个方向迁移,几乎不可能用人工方法把它们分开,如飞蝗。

(2) 迁移性。

昆虫在个体发育过程中,因食物和环境的需要,都有向四周扩散或迁移的习性。具有季节性群集的昆虫如多种瓢虫、叶甲和蝽象,它们秋末自田地大批迁移至森林、灌木或谷地,在落叶或杂草中越冬,翌年春天又分散到田野中去。又如黏虫大发生时,幼虫为了寻找食物,便成群迁移,其成虫具有远距离飞迁的习性。

研究和掌握昆虫的群集和迁移的生物学特性,对害虫的防治具有重要的实际意义,可以根据这些特性提出测报和防治的有效措施。如对于舟形毛虫和樟巢螟,应抓紧早期的人工防治,把它们消灭在分散以前;飞蝗则必须消灭在 3 龄以前。

5. 昆虫的防御和伪装

昆虫的防御和伪装具有多种形式,有些昆虫具有讨厌的气味或不好的味道,有些昆虫具有保护性外貌,这些保护性外貌称为拟态。昆虫的保护性外貌有以下 3 种形式: ① 昆虫体上斑纹的色型与环境混成一体,如大多数夜蛾成虫;② 昆虫的体形和体色类似于寄主的某一部分,如角蝉的成虫、竹节虫的成虫和若虫以及枯叶蝶的成虫;③ 昆虫的外貌类似于某种对捕食昆虫的动物来说味道不好或害怕的昆虫,如食蚜蝇成虫外貌似蜜蜂,透翅蛾成虫外貌似黄蜂。

此外,有许多昆虫(如甲虫)具有很厚的外骨骼,许多毛虫具有毒毛或毒刺,有些昆虫受惊时以特殊的动作来吓退捕食者,有些昆虫具有螫针等。

五、拓展学习: 昆虫的生殖方式

(一) 两性生殖

昆虫的两性生殖可分为卵生和卵胎生两类。卵生: 昆虫雌雄两性交配,受精产卵,卵排出后经过一定的时间发育成新个体。卵胎生: 有些昆虫受精卵在母体内即孵化成幼体,产出母体后继续发育成长。

昆虫产卵的能力很强。不同种昆虫产卵的方式和场所各不相同,有的卵粒分散,有的卵集合成一卵块。如螳螂产出的卵块外面有坚硬的卵鞘加以保护;负子虫雌虫将卵产于雄虫体背上,雄虫一直背负着,直到孵化;有的卵产于土中、水中或植物的枝或叶上,有的产于树皮裂缝中,有的产在种子或果实内,有的产于垃圾或粪便中。寄生性昆虫将卵直接产于寄主体内或体表。

(二) 孤雌生殖

孤雌生殖是雌虫不经交配或卵不经受精即能繁殖新个体的单性生殖方式,可以是卵生,也可以是卵胎生。有些昆虫通常是两性生殖,但偶尔也有孤雌生殖现象,如家蚕。也有一些昆虫以孤雌生殖作为生殖方式中的一种,如蜜蜂未受精的卵孵化为雄蜂,受精的卵孵化为雌蜂。还有些昆虫如棉蚜,在春、夏季气候适宜的时候孤雌胎生,所生的新个体皆为雌虫,秋末气候转冷时才产生两性个体交配产卵。

(三) 多胚生殖

多胚生殖是一个卵在发育过程中分裂成多个胚胎的一种特殊的单性生殖方式。在一些营寄生生活的膜翅目昆虫中,有些种类的卵分裂而成的胚胎数较少,如寄生于玉米螟幼虫的小茧蜂;有些种类的卵分裂而成的胚胎数很多,如有一种小蜂,一个卵能分裂成 2 000 个个体。

(四) 幼体生殖

幼体生殖是指幼虫体内的生殖细胞提前发育形成后代,是一种幼虫期的孤雌生殖。有些昆虫能进行幼体生殖,若干个新幼体从母体内孵化后已将母体食尽,但经过若干世代,幼体生殖则停止,幼虫经过化蛹、羽化变为两性个体,再进行两性生殖,蕈蚊科和瘿蚊科中常有这种实例。

学习成果

(1) 将观察识别的园林植物昆虫生物学习性填入表 2-3。

表 2-3　园林植物昆虫生物学习性记录表

生活习性	主要特征	代表昆虫	如何利用

（2）查阅资料并编制当地 1~2 种常见害虫的年生活史表。

（3）用照相机或高像素手机拍摄几种园林植物昆虫的完整发育类型照片，并简要描述其特征。

任务评价

任课教师当堂发放任务评价单，由学习者当堂完成组间评价和组内评价后，收回任务评价单。任课教师可以当堂给出教师评价分，也可以在任务学习者将当堂任务学习成果提交给任课教师后，课后给出教师评价分。学习者可以在课后规定时间内继续提交第二课堂自主学习成果，如学习者本人编制的昆虫年生活史表及拍摄的昆虫发育类型照片等。任课教师根据学习者任务完成情况，按照教师评价分占 50%、组间评价分占 30%、组内评价分占 20%进行加权计算，最终形成每个学习者的任务完成评价成绩。成绩可以当堂反馈，也可以在下一次课堂上反馈。

职业能力测试

（1）昆虫发育有几种变态类型？在变态发育过程中出现哪些幼虫类型？

（2）了解昆虫的休眠与滞育的特点对害虫防治有什么意义？

（3）昆虫有哪些生活习性？了解这些习性对害虫防治工作有何意义？

（4）昆虫的主要生殖方式有哪些？

子任务 3　生态环境对园林植物昆虫的影响认知拓展

目标要求

通过对气候、生物和土壤对园林植物昆虫的影响的学习，能对影响园林植物害虫发生为害的生态因素进行准确分析。通过自学，增强学生自我教育、自我监督的能力，逐步培养其成为具备自主学习和合作学习能力的创新型人才。

工作准备

提前给学习者布置任务学习内容，请学习者提前查阅资料，了解气候、生物和土壤对园林植物昆虫会产生何种类型的影响，以便于课堂上分组讨论。

任务实施

一、气候对园林植物昆虫的影响

(一) 分组讨论

根据查阅的资料举例说明气候是怎样对园林植物昆虫产生影响的。

(二) 总结与归纳

1. 气候的生态学意义

气候作为生态因素的综合效应,对昆虫具有极为重要的生态学意义。气候的综合效应决定着昆虫的分布和昆虫最一般的生态特征。同时,生物对气候也常常产生影响。

气候的综合效应是指温度、雨量、光照、气压、雪等条件的联合作用。其中各个条件的作用并不是孤立的,如同样的雨量在不同的温度下具有不同的意义。影响气候的主要因素有:① 纬度的不同,导致接受太阳辐射能的不同;② 大气的环流,如风速、风向;③ 下垫面的状况,如水和土壤等;④ 方位的关系,如高山的阳坡、阴坡;⑤ 海拔高度;⑥ 植被的覆盖层;等等。

2. 气候的季节性与昆虫的周期现象

气候因素在1年中作有规律的周期变化,使昆虫在1年内的数量也呈现周期性变动(表2-4)。如蓟马在澳大利亚一年四季是连续发生的,它的若虫、成虫是在玫瑰花中生长、繁殖的,因而种群的高峰期出现在春季,这正是花开的盛季;然而春季之后是1个干旱季节,花谢了,蓟马的数量便下降。

表2-4　气候的季节性与昆虫的周期现象

地理位置	气候的季节性	植物的动态	昆虫的动态
低纬度地区	季节性变化不明显,大气压力、风及降水量的变化也很小	植物终年生长并结实	生长、繁殖的季节性不明显
高纬度地区	季节性变化很大,光、热、降水等变化很大,月平均温度的年变幅较大	春天开始生长,夏季最茂盛,大多数植物在秋天结实,冬天休眠或衰亡	表现出明显的季节性

3. 温度与热

温度是昆虫进行积极的生命活动所必需的一个条件,也是对昆虫影响最为显著的一个气象因素。温度对昆虫的影响因昆虫的种类、虫态、生理状况以及时间、地点而异。

昆虫是变温动物,外界温度的高低往往直接影响虫体温度。温度对昆虫的影响可分为致死高温区、亚致死高温区、适温区、亚致死低温区、致死低温区五个温区(图2-18)。每一种昆虫都有一定的适温区,又称有效温度范围,一般为8℃~40℃。在该范围内昆虫寿命最长,生命活动最旺盛,发育与繁殖正常进行,超过这一范围则繁殖停滞,发育迟缓,甚至死亡。其中,20℃~30℃为最适温度范围,昆虫发育适度,耗能最少,寿命长,繁殖力高。高于30℃或低于20℃则繁殖量明显减少,下限(8℃~15℃)称发育起点,上限(35℃~40℃)称临界高温。

同时,温度还影响昆虫交尾、产卵及繁殖的数量。昆虫的发育速率在一定温度范围内,随温度的升高而加快,符合有效积温法则,可用公式表示为$K=N(T-C)$。其中,N为生长期所需时间，即发育历期；T 为发育期间平均温度；C 为发育起点；K 为常数，即有效积温。有效积温法则的应用有以下几方面：① 预测害虫的发生期。如已知槐尺蠖卵的发育起点为 8.5℃，卵期有效积温为 84 日度，卵产下时的日均温度为 20℃，幼虫孵出时间 $N=K/(T-C)=7.3$ 天，即 7 天后孵出幼虫。② 预测一个地区某种害虫可能发生的世代数。如小地老虎完成一个世代所需积温 $K_1=504.7$ 日度，南京地区该虫发育的年总积温 $K=2\ 220.9$ 日度，小地老虎可能发生世代：$K/K_1=4.54$（代）。实际上，南京地区该虫每年发生 4~5 代。③ 预测昆虫在地理上的分布北限。如果当地年有效积温不能满足某种昆虫完成一个世代所需要的 K 值，则该昆虫在该地不能发生。④ 保存和利用益虫。在害虫防治上，要求计算出益虫合适的释放时间。⑤ 估计某种害虫来年发生程度。⑥ 根据某种昆虫各虫态的发育起点和有效积温，结合当地气温推算出该种昆虫的年发生历。

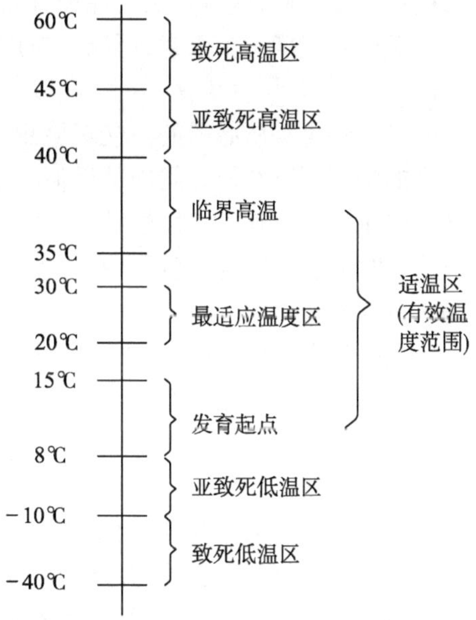

图 2-18　温度对昆虫的作用与温区划分

4. 湿度

昆虫的一切新陈代谢都以水为介质，虫体内的整个联系、营养物质的运输、代谢产物的输送、废物的排除、激素的传递等都只有在溶液状态下才能实现，水分不足或者无水会导致其正常生理活动的中止，甚至死亡。维持昆虫体内水分的相对平衡具有重要的意义。湿度可直接影响昆虫的生长发育，同时对昆虫的性成熟、生殖、产卵量及寿命的长短也有一定的影响。一般情况下，湿度过低或过高可抑制昆虫的生长发育。

昆虫不断地从环境中吸取水分，也不断地从体内排出水分，以调节体内水分平衡。昆虫获得水分的主要途径有：① 食物（这是昆虫取得水分最普遍、最主要的方式）；② 直接饮水；③ 通过体壁或卵壳吸水；④ 利用体内代谢水。昆虫丧失水分的主要途径是通过体壁与气门蒸发和随粪便排出。

5. 温湿度的综合作用

（1）温湿度系数及其应用。

在自然界中，温湿度总是同时存在、相互影响、综合作用于昆虫的。不同温湿度的组合对昆虫的孵化率、幼虫死亡率、蛹的羽化和成虫的产卵量等都有不同程度的影响。在说明温湿度组合对昆虫的影响时，常采用温湿度比值，即温湿度系数来表示。温湿度系数的作用必须限制在一定温度和湿度的范围内，因为不同温湿度组合可得到相同的温湿度系数，但各自的作用则差异很大。

（2）气候图及其应用。

为了研究温湿度组合对昆虫地理分布和发生量的影响，可根据一年或数年中各月温湿度组合来绘制气候图。通过绘制气候图或生物气候图，可以了解昆虫的地理分布或发生所需要的温湿度条件,这对昆虫的地理分布和发生量的预测有一定的意义。但是,这种图仅仅考虑了温度和湿度两个因素,所以在应用时有一定的局限性。

6. 光

光是一切生物所必需的。光对昆虫生命活动的影响主要决定于光的性质、强度和光周期。光的强度可以在短时间内从近似零度转变到很大,同时,光的影响常具有方向性。光可直接影响昆虫的生长、发育、生殖、存活以及活动、取食、扩散迁飞等,但主要影响昆虫的活动和行为,协调昆虫的生活周期。在一年中,光比温度、湿度更加稳定,因此,光对昆虫最主要的是具有信号作用。

光是一种电磁波,因波长不同而显示出各种不同的性质。红外线的波长比可见光长,主要作用是引起热的变化。紫外线的波长比可见光短,主要引起光学效应,促进维生素 D 的形成和杀菌等。昆虫可见的光波多偏于短波光,许多昆虫对 330~400nm 的紫外线有强烈的趋性。昆虫对光波的反应不仅因种类而异,而且不同性别或不同发育阶段均有差别。如铜绿金龟子雌虫有强烈的趋光性,而雄虫则没有趋光性。光强度的变化主要影响昆虫的昼夜节律、交尾产卵、取食和栖息等,并能影响昆虫的体色、聚集行为等。光影响动物的新陈代谢,因而,多种昆虫的生长和发育都受到光的影响。

7. 风

风对昆虫的影响是多方面的。大风能把昆虫带到很远的地方。气候在很大程度上决定着大气的流动,也影响着昆虫的地理分布和生活方式。小风能改变环境小气候,如温度、湿度、蒸发量等,从而影响昆虫的热代谢。风对昆虫活动的影响也是比较大的。风对昆虫地理分布的影响主要表现在飞行的类群上。经常刮大风的区域,飞行昆虫的种类是贫乏的。在多风沿海区域,大风愈是频繁,有翅昆虫就愈少,如青藏高原多风的高山草甸上的蝗虫是无翅的。

二、生物对园林植物昆虫的影响

(一) 分组讨论

根据查阅的资料举例说明生物是怎样对园林植物昆虫产生影响的。

(二) 总结与归纳

1. 生物因素作用的特点

生物因素包括食物、各种病原微生物、捕食性和寄生性天敌等。生物因素与非生物因素相比较,对昆虫影响的特点是: ① 在一般情况下,生物因素对昆虫的影响只涉及种群中的某些个体,而非生物因素对于昆虫种群的所有个体所起的作用基本上是相同的。② 生物因素对于种群的影响程度通常与种群的密度有关。③ 昆虫与生物因素是相互作用的。昆虫与其他生物相互适应。如植物花的香味、色泽和花蜜是植物对传粉昆虫的适应,而传粉昆虫的口器、携粉足和全身密布的毛等则是昆虫对花的适应。④ 生物因素一般仅直接涉及两个种和与其密切相关物种之间的关系,而非生物因素对整个生物群落中的所有物种都发生作用。

2. 昆虫与寄主植物的关系

(1) 昆虫对植物的选择与反应。

植食性昆虫都有其适宜的食物,不同的食物对昆虫产生的影响不同,同一种植物的不同器官对取食昆虫的影响也不相同。如芥子油是一种刺激剂,对动物组织能造成严重伤害,也是有名的抑菌剂,但有的昆虫如跳甲却能取食含有芥子油的植物而不受其害。另一种情况就是植食性昆虫对植物毒素采取回避的方式。

(2)寄主植物对昆虫的适应。

有些植物或品种由于生物化学的特点、形态的特征及组织解剖特性或物候特性等,使某种害虫不去取食为害,或不能在上面很好地生长发育,或虽能生长发育,但不为害植物的主要部分,这些植物就对昆虫有良好的适应性。植物具有的这种使其免受害虫为害的特性称为抗虫性。抗虫性表现为 3 种特性:不选择性、抗生性和耐害性。

3. 昆虫与其他动物的关系

昆虫与其他动物的关系较复杂,主要表现如下:

(1)捕食者和被食者。

捕食性昆虫一般比被食者个体大,其幼虫和成虫期均自由活动,常见的如螳螂目、蜻蜓目、半翅目食虫蝽象、鞘翅目步行虫、鞘翅目虎甲、双翅目食蚜蝇、双翅目食虫虻、脉翅目草蛉、脉翅目蚁蛉等。在捕食作用的长期影响下,被食者也相应地产生一系列的适应性,主要表现为保护色、拟态、多态现象、机械和化学保护适应、防御。

(2)寄生物与寄主。

昆虫中有些种类,一个时期或终身附着在其他动物的体内或体表,并以摄取寄主的营养物质来维持生存,这种具有寄生性的昆虫称为寄生昆虫。此外,寄生还有如下特点:寄生昆虫与寄主关系较密切;寄主被破坏一般较慢;成虫和幼虫食性不同,通常幼虫为肉食性;成虫搜索寄主,主要是在寄主体内或体表产卵,一般不杀死寄主。

4. 昆虫与微生物的关系

自然界存在着大量使昆虫致病的病原微生物,如病原真菌、病原细菌和病毒等。

目前在防治害虫方面对于病原真菌的利用较多,全世界已筛选并描述的虫生真菌有 800 种以上,感染途径主要是经体表。昆虫真菌病的共同特征是:昆虫感染后,常出现食欲锐减,身体萎靡,皮肤失常,直至死亡,其尸体硬化,故有"硬化病"之称。白僵菌是一种典型的病原真菌,利用此菌可防治玉米螟、松毛虫等 20 多种害虫。

病原细菌繁殖快,种类非常多,昆虫与细菌接触的机会也很多,传染途径主要是经口传染。昆虫细菌病的共同特征是:虫体感染后,不大活动,食欲减退,口腔与肛门带有排泄物等,最终导致败血症,死后虫体大多软化腐烂,失去原形,一般带有臭味。用以杀虫的主要是芽孢杆菌,如苏云金杆菌,其各变种对危害花卉、草坪和树木的多种鳞翅目害虫有致病和毒杀作用。

近些年来,利用病毒来防治害虫的实例日渐增多,而且不断发现新的昆虫病毒。有些病毒直接使昆虫致病,有些以昆虫作为中间寄主而使其他动物或植物致病。现已在 9 个昆虫目中发现 700 余种昆虫病毒。利用病毒防治害虫还是一种比较新的方法,目前应用较多的治虫病毒是杆状病毒属的病毒,如利用大袋蛾核型多角体病毒防治大袋蛾。这类病毒基本上不感染昆虫以外的其他动植物。

三、土壤对园林植物昆虫的影响

(一)分组讨论

根据查阅的资料举例说明土壤是怎样对园林植物昆虫产生影响的。

(二) 总结与归纳

土壤是昆虫的一个特殊生态环境,有着特定的温度、湿度、通气状况和化学特性,这些都与生活在土壤中的昆虫有着密切的关系。土壤与昆虫之间彼此相互影响,相互制约。了解昆虫与土壤的密切关系,可采取农业措施,改变昆虫在土壤中的生活环境,达到防治的目的。

1. 土壤温度

土壤温度的变化主要发生在上层土壤中,深达 1m 处几乎没有昼夜温差。土栖昆虫主要生活在上层土壤中,故土壤温度的变化就影响着昆虫的生长发育、繁殖和栖息活动。地下害虫的活动往往随着土壤温度的变化垂直迁移,秋季温度下降时向下层移动,气温愈低,潜伏愈深,春季气候渐暖时向上层移动,夏季表土温度高时又向下层移动。了解这一规律,便于进行害虫的预测、预报和防治。

2. 土壤湿度

土壤的干湿程度常影响土壤昆虫的分布及其生长发育。土壤中水分的多少对于昆虫在土中的产卵量也有不同影响。另外,土壤的干湿程度与引起昆虫致病的微生物也有很重要的关系。

3. 土壤的结构性质

土壤的结构性质与地下害虫的分布和活动等有关。

学习成果

(1) 列表分析温度对当地某种常见园林植物昆虫的影响。

(2) 列表分析生物对当地某种常见园林植物昆虫的影响。

(3) 列表分析土壤对当地某种常见园林植物昆虫的影响。

任务评价

任课教师当堂发放任务评价单,由学习者当堂完成组间评价和组内评价后,收回任务评价单。任课教师可以当堂给出教师评价分,也可以在任务学习者将当堂任务学习成果提交给任课教师后,课后给出教师评价分。学习者可以在课后规定时间内继续提交第二课堂自主学习成果。任课教师根据学习者任务完成情况,按照教师评价分占 50%、组间评价分占 30%、组内评价分占 20%进行加权计算,最终形成每个学习者的任务完成评价成绩。成绩可以当堂反馈,也可以在下一次课堂上反馈。

职业能力测试

试述昆虫与环境的关系对害虫的预测预报有何帮助。

【任务小结】

本任务主要传授和训练昆虫纲的主要特征及其分类地位,昆虫的头、胸、腹、体壁的构造,昆虫的生殖方式、发育历期、变态类型、生活史及其生活习性,昆虫与生态环境中的气候、生物、土壤的关系等内容和技能。

【讨论与提高】

(1) 简述昆虫在动物界的地位和作用。

(2) 举例说明胸节的发达程度与哪些因素有关。

(3) 绘图说明翅的基本构造。

(4) 举例说明昆虫腹部的基本构造及其附器。

(5) 昆虫发育有几种变态类型？在变态发育过程中出现哪些幼虫类型？

(6) 绘图说明昆虫的年生活史。

【考证提示】

本任务涉及园林植物保护工、绿化工、花卉工、花卉园艺师等工种的考核，涉及考证的内容主要为园林植物昆虫的基本理论，应牢固掌握以上要点。

任务 2　园林植物昆虫及其他有害动物识别

子任务 1　园林植物昆虫的识别

目标要求

通过对园林植物昆虫主要目科关键识别特征的学习，能将园林植物昆虫鉴定到主要目科，并进行准确的描述与识别记录。通过导入描写昆虫的古诗词，使学生充分认识到中华优秀文化源远流长，激发学生对优秀传统文化的热爱。

工作准备

(1) 材料准备：园林植物昆虫主要目科的标本材料，包括等翅目、直翅目、缨翅目、半翅目、同翅目、鞘翅目、鳞翅目、双翅目、膜翅目等昆虫的新鲜标本、盒装标本、散装标本以及照片、课件图片或挂图等。

(2) 用具准备：体视显微镜、放大镜、镊子、挑针、擦镜纸、解剖针、培养皿、搪瓷盘等。

任务实施

一、鳞翅目昆虫的识别

(一) 识别与观察

仔细观察鳞翅目昆虫的主要形态特征以及为害状，描述其主要形态特征。

(二) 总结与归纳

鳞翅目昆虫包括蝶类和蛾类，是昆虫纲中的第二大目。鳞翅目昆虫的主要特征：体小至大型，翅展 3~265mm；复眼大；身体、翅及附器均被有小鳞片；前、后翅均为膜质，翅面覆盖鳞片,这些小鳞片有时组成不同颜色的斑纹和线纹,纵脉不超过 15 条,前、后翅均有一个中室;触角细长多节,蛾类中有丝状、栉状、羽毛状等触角,蝶类触角则为球杆状;口器为虹吸式,下腭外叶延伸成喙,组成喙的两外叶互相嵌接,中间合成一个食物管,喙不取食时卷曲如弹簧;幼虫为多足型;蛹为被蛹;完全变态。重要的科有:凤蝶科、粉蝶科、蛱蝶科、透翅蛾科、袋蛾科、刺蛾科、螟蛾科、卷蛾科、木蠹蛾科、尺蛾科、枯叶蛾科、天蛾科、舟蛾科、灯蛾科、毒蛾科、夜蛾科、潜蛾科。

1. 幼虫

幼虫体呈圆筒形,柔软,可分头、胸、腹 3 个部分。

(1) 头部(图 2-19)。

头部圆形,少数呈三角形,头的前面有倒“Y”形的构造,中干称冠缝,两臂分叉称蜕裂缝,是幼虫蜕皮时首先裂开的地方。蜕裂缝内侧两块狭长的骨片是额,额下的三角形片是唇基,额与唇基间有“╱╲”形的额唇基缝。头盖缝两侧是头盖。在头两侧近下方,各具 6 个单眼,有些幼虫每侧只有 1~2 个单眼或完全消失。口器为咀嚼式,上唇前缘有一缺刻,其形状和缺刻的深浅各异,是分科的特征之一。上颚发达具齿,下颚、下唇和舌合成一体,中央有一突出的叶丝器;两侧为下颚须,2 节。

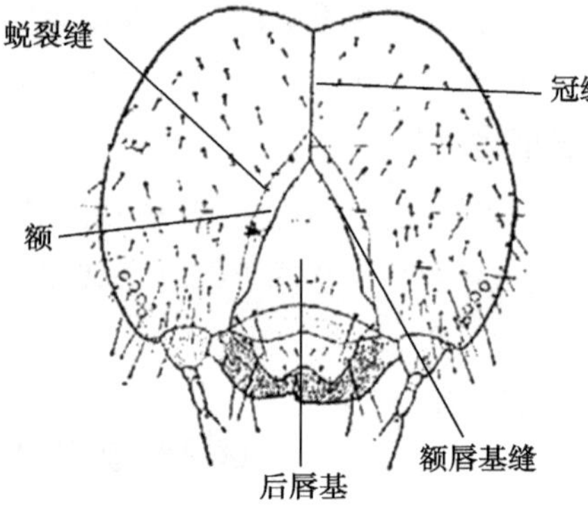

图 2-19　家蚕幼虫头部构造
(引自国家级精品课程《普通昆虫学》)

(2) 胸部。

幼虫的胸部由 3 节组成,前胸背面有一骨化板,为前胸背板。前胸两侧后下方各有一气门。有 3 对胸足,分别着生于前、中、后胸腹面两侧,由基节、转节、腿节、胫节和跗节组成,跗节末端有一弯形的爪。

(3) 腹部。

幼虫的腹部由 10 节组成,除第 10 节背面有一骨化的臀板外,其余各节不甚骨化。腹部气门位于第 1~8 腹节两侧,每侧各 1 对。腹足一般有 5 对,着生于第 3~6 节及第 10 节上,第 10 腹节上的腹足又称为臀足。趾钩的存在是鳞翅目幼虫有别于其他幼虫的一个重要特征。同时,趾钩的长短和排列形式是分科的重要特征之一。

幼虫的胴部常有明显的花纹或纵条纹,某些线纹可作为识别种类的辅助特征。幼虫身体各部分常具各种外被物,如刚毛、毛瘤、毛丛、毛突和枝刺等。

2. 蛹

鳞翅目昆虫的蛹主要为被蛹,可分为头、胸、腹 3 个部分(图 2-20)。

(1) 头部。

头部背面的蜕裂线通常较明显。复眼位于头两侧。触角基部位于复眼外侧,向体腹面弯曲。下颚须位于复眼外侧,一般不裸露。

(2) 胸部。

胸部仅在蛹体背面可见,明显分前、中、后胸 3 节,通常中胸最大。前足位于下颚两侧,中足位于前足外侧,后足一般只露出末端,有些种类不见后足。前翅芽在腹面可盖及或超过第 4 腹,后翅芽一般被前翅芽所覆盖。胸部有 1 对气门,位于前、中胸间背侧面上,呈疤状下陷。

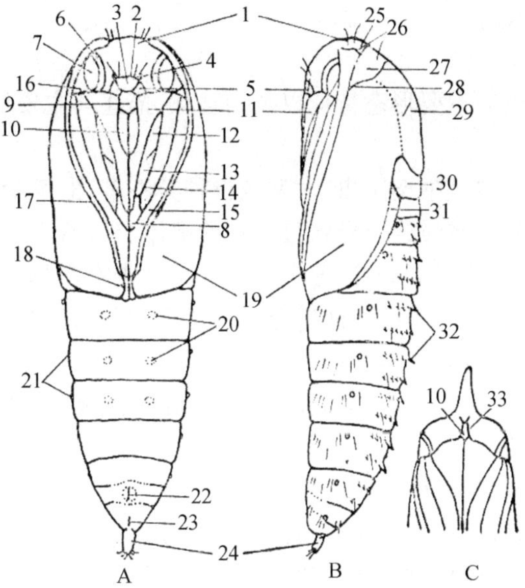

A. 腹面；B. 侧面；C. 一种螟蛾的蛹。

1. 前额；2. 唇基；3. 上唇；4. 幕骨陷入点；5. 上颚；6. 滑眼部；7. 粗眼部；8. 下颚须；9. 下唇；10. 下唇须；11. 下颚；12. 前足基节；13. 前足转节；14. 前足跗节；15. 中足；16. 中足基节；17. 触角；18. 后足末端部；19. 前翅；20. 腹足痕迹；21. 腹部气门；22. 生殖孔；23. 肛门；24. 臀棘；25. 头盖缝；26. 头顶；27. 前胸；28. 胸部气门；29. 中胸；30. 后胸；31. 后翅；32. 棘列；33. 唇基侧片。

图 2-20　蛹的模式图

（引自北京农业大学《昆虫学通论（上册）》· 第二版）

（3）腹部。

腹部由 10 节组成，第 10 节腹面中央的纵裂缝为肛门。雄蛹第 9 节腹面中央有生殖孔，雌蛹在第 8 节有一生殖孔，第 9 节有一产卵孔。在很多种类中，两孔连接成一纵裂缝。第 10 节末端向后突出，为臀棘，生有钩刺，钩住物体或茧等。

3. 成虫

成虫主要根据翅的脉序、斑纹等特征识别。鳞翅目脉序与假想式脉序很接近，但中脉基部一般退化或消失，而空出一个大的翅室——中室，以中室为中心来识别各脉。

成虫翅上的花纹可分为线纹及斑纹两类，其分布有一定的规律。根据线纹在翅上的位置可将其分为基横线、内横线、中横线、外横线、亚缘线、缘线；斑纹则可按形状分为楔状纹、环状纹、肾状纹、剑状纹等（图 2-21）。

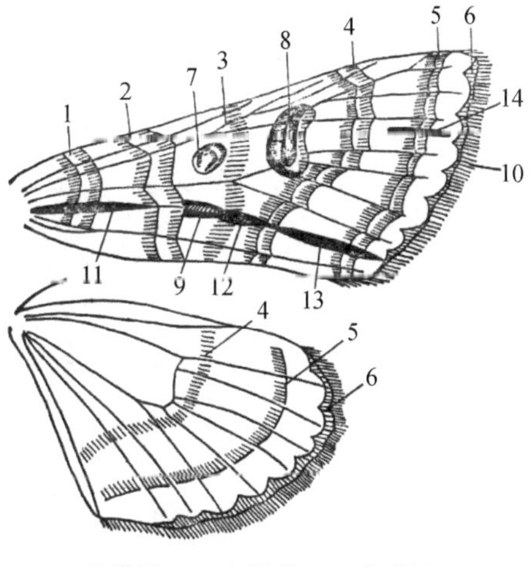

1. 基横线；2. 内横线；3. 中横线；4. 外横线；5. 亚缘线；6. 缘线；7. 环状纹；8. 肾状纹；9. 楔状纹；10. 缘毛；11. 基剑纹；12. 中剑纹；13. 臀剑纹；14. 顶剑纹。

图 2-21　鳞翅目昆虫翅面的条纹（夜蛾科）

（引自北京农业大学《昆虫学通论（上册）》· 第二版）

二、同翅目昆虫的识别

(一) 识别与观察

仔细观察同翅目昆虫的主要形态特征以及为害状,描述其主要形态特征。

(二) 总结与归纳

同翅目昆虫通常为小型至中型昆虫,大型昆虫种类不多,形态变化极大(图2-22)。体壁光滑、无毛,多数种类有分泌蜡质或介壳状覆被物的腺体。口器为刺吸式,通常下唇形成分3节的喙,喙基部由头下后方或前足基节间伸出。有翅种类有单眼2或3个,无翅种类缺单眼。触角多为刚毛状或丝状,3~10节,而雄介壳虫达25节。有的有2对翅,前翅膜质,或略加厚,或近似革质,但不成半鞘翅,静止时平置于背面或呈屋脊状;有的无翅,蚧类雄虫后翅退化成平衡棒,雌虫无翅。有些种类具多型性,种内出现有翅及无翅型,短翅及长翅型。雌虫腹部末端通常有发达的产卵器。

同翅目昆虫一般属渐变态,而雄蚧及粉虱属过渐变态。其繁殖方式极为多样,有有性生殖、孤雌生殖及有性生殖与孤雌生殖交替进行这几种方式;有卵生,也有卵胎生。植食性,取食植物液汁,许多种类是园林植物的重要害虫,既直接为害植物,又传播病毒或分泌蜜露引起煤污病。有些种类产胶、蜡,有重要的经济意义。重要的科有:蝉科、叶蝉科、木虱科、粉虱科、蚜科、蚧科。

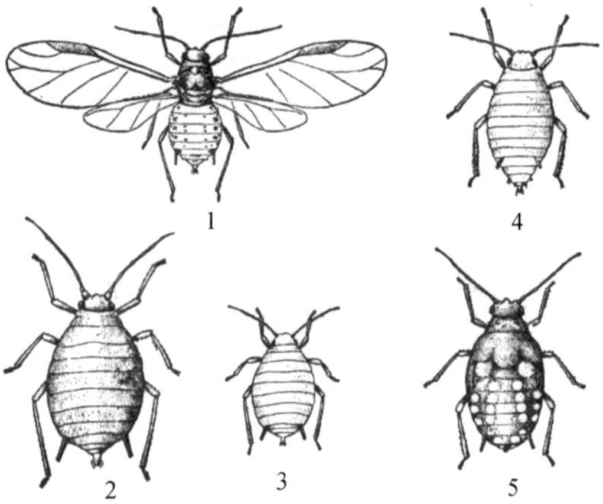

1. 有翅胎生雌虫;2. 大型无翅胎生雌虫;3. 小型无翅胎生雌虫;4. 干母;5. 有翅若虫。

图2-22 棉蚜

(引自北京农业大学《昆虫学通论(上册)》·第二版)

三、鞘翅目昆虫的识别

(一) 识别与观察

仔细观察鞘翅目昆虫的主要形态特征以及为害状,描述其主要形态特征。

(二) 总结与归纳

鞘翅目昆虫通称甲虫,是昆虫纲中最大的一目。其体微小至大型,体躯坚硬。前翅角质化,坚硬,无翅脉,称为鞘翅。两鞘翅成直线相接于体背,盖住中、后胸及腹部大部分或全部,但中胸小盾片多露出。后翅膜质,静止时折叠于前翅下,少数种类无后翅。口器为咀嚼式。触角一般有11节或少于11节,形状多样,有丝状、念珠状、锯齿状、棍棒状、膝状、鳃片状等。

完全变态，其中有部分为复变态，如芫菁。蛹多为裸蛹。图 2-23 所示为普通黑步甲。重要的科有：步甲科、虎甲科、金龟甲科、叩头甲科、吉丁甲科、天牛科、叶甲科、象甲、瓢甲科、锹甲科。

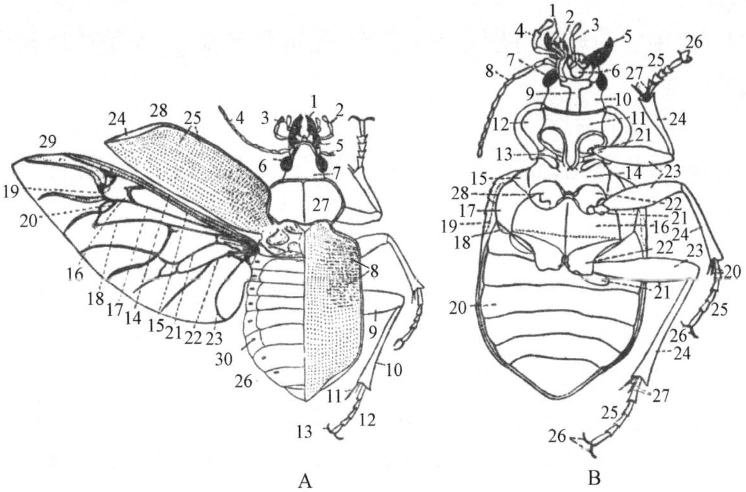

A. 背面观：1. 上颚；2. 下颚须；3. 下唇须；4. 触角；5. 上唇；6. 复眼；7. 头盖；8. 鳞片状刻纹；9. 腿节；10. 胫节；11. 胫节距；12. 跗节；13. 爪；14. 前缘脉；15. 径脉；16. 径分脉；17. 中脉；18. 肘脉；19. 径中横脉；20. 中肘横脉；21. 第 2 臀脉；22. 第 3 臀脉；23. 第 4 臀脉；24. 鞘翅缘；25. 刻点；26. 腹部；27. 前胸背板；28. 鞘翅；29. 后翅；30. 气门。

B. 腹面观：1. 外颚叶；2. 内颚叶；3. 下唇须；4. 下颚须；5. 上颚；6. 亚颏；7. 复眼；8. 触角；9. 外咽片；10. 颊；11. 前胸腹板；12. 前胸前侧片；13. 前胸后侧片；14. 中胸腹板；15. 中胸前侧片；16. 后胸腹板；17. 后胸前侧片；18. 后胸后侧片；19. 鞘翅；20. 腹部腹板；21. 转节；22. 基节；23. 腿节；24. 胫节；25. 跗节；26. 爪；27. 胫节距；28. 基节窝。

图 2-23　普通黑步甲

（引自北京农业大学《昆虫学通论（上册）》· 第二版）

1. 幼虫

甲虫幼虫一般缺腹足，有胸足 3 对，尾须存在与否因种类而异。气门 9 对，第 1 对位于前、中胸间，其余 8 对位于腹部前 8 节。单眼 1~6 对，单独或成群排列在头部两侧。幼虫从外形上大体可分为以下几种类型：

（1）肉食甲型。

皮肤坚硬，胸足发达，5 节，行动活泼，如虎甲、步甲的幼虫，捕食性。

（2）金针虫型。

皮肤坚硬，至少末节是坚硬的，胸足不太发达，4 节，行动不太活泼，如叩头虫的幼虫，植食性。

（3）伪蠋型。

皮肤柔软，大体像蚕，胸足不发达，4 节，有些种类腹节腹面有疣状突起，行动不活泼，如叶甲的幼虫，吃树叶。

(4) 蛴螬型。

皮肤柔软,体肥大弯曲呈 C 型,胸足 4 节,但不善爬行,如金龟子的幼虫,生活于土壤,加害植物根部。

(5) 象甲型。

身体柔软肥胖,中间的环节特别膨大而隆起,足退化或没有,如象鼻虫和豆象的幼虫,主要蛀食木材或种子等。

(6) 钻蛀型。

身体细长而扁平,足退化,如天牛、吉丁虫的幼虫,在茎干内作隧道为害。

2. 成虫

(1) 头部。

头壳坚硬,头盖缝一般不发达。象甲类的额与头顶向前延伸,形成长鼻状突起,称为喙,口部生于喙端。口器为咀嚼式。上唇发达,上颚一般发达,尤以锹甲科的雄虫为甚。下颚显著,下唇的颏发达,亚颏存在或与外咽片愈合;下唇须通常 3 节,少数 2 节,隐翅虫科不分节,呈一毛刷状。复眼发达,一般缺单眼,只有少数有单眼。触角一般 11 节,有丝状、念珠状、锯齿状、棍棒状、头状、膝状、鳃叶状、栉齿状等各种形式。触角的着生位置和形状是分类时常用的特征。

(2) 胸部。

前胸大,能活动,前胸背板自成一骨片,其前缘和后缘的凹凸情况、侧缘的弯直程度、肩角的形状是分类常用特征;肉食亚目中前胸侧板与背板间有明显的缝分开,而多食亚目中两者愈合,无明显的分界;前胸腹板为一骨片,腹侧与侧板间除象甲外,以侧腹缝分界,腹板上有 1 对前足基节窝,基节窝后缘被骨片环绕,称之为前基节窝后缘封闭,反之称为前基节窝后缘开放,此项特征常用于分类。中胸与后胸相愈合,各胸节背板可分为前盾片、盾片和小盾片三部分。中胸小盾片常露出于鞘翅基部间,而中、后胸背板其余各部分均被鞘翅所覆盖。

甲虫的足一般适于步行与奔走,由于生活习性的不同,足在功能上和形态上相应出现了许多变化。如鳃角类前足适于开掘;龙虱科后足和豉甲科中、后足呈扁平状,适于游泳;跳甲科后腿膨大,适于跳跃等。跗节的数目是分类的重要特征。

前翅特化为角质的鞘翅,一般很坚硬且无翅脉,静止时在背中央相遇成一直线。有些缺后翅的种类(如步甲、拟步甲、象甲、蛛蠹等),其鞘翅往往相互连合形成匣状,用于保护体躯。亦有短鞘翅的种类,如隐翅虫科、蚁甲科、出尾蕈甲科等,鞘翅仅盖住 2~4 个腹节。鞘翅表面平滑,有光泽,或被毛、鳞片,有刻点、线条或颗粒。鞘翅边缘向下或向内弯曲的部分称为缘折。后翅 1 对,膜质,通常纵横折褶,隐藏于鞘翅下,有少数翅脉。

(3) 腹部。

腹部变化较大,一般 10 节,第 1 腹节退化,第 3~9 腹节明显。由于腹板有的愈合或消失,可见腹板一般为 5~8 节。腹部末端数节延长,形成可伸缩的产卵管。雄性交尾器常缩于第 9 或第 10 腹板间。

四、直翅目昆虫的识别

(一) 识别与观察

仔细观察直翅目昆虫的主要形态特征以及为害状,描述其主要形态特征。

（二）总结与归纳

直翅目昆虫（图 2-24）体中型至大型，口器为咀嚼式，触角为丝状，前胸背板发达，中、后胸愈合。前翅狭长，为复翅；后翅膜质、宽大，停息时纵褶在前翅下。雌虫多具发达的产卵器，呈剑状、刀状或凿状。雄虫通常有听器或发音器。渐变态，多数植食性，螽斯科中部分为肉食性或杂食性。重要的科有：蝗科、蟋蟀科、蝼蛄科、螽斯科。

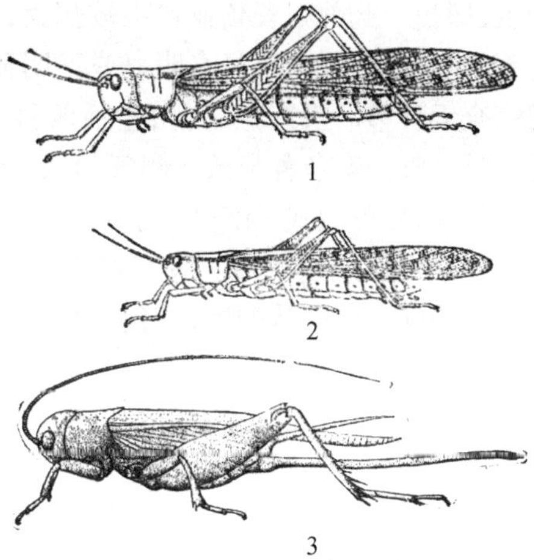

1. 东亚飞蝗雌成虫；2. 东亚飞蝗雄成虫；3. 油葫芦。

图 2-24　直翅目昆虫

（引自北京农业大学《昆虫学通论（上册）》· 第二版）

1. 卵及若虫

卵的形态与产卵方式因种类而异，多产卵于植物组织或土中，多以卵越冬，1 年 1 代或 2 代，而蝼蛄 1~3 年 1 代。若虫一般 5 龄，其形状与生活方式与成虫相似。多数种类的翅芽倒置，后翅位于前翅之外，由此可将若虫与短翅成虫相区别。

2. 成虫

（1）头部。

头为下口式，口器为典型的咀嚼式。触角较长，多节；复眼发达；通常有 3 个单眼。

（2）胸部。

前胸发达，可活动，中、后胸愈合。前翅稍厚，复翅，通常狭长，翅脉明显，但有的种类退化成鳞片状。后翅膜质，有宽大的臀域，休息时呈扇状折叠。有的种类前、后翅均退化。一般后足腿节粗壮，适于跳跃。跗节为 2~4 节，少数种类为 1 节。

（3）腹部。

腹部一般有 11 节，前 10 节明显，第 11 节与尾节连合，形成肛上板（有些种类如蝼蛄只见 8~9 节）。有些螽斯雄虫第 9 节腹板有 1 对尾刺。雌虫多具发达的产卵器，而蚤蝼科与蝼蛄科则无。腹末有尾须 1 对。雄虫一般有发音器，雌虫则不发音。发音器大致分为 2 类：两翅互相摩擦发音，如蟋蟀及螽斯；后腿与翅相互摩擦发音，如蝗虫。能发音的种类多具有听器。蝗科听器最发达，位于第 1 腹节的两侧；螽斯、蟋蟀的听器位于前足胫节基部。

五、双翅目昆虫的识别

（一）识别与观察

仔细观察双翅目昆虫的主要形态特征以及为害状，描述其主要形态特征。

（二）总结与归纳

双翅目昆虫包括蚊、虻、蝇等，体小型至中型，种类和个体数量很多，是昆虫纲中的大目之一。其主要特征：复眼大，触角线状、具芒状、环毛状等；口器为刺吸式、刮吸式或舐吸式等；仅有一对发达的膜质前翅，后翅退化为平衡棒，少数种类无翅；跗节 5 节；完全变态；食性复杂，有植食性、腐食性、捕食性和寄生性等。重要的科有：食蚜蝇科、寄蝇科、潜蝇科。

1. 幼虫

根据头部发达或退化的情况大致可分为 3 类：全头型，如低等的长角亚目蚊类等；半头型,如短角亚目的虻类;无头型,如芒角亚目蝇的幼虫,即蛆。胸部在长角亚目中较膨大,大部分无显著的变化。腹部长,具有明显或不明显的环节,或完全无环节。没有足,自由生活的种类有 1~8 对伪足。气门有各种形式:侧气门式、多气门式、前气门式、后气门式、无气门式。

幼虫一般经过 4 龄。较高等类群中,最后两龄的皮共同形成桶状的围蛹,包围真正的蛹;其余大多为被蛹。

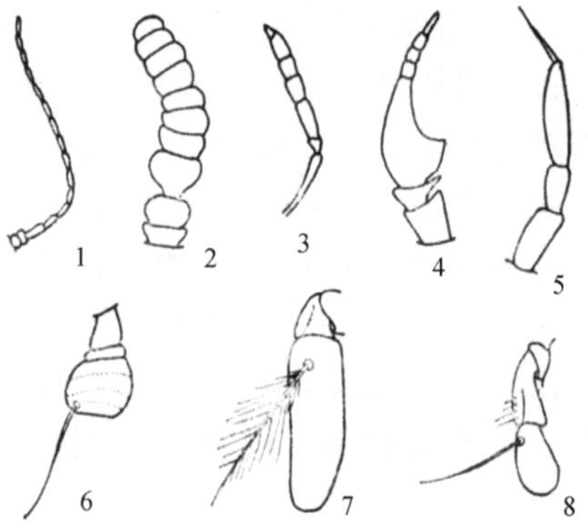

1. 蕈蚊;2. 毛蚊;3. 水虻;4. 牛虻;5. 食虫虻;6. 水虻;7. 丽蝇;8. 寄蝇。

图 2-25 双翅目昆虫触角的类型

(引自北京农业大学《昆虫学通论(上册)》·第二版)

2. 成虫

(1) 头部。

头小,有颈,活动自如。复眼大,常占头部的大部分,单眼 3 个或无。触角在不同的科中表现出很大的差异性(图 2-25)。头为下口式。口器有两种基本类型:刺吸式和舐吸式。

(2) 胸部。

前、后胸小,中胸极为发达,背面几乎全部为中胸背板所占据。中胸背板以盾沟分隔为前盾片、盾片和小盾片,但前盾片与盾片之间的盾沟常不完整。前胸侧板位于气门的前下方,后胸侧板较不发达。胸部有气门 2 对。前翅发达,膜质;后翅退化成平衡棒。脉序较简单。在较高级类群中,翅脉趋于减少。足长短与大小差异甚大,一般有毛。胫节有距 1~3 个;跗节 5 节,有爪和爪垫各 1 对。爪间突通常呈刚毛状或缺如,但在少数几科昆虫中,爪间突大,形似爪垫。

(3) 腹部。

腹部环节明显,外观上由 4~5 节或 11 节构成。第 1、2 节常退化而不易见,第 6~10 节形成产卵管。腹部有气门 8 对。雌性外生殖器包括整个后腹部,即由第 6、7、8 节和负肛节组成,各节由很长的节间膜连接,形成可以伸缩的套筒门状产卵器,生殖孔开口于第 8 节腹面;第 9 节后各节特化为肛上板、肛下板和肛尾叶。雄性生殖器以丽蝇为例,包括肛尾叶、侧尾叶、阳体、阳基侧突。肛尾叶和侧尾叶一起,在交尾时起抱握的作用,它们的形态特征比较稳定,是分类的重要特征之一。

(4) 鬃序。

蝇类成虫体被刚毛,称鬃毛。鬃毛的排列,即鬃序分类的一个重要依据。

六、半翅目昆虫的识别

(一) 识别与观察

仔细观察半翅目昆虫的主要形态特征以及为害状,描述其主要形态特征。

(二) 总结与归纳

半翅目昆虫通称蝽象。体小型至大型,多扁平。口器为刺吸式,从头部的前端伸出。前胸背板大,中胸小盾片发达。翅 2 对,前翅基半部革质,由革片和爪片组成,端半部膜质,为柔软的膜区;后翅膜质。多数种类在后胸侧板近中足基节处有臭腺孔。半翅目昆虫属渐变态。重要的科有：蝽科、网蝽科、猎蝽科。

1. 卵及若虫

卵的形状与产卵方式因种类而异。蝽科初孵若虫常停留在卵壳附近，至第一次蜕皮后分散。若虫通常蜕皮 5～6 次。若虫的腹部背面第 4～6 节大多具有臭腺孔，到成虫期，这些臭腺孔消失。蝽象的若虫如图 2-26 所示。本目昆虫 1 年 1 代至多代，越冬虫态因种类而异。

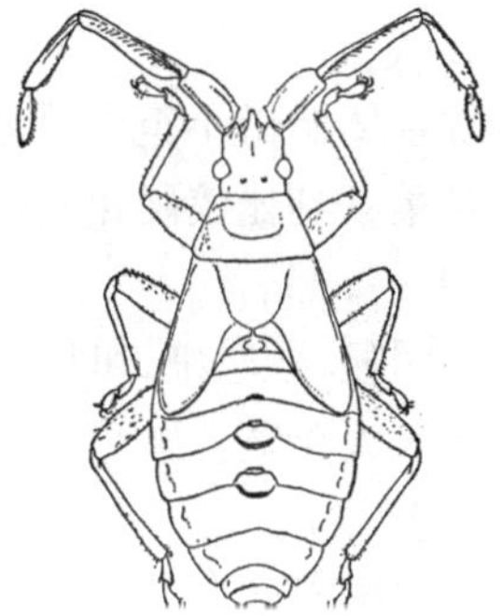

图 2-26 蝽象的若虫

（引自北京农业大学《昆虫学通论（上册）》·第二版）

2. 成虫

蝽象的成虫如图 2-27 所示。

（1）头部。

口器为刺吸式，自头的前端伸出，远离前足基节。喙多为 4 节，亦有 3 节及 1 节的。触角 3～5 节，多为丝状。单眼 2 个或无。

（2）胸部。

前胸背板发达，为不规则的六角形；中胸小盾片发达，多呈三角形。前翅为半鞘翅，基部革质，端部膜质，革质部又常分为革片、爪片、缘片、楔片等部分；后翅膜质。静止时，翅平覆于腹部之上，前翅膜质部互相重叠。有些种类的翅退化或无翅。多数种类有臭腺，后胸侧板靠近中足基节处常有一臭腺。跗节一般为 3 节，也有 2 节或 1 节及无跗节的。跗节末端常具爪，爪下具爪垫。

（3）腹部。

腹部 9～11 节（通常为 10 节），无尾须。

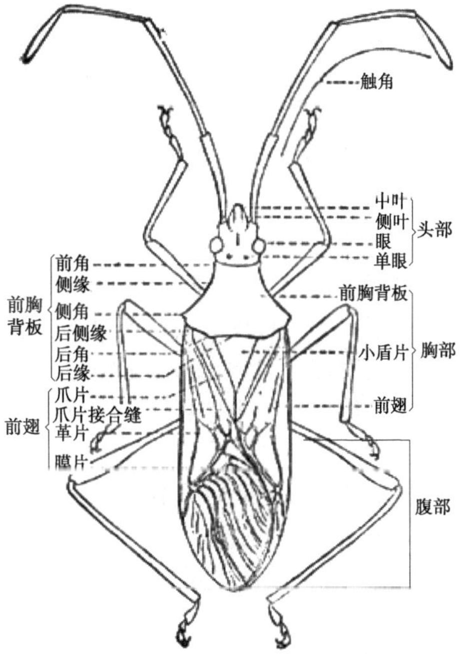

图 2-27 蝽象的成虫

（引自北京农业大学《昆虫学通论（上册）》·第二版）

七、膜翅目昆虫的识别

（一）识别与观察

仔细观察膜翅目昆虫的主要形态特征以及为害状，描述其主要形态特征。

（二）总结与归纳

膜翅目昆虫通称蜂、蚁。体微小至大型，复眼发达。触角较长，有丝状、膝状等。口器为咀嚼式或嚼吸式。翅 2 对，膜质，翅脉少。后翅小于前翅，前缘中央有 1 列小钩与前翅后缘连接。腹部第 1 节常与后胸连接，胸腹间常形成细腰。雌虫常有锯齿状或针状产卵器。本目昆虫完全变态。重要的科有：叶蜂科、姬蜂科、茧蜂科。

1. 幼虫

幼虫具发达的头，通常无足，体软而色淡，但叶蜂类幼虫具 3 对胸足及 6 对以上的腹足，腹足自第 2 腹节开始生长，腹足端部无趾钩，可以与鳞翅目幼虫相区别。蛹为裸蛹，许多种类化蛹于茧中。

2. 成虫

成虫体躯微小至中等大型。体色一般深暗,但也有体色鲜艳、有金属光泽或具虹彩的。体壁从柔软到比较硬化不等。体表光滑,具刻纹、皱纹或多毛。

(1) 头部。

头明显,颈较细,可以活动,一般头与体轴呈垂直方向,正面看为横形,有时呈近球形,蚁类头的长大于宽。触角多变化,形状不一,有鞭状、棒状、念珠状、栉状、扇状或膝状等。复眼1对,一般发达,位于头的两侧。单眼正常情况下有3个,位于额的上方,呈三角形排列。

(2) 胸部。

胸部包括前胸、中胸、后胸及并胸腹节。前胸一般较小,呈横形或很不明显,也有的呈长方形或锥形。中胸盾片有的无沟缝,有的则有1对盾纵沟;有的中胸盾片中部下陷呈槽,并具特殊的刻纹或隆起;有的在小盾片与中胸盾片之间还有1道横沟,沟内有的有纵隔或刻纹,这也是分类的重要特征。并胸腹节为真正的腹部第1节并入胸部所形成。前、中胸之间膜上及并胸腹节上各有气门1对。膜质翅有2对,前翅大于后翅,有些种类的翅退化或变短。有的前足腿节膨大,如肿腿蜂;有的后足腿节特别膨大,如小蜂科、褶翅小蜂科。蜜蜂总科的后足胫节膨大具毛,有花粉筐的作用,后跗节扁平具鬃,形成毛刷,以此将花粉自体躯刷入粉筐中;胫节末端具距1~2个。跗节为2~5节,末端具爪1对,螯蜂科的前足末端呈钳爪状。

(3) 腹部。

腹部的形状、大小常有差异,一般较短,呈三角形、卵圆形或柱形,有的扁平,有的侧扁。腹部一般有10节,少的只见3~4节。腹节间一般为膜质,可以自由活动。产卵器为雌虫极度特化的附器,形状似剑,适于钻孔、穿刺、锯,同时有产卵、刺螫、杀死、麻痹及保存活的昆虫食物的功能。雄性生殖器部分隐蔽在体内,主要包括第9腹节的生殖突基节或铗子与阳茎端。雄性外生殖器除小蜂外,种间差异显著,因此作为分类的重要特征。

八、等翅目昆虫的识别

(一) 识别与观察

仔细观察等翅目昆虫的主要形态特征以及为害状,描述其主要形态特征。

(二) 总结与归纳

等翅目昆虫通称白蚁,小型至中型,体软,通常长而扁,白色、淡黄色、赤褐色直至黑色,为多型性的社群性昆虫。

1. 头部

头为前口式或下口式,能自由活动。口器为典型的咀嚼式,与直翅目相似,亚颏与外咽片愈合形成咽颏。触角呈念珠状。

2. 胸部

前胸背板形状因种类而异,是分属的重要特征。有长翅、短翅及无翅类型。具翅者2对翅狭长、膜质,大小、形状及脉序相同,故称"等翅目"。白蚁的翅在完成一次飞翔后即行脱落,脱落部位通常在翅基肩缝处,残存部分成为翅鳞。跗节有4或5节,有2爪。

3. 腹部

腹部有10节,第1腹板退化。尾须短,有1~8节。

白蚁是多型性的社群性昆虫(图2-28),在同一群体内,因其个体形态与机能上的不同而可分为各种不同的类型,主要有:

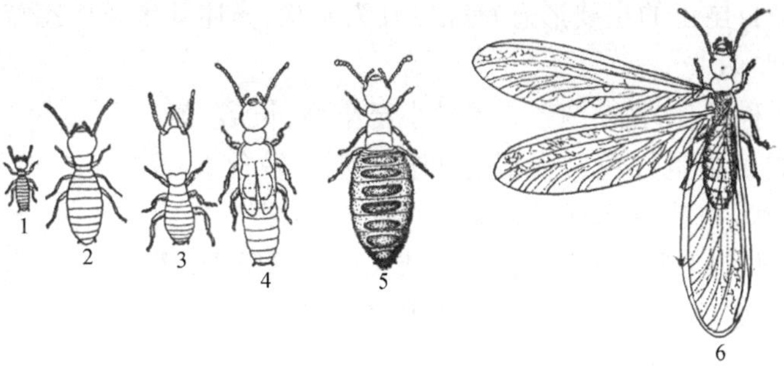

1. 幼虫; 2. 工族; 3. 兵族; 4. 若虫; 5. 补充王族; 6. 有翅王族。

图2-28　白蚁的多型现象

(引自北京农业大学《昆虫学通论(上册)》· 第二版)

(1) 生殖型。

生殖型白蚁能交尾产卵繁殖后代,因其来源与形态的不同又可分为3种类型:

① 长翅型: 原始繁殖蚁。

② 短翅型: 补充繁殖蚁。

③ 无翅型: 完全无翅的个体。

(2) 非生殖型。

非生殖型白蚁不能繁殖后代,形态也与生殖型不同,完全无翅。

① 工蚁: 无翅型,失去生殖能力。在群体中为数最多,其职能是收集食物、筑巢、开路、饲育母蚁与兵蚁、照料若蚁、搬运蚁卵、培养菌圃等。

② 兵蚁: 无翅型,不能生殖。职能是在群体中起保卫作用,因口器退化而不能取食,由工蚁饲喂。兵蚁根据其头部及上颚的形态可分为2类: 大颚型兵蚁和象鼻型兵蚁。

白蚁的变态类型为渐变态。白蚁的生活史非常复杂,家白蚁的生活史可用图2-29表示:

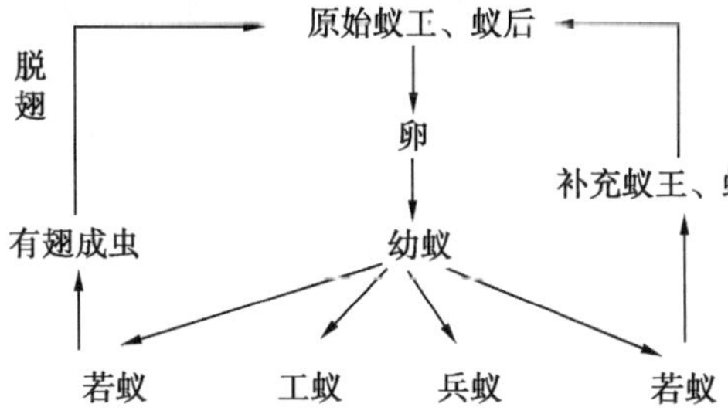

图2-29　家白蚁的生活史

白蚁生活隐蔽,怕光,多数种类除有翅成虫出巢交尾飞翔外,其他生命活动不暴露于外,在黑暗中进行,因此,眼退化,体壁无色素。

白蚁是营巢穴生活的昆虫,其巢穴在一定程度上反映了种的生物学特性,建巢的地点、巢穴的结构因种类而异。按建巢的地点可将白蚁分为3类: 木栖性白蚁、土栖性白蚁、土木两栖性白蚁。

九、缨翅目昆虫的识别

（一）识别与观察

仔细观察缨翅目昆虫的主要形态特征以及为害状，描述其主要形态特征。

（二）总结与归纳

缨翅目昆虫通称蓟马(图2-30)。体微小至小型，长形，黄、褐、黑色，有些种类若虫呈红色。头部近乎长方形。触角6~9节，上有刚毛及钉状、角状突出或长圆形陷入的感觉器。口器为锉吸式，由3根口针组成。翅2对，膜质，狭长形而翅脉少，翅缘密生缨毛。变态类型为过渐变态。大多数种类进行孤雌生殖，植食性。重要的科有：蓟马科、管蓟马科。

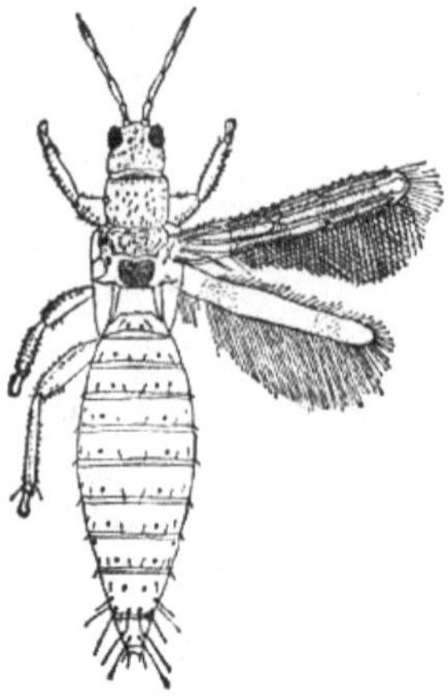

图2-30　蓟马

(引自北京农业大学《昆虫学通论(上册)》·第二版)

1. 头部

头为方形或长方形，下口式。口器为锉吸式，下颚须2~8节，下唇须1~4节。触角6~9节，上有刚毛及若干感觉器。复眼发达，小眼面数目不多；单眼2~3个，无翅型常缺单眼。

2. 胸部

前胸发达可动，中、后胸相似。足短小，跗节1~2节，末端有一能伸缩的端胞，爪1~2个。翅2对，狭长膜质，透明，边缘有长的缘毛，故称缨翅。翅脉极少，多时亦仅2~3根纵脉，横脉少或无；前、后翅略相同，后翅翅脉常不发达，或全无脉，或仅有Cu_1脉。静止时，翅平放于腹部背面。

3. 腹部

腹部可见10节，无尾须。雌虫具外生殖器，锯尾亚目自第8~9腹板间生出锯状的产卵器，管尾亚目自第10腹节逐渐变细成一管状。雄虫外生殖器构造较复杂，是分类的重要特征。

缨翅目昆虫属过渐变态，其特点是：最初的2龄若虫没有外生翅芽，翅在内部发育，足及口器等一般外形与成虫相似，触角节数略少；3龄突然出现相当大的翅芽，多数能活动，但不取食，为前蛹；4龄进入蛹期，不食不动，触角向后平置于头及前胸背板上，且不能活动，有的种进入土壤结茧化蛹，有的则在叶片上化蛹。锯尾亚目3龄为前蛹，4龄为蛹期；管尾亚目3、4龄为前蛹，5龄才进入蛹期。蓟马若虫与成虫相似，有外生翅芽的前蛹期，具备渐变态的特征；但若虫期翅芽不外露，又有1个静止的蛹期，兼具全变态的特点，是介于渐变态与全变态的中间类型。蓟马绝大多数为植食性，少数为捕食性，捕食蚜虫、螨、别种蓟马或其他昆虫的幼虫及卵。

学习成果

(1) 将观察识别的园林植物昆虫主要目科特征填入表2-5。

表 2-5　园林植物昆虫主要目科特征记录表

目科名称	关键特征				
	卵	幼虫	蛹	成虫	其他

（2）用照相机或高像素手机拍摄园林植物昆虫主要目科及为害状照片。

任务评价

任课教师当堂发放任务评价单，由学习者当堂完成组间评价和组内评价后，收回任务评价单。任课教师可以当堂给出教师评价分，也可以在任务学习者将当堂任务学习成果提交给任课教师后，课后给出教师评价分。学习者可以在课后规定时间内继续提交第二课堂自主学习成果，如学习者本人拍摄的昆虫主要目科及为害状照片等。任课教师根据学习者任务完成情况，按照教师评价分占 50%、组间评价分占 30%、组内评价分占 20%进行加权计算，最终形成每个学习者的任务完成评价成绩。成绩可以当堂反馈，也可以在下一次课堂上反馈。

职业能力测试

园林植物昆虫的识别特征主要体现在哪个虫态？为什么？

子任务 2　园林植物其他有害动物的识别

目标要求

通过对园林植物其他有害动物关键识别特征的学习，能正确识别螨类、软体动物等园林植物常见害虫，并进行准确的描述与记录。引导学生敬畏自然、敬畏生命，学会运用矛盾论处理问题，培养学生细致观察、比较及分析问题的能力。

工作准备

（1）材料准备：螨类、软体动物的新鲜标本、盒装标本、散装标本以及照片、课件图片或挂图等。

（2）用具准备：体视显微镜、放大镜、镊子、挑针、擦镜纸、解剖针、培养皿、搪瓷盘等。

任务实施

一、螨类的识别

(一) 识别与观察

仔细观察蜘蛛与螨类的主要形态特征以及为害状,描述其主要形态特征区别。

(二) 总结与归纳

螨类属于节肢动物门、蛛形纲、蜱螨目的一个类群。蛛形纲包括蜘蛛、蝎子、蜱螨等,体躯分为头胸部及腹部,无触角,具有2对口器附肢和4对足。蛛形纲中以蜱螨目与人类的关系最为密切。蜱螨与蜘蛛的区别如表2-6所示。

表 2-6　蜱螨与蜘蛛的区别

项　目	蜱　螨	蜘　蛛
头胸腹	紧密愈合为一	头、胸部和腹部有一短柄相连
足	4对或2对	4对
习性	寄生性和植食性,少有捕食性,常能传带疾病	植食性和捕食性
体形	圆形或卵圆形,较小	圆形,较大

螨类身体分区不明显,仅能分为腭体和躯体两部分(图2-31)。躯体有时由一缢缝分为前足体和后半体两部分。后半体第4对足之后的部分称末体,由足后缝与后半体的前部分隔。

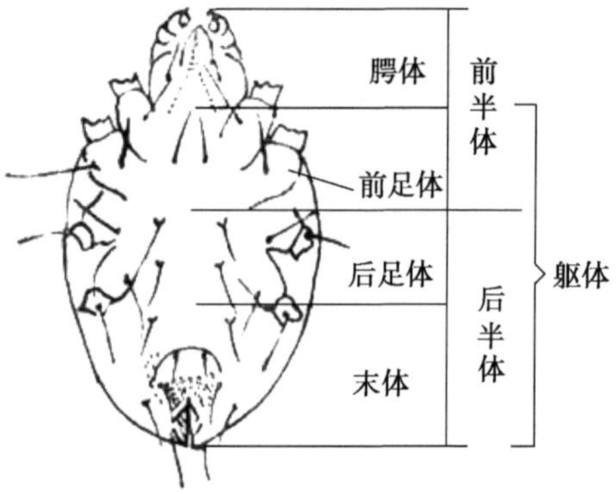

图 2-31　叶螨腹面及体躯划分

(引自北京农业大学《昆虫学通论(上册)》·第二版)

1. 腭体

腭体相当于昆虫的头部,只附有口器,口器由1对螯肢、1对须肢及口下板组成。

2. 口器

口器有咀嚼式及刺吸式两种。具咀嚼式口器的如粉螨,螯肢的胫节及跗节具齿部分相对,状如钳或剪,用作粉碎食物。具刺吸式口器的如叶螨,螯肢特化为细长的刺针,用以刺入植物内吸取汁液,螯肢基部愈合形成针鞘。

3. 须肢

须肢是感觉器官,也有帮助取食之用,通常为5节或少于5节,其节数、各节刚毛数、形状及排列等均常为分类的重要特征。

4. 足

大多数成螨、若螨具有4对足,2对在前足体,伸向前方,2对在后足体,向后伸;瘿螨类则仅有前面2对足。大多数螨类初龄幼虫仅有3对足。足由6节构成,分别为基节、转节、腿节、膝节、胫节和跗节。跗节末端有1爪、2爪或无爪。

5. 刚毛

大多数螨类有不同数目、不同长度及不同形状的刚毛，这些特征常作为鉴定种类的依据。

螨类有变态，可分为下列几个发育阶段：卵、幼虫、若虫、成虫。很多种类的若虫又分为第一若虫期、第二若虫期。在第一若虫期生活条件不良的情况下，可转为特殊的若虫阶段——休眠体。休眠体的抵抗力较强，经过几个月甚至几年还可以保存生活力，一旦遇到适当的环境条件，休眠体便蜕皮变为若虫。成虫有性二型现象，粉螨比较明显。

二、软体动物的识别

（一）识别与观察

仔细观察蛞蝓、蜗牛、鼠妇的主要形态特征以及为害状，描述其主要形态特征。

（二）总结与归纳

1. 蛞蝓

蛞蝓，成虫体伸直时体长 30~60mm，体宽 4~6mm，柔软、光滑，无蜗牛一样的外壳，体表暗黑色、暗灰色、黄白色或灰红色。触角 2 对，暗黑色，下边一对短，约 1mm，称前触角，有感觉作用；上边一对长，约 4mm，称后触角，端部具眼。体背前端具外套膜，为体长的 1/3，边缘卷起，其内有退化的贝壳（盾板），内壳长 4mm，宽 2.3mm，上有明显的同心圆线，即生长线。黏液无色。在右触角后方约 2mm 处为生殖孔。初孵幼虫体长 2~2.5mm，淡褐色，体形同成体。卵椭圆形，韧而富有弹性，直径 2~2.5mm，白色透明可见卵核，近孵化时色变深。

2. 蜗牛

蜗牛是腹足纲陆生所有种类的统称，取食腐烂植物质，产卵于土中。蜗牛有甲壳，形状像小螺，颜色多样化；头有 4 个触角，走动时头伸出，受惊时则头尾一起缩进甲壳中；蜗牛身上有唾涎。蜗牛为雌雄同体，异体交配，雌雄均产卵。

3. 鼠妇

鼠妇，又称“潮虫”“西瓜虫”，属软甲纲潮虫科鼠妇属。体长椭圆形，稍扁，长约 10mm；表面灰色，有光泽。头部前缘中央及其左右侧角突起显著。能盘起身体，像微扁的圆盘。有眼 1 对，触角 2 对，胸部分 7 个环节，每节有同形等长的足 1 对。第 1 胸节前缘延向头部前边，后侧隅向后突出，第 2 至第 7 各节侧突不显著。腹部小。尾肢扁平，外肢与第 5 腹节嵌合齐平。

学习成果

（1）将观察识别的园林植物其他有害动物主要特征填入表 2-7。

表 2-7　园林植物其他有害动物主要特征记录表

有害动物名称	形态特征	其他特征

（2）用照相机或高像素手机拍摄园林植物其他有害动物及为害状照片。

任务评价

任课教师当堂发放任务评价单，由学习者当堂完成组间评价和组内评价后，收回任务评价单。任课教师可以当堂给出教师评价分，也可以在任务学习者将当堂任务学习成果提交给任课教师后，课后给出教师评价分。学习者可以在课后规定时间内继续提交第二课堂自主学习成果，如学习者本人拍摄的园林植物其他有害动物及为害状照片等。任课教师根据学习者任务完成情况，按照教师评价分占50%、组间评价分占30%、组内评价分占20%进行加权计算，最终形成每个学习者的任务完成评价成绩。成绩可以当堂反馈，也可以在下一次课堂上反馈。

职业能力测试

（1）园林植物螨类识别的主要特征是什么？
（2）为害园林植物的软体动物识别的主要特征是什么？

【任务小结】

本任务主要传授和训练鳞翅目昆虫识别技术、同翅目昆虫识别技术、鞘翅目昆虫识别技术、直翅目昆虫识别技术、双翅目昆虫识别技术、半翅目昆虫识别技术、膜翅目昆虫识别技术、等翅目昆虫识别技术、缨翅目昆虫识别技术、螨类识别技术、软体动物识别技术。

【讨论与提高】

（1）昆虫分目的主要依据是什么？
（2）昆虫纲中哪些目与园林植物关系密切？这些目之间如何区分？
（3）试举例说明螨类的主要特征。

【考证提示】

本任务涉及园林植物保护工、绿化工、花卉工、花卉园艺师等工种的考核，涉及考证的内容主要为昆虫目科识别、螨类识别及软体动物识别，应牢固掌握以上要点。

项目成果展示与实战提高

（1）布展场地准备：精心选择校园人流量较大的道路边或公共场所，准备好布展需要的展板和意见簿，以组为单位进行物理空间的软分割，按照工作小组集中摆放，形成有序的布展参观路线，让参观者既能参观到每一组的每一件展品，又不走回头路。

（2）成果展出：把本项目各任务所完成的学习成果照片和实物等配上说明书和文字介绍，以组为单位在公开场合进行展示，要求完成者本人必须在现场对自己的学习成果进行介绍，听取围观者的评价并认真记录评价要点和改进意见。

（3）实战提高：购买几盆园林害虫为害的盆栽花草树木等园林植物，或采集一些园林植物害虫及其所为害的植株、枝条或叶片等，提供给几个参观者携带到现场。在活动现场，参观者咨询这些花草树木的虫害问题，由学习者利用所学知识和技能，现场识别，互动实战，提高专业知识水平、职业素质和职业能力。

技能强化训练三　园林植物昆虫与螨类的基本形态特征观察与识别

一、能力目标

（1）了解昆虫的外部形态、口器、触角、足、翅等附器的基本构造及类型。

（2）了解昆虫的变态类型及昆虫的不同发育阶段各虫态的基本特征，了解成虫的性二型及多型现象，为进一步识别昆虫奠定基础。

（3）熟悉等翅目、直翅目、缨翅目、半翅目、同翅目、鞘翅目、鳞翅目、双翅目、膜翅目以及蛛形纲蜱螨目等园林植物害虫的基本形态特征，为正确识别和防治园林植物害虫奠定基础。提升学生的科学创新意识和自然科学素养，培育实践能力，践行“在做中学”的劳育观。

二、材料

（1）昆虫口器类型标本、昆虫触角类型标本、昆虫足的类型标本、昆虫翅的类型标本、课件图片以及挂图等。

（2）昆虫的完全变态发育类型及生活史标本、昆虫的不完全变态发育类型及生活史标本、课件图片以及挂图等。

（3）园林植物昆虫常见目的标本、蛛形纲蜱螨目以及蜘蛛的标本、课件图片以及挂图等。

三、仪器和用具

（1）仪器：体视显微镜、投影仪、多媒体教学设备等。

（2）用具：放大镜、镊子、挑针、擦镜纸、解剖针、培养皿、搪瓷盘等。

四、内容与方法

（一）昆虫纲外部形态的观察与识别

用镊子将蝗虫的翅掀起直立，从侧面观察外骨骼包被的虫体，躯体由许多环节组成，分成 3 大体段：头、胸、腹。观察头部的 1 对触角、1 对复眼（有些昆虫还有 1~3 个单眼及取食的口器），胸部的 3 对胸足及 2 对翅，腹末尾须，外生殖器及肛上板、肛侧板。

（二）昆虫常见口器类型的观察与识别

仔细观察比较昆虫口器类型标本，注意区别常见的昆虫口器类型：咀嚼式口器、刺吸式口器、虹吸式口器、舐吸式口器、咀吸式口器。

（1）观察咀嚼式口器。用镊子和剪刀依次取下蝗虫的上唇、1 对上颚、1 对下颚、下唇、舌 5 部分，放在白纸上，详细观察各部分的形态和构造，将蝗虫口器的各部分按挂图粘贴于纸上。

（2）观察刺吸式口器。蝉在头的下方有 1 个 3 节的管状下唇，内藏上颚、下颚口针。用右手食指慢慢地将下唇向下按，迎着光线在正面基部可见 1 个三角形小片，即上唇；继续将下唇下按，使包藏在下唇槽内的上、下颚口针外露，左右 1 对较粗的是上颚口针，中间 1 根金黄色的是1对下颚口针的愈合管,其中有食物道和唾液道,用解剖针自颚基部向上挑动即可分开,最后将上唇、喙管和口针按挂图贴于纸上。

(3) 观察蜜蜂的咀吸式口器,蝶、蛾类的虹吸式口器,蝇类的舐吸式口器。

(4) 观察鳞翅目幼虫的口器:这类口器属于咀嚼式,上颚强大,舌、下颚、下唇合并成一复合体,顶端具有吐丝器。

(三) 昆虫触角类型的观察与识别

仔细观察比较昆虫触角类型标本,注意区分11种常见的昆虫触角类型:刚毛状、丝状、念珠状、锯齿状、羽毛状、膝状、具芒状、环毛状、球杆状、锤状、鳃片状。

(1) 先用放大镜观察蜜蜂触角的柄节、梗节和鞭节的基本构造。

(2) 对比观察其他昆虫触角的构造及类型。

(四) 昆虫足类型的观察与识别

仔细观察比较昆虫足的类型标本,注意区分8种常见的昆虫足的类型及其用途:步行足、开掘足、跳跃足、捕捉足、携粉足、抱握足、攀缘足、游泳足。

(1) 观察蝗虫后足(基节、转节、腿节、胫节、跗节、爪及中垫)的构造。

(2) 对比观察其他昆虫足的类型。

(五) 昆虫翅类型的观察与识别

仔细观察比较昆虫翅的类型标本,注意区分7种常见的昆虫翅的类型及其特征:复翅(革质)、膜翅(膜质)、鳞翅(膜质具鳞片)、半鞘翅(半角质或革质、半膜质)、缨翅(缨毛)、鞘翅(角质或革质)、平衡棒(翅的特化)。

(1) 翅的分区。观察蝗虫的后翅,了解三缘(前缘、外缘、后缘)、三角(肩角、顶角、臀角)和四区(臀前区、臀区、轭区、腋区)。

(2) 翅的类型。复翅:蝗虫、蟋蟀、大青叶蝉的前翅;鞘翅:金龟甲、天牛、象甲的前翅;鳞翅:蝴蝶、蛾子的前后翅;半鞘翅:蝽象的前翅;膜翅:蝉、蜂、蜻蜓等的前后翅;平衡棒:双翅目昆虫蚊、蝇、虻的后翅。

(六) 昆虫变态发育类型及生活史和虫态的观察

仔细观察昆虫的完全变态发育标本、不完全变态发育标本、生活史标本,注意比较区分昆虫的变态发育类型以及昆虫的不同发育阶段各虫态的基本特征。了解昆虫成虫的性二型及多型现象。

(七) 园林植物害虫主要目科特征的观察与识别

仔细观察比较等翅目、直翅目、缨翅目、半翅目、同翅目、鞘翅目、鳞翅目、双翅目、膜翅目以及蛛形纲蜱螨目等园林植物主要害虫的主要形态特征以及为害状,重点观察其翅、足、口器、触角以及身体等部位的主要特征。

(1) 等翅目:观察白蚁科、鼻白蚁科触角的形状、翅的形状及质地、口器类型,找出两科的主要区别。

(2) 直翅目:观察蝗科、蝼蛄科、螽斯科、蟋蟀科触角的形状和长短、翅的质地和形状、口器类型、前足和后足的类型、产卵器的构造和形状、听器的位置及形状、尾须形态,找出各科发音器的位置。

(3) 缨翅目:观察蓟马的口器、触角、足及翅的形状,重点观察前后翅的形态,比较前翅与其他几个目的昆虫前翅的区别。

（4）半翅目：观察蝽科、网蝽科、猎蝽科、盲蝽科、缘蝽科及其他蝽象类的口器、触角、翅的质地及膜区翅脉的形状、臭腺孔开口部位等，着重观察比较蝽科、缘蝽科、猎蝽科膜区上的翅脉区别。

（5）同翅目：观察蝉、斑衣蜡蝉、叶蝉、飞虱、蚜虫、介壳虫的口器、前后翅的质地、前后足的类型，以及蝉的发音位置，蚜虫的腹管位置及形状，介壳虫的雌雄介壳形状及虫体的形状等。

（6）鞘翅目：观察步甲科、金龟科、小蠹科、吉丁甲科、叩头甲科、瓢甲科、天牛科、叶甲科、象甲科等前后翅的质地、口器形状和类型、触角形状和类型、足的类型、腹节节数、幼虫形态。

（7）鳞翅目：观察小地老虎翅的斑纹、天蛾卷曲的喙和幼虫的口器及胸部线纹。对比观察枯叶蛾科、卷叶蛾科、毒蛾科、夜蛾科、尺蛾科、灯蛾科、螟蛾科、刺蛾科、木蠹蛾科、透翅蛾科、粉蝶科、蛱蝶科、凤蝶科等昆虫触角的形状，翅的形状、斑纹、颜色，并观察其幼虫的形态、大小、有无腹足及趾钩着生情况，幼虫身上有无毛瘤、枝刺、臭腺、毒腺及其位置等。

（8）双翅目：观察蚊、蝇等标本，了解这些昆虫的口器类型、后翅变成平衡棒的形式。了解幼虫形状、大小情况。

（9）膜翅目：观察各种寄生蜂、蜜蜂、蚂蚁、胡蜂、蛛蜂、泥蜂等的触角形状、口器类型、翅脉变化情况以及产卵器的形状。观察相对应的幼虫的形态、大小及腹足的有无和腹足数目。

（10）螨类：在放大镜下观察苹果红蜘蛛或柑橘红蜘蛛，注意比较它们之间的形态特点及主要区别。

五、实训成果

（1）将观察识别的园林植物害虫的目科特征填入表2-8。

表2-8 园林植物害虫的目科特征记录表

害虫名称	口器类型	触角类型	翅的特征	足的特征	所属目科

（2）按照生物绘图的标准，手工绘制4幅园林植物害虫的基本形态特征图。

（3）将昆虫的咀嚼式口器和刺吸式口器的解剖构造图粘贴在报告纸上。

六、职业能力测试

（1）如何根据害虫口器类型辨别害虫为害状？

（2）昆虫足的构造和变化是如何适应环境变化的？

项目三 常见园林杂草的识别

目标任务

知识目标：了解杂草的生长习性和发生规律；掌握杂草的关键识别特征及发生时期；熟悉本地常见杂草种类，并评估其危害影响。

能力目标：能用专业术语描述杂草的形态特征；能进行常见杂草的现场识别；能对杂草发生原因进行精准的分析。

素质目标：培养细致观察的科学态度；树立生态平衡与可持续管理意识；逐步增强外来杂草的风险防范意识。

思政目标：结合外来入侵杂草(如加拿大一枝黄花)的生态危害案例关联国家安全观的教育；结合AI杂草识别技术，激发学生科技报国志向。

任务1 园林杂草的识别与描述

项目三
彩色图片

目标要求

通过对园林杂草识别特征的学习，能对常见园林禾本科杂草、莎草科杂草和阔叶类杂草进行准确的识别与记录。引导学生树立正确的辩证唯物主义世界观和方法论，增强环保意识。

工作准备

(1) 材料准备：园林杂草的新鲜标本、盒装标本、散装标本以及照片、课件图片或挂图等。

(2) 用具准备：放大镜、搪瓷盘等。

任务实施

一、园林杂草的类型

（一）分组讨论

根据查阅的资料举例说明园林杂草的类型。

（二）总结与归纳

我国幅员辽阔，南北地区气候差别较大，不同地区、不同生态小环境以及不同季节杂草的主要种类各不相同。北方地区杂草的主要种类有：一年生早熟禾、马唐、稗草、金色狗尾草、异型莎草、藜、反枝苋、马齿苋、蒲公英、苦荬菜、车前、刺儿菜、委陵菜、堇菜、野菊花、荠菜等。南方地区杂草的主要种类有：升马唐、稗、皱叶狗尾草、香附子、土荆芥、刺苋、马齿苋、蒲公英、多头苦菜、阔叶车前、繁缕、阔叶锦葵、苍耳、酢浆草、野牛蓬草等。

园林植物杂草种类多，分布广，其形态特征与生活习性差异较大。根据杂草的不同分类标准，可以将杂草分为以下类型：

1. 根据杂草的繁殖和发生特点分类

（1）一年生杂草：只用种子繁殖，杂草种子发芽出苗后，在当年内生长、发育和结实，地上器官和地下器官在秋冬全部死亡，只留下种子越冬，在1年内完成1个生长期。一年生杂草又分为早春杂草（如野燕麦等）和晚春杂草（如稗草、狗尾草、刺蓼、苍耳等）。

（2）越年生杂草：用种子繁殖，一般是第1年种子发芽出苗后，只进行营养生长，以幼苗越冬，第2年春天返青，春夏之间开花结实，2年内完成1个生长周期，亦称二年生杂草，如荠菜、独行菜、野胡萝卜等。

（3）多年生杂草：可生活2年以上，除用种子繁殖外，大部分以地下的营养器官进行无性繁殖，每年结实1次，结实后地上茎叶枯死，以地面芽或地下芽、块茎、根茎越冬，第2年春天重新萌发。多年生杂草又可分为多年生地面芽杂草和多年生地下芽、块茎、根茎类杂草。多年生地面芽杂草具有强大的根系，于根颈处着生大量的根芽；冬季来临之前，地上茎叶枯死，根芽为残余的下部叶片和残枝败叶所覆盖越冬，来年春天重新萌发长出幼芽，长成新的植株，如车前等。多年生地下芽、块茎、根茎类杂草具有强大的根状、块状或球状地下茎，地下茎的茎节上着生许多地下芽；冬季来临之前，地上茎叶枯死，以地下茎和地下芽越冬，第2年春天萌发出大量新的植株，如三棱草、刺儿菜等。

2. 根据防除的需要分类

（1）阔叶类杂草：一般指双子叶杂草，有2片子叶，如艾蒿、荠菜等；也包括一些叶片较宽、叶子较大的单子叶杂草，如鸭跖草等。

（2）禾木科杂草：属于单子叶杂草，有1片子叶，如马唐、野燕麦等。

（3）莎草科杂草：属于单子叶杂草，与禾本科杂草的区别是茎为三棱形，个别为圆柱形，无节，不具中空节间，如三棱草、牛毛草等。

二、禾本科杂草的识别

（一）识别与观察

仔细观察禾本科杂草，描述其主要形态特征。

(二) 总结与归纳

禾本科杂草的主要形态特征是：叶片狭长，茎圆筒形，节与节之间常中空，根是须根。

1. 稗

稗，别名稗子、稗草、野稗、水稗子，属禾本科一年生杂草。稗在水、旱、园田都有生长，也生于路旁田边、荒地、隙地。适应性极强，既耐干旱，又耐盐碱，喜温湿，能抗寒。繁殖力惊人，一株稗有种子数千粒，最多可结一万多粒。种子边成熟、边脱落，体轻有芒，借风或水流传播。种子发芽深度为2~5cm，深层不发芽的种子能保持发芽力10年以上。

2. 马唐

马唐，别名抓根草、万根草、鸡爪草，禾本科一年生晚春杂草，株高40~60cm，茎多分枝，秆基部倾斜或横卧，着土后节易生不定根。叶片条状披针形，叶鞘无毛或疏毛，叶舌膜质。花序由2~8个细长的穗聚成指状，小穗披针形或两行互生排列。

3. 牛筋草

牛筋草，又名蟋蟀草，禾本科一年生晚春杂草。茎扁平直立，高10~60cm，韧性大。叶光滑，叶脉明显。根须状，发达，入土深，很难拔除。穗状花序2~7个，呈指状排列于秆顶，有时1~2枚生于花序之下。小穗无柄，外稃无芒。颖果三角状卵形，有明显的波状皱纹。

三、莎草科杂草的识别

(一) 识别与观察

仔细观察莎草科杂草，描述其主要形态特征。

(二) 总结与归纳

莎草科杂草的主要形态特征是：茎多为三棱形，实心、无节；个别为圆柱形，空心。

1. 香附子

香附子，别名回头青，莎草科多年生杂草。匍匐根状茎较长，有椭圆形的块茎，有香味，坚硬，褐色。秆锐三棱形，平滑。叶较多而短于秆，鞘棕色。叶状苞片2~3枚，比花序长。聚伞花序，有3~10个辐射枝。小穗条形，小穗轴有白色透明的翅；鳞片覆瓦状排列；花药暗红色，花柱长，柱头3个，伸出鳞片之外。小坚果长圆倒卵形，有三棱。夏、秋间开花，茎自叶丛中抽出，种子细小。

2. 光鳞水蜈蚣

光鳞水蜈蚣，别名耙齿草，莎草科多年生杂草，主要分布于潮湿、低洼和排水不畅的地方。根状茎细长，匍匐于土表。外被褐色鳞片状叶，多数节上生分枝，根茎上到处可长出不定根，形状似蜈蚣。叶片基部成鞘状抱茎。顶生球形头状花序，绿色。能够从地下根茎发芽、生长，也可由种子繁殖。5月初发芽，5~9月生长，靠地下根茎和地上匍匐茎繁殖。8~11月开花结果，冬天地上部分枯死。

四、阔叶类杂草的识别

(一) 识别与观察

仔细观察阔叶类杂草，描述其主要形态特征。

(二) 总结与归纳

阔叶类杂草的主要形态特征是：叶片圆形、心形或菱形，叶脉通常为网状，茎圆形或方形。

1. 繁缕

繁缕，别名鹅肠草、乱眼子草，石竹科一年生杂草。株高10~30cm，直立或平卧。茎细，绿色或紫色，基部多分枝，下部节上生根，茎上有一行短柔毛，其余部分无毛。叶对生，叶片长卵形，顶端锐尖，茎上部的叶无柄，下部叶有长柄。花具细长梗，往往下垂，花瓣微带紫色。蒴果卵形。种子黑色，表面有钝瘤。

2. 车前

车前，别名车前子，车前科须根杂草。株高10~40cm，具粗壮根颈和大量须根。根叶簇生，有长柄，伏地呈莲座状。叶片广椭圆形，肉质肥厚，先端钝圆或微尖，基部微心形，全缘或疏具粗钝齿。花茎数条，小花多数，密集排列于花穗上部，呈长穗状。花冠白色或微带紫色，子房卵形。蒴果卵形，果盖帽状，成熟时横裂。种子长卵形，黑褐色。（探讨价值相对性，破除绝对化评判思维。）

3. 加拿大一枝黄花

加拿大一枝黄花属于菊科一枝黄花属多年生草本植物，具有阔叶植物的典型特征，其叶片为披针形或线状披针形，互生，顶渐尖，基部楔形，近无柄，大多呈三出脉，边缘具锯齿。

五、园林杂草的概念总结

杂草既不是栽培植物，也不是野生植物，但它既有野生植物的特性，又有栽培植物的某些特性，是一类特殊的植物。杂草是伴随着人类的产生及其生产活动的开始而产生的。没有人类，没有人类的生产和生活活动，就不存在杂草。杂草是能够在人类试图维持某种植被状态的生物环境中不断自然延续其种群，并影响到这种人工植被状态维持的植物。凡是生长在人工种植的土地上，除目的植物以外的所有植物都是杂草。简言之，杂草是指生长在人们不希望生长的地方的植物。园林杂草是指在园林生态或布局中除目的园林植物以外的其他植物。

学习成果

（1）将观察识别的园林杂草主要特征填入表3-1、表3-2。

表3-1 园林杂草主要类别特征记录表

杂草类别	主要识别特征
禾本科杂草	
莎草类杂草	
阔叶类杂草	

表3-2 常见园林杂草主要特征记录表

杂草名称	主要识别特征

（2）用照相机或高像素手机拍摄园林杂草照片，并描述其主要识别特征。

任务评价

任课教师当堂发放任务评价单,由学习者当堂完成组间评价和组内评价后,收回任务评价单。任课教师可以当堂给出教师评价分,也可以在任务学习者将当堂任务学习成果提交给任课教师后,课后给出教师评价分。学习者可以在课后规定时间内继续提交第二课堂自主学习成果,如学习者本人拍摄的园林植物杂草照片等。任课教师根据学习者任务完成情况,按照教师评价分占50%、组间评价分占30%、组内评价分占20%进行加权计算,最终形成每个学习者的任务完成评价成绩。成绩可以当堂反馈,也可以在下一次课堂上反馈。

职业能力测试

如何区别三大类园林杂草?

【任务小结】

本任务主要传授和训练园林杂草的分类方法,以及禾本科杂草、莎草科杂草、阔叶类杂草的识别技术。

【讨论与提高】

(1) 简述莎草科杂草的特征。

(2) 简述禾本科杂草的特征。

【考证提示】

本任务涉及园林植物保护工、绿化工、花卉工、花卉园艺师等工种的考核,涉及考证的内容主要为园林杂草的识别方法,应牢固掌握以上要点。

任务2 园林杂草的发生与危害认知拓展

目标要求

通过对园林杂草特性、类型、发生规律、危害特点的学习,能对常见园林植物的发生与危害进行准确的分析。通过自学,增强学生自我教育、自我监督的能力,逐步培养其成为具备自主学习和合作学习能力的创新型人才。

工作准备

提前给学习者布置任务学习内容,请学习者提前查阅资料,了解当地或校园杂草的发生与危害情况,以便于课堂上分组讨论。

任务实施

一、园林杂草的发生规律

（一）分组讨论

根据查阅的资料举例说明校园内草坪及绿化带上的杂草一年中是如何发生的。

（二）总结与归纳

大部分杂草在园林绿地中呈随机分布，只有个别杂草呈聚集分布。一年中杂草有2个出土高峰，4~5月是春性杂草大量出土时期，这个季节发生的杂草种类占全年杂草种类的65%以上；9~10月是冬性杂草大量出土时期。多年生杂草则全年可发生。

春季发生型杂草是主要以种子形式在2~3月萌发的杂草，危害较重，阔叶草、禾草均有发生。

夏季发生型杂草在温度升高并遇雨后萌发，7~8月达高峰，8~9月开花结实后地上部分死亡，阔叶草、禾草均有大量发生。

秋季发生型杂草在9~10月萌发生长，11~12月达高峰期，12月至翌年2月开花结实后枯死，以阔叶草为主。

冬季发生型杂草在11~12月萌发生长，幼苗越冬，翌春或夏季开花结实后枯死，以阔叶草为主。

二、园林杂草的危害特点

（一）分组讨论

根据查阅的资料举例说明校园内草坪及绿化带上杂草的危害特点。

（二）总结与归纳

杂草的滋生不仅严重影响园林植物的生长发育、品质及观赏性，还可传播病虫害，其危害性主要表现在以下几个方面：

1. 争夺光、水、肥，侵占生长空间

园林杂草种类多，根系分布广，生长迅速，常与园林植物争夺养分、水分、光照和空间，不仅导致土壤中氮、磷、钾比例失调，水分大量减少，而且遮光蔽风，导致园林植物生长不良。如在同一生态位上，杂草与草坪争光、争水、争肥，影响草坪生长，受害草坪表现出个体瘦弱，叶色淡黄，耐旱、耐寒、耐践踏性降低。杂草一旦侵入草坪，因其竞争优势强于草坪植物，使草坪植物易于退化甚至死亡，草坪演替出杂草群落。

2. 传播病虫害

许多杂草是病虫害的越冬寄主或中间寄主。如荠菜、紫花地丁、夏至草是棉蚜的越冬寄主，夏秋季节则大量危害一、二年生花卉；藜是桃蚜的中间寄主与媒介；小旋花、马唐等杂草是温室白粉虱的中间寄主；大花蕙兰、树桩盆景等花卉植物的盆面上酢浆草丛生时，会导致叶螨的大量发生。

3. 影响观赏价值

园林绿地杂草丛生，不仅使园林植物生长瘦弱，而且影响其观赏价值。如菊花、康乃馨等杂草发生明显时，花头变小，花色不艳；草坪杂草发生严重时，常会使草坪面目全非，甚至整个草坪荒废，毁坏当初花巨资建植的草坪，造成资金的大量浪费。

三、园林杂草的危害特性

(一) 分组讨论

根据查阅的资料举例说明园林杂草的危害特性。

(二) 总结与归纳

杂草在与园林植物的相互竞争过程中,形成了许多园林植物所不具备的特殊的生物学特性和生长发育规律。了解杂草的特性,可以掌握杂草的发生与危害规律,及时采取有效的防治措施,减少杂草对园林植物的危害。

1. 杂草形态结构的多型性

杂草个体大小变化大。不同种类的杂草个体大小差异明显,高的可达 2m 以上,如假高粱、芦苇等;中等的约有 1m,如梵天花等;矮的仅有几厘米,如地锦等。同种杂草在不同的生境条件下,个体大小变化亦较大。例如,荠菜生长在空旷、土壤肥力充足、水湿光照条件好的地带,株高可达 50cm 以上;相反,生长在贫瘠、干燥的裸地上的荠菜,其高度仅在 10cm 以内。又如,漆姑草生长在具稀疏阳光和湿度较高的半裸地带,其枝叶舒展,个体较高;而分布在草坪植物丛中或砖石缝隙中的漆姑草,因常受到人们的践踏而植株矮小,节间短,叶片小,甚至开花习性也明显不同。

根、茎、叶形态特征变化多。生长在阳光充足地带的杂草,如马齿苋、反枝苋、土荆芥等多数杂草茎秆粗壮、叶片厚实、根系发达,具有较强的耐旱、耐热能力;相反,生长在阴湿地带的杂草,即使是上述同种杂草,其茎秆细弱、叶片宽薄、根系不发达,当进行生境互换时,后者的适应性明显下降。

组织结构随生态习性变化。生长在水湿环境中的杂草通气组织发达,而机械组织薄弱;生长在陆地湿度低的地段的杂草则通气组织不发达,而机械组织、薄壁组织都很发达。前者如水生杂草野荸荠、水花生等,后者如狗尾草、牛筋草等。同一杂草如鳢肠等,生活在水湿环境中时,其茎中通气组织发达,茎秆中空;而生长在干旱环境中的鳢肠则茎秆多数实心,薄壁组织发达,细胞含水量高。

2. 杂草生活史的多型性

一般早发生的杂草生育期较长,晚发生的杂草生育期较短,但同类杂草的成熟期差不多。根据杂草当年开花结实一次、隔年开花结实一次和多年多次开花结实的习性,可将杂草的生活史过程分为一年生类型、二年生类型、多年生类型。

一年生杂草在一年中完成从种子萌发到产生种子直至死亡的生活史全过程,可分为春季一年生杂草和夏季一年生杂草。春季一年生杂草是指春季萌发,经低温春化,初夏开花结实并形成种子;夏季一年生杂草是指初夏杂草种子发芽,经过夏季高温,秋季产生种子并成熟越冬。

二年生杂草的生活史在跨年度中完成。第 1 年秋季杂草萌发生长产生莲座叶丛,耐寒能力强,第 2 年抽茎、开花、结实、死亡,如野胡萝卜等。这类杂草主要分布于温带,其莲座叶丛期对除草剂敏感,易于防除。

多年生杂草可存活 2 年以上。这类杂草不但能结实繁殖,而且能通过地下变态器官生存繁衍,一般春夏发芽生长,夏秋开花结实,秋冬地上部枯死,但地下部不死,翌年春季可重新抽芽生长。多年生杂草可分为 2 种类型:简单多年生杂草和匍匐多年生杂草。简单多年生杂草,如蒲公英、酸模、车前等,可借种子繁殖,也可由宿根繁殖。匍匐多年生杂草,如狗牙根、水蜈蚣、芦苇等，可借球茎、匍匐茎或根状茎等进行繁殖。匍匐多年生杂草是一类很难控制的杂草，当其地上部枯死后，土壤中的无性繁殖器官可再次占据该地域而繁衍滋生。这类杂草的幼苗在最初生长的6~8周内易受栽培措施或适当的除草剂控制，随生长期延长，抗性和生存能力增强。

不同类型的杂草之间在一定条件下可以相互转变。多年生的蓖麻发生于北方，则变为一年生杂草。一年生或二年生的野塘蒿被不断刈割后，即变为多年生杂草。草坪上的短叶马唐是一年生杂草，不断的修剪亦可使其变为多年生，这也反映出杂草本身不断繁衍持续的特性。

3. 杂草营养方式的多样性

杂草的营养方式是多种多样的。绝大多数杂草是光合自养的，但亦有不少杂草是属于寄生性的。寄生性杂草分全寄生和半寄生两类。寄生性杂草在其种子发芽后，历经一定时期的生长，必须依赖于寄主的存在和寄主提供足够有效的养分才能完成生活史全过程。例如，全寄生性杂草菟丝子是一串红、金丝桃、红蓼等植物的茎寄生性杂草；列当是一类根寄生性杂草，主要寄生和危害观赏瓜类、向日葵等植物。半寄生性杂草如桑寄生和槲寄生等，寄生于桑、杨等木本植物的茎上，依赖寄主提供水和无机盐，自身营光合作用。有些寄生性杂草如生长一定阶段后仍不能寄生于寄主，则通过自主寄生或反寄生来维持一定时间的生长，直至自身营养耗尽而死亡，如日本菟丝子等。

4. 杂草适应环境的能力

杂草具有很强的生态适应性和抗逆性，表现在对盐碱、人工干扰、旱涝、极端高温和低温等有很强的耐受能力。有些杂草个体小、生长快、生命周期短、群体不稳定、一年一更新、繁殖快、结实率高，如繁缕、反枝苋等一年生杂草。有些杂草个体大、竞争力强、生命周期长，在1个生命周期内可多次重复生殖，群体饱和稳定，如田旋花、芦苇等多年生杂草。有些杂草，如藜、芦苇、扁秆藨草和眼子菜等都有不同程度耐受盐碱的能力。

杂草的可塑性大，在多变的人工环境条件下，如在密度较低的情况下能通过其个体结实量的提高来产生足量的种子，或在极端不利的环境条件下，缩减个体并减少物质的消耗，保证种子的形成，延续其后代。藜和反枝苋的株高可矮至5cm，高至300cm；结实数可少至5粒，多至百万粒。当土壤中杂草子实量很大时，其发芽率会大大降低，以避免由于群体过大而导致个体死亡率的升高。

由于杂草群落的混杂性、种内异花受粉、基因重组、基因突变和染色体数目的变异性，一般杂草基因型都具有杂合性，这也是保证杂草具有较强适应性的重要因素。杂合性增加了杂草的变异性，从而大大增强了其抗逆性能，特别是在遭遇恶劣环境，如低温、干旱、涝渍及除草剂存在时，可以避免整个种群的覆灭，使物种得以延续。

5. 杂草繁衍滋生的复杂性与强势性

杂草具有惊人的多实性，许多杂草通过尽可能多地繁殖种群的个体数量来适应环境并繁衍种族。杂草种子寿命很长，许多杂草的种子埋于土中，历经多年仍能存活。有些杂草种子，通过牲畜的消化道排出后，仍有一部分可以发芽。一般杂草种子在没有腐熟的堆肥或厩肥里，不会丧失其发芽力。

杂草种子的成熟度与萌发时期参差不齐。由于成熟期不一致，第2年杂草的萌发时间也不整齐，这也为清除杂草带来了困难。杂草的营养繁殖特性使杂草保持了亲代或母体的遗传特性,生长势、抗逆性、适应性都很强,因此,对于具有这种特性的杂草的防治非常困难。至今,人们还没有找到一种行之有效地控制或清除这类杂草的方法。

学习成果

完成校园内园林杂草发生与危害的特点分析报告。

任务评价

任课教师当堂发放任务评价单,由学习者当堂完成组间评价和组内评价后,收回任务评价单。任课教师可以当堂给出教师评价分,也可以在任务学习者将当堂任务学习成果提交给任课教师后,课后给出教师评价分。学习者可以在课后规定时间内继续提交第二课堂自主学习成果。任课教师根据学习者任务完成情况,按照教师评价分占50%、组间评价分占30%、组内评价分占20%进行加权计算,最终形成每个学习者的任务完成评价成绩。成绩可以当堂反馈,也可以在下一次课堂上反馈。

职业能力测试

园林绿化中的杂草是如何发生的?

【任务小结】

本任务主要传授和训练园林杂草的发生规律、危害特点和危害特性等内容和技能。

【讨论与提高】

杂草对园林植物的生长有哪些影响?

【考证提示】

本任务涉及园林植物保护工、绿化工、花卉工、花卉园艺师等工种的考核,涉及考证的内容主要为园林杂草的发生规律、危害特点和危害特性,应牢固掌握以上要点。

项目成果展示与实战提高

(1) 布展场地准备:精心选择校园人流量较大的道路边或公共场所,准备好布展需要的展板和意见簿,以组为单位进行物理空间的软分割,按照工作小组集中摆放,形成有序的布展参观路线,让参观者既能参观到每一组的每一件展品,又不走回头路。

(2) 成果展出:把本项目各任务所完成的学习成果照片和实物等配上说明书和文字介绍,以组为单位在公开场合进行展示,要求完成者本人必须在现场对自己的学习成果进行介绍,听取围观者的评价并认真记录评价要点和改进意见。

(3) 实战提高:购买几盆有杂草的盆栽花草树木等园林植物,或采集一些危害花草树木的杂草及其危害情况基本资料,提供给几个参观者携带到现场。在活动现场,参观者咨询这些园林植物的杂草危害问题,由学习者利用所学知识和技能,现场识别,互动实战,提高专业知识水平、职业素质和职业能力。

项目四　园林植物病虫草标本采集与制作

目标任务

知识目标：了解病虫草标本采集与制作的原则及意义；理解病虫草标本保存规范及数字化延伸应用；掌握病虫草标本采集与制作的方法。

能力目标：能规范采集并独立制作病虫草标本；能对病虫草标本进行数字化归档保管。

素质目标：培育精益求精的工匠精神；养成严谨的信息管理习惯；树立协作共享理念，逐步提升审美水平。

思政目标：提升学生的艺术素养与实践探究能力，培养学生精益求精、团队协作的精神，理解"保障生态安全"的意义。

任务1　园林植物病害标本采集与制作

项目四
彩色图片

子任务1　园林植物病害标本采集

目标要求

通过本次任务的实施，学习采集园林植物病害标本。通过标本采集工作，熟悉当地病害种类、识别特点和发生情况。引导学生善于观察、勤于思考，提高学生的学习兴趣，培养学生的科学素养，增强其社会责任感。

工作准备

采集用具准备：标本瓶、标本盒、标本夹、标本纸、采集箱、纸袋、塑料袋、枝剪、小刀、小锯、放大镜、镊子、小刀、记号笔、记录本、标签等。

任务实施

一、熟悉园林植物病害标本采集用具及其用途

(1) 标本夹：用以夹压各种含水分不多的枝叶病害标本，多为木制的栅状板。

(2) 标本纸：应选用吸水力强的纸张，可较快吸除枝叶标本内的水分。

(3) 采集箱：采集较大或易损坏的组织，如果实、木质根茎，或在田间来不及压制标本时使用。

(4) 枝剪、小刀、小锯、放大镜、纸袋、塑料袋、记录本、标签等。

二、园林植物病害标本的采集及应注意的问题

(1) 采集症状典型：要采集受病部位的典型症状，并尽可能采集到不同时期不同部位的症状，如海棠锈病标本应有分别带锈孢子器和锈斑的叶片以及各种变异范围内的症状。

(2) 病征完全：采集病害标本时，对于真菌和细菌性病害一定要采集有病征的标本，真菌病害则病部有子实体最好，以便做进一步鉴定。对子实体不很显著的发病叶片，可带回保湿，待其子实体长出后再行鉴定和标本制作。对真菌病害的标本如白粉病，因其子实体分有性和无性两个阶段，应尽量在不同的适当时期分别采集，还有许多真菌的有性子实体常在地面的病残体上产生，采集时要注意观察。

(3) 避免混杂：同一标本上的症状应是同一种病害的，当多种病害混合发生时，更应进行仔细选择。

(4) 采集记载：所有病害标本都应有记录，没有记录的标本会使鉴定和制作工作的难度加大。标本记录内容应包括：寄主名称、标本编号、采集地点、生态环境(坡地、平地、砂土、壤土等)、采集日期(年、月、日)、采集人姓名、病害危害情况(轻、重)等。标本应挂有标签，同一份标本在记录簿和标签上的编号必须相符，以便查对；标本必须有寄主名称，这是鉴定病害的前提，如果寄主不明，鉴定时困难就很大。对于不熟悉的寄主，最好能采到花、芽和果实，对鉴定会有很大帮助。

另外，每种采集标本的件数不能太少，一般叶斑病的标本最少采集十几件，以保证鉴定的准确性和制作标本的质量。

学习成果

(1) 将园林植物病害标本采集记录结果填入表4-1。

表4-1 园林植物病害标本采集记录表

年 月 日

寄主名称(中文名及学名)：	
病害名称：	
采集地点：	
产地及环境：坡地( )；平地( )；砂土( )；壤土( )；黏土( )	
受害部位：根( )；茎( )；叶( )；花( )；果实( )；其他( )	
病害发生情况：普遍( )；不普遍( )；轻( )；中( )；重( )	
采集人：	定名人：
采集编号：	标本编号：

(2) 用照相机或高像素手机拍摄几种园林植物常见病害的典型症状照片，并描述其特征。

任务评价

任课教师当堂发放任务评价单，由学习者当堂完成组间评价和组内评价后，收回任务评价单。任课教师可以当堂给出教师评价分，也可以在任务学习者将当堂任务学习成果提交给任课教师后，课后给出教师评价分。学习者可以在课后规定时间内继续提交第二课堂自主学习成果，如学习者本人采集的园林植物病害标本及拍摄的照片等。任课教师根据学习者任务完成情况，按照教师评价分占50%、组间评价分占30%、组内评价分占20%进行加权计算，最终形成每个学习者的任务完成评价成绩。成绩可以当堂反馈，也可以在下一次课堂上反馈。

职业能力测试

（1）园林植物病害标本的采集步骤是什么？

（2）如何采集具有典型症状的园林植物病害标本？

子任务2　园林植物病害标本制作

目标要求

通过本次任务的实施，学会制作园林植物病害标本。通过标本制作，熟悉当地病害种类、识别特点和发生情况，提升学生的科学创新意识、实践能力及自然科学素养，践行“在做中学”的劳育观。

工作准备

（1）试剂准备：冰醋酸、硫酸铜、95%乙醇、甲醛溶液、石蜡、蒸馏水等。

（2）制作工具准备：标本夹、标本纸、标本瓶、标本盒、镊子、记号笔、标签等。

任务实施

一、干燥标本的制作

使用干燥法制作标本简单而经济，标本还可以长期保存，应用最广。

（一）标本压制

对于含水量少的标本，如禾本科、豆科植物的病叶、茎标本，应随采随压，以保持标本的原形；对于含水量多的标本，如甘蓝、大白菜、番茄等植物的叶片标本，应自然散失一些水分后再进行压制。有些标本制作时可适当加工，如标本的茎或枝条过粗或叶片过多时，应先将枝条劈去一半或去掉一部分叶子再压，以防标本因受压不匀或叶片重叠过多而变形。有些需全株采集的植物标本，一般是将标本的茎折成“N”字形后压制。压制标本时应附有临时标签，临时标签上只需记录寄主和编号即可。

（二）标本干燥

为了避免病叶类标本变形,并使植物组织的水分易被标本纸吸收,一般每层标本放一层(3~4张)标本纸,每个标本夹的总厚度以10cm为宜。标本夹好后,要用绳将标本夹扎紧,放到干燥通风处,使其尽快干燥,避免发霉变质。同时要注意勤换标本纸,一般是前3~4天每天换纸2次,以后每2~3天换1次,直到标本完全干燥为止。

在第一次换纸时,由于标本经过初步干燥,已变软而容易铺展,可以对标本进行整理。不准备做分离用的标本也可在烘箱或微波炉中迅速烘干。标本干燥愈快,就愈能保持原有色泽。干燥后的标本移动时应十分小心,以防破碎。对于果穗、枝干等粗大标本,可在通风处自然干燥,注意不要使其受挤压而变形。

二、干燥标本的保存

标本经选择整理和登记后,应连同采集记录一并放入道林纸袋、牛皮纸袋或玻面标本盒中,贴好标签,然后按寄主种类或病原类别分类存放。袋装标本一般按分类系统排列,要有两套索引系统,一套是寄主索引,一套是病原索引,以便于标本的查找和资料的整理。标本室和标本柜要保持干燥以防生霉,同时还要注意清洁以防虫蛀。可将樟脑放于标本袋和标本盒中,并定期更换。

学习成果

（1）展示制作完成的园林植物病害标本。

（2）交流制作园林植物病害标本的心得。

任务评价

任课教师当堂发放任务评价单,由学习者当堂完成组间评价和组内评价后,收回任务评价单。任课教师可以当堂给出教师评价分,也可以在任务学习者将当堂任务学习成果提交给任课教师后,课后给出教师评价分。学习者可以在课后规定时间内继续提交第二课堂自主学习成果,如学习者本人制作的园林植物病害标本及拍摄的照片等。任课教师根据学习者任务完成情况,按照教师评价分占50%、组间评价分占30%、组内评价分占20%进行加权计算,最终形成每个学习者的任务完成评价成绩。成绩可以当堂反馈,也可以在下一次课堂上反馈。

职业能力测试

（1）园林植物病害标本制作的步骤是什么?

（2）如何保存和鉴定园林植物病害标本?

【任务小结】

本任务主要传授和训练园林植物病害标本的采集和制作技术。

【讨论与提高】

（1）在采集园林植物真菌病害标本时,为什么要采集带有子实体的标本?

（2）判断园林植物病害症状的依据是什么？

【考证提示】

本任务涉及园林植物保护工、花卉工、绿化工等工种的考核，涉及考证的内容主要为园林植物病害标本采集与制作，应牢固掌握。

任务2　园林植物害虫标本采集与制作

子任务1　园林植物害虫标本采集

目标要求

通过本次任务的实施，学会采集园林植物害虫标本。通过标本采集工作，熟悉当地害虫种类、识别特点和发生情况。引导学生善于观察、勤于思考，提高学生的学习兴趣，培养学生的科学素养，增强其社会责任感。

工作准备

（1）试剂准备：75%酒精、80%敌敌畏乳油等。

（2）采集工具准备：采集管、标本瓶、镊子、放大镜、采集袋、捕虫网、脱脂棉、三角袋、标签纸、滤纸等。

任务实施

一、害虫标本的采集

（1）活动性采集：采集者携带各种采集工具，在害虫栖息处随手采集害虫的方法。采集工具必须具有可携带性，主要有网具、吸虫管（或吸虫瓶）、毒瓶和采集袋等。常见的采集方法有网捕法（图4-1）、扫网法、筛网法、震落法、搜寻法等。

（2）定点式采集：利用害虫的特殊习性及趋性（趋光性、趋食性、趋化性、趋异性等）设置各种陷阱、引诱装置来捕捉害虫的方法。此法具有高效、省力的特点，常被用于特定地区定时定量采集害虫标本。常见的采集方法有陷阱法、糖醋诱虫法、水边诱蝶法、灯光诱虫法、色诱法等。

A. 上甩；B. 翻转。

图4-1　网捕法

（引自刘志琦，董民《普通昆虫学实验教程》）

二、害虫标本的处理与保存

采获的害虫标本的处理与保存步骤包括取虫、毒杀和分装,操作过程如下:

(1) 取虫:在害虫入网或掉入陷阱后,要尽快将其取出。体型大的害虫一般可用手和镊子直接取出,体型小的害虫则要用吸虫管(瓶)吸出。对蝴蝶、蛾、蜻蜓及其他翅易破损的大型害虫,要用拇指和中指或食指先捏住害虫胸部,捏断牵拉翅的肌束,使其丧失飞行能力。对于一些具有危险性或攻击性的害虫,可用大型镊子或戴上较厚橡皮手套取出。无论何种方式,总的要求是尽量保证标本的完整性。

(2) 毒杀:毒杀害虫最常用的方法是利用毒瓶、毒管中的一些挥发性毒剂将其毒杀。

(3) 分装:毒死后的害虫要及时取出,小心分装,以免标本破损。分装材料常用三角纸袋、塑料瓶和指形管等。三角纸袋的折叠方法如图 4-2 所示。

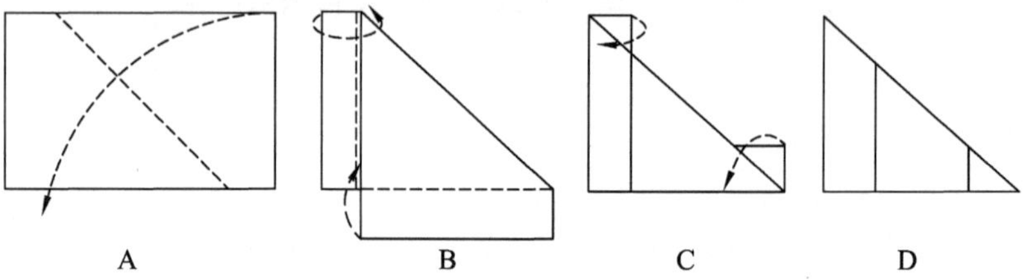

图 4-2　三角纸袋的折叠方法

三、采集时应注意的问题

(1) 全面采集:害虫的栖息场所可谓千变万化、多种多样。有的害虫因虫体微小,或者具有保护色而不易被发现,采集时必须细心、留神。同种的雌雄虫、幼虫、卵及其所造的巢、网等都是很好的研究材料,如果发现,应该一并收集起来,或者拍照或摄像。即使相同的个体也要多收集一些副本,可供以后比较之用。

(2) 分别毒杀:捕到的害虫要投入毒瓶里杀死。毒杀后的害虫不应该在毒瓶里久放,以免虫体变色。

(3) 标本完整:如果采集的标本翅破足残,不但影响标本的教学和观赏效果,而且其研究价值也会大大降低。

(4) 正确记录:对所有的标本都一定要有详细而正确的采集记录。标本记录内容应包括:害虫名称、标本编号、采集地点、生态地(如草原、湿地、水田、旱田等)、采集日期(年、月、日)、采集人姓名等。

(5) 保护资源:采集害虫要有的放矢,不要乱采滥捕,尤其是对那些分布区域很小,数量也极稀少的濒危种类,采集时要特别注意。采回的昆虫要尽快制成标本或用于其他研究,以免浪费宝贵的生物资源。

学习成果

(1) 将害虫标本采集记录结果填入表 4-2。

表 4-2 害虫标本采集记录表(样表)

学名:	俗名:
采集对象:♀□,♂□。成虫□,蛹□,幼虫□,卵□,其他:	
时间: 年 月 日	日间(晴□阴□雨□),夜间(星空□乌云□),晨□,昏□
采集地: 温度: ℃,湿度: %,风速: m/min,海拔 m	
生态地:草原□ 湿地□ 水田□ 旱田□ 阔叶林□ 针叶林□ 矮树丛□ 池塘□ 湖泊□ 溪流□ 砂地□ 室内□ 其他:	
栖所:有巢□ 自由游走□ 群集□	巢型: 所用材料:
寄主: 采集方法: 采集者:	
标本暂时编号: 标本编号: 照相编号:	
其他记载:	

(2)用照相机或高像素手机拍摄园林植物害虫标本采集过程及害虫为害照片,并描述其特征,用于成果展示。

任务评价

任课教师当堂发放任务评价单,由学习者当堂完成组间评价和组内评价后,收回任务评价单。任课教师可以当堂给出教师评价分,也可以在任务学习者将当堂任务学习成果提交给任课教师后,课后给出教师评价分。学习者可以在课后规定时间内继续提交第二课堂自主学习成果,如学习者本人采集的园林植物害虫标本及拍摄的照片等。任课教师根据学习者任务完成情况,按照教师评价分占 50%、组间评价分占 30%、组内评价分占 20%进行加权计算,最终形成每个学习者的任务完成评价成绩。成绩可以当堂反馈,也可以在下一次课堂上反馈。

职业能力测试

(1)园林植物害虫标本采集的步骤是什么?
(2)采集不同类群的害虫,同时观察它们的习性和生境。

子任务 2 园林植物害虫标本制作

目标要求

通过本次任务的实施,学会制作园林植物害虫标本。通过标本制作,熟悉当地害虫种类、识别特点和发生情况,提升学生的科学创新意识、实践能力及自然科学素养,践行"在做中学"的劳育观。

工作准备

(1) 试剂准备:95%酒精、粘虫胶(用95%酒精溶解虫胶制成)等。

(2) 制作工具准备:昆虫针、大头针、展翅板、三级台、整姿板、还软器、透明纸条、镊子等。

任务实施

害虫标本采集完成后,不可长时间随意搁置,以免丢失损坏,应用适当的方法加以处理,制成各种不同的标本,以便长期观察和研究。

一、熟悉干制标本的制作用具

(1) 昆虫针:一般用不锈钢制成,共有00号、0号、1号、2号、3号、4号、5号七种型号(图4-3)。0~5号昆虫针长38.45mm,号愈大愈粗,顶端用铜丝制成针头。00号昆虫针与0号昆虫针粗细相同,但其长度仅为0号昆虫针的1/3,用于微型昆虫的固定。

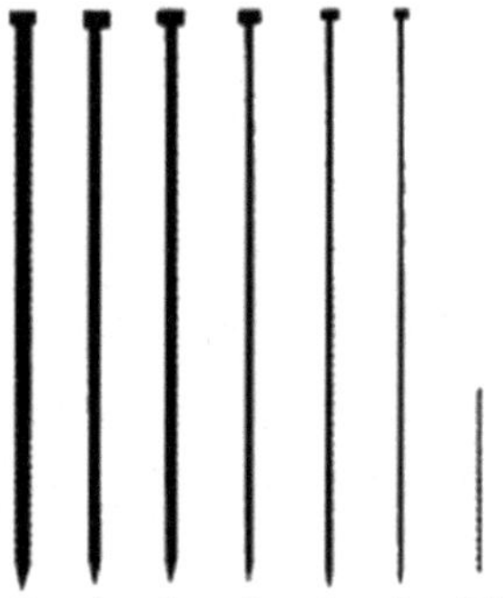

图4-3 昆虫针

(2) 三级台:由整块木板制成,长7.5cm,宽3cm,高2.4cm,分为三级,每级高皆是8mm,中间钻有小孔。将昆虫针插入孔内,使害虫、标签在针上有一定的位置(图4-4)。

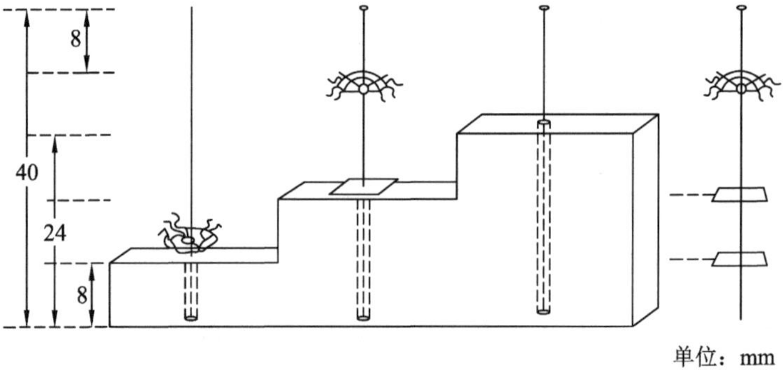

图4-4 三级台

(3) 展翅板:常用来展开蝶、蛾类等害虫的翅(图4-5)。用硬泡沫塑料板制成的展翅板造价低廉,制作方便。展翅板一般长33cm,宽8~16cm,厚4cm。在展翅板的中央可挖一条纵向的凹槽,也可用烧热的粗铁丝烫出凹槽,凹槽的宽深各为 5~15mm。

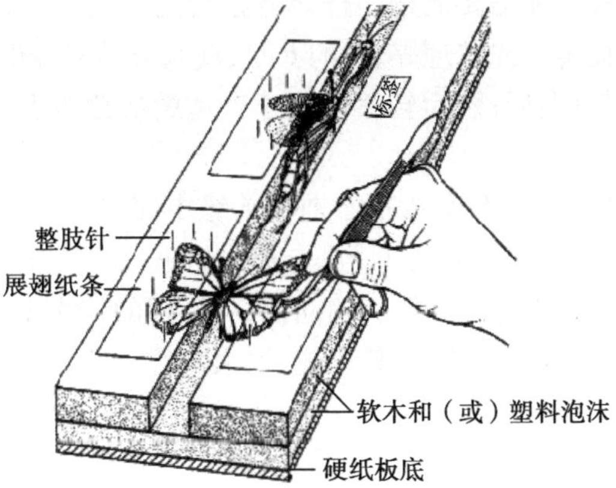

图 4-5 展翅板

(4) 还软器：对已干燥的标本进行软化的玻璃器皿(图 4-6),一般使用干燥器改装而成。使用时在干燥器底部铺一层湿沙,加少量苯酚以防止霉变。在瓷隔板上放置要还软的标本,加盖密封,一般用凡士林作为密封剂。几天后干燥的标本即可还软,此时可将其取出,整姿、展翅。切勿将标本直接放在湿沙上,以免标本被苯酚腐蚀。

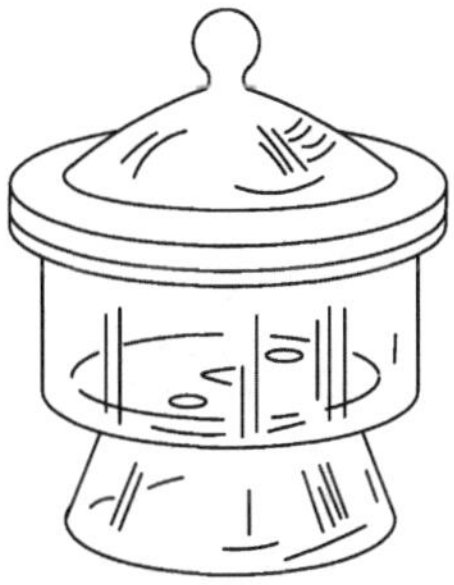

图 4-6 还软器

二、干制标本的制作

(一) 针插害虫标本

除幼虫、蛹及个体微小的害虫以外,皆可用昆虫针插制后装盒保存。插针时,应按照害虫标本体型大小选择号型合适的昆虫针。对于体型较大的夜蛾类成虫一般选用 3 号针,天蛾类成虫多用 4 或 5 号针;体型较小的蝽、叶蝉、小型蝶、蛾类则用 1 或 2 号针。害虫标本的针插部位如图 4-7 所示。

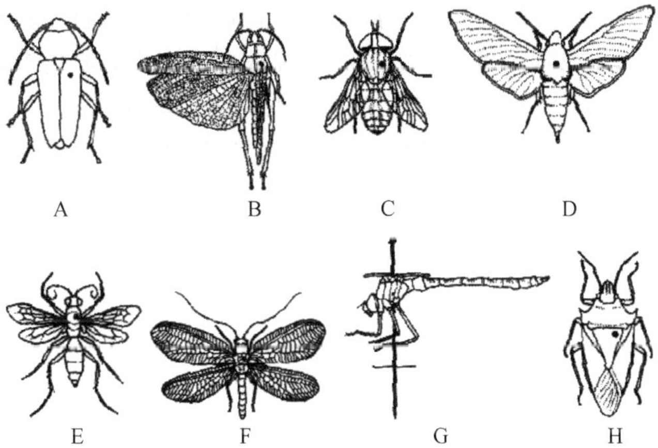

A. 鞘翅目; B. 直翅目; C. 双翅目; D. 鳞翅目; E. 膜翅目; F. 脉翅目; G. 蜻蜓目; H. 半翅目。

图 4-7 害虫标本的针插部位

（二）展翅

蝶、蛾等害虫，在插针后还需要展翅。选择号型合适的昆虫针，将新鲜标本或还软的标本按三级台的特定高度插定。先整理蝶、蛾的6足，使其紧贴身体的腹面，不要伸展或折断；其次使触角向前、腹部平直向后；然后转移至大小合适的展翅板上，虫体的背面应与两侧面的展翅板水平。

展翅的步骤：用2枚细昆虫针分别插于前翅前缘中部、第一条翅脉的后面，两手同时拉动一对前翅，使两翅的后缘在同一直线上，并与身体的纵轴成直角，暂时用昆虫针将前翅插在展翅板上固定。再取2枚细昆虫针拨后翅向前，将后翅的前缘压到前翅下面，臀区充分张开，左右对称，充分展平。然后用透明纸条压住，以大头针沿前后翅的边缘进行固定，插针时大头针应略向外倾斜。

（三）安插标签

标本放置一周左右就已干燥、定型，可以将标本从展翅板上取下并安插标签。取下时，动作应轻柔，以免将质地脆硬的标本损坏。每个害虫标本必须有两个标签：一个标签要注明采集地点、时间、寄主种类，昆虫针插在标签的正中央，高度在三级台的第二级；另一个标签标明害虫的拉丁文学名和中文名，插在第一级。害虫标本制作过程中如有损坏，可用粘虫胶修补。

学习成果

（1）展示制作完成的园林植物害虫标本。

（2）交流制作园林植物害虫标本的心得。

任务评价

任课教师当堂发放任务评价单，由学习者当堂完成组间评价和组内评价后，收回任务评价单。任课教师可以当堂给出教师评价分，也可以在任务学习者将当堂任务学习成果提交给任课教师后，课后给出教师评价分。学习者可以在课后规定时间内继续提交第二课堂自主学习成果，如学习者本人制作的园林植物害虫标本及拍摄的照片等。任课教师根据学习者任务完成情况，按照教师评价分占50%、组间评价分占30%、组内评价分占20%进行加权计算，最终形成每个学习者的任务完成评价成绩。成绩可以当堂反馈，也可以在下一次课堂上反馈。

职业能力测试

（1）园林植物害虫标本制作的步骤是什么？

（2）如何保存和鉴定园林植物害虫的标本？

【任务小结】

本任务主要传授和训练园林植物害虫标本的采集和制作技术。

【讨论与提高】

（1）园林植物害虫标本采集过程中可能遇到哪些困难？该如何解决？

（2）制作园林植物害虫标本有哪些注意事项？

【考证提示】

本任务涉及园林植物保护工、花卉工、绿化工等工种的考核，涉及考证的内容主要为园林植物害虫标本采集与制作，应牢固掌握。

任务3　园林杂草标本采集与制作

子任务1　园林杂草标本采集

目标要求

通过本次任务的实施，学会采集园林杂草标本。通过杂草标本采集工作，熟悉当地杂草的种类、识别特点和发生情况。引导学生善于观察、勤于思考，提高学生的学习兴趣，培养学生的科学素养，增强其社会责任感。

工作准备

采集工具准备：标本夹、采集箱或塑料袋、枝剪、镐铲、野外记录本、标签、铅笔、绳子等。

任务实施

一、杂草标本的采集

杂草鉴定主要依靠花、果实和种子，因此，要采集带有花和果实的标本；而杂草防除又以苗期为主，所以最好还要采集同种杂草的幼苗。

在选择采集对象时，通常选择未受病或虫侵害，生长正常的植株。一份完整的杂草标本通常包括根、茎、叶、花和果等各部分，如有块根、块茎、球茎和鳞茎等地下器官，也应一并采集。植株较大时，可采集部分带叶、花和果的枝条，但必须详细记录植株的高度。

采集寄生杂草时必须连同寄主植物一起采集，特别是它们之间存在寄生关系的部分更需要采集保存下来。若能对杂草照相或录像，则更利于杂草的识别鉴定和资料保存。

二、杂草标本采集的野外记录

杂草的野外采集一定要做详细的野外记录，一般有专门的记录本，记录项目有：采集地点、生态环境、危害何种植物、危害程度、植物种类、杂草防除情况、采集日期等，要严格按照格式填写。野外采集时还要填写采集号，将相应号码写在小纸牌上，并用线拴在标本上，其号码与野外记录本上的号码应一一对应，采集号不可重复。野外记录最好用铅笔。

学习成果

(1) 将杂草标本采集记录结果填入表4-3。

表4-3　杂草标本采集记录表(样表)

采集号:	采集日期:　　年　　月　　日
采集人:	采集地点:
危害对象:	发生量:
生境:	
生活型:一年生□、二年生□、多年生□、半灌木□、灌木□	
生态型:水生□、湿生□、中生□、旱生□、多浆类旱生□、盐生□、沙生□、寄生□	
生育阶段或物候期:	株高:
根:	茎:
叶:	花:
果:	种子:
幼苗:	
附记(气味、乳汁、黏毛和味道):	
学名:	俗名:
科名:	属名:
其他:	

(2) 用照相机或高像素手机拍摄几种常见杂草的危害照片,并描述其特征。

任务评价

任课教师当堂发放任务评价单,由学习者当堂完成组间评价和组内评价后,收回任务评价单。任课教师可以当堂给出教师评价分,也可以在任务学习者将当堂任务学习成果提交给任课教师后,课后给出教师评价分。学习者可以在课后规定时间内继续提交第二课堂自主学习成果,如学习者本人采集的园林杂草标本及拍摄的照片等。任课教师根据学习者任务完成情况,按照教师评价分占50%、组间评价分占30%、组内评价分占20%进行加权计算,最终形成每个学习者的任务完成评价成绩。成绩可以当堂反馈,也可以在下一次课堂上反馈。

职业能力测试

(1) 园林杂草标本采集的步骤是什么?

(2) 采集过程中,如何鉴定杂草标本?

子任务2　园林杂草标本制作

目标要求

通过本次任务的实施，学会制作园林杂草标本。通过标本制作，熟悉当地杂草的种类、识别特点和发生情况，提升学生的科学创新意识、实践能力及自然科学素养，践行"在做中学"的劳育观。

工作准备

（1）试剂准备：蒸馏水、75%酒精、0.1%氯化汞等。

（2）制作工具准备：毛笔、刷子、吸水纸、棉絮、标本夹、线、胶带、胶水、标签纸、标本盒等。

任务实施

一、杂草标本的制作

从采集来的同一种植物中选择各个器官最完备的制作标本。用刷子或纱布擦掉标本上的污物，保持标本清洁美观。把整理好的标本夹在干燥的旧报纸或草纸中，用标本夹压起来，或者放在两块木板中间，上面用书或砖头压紧。在压的时候，应该注意标本是否平整，叶和花的位置是否自然，避免互相遮盖。如果标本过长过大或者枝叶过密，应该加以适当修剪或弯折；如有硬刺，要先压平。有些植物的叶片背腹面是有显著区别的，要把一部分叶片翻过来。

压制标本的地方要通风透光，否则标本就不容易干燥，而且会卷曲、变黑，失去原有的绿色。在花的上面必须放吸水纸或棉絮。每天要用干纸替换湿纸（湿纸晒干或烘干以后还可以用），在换纸的时候要注意摆正植物的姿态。植物压干以后，用线或胶带选几个点固定在台纸上。对于小的植物或枝叶柔软的标本，可以用毛笔蘸胶水涂在标本的一面，粘贴在台纸上，略微用力按一按，搁置半天到一天，等它阴干后再用胶带把胶水没有粘牢的部分在台纸上固定起来。（在标本制作构图环节中，可融入艺术素养教育，借鉴中国传统绘画的"留白"美学理念进行创新设计。）

二、杂草标本的鉴定和保存

杂草标本的鉴定，可借助相关鉴定手册或工具书进行。将杂草的学名手写或打印到定名标签上，再将定名标签粘贴于样本的右下角。最后，将制作完成的杂草标本放入标本盒中保存，内置樟脑丸防霉、防蛀。

学习成果

（1）展示制作完成的园林杂草标本。

（2）交流制作园林杂草标本的心得。

任务评价

任课教师当堂发放任务评价单,由学习者当堂完成组间评价和组内评价后,收回任务评价单。任课教师可以当堂给出教师评价分,也可以在任务学习者将当堂任务学习成果提交给任课教师后,课后给出教师评价分。学习者可以在课后规定时间内继续提交第二课堂自主学习成果,如学习者本人制作的园林杂草标本及拍摄的照片等。任课教师根据学习者任务完成情况,按照教师评价分占50%、组间评价分占30%、组内评价分占20%进行加权计算,最终形成每个学习者的任务完成评价成绩。成绩可以当堂反馈,也可以在下一次课堂上反馈。

职业能力测试

(1) 杂草标本的制作方法是怎样的?

(2) 杂草标本在保存过程中有哪些注意事项?

【任务小结】

本任务主要传授和训练园林杂草标本的采集和制作技术。

【讨论与提高】

(1) 杂草区系的调查研究程序包括哪些内容?

(2) 杂草原始数据的主要收集方法有哪些?

【考证提示】

本任务涉及园林植物保护工、花卉工、绿化工等工种的考核,涉及考证的内容主要为园林杂草标本采集与制作,应牢固掌握。

项目成果展示与实战提高

(1) 布展场地准备:精心选择校园人流量较大的道路边或公共场所,准备好布展需要的展板和意见簿,以组为单位进行物理空间的软分割,按照工作小组集中摆放,形成有序的布展参观路线,让参观者既能参观到每一组的每一件展品,又不走回头路。

(2) 成果展出:把本项目各任务中制作完成的标本和照片等配上说明书和文字介绍,以组为单位在公开场合进行展示,要求完成者本人必须在现场对自己的学习成果进行介绍,听取围观者的评价并认真记录评价要点和改进意见。

(3) 实战提高:采集一些不同病虫草活体,提供给几个参观者携带到现场。在活动现场,参观者咨询这些病虫草如何制作成高质量的标本,由学习者利用所学知识和技能,现场答疑,互动实战,提高专业知识水平、职业素质和职业能力。

模块二

园林植物病虫草害调查测报与防治方法选择应用

项目五　园林植物病虫草害调查统计与测报

目标任务

知识目标：了解园林植物病虫草害调查的目的及原则；理解病虫草害测报原理与方法；掌握关键病虫草害统计指标的计算方法。

能力目标：能独立设计病虫草害的调查方案；能对调查数据进行统计分析；能撰写园林植物病虫草害调查与测报报告。

素质目标：树立团队协作精神；培养细致观察与耐心专注的科学态度。

思政目标：引导学生在统计调查过程中实事求是、严谨求真，培养学生耐心细致的工作作风和严肃认真的科学精神。

任务1　园林植物病害调查统计与测报

项目五
彩色图片

子任务1　园林植物病害调查统计

目标要求

通过本次任务的实施，学会园林植物病害的调查方法。通过数据统计工作，熟悉当地病害种类、发生发展规律和为害情况。通过导入林业工作者经典案例，使学生认识到调查统计工作的重要性，养成吃苦耐劳的品格，培养学生实事求是、求真务实的工作作风。

工作准备

用具准备：放大镜、尺子、病害调查记录表等。

任务实施

一、园林植物病害的调查

园林植物病害的调查方法，因病害的种类和调查目的的不同而异，可分为一般调查（普查)、重点(专题)调查和调查研究(系统定期定点调查)。调查应遵循以下原则：明确调查的目的、任务、对象及要求;制订调查计划,确定调查方法;保证所获调查资料数据真实,且反映客观规律;了解调查的相关情况。本实验将根据田间的具体情况选择 2~3 种作物的 1~2 种病害进行一般调查(分组进行实验)。

一般调查是对局部地区植物病害种类、分布、发病程度的基本情况的调查。

重点调查是指将一般调查发现的重要病害作为重点调查对象,深入了解它的分布、发病率、损失、环境影响和防治效果等。重点调查次数要多一些,发病率的计算也要求比较准确。

调查研究是指深入地研究某一个问题。调查研究应与实验研究互相配合,从而逐步提高对病害的认识。

二、园林植物病害的取样

病害调查的取样方法影响着结果的准确性,应遵循可靠又可行的取样原则。

(一) 取样数目

取样数目取决于病害的性质和环境条件。取样不一定要太多,但一定要有代表性。

(二) 取样方法

随机取样法：适宜于分布均匀的病害调查,力图做到随机取样,调查数目占总体的 5%左右。

"Z"形取样法：适宜于狭长地形或复杂梯田式地块的病害调查,按"Z"字形或螺旋式进行取样调查。

平行取样法：适宜于分布不均的病害调查,间隔一定行数进行取样调查。

对角线法：适宜于条件基本相同的近方形地块的病害调查。在对角线上取 5~9 点调查,调查数目不低于总数的 5%。

(三) 样本类别

样本可以整株、穗秆、叶片、果实等作为计算单位。样本单位的选取,应该做到简单而能准确地反映发病情况。

(四) 取样时间

调查取样的适当时期,一般是在田间发病最盛期。

三、园林植物病害的记录

(一) 发病率的调查

发病率的调查是一种比较简单的方法。它主要通过计算发病田块、植株或器官的数目,除以调查的总数,得出发病的百分率。公式如下：

$$\text{发病率}=\frac{\text{发病株数}}{\text{调查总株数}}\times 100\%$$

(二) 病情指数的调查

根据病害发生的轻重及其对植物影响的不同,可将病害分级,调查时记录各级发病数量,然后计算病情指数。公式如下：

$$\text{病情指数}=\frac{\sum(\text{各级病株数或叶数}\times\text{代表数值})}{\text{株数或叶数总和}\times\text{最高代表级数}}\times 100$$

现以大叶黄杨白粉病为例,说明病情指数的计算方法。分级标准：按病斑面积占叶面积的比例划分为5个等级：0级，无病斑；1级，病斑占15%以下；2级，病斑占16%~40%；3级，病斑占41%~70%；4级，病斑占70%以上。

如调查大叶黄杨白粉病叶100片，其中0级60片，1级29片，2级6片，3级3片，4级2片，则

$$病情指数=\frac{0\times60+1\times29+2\times6+3\times3+4\times2}{100\times4}\times100=14.5$$

发病最重时病情指数是100，完全无病时是0。所以，病情指数越大，病情越重；病情指数越小，病情越轻。

学习成果

选择病害较多、发病盛期的某一地块，根据调查和统计的方法对该地块采用适合的方法取样（取样部位可以是整株、叶片等），进行一般性调查，记录该地区植物病害种类、病害分布情况和发病程度等（具体内容可根据当时、当地情况而定）。

任务评价

任课教师当堂发放任务评价单，由学习者当堂完成组间评价和组内评价后，收回任务评价单。任课教师可以当堂给出教师评价分，也可以在任务学习者将当堂任务学习成果提交给任课教师后，课后给出教师评价分。任课教师根据学习者任务完成情况，按照教师评价分占50%、组间评价分占30%、组内评价分占20%进行加权计算，最终形成每个学习者的任务完成评价成绩。成绩可以当堂反馈，也可以在下一次课堂上反馈。

职业能力测试

（1）园林植物病害调查的方法有哪些？
（2）如何进行病情指数的具体调查？

子任务2　园林植物病害测报

目标要求

通过本次任务的实施，学会预测园林植物病害的流行趋势，从而增强对当地病害发生发展的科学预见性，并提出合理的防治计划。提高学生理论与实践相结合的能力，以及坚持一切从实际出发、因地制宜地解决实际问题的能力。

工作准备

用具准备：放大镜，尺子，计算机，显微镜，病害、天气调查记录表等。

任务实施

一、了解园林植物病害预测的种类

按预测内容分为流行程度预测、发生期预测和损失预测等。流行程度预测是最常见的预测,预测结果可用具体的发病数量(发病率、病情指数等)作定量表达,也可用流行级别(轻、中、重等)作定性表达。发生期预测是估计病害可能发生的时期,即预测病害的始发期、盛发期、盛末期,以确定喷药防治的适宜时机。损失预测也称为损失估计,主要根据病害流行程度预测减产量,有时还将品种、栽培条件、气象条件等因素作为预测因子。

按照预测的时限可分为短期预测、中期预测和长期预测。短期预测是预测一周之内或是几天之内的病情变化,主要根据天气要素和菌源情况作出预测,预测结果用于防治适期。中期预测是对一个月乃至一个季度的病情变化进行预测,主要根据当时的发病数量或菌量数据及天气要素作出预测,预测结果常用于防治决策和做好防治准备。长期预测是预测一个生长季节或全年甚至几年的病情变化,常根据病害流行的周期性和长期天气预报等资料作出预测,预测结果指出病害发生的大趋势,需要根据中、短期预测加以修订。

二、了解园林植物病害预测的依据

病害流行的预测依据是病害的流行规律,由寄主、病原物和环境条件之间的相互关系决定。

三、学习园林植物病害预测的方法

根据分析的对象不同,植物病害预测的方法包括基于气象预测、菌量预测、菌量与气象综合预测和物候预测等。植物病害预测的方法又可广义地分为定性预测与定量预测。定性预测方法包括调查预测和经验预测,定量预测方法则根据对资料(历史资料或通过试验获得的资料)处理方法的不同又可分为数理统计法、模拟模型法和专家系统法等。

学习成果

(1) 选择当地主要病害,完成园林植物病害流行预测表(表5-1)。

表5-1　园林植物病害流行预测表

序号	预测病害种类	寄主植物基本情况	预测发病区域	预测流行情况	往年流行情况	近三月天气情况	近三月发病情况(如发病率、病情指数等)
1							
2							
3							
……							

小结:

记录人:
年　　月

（2）掌握当地园林植物主要病害的流行趋势。

任务评价

任课教师当堂发放任务评价单，由学习者当堂完成组间评价和组内评价后，收回任务评价单。任课教师可以当堂给出教师评价分，也可以在任务学习者将当堂任务学习成果提交给任课教师后，课后给出教师评价分。任课教师根据学习者任务完成情况，按照教师评价分占50%、组间评价分占30%、组内评价分占20%进行加权计算，最终形成每个学习者的任务完成评价成绩。成绩可以当堂反馈，也可以在下一次课堂上反馈。

职业能力测试

（1）园林植物病害流行的预测依据是什么？

（2）病害预测的方法有哪些？

【任务小结】

本任务主要传授和训练园林植物调查统计和测报技术。通过调查和数据整理工作，熟悉当地病害的种类、发生情况和危害趋势，从而增强对当地病害发生发展的科学预见性，并提出合理的防治计划。

【讨论与提高】

（1）病害流行必须具备哪些条件？

（2）在经验预测中，使用回归预测模型的优缺点是什么？

【考证提示】

本任务涉及园林植物保护工、花卉工、绿化工等工种的考核，涉及考证的内容主要为园林植物病害的调查和测报方法，应牢固掌握，为防治奠定基础。

任务2　园林植物害虫调查统计与测报

子任务1　园林植物害虫调查统计

目标要求

通过学习与了解害虫田间调查的内容、方法和技术，能初步掌握常见园林植物害虫的调查统计方法。通过导入林业工作者经典案例，使学生认识到调查统计工作的重要性，养成吃苦耐劳的品格，培养学生实事求是、求真务实的工作作风。

工作准备

(1) 材料准备：常见园林植物害虫的成虫及幼虫照片、图片或挂图以及生活习性等资料。

(2) 用具准备：高枝剪、皮尺、放大镜、镊子、记录板(本)、望远镜、照相机等。

任务实施

园林植物害虫调查统计的目的是掌握某一时期害虫的发生情况，为进行准确测报以及防治提供依据。要保证园林植物害虫调查数据准确，不但需要熟悉害虫的生活习性，掌握为害特征，熟悉发生规律，能准确判断害虫的种类、虫态和生育期，还要能根据害虫的发生现状确定最适宜的调查方法，选取适宜的调查区域和抽样方法。

一、了解园林植物害虫调查的主要内容

进行园林植物害虫调查，主要是掌握害虫的种类、分布范围、发生量、发育进度和为害程度等内容。因此，调查记录的内容应包括：调查时间、调查地点、害虫名称、虫态及发育进度、发生数量、寄主种类、寄主受害情况等。其中，在调查中尤其应重视虫态及发育进度、发生数量、寄主受害情况。

(一) 虫态及发育进度

幼虫通常需要记录龄期。判断虫龄主要根据头壳宽度和体型大小，需要在实践中不断学习和积累经验才能准确快速地判断幼虫龄期。卵期通常可按 1 级、2 级和 3 级记录，分别对应前、中、后期。卵期的判断通常根据卵的颜色，大部分害虫的卵色变化是由淡到深。实际调查中，不是所有的虫态都能观测到具体的发育进度。如无法看出虫蛹距离羽化还有多久，也难以凭目测判断雌成虫是否处于产卵期等。

(二) 发生数量

发生数量不但是评价为害趋势的重要指标，还是确定防治适期的重要参数。如利用连续调查害虫成虫的发生数量变化得到成虫高峰期，据此计算出低龄幼虫高峰期，并将其作为防治适期。一般用虫口密度来描述害虫的发生数量，即单位面积或单个植株上害虫的平均数量。乔木的害虫调查常以每株作为计量单位，草坪、绿篱的害虫调查常以每平方米作为计量单位。由于有些高大树木难以做到以整株作为抽样调查单位，为了方便调查，还可以按百叶虫量、百枝虫量、百梢虫量等单位来计量。对发生数量进行分析时，进行比较的数据计量单位要统一，调查的类型也应该尽量一致。如进行树木的单株虫量比较时，要求树木生长年份和树型大小相近；比较不同年份诱虫灯下的成虫发生量时，要用同一时期的数据进行比较。

(三) 寄主受害情况

寄主的受害程度分为轻、中、重三级，记录表中可以用“+”“++”“+++”表示。不同的害虫、不同的寄主种类，其受害程度的分级标准不同。目前对部分重要害虫研究较多，制定了相应的受害程度划分标准，对大多数的害虫并没有制定统一的为害程度划分标准，实践中可以根据虫株率、枝为害率、梢为害率、叶为害率等来进行划分。如食叶害虫可以划分成以下

情况：叶为害率小于15%为“轻”，15%～30%为“中”，大于30%为“重”。

二、学习园林植物害虫调查的常用方法与技术

（一）调查方法

园林植物害虫调查的常用方法有系统调查、普查、典型调查、抽样调查、踏查等，不同的调查方法可以结合应用。

系统调查即在害虫的发生期，每隔一定的时间，进行一次调查，如灯诱监测每天记录一次数据，田间每五天进行一次定点调查等。系统调查工作量较大，通常应用于当地的常发性重大害虫。

普查是指为了某些特定的害虫而专门组织的一次性全面调查。普查的覆盖面通常较大，如在某市范围内进行某种植物检疫对象的普查。

典型调查是指在对某种害虫进行初步分析的基础上，有目的、有意识地选取少数具有代表性的典型区域进行深入细致的调查。园林植物害虫发生区域性较强，因此典型调查的应用也较为普遍。

抽样调查是指在调查区域内，抽选一部分单位进行调查，并据此对全区域的害虫发生情况进行估计和推断。抽样方法可选用随机抽样法、五点取样法、三点取样法等，抽取的样本数越大，数值的准确性越高。园林植物害虫大多数的调查数据都来源于抽样调查。

踏查是指按照一定的路线，边行进边对经过的区域进行调查。踏查适合用于较大范围的调查。

（二）实用调查技术

进行调查时，可以采取一些工具和技术，增加可操作性，使调查更加方便快捷，减少工作量。园林害虫调查中常见的便捷技术有：

（1）利用自动换袋测报灯代替传统测报灯诱集调查。自动换袋测报灯带有自动光控设备、集虫袋自动转换设备和红外杀虫设备，最多有7个集虫袋供轮换，而传统测报灯必须每日开关灯、取虫和添加杀虫药剂。

（2）剪枝抽样代替全株调查。园林树木通常比较高大，进行全株调查不切实际，因此用高枝剪等工具剪取部分枝条进行抽样调查，是具有可操作性的实用技术。

（3）利用害虫趋性诱集调查。有些害虫具有某方面的趋性，在调查监测中可以加以利用，如用性诱剂诱集雄成虫、色板诱集具趋黄性害虫、糖醋诱蛾等。

（4）采用盆拍法。在调查某些群集数量大且具有假死性或吐丝下垂习性的害虫时，可以采用盆拍法，用托盘等工具接在枝条下，拍摇枝条震落害虫，在托盘内清点统计，如调查丝棉木金星尺蛾的1、2龄幼虫。

（5）采用赶蛾法。某些害虫喜潜伏，查找困难，可以使用木棍等工具将害虫惊扰飞舞，目测其虫量，如调查茶叶上的小绿叶蝉。

（6）采用震落法调查高大乔木害虫。在调查高大乔木上的某些害虫时可以利用其假死性，震落后收集调查。如调查松树上的松毛虫时可以在树下铺一层白布，用力震摇树干，使松毛虫掉落。

（7）利用望远镜观测调查。在进行大范围的踏查、调查高大树木上的害虫、统计害虫为害程度等，可以利用望远镜进行远距离观测。

(8) 草把诱集越冬幼虫。某些害虫以幼虫越冬,可以利用这一习性在树干基部捆绑草把,幼虫下树时会把草把作为越冬场所,从而诱集越冬幼虫。这项技术有时也用于害虫防治。

三、园林植物害虫的系统调查示例

(一) 樟巢螟的系统调查

(1) 越冬茧发育进度调查:在4月20日以前挖不少于100个田间越冬茧(越冬茧分布于树冠下的土表层,外有泥土层,呈一椭球形的小土球),带回于正常气温下观察,4月20日起逐日记录羽化率。

(2) 成虫消长监测:利用黑光灯从4月20日开始诱蛾,到9月30日结束,逐日记录灯下蛾量。

(3) 幼虫密度及发育进度调查:5月20日起至9月30日,每5天调查一次田间幼虫,调查记录虫株率和单株虫苞数,每个调查点随机剥查10~20个虫苞调查虫龄和虫数,计算单苞虫量和单株虫量。

(二) 杨小舟蛾的系统调查

(1) 成虫消长监测:利用黑光灯从4月20日开始诱蛾,到9月30日结束,逐日记录灯下蛾量。

(2) 卵、幼虫发生量与发育进度调查:4月初起至10月20日,每5天调查一次,每个点调查10株杨树中的30~50个枝条,枝条要求直径约2cm,记录卵量、虫量、虫龄(按百枝虫、卵量记录)。

(三) 丝棉木金星尺蛾的系统调查

(1) 成虫消长监测:3月10日至9月30日,隔天调查一次,根据成虫白天栖息的特点,对长势好、中、差的大叶黄杨绿篱分别定点调查记录成虫量,每个点30~50m^2,掌握成虫发生动态。

(2) 幼虫密度和发育进度调查:在每世代的幼虫期5天调查一次,每次调查3个点的大叶黄杨绿篱,每个点3~5m^2,记录虫量、虫龄(按每平方米虫量记录)。

(四) 重阳木锦斑蛾的系统调查

(1) 成虫消长监测:可采用灯诱或目测法,从4月10日起,到9月下旬结束。灯诱法:在重阳木林地附近安置黑光灯,利用成虫的趋光性诱蛾,每日记录诱蛾量。目测法:应选择合适的重阳木林地作为预测圃,逐日目测树干上栖息的成虫和树冠上飞舞的成虫数量,记录单株成虫量。

(2) 幼虫发生量与发育进度调查:4月20日至10月20日,每5天调查一次,每个点调查10株重阳木的300~500张叶片,记录虫龄和虫量(按百叶虫量记录,如果叶片被吃光则测算单株虫量)。

(五) 淡剑夜蛾的系统调查

(1) 成虫消长监测:利用黑光灯从4月20日开始诱蛾,到9月30日结束,逐日记录灯下蛾量。

(2) 卵、幼虫发生量与发育进度调查:5月初起至9月20日,每5天调查一次,每次调查不少于3个点的高羊茅草坪,卵量调查每点选择不少于10m^2,虫量调查每点不少于1m^2,

记录卵量、虫龄和虫量(按每平方米虫、卵量记录,卵产于草叶的中部,呈絮状,幼虫白天多潜伏于草坪底部)。

学习成果

选择具有代表性的样方,对某种食叶害虫的幼虫进行调查,并将结果填入表5-2中。(要求记录必须真实、客观、及时,养成实事求是、严谨求真的习惯。)

表5-2　某种食叶害虫的幼虫调查记录表

调查时间	调查地点	绿地概况	害虫名称	虫龄及虫量	总虫量	总株数（面积）	虫口密度	寄主及为害情况	备注

任务评价

任课教师当堂发放任务评价单,由学习者当堂完成组间评价和组内评价后,收回任务评价单。任课教师可以当堂给出教师评价分,也可以在任务学习者将当堂任务学习成果提交给任课教师后,课后给出教师评价分。学习者可以在课后规定时间内继续提交第二课堂自主学习成果,如学习者本人收集整理的园林植物害虫调查数据等。任课教师根据学习者任务完成情况,按照教师评价分占50%、组间评价分占30%、组内评价分占20%进行加权计算,最终形成每个学习者的任务完成评价成绩。成绩可以当堂反馈,也可以在下一次课堂上反馈。

职业能力测试

(1) 调查高大树木上的害虫时,可以采取哪些调查技术?

(2) 调查园林植物害虫时,要记录哪些内容?

子任务2　园林植物害虫测报

目标要求

通过学习与了解不同种类、不同习性的害虫田间调查技术,能初步掌握常见园林植物害虫的测报方法。提高学生理论与实践相结合的能力,以及坚持一切从实际出发、因地制宜地解决实际问题的能力。

工作准备

(1) 材料准备:常见园林植物害虫的生活史等资料。

(2) 用具准备:记录本、计算器等。

任务实施

害虫测报是在系统、准确监测害虫发生动态的基础上,运用生物学、生态学、数学、系统科学、逻辑学等知识和方法,估计未来害虫发生期、发生量、为害程度以及扩散分布趋势,提供害虫情况信息的一项应用技术。我国农业害虫测报技术发展较快,于20世纪50年代初期起步,到目前在全国已经形成了从中央、省、市、县到乡镇较为完善的测报体系,并制定了粮、棉、油等主要作物害虫的测报方法和技术。但园林植物害虫测报发展较慢,测报体系相对不健全,对测报技术的研究不多,测报方法不统一,缺乏系统测报资料。实际工作中,准确测报是实现害虫有效防控的重要基础,因此,加强园林植物害虫测报技术研究显得十分重要。

一、了解园林植物害虫测报类别

(一) 根据预测内容分类

(1) 发生期预测。预测害虫的发生和为害时间,以便确定防治适期。在发生期预测中常将害虫出现的时间分为始见期、始盛期、高峰期、盛末期和终见期,对于迁飞性害虫还要预测迁入和迁出本地的时间。

(2) 发生量预测。预测害虫在某一时期内的发生数量或虫口密度,以便根据防治指标决定是否需要防治,以及需要防治的范围和面积。

(3) 分布预测。预测害虫可能的分布区域或发生的面积,对于迁飞性害虫还包括预测其迁飞的区域和范围。

(4) 为害程度预测。在发生期预测和发生量预测的基础上结合寄主植物的种植布局和生长发育特性,尤其是寄主植物易受害虫为害的生育期与害虫盛发期的吻合程度,同时结合气象资料的分析,预测其发生的轻重及为害程度。害虫发生的轻重程度可分为轻发生、中等偏轻发生、中等发生、中等偏重发生、大发生5级。

(二) 根据预测时间长短分类

(1) 短期预测:距离防治适期20天以内,其准确性高,使用范围广。

(2) 中期预测:距离防治适期20天到一个季度,常在一个月以上,预测下一个世代的发生情况。

(3) 长期预测:距离防治适期一个季度以上。

二、学习园林植物害虫测报的常用方法

(1) 发育进度预测法。发育进度预测法也称期距法,即根据害虫田间发育进度,参照当时气温条件和相应的虫态历期,推算害虫以后的发生期。

(2) 害虫趋性预测法。害虫趋性预测法是指根据害虫的趋光性、趋化性以及取食、潜藏、觅偶和产卵等生物学特性而设计、采取的各种诱集方法。如利用诱虫灯、诱虫器、草把、黄板以及性诱剂等诱集害虫,根据系统资料比较和生物学特性分析进行预测。

(3) 有效基数预测法。害虫的发生数量通常和前一世代或前一虫态有密切关系,基数大,则下一虫态或下一世代的发生量多,反之则少。

(4) 数理统计预测法。害虫的发生期、发生量和为害程度的变动与周围的物理环境条件(温度、雨量、土壤等)和生物环境(天敌、食物等)的变动密切相关。对害虫、天敌昆虫发

生的一定数量特征与一定环境特征之间的相互关系，可用数理统计法进行定性或定量分析，据此发出数理统计预报。常用的方法有函数分析法、相似相关法等。目前园林害虫测报中建立函数的种类极少，但此方法仍常作为参考原理用于对发生量的预测分析。

(5) 异地预测法。一些远距离迁飞性害虫，其虫源可随气流迁往异地。如斜纹夜蛾、黏虫等害虫是呈季节性往返迁移的，其迁移的方向和降落区域的变动，又受气流和作物生长物候的变换制约，因此可根据当前发生区的虫量变化和发育进度，结合天气形势以及迁入区的作物分布来预测害虫迁入的时间、数量、主要降落区域和可能的发生程度。

(6) 其他方法。如今，电子计算机预测法在农业上已处于研究开发阶段，应用电子计算机技术，将经研究得出的有害和有益生物发育模型、种群数量波动模型、作物生长模型、防治的经济阈值和防治决策等贮存到计算机中，通过各终端系统输入各有关预报因子的监测值后，即可得到有关病虫发生、危害和防治等预测结果。另外，还有利用遥感技术预测害虫发生量、利用雷达技术预测害虫迁入时间和迁入量、利用温度指标法预测害虫发生期和经验预测等方法。如苏州地区基层园艺工人发现，每年金丝桃始花时正好是越冬代丝棉木金星尺蛾的防治适期。

三、常见园林植物害虫测报方法示例

(一) 樟巢螟的测报

(1) 发生期测报：采用期距预测法，根据对茧羽化进度调查和成虫灯诱调查综合分析确定成虫羽化盛期，推算卵孵盛期、防治适期等。苏州地区樟巢螟各虫态历期可参考表 5-3。

表 5-3　苏州地区樟巢螟各虫态历期

虫态	产卵前期	卵期	1 龄	2 龄	3 龄	4 龄	5 龄	结茧-化蛹	蛹期	合计
历期/天	6.5	5	4.8	5.8	4.4	5	7.7	6.9	11.8	57.9

(2) 发生程度测报：一般可根据单株虫苞数来确定，以十年树龄为标准，平均单株虫苞 2 个以下为轻发生，2.1～5 个为中偏轻发生，5.1～8 个为中等发生，8.1～12 个为中偏重发生，12 个以上为大发生。灯诱虫量可作参考。

(二) 杨小舟蛾的测报

(1) 防治适期测报：可结合成虫消长监测，应用历期法推算。杨小舟蛾的防治适期为 2、3 龄幼虫高峰期，防治适期＝成虫高峰期＋产卵前期＋卵历期＋1、2 龄幼虫历期。苏州地区根据近年调查观测，防治适期一般应在成虫高峰期后 10～12 天。苏州地区杨小舟蛾室内饲养各虫态历期见表 5-4。

(2) 发生程度测报：以卵孵盛期调查为标准，百枝虫卵量低于 25 头为轻发生，25～49 头为中偏轻发生，50～99 头为中等发生，100～399 头为中偏重发生，400 头以上为大发生。

表 5-4　苏州地区杨小舟蛾室内饲养各虫态历期

代别	时间	温度/℃	幼虫期/天						预蛹/天	蛹期/天	产卵前期/天	产卵期/天	卵量	成虫寿命/天	卵历期/天	全代历期/天
			1 龄	2 龄	3 龄	4 龄	5 龄	合计								
1	4 月下旬至5 月下旬	19.6	3	3	5	4	4	19	1	7.5	1	4	553	5.3	4	36.8
2	6 月上旬至6 月下旬	27	3.4	2.8	2.3	2.7	2.1	13.3	1	7.2	2	2	411.8	9.6	3	34.1
3	6 月下旬至7 月下旬	29.1	2.9	2.7	2.2	2.4	2.8	13	1.2	7.2	1	5	319	6.1	3	30.5
4	7 月中旬至8 月中旬	29.4	2	2	2.3	2.3	3.1	11.7	1	6.3	2.3	4	226	6.4	3	28.4
5	8 月上旬至9 月上旬	27.2	2.8	2	2	2.3	2.7	11.8	1.2	6.6	1.3	5.8	421	7.4	3	30
6	9 月上旬至10 月上旬	24.1	3.7	2.4	2.6	2	2.2	12.9	1.2	越冬						

（三）丝棉木金星尺蛾的测报

（1）防治适期测报：丝棉木金星尺蛾的防治适期为 2 龄幼虫高峰期，防治适期可根据成虫消长监测的结果确定。防治适期=成虫高峰期+产卵前期+卵历期+1、2 龄幼虫历期。苏州地区丝棉木金星尺蛾不同虫态历期见表 5-5。

表 5-5　苏州地区丝棉木金星尺蛾不同虫态历期

单位：天

世代	成虫羽化盛期	产卵前期	卵历期	1 龄	2 龄	3 龄	4 龄	5 龄	预蛹	蛹期	合计
1 代	5 月下旬至6 月上旬	2	11	6	5	4	4	5	2	11	50
2 代正常发育	7 月中下旬	2	7	3	3	3	4	4	2	11	39
2 代以蛹越夏	8 月下旬至9 月上旬	2	7	3	3	3	4	4	2	58	86
3 代	8 月下旬至9 月上旬	2	6	3	3	3	3	4	2	11	37
4 代	翌年 3 月下旬至4 月上旬	2	6	3	3	3	4	5	2	—	—

（2）发生程度测报：以高峰日蛾量为依据，每 $10m^2$ 大叶黄杨上成虫数量低于 1 头为轻发生，1～1.9 头为中偏轻发生，2～4.9 头为中等发生，5～9.9 头为中偏重发生，10 头以上为大发生。

（四）重阳木锦斑蛾的测报

（1）发生期测报：重阳木锦斑蛾防治适期为低龄幼虫发生盛期，防治适期=成虫发生始盛期+产卵前期+卵历期+1龄幼虫期。苏州地区1代重阳木锦斑蛾的防治适期为成虫始盛期后20天左右，2代重阳木锦斑蛾的防治适期为成锦虫始盛期后15天左右，3、4代重阳木锦斑蛾的防治适期为成虫始盛期后12天左右。

（2）发生程度测报：十年生的大树，平均每株有成虫2头以下为轻发生，2.1~5头为中偏轻发生，5.1~10头为中等发生，10.1~20头为中偏重发生，20头以上为大发生。

（五）淡剑夜蛾的测报

（1）防治适期测报：防治适期可根据成虫消长情况，应用历期法预测。淡剑夜蛾的防治适期为2、3龄幼虫高峰期，防治适期=成虫高峰期+产卵前期+卵历期+1、2龄幼虫历期。苏州地区根据近年调查观测，防治适期一般应在成虫高峰后12天左右。

（2）发生程度测报：在高羊茅草坪上每10m^2卵块数量低于1个为轻发生，1.1~2个为中偏轻发生，2.1~4个为中等发生，4.1~8个为中偏重发生，8个以上为大发生。

学习成果

根据某害虫的灯诱数据和田间调查数据，对害虫的防治适期和发生程度进行测报。

任务评价

任课教师当堂发放任务评价单，由学习者当堂完成组间评价和组内评价后，收回任务评价单。任课教师可以当堂给出教师评价分，也可以在任务学习者将当堂任务学习成果提交给任课教师后，课后给出教师评价分。任课教师根据学习者任务完成情况，按照教师评价分占50%、组间评价分占30%、组内评价分占20%进行加权计算，最终形成每个学习者的任务完成评价成绩。成绩可以当堂反馈，也可以在下一次课堂上反馈。

职业能力测试

简述1~2种当地常见园林害虫的测报内容和方法。

【任务小结】

本任务主要传授和训练园林植物害虫调查统计和测报的基本方法。通过调查和数据整理工作，熟悉当地害虫的种类、发生情况和危害趋势，从而增强对当地害虫发生发展的科学预见性，并提出合理的防治计划。

【讨论与提高】

园林植物害虫与其他作物害虫相比，测报方法有何特殊之处？

【考证提示】

本任务涉及园林植物保护工、花卉工、绿化工等工种的考核，涉及考证的内容主要为园林植物害虫的调查和测报方法，应牢固掌握，为防治奠定基础。

任务 3 园林杂草调查统计与测报

子任务 1 园林杂草调查统计

目标要求

通过本次任务的实施,学会园林杂草调查的基本方法。通过本次调查工作,熟悉当地草害的种类和发生情况。培养学生实事求是、求真务实的工作作风。

工作准备

用具准备:取样框、托盘天平、卷尺、记号笔、记录本、标签等。

任务实施

园林杂草调查的基本方法有样方法、样线法和目测法。

(1) 样方法:在田间用取样框或土壤取样器(图 5-1)选取一定数量的样方,统计样方内的杂草植株数量或杂草的鲜重。样方的大小、形状和数目可根据最小面积原则及具体情况而定。

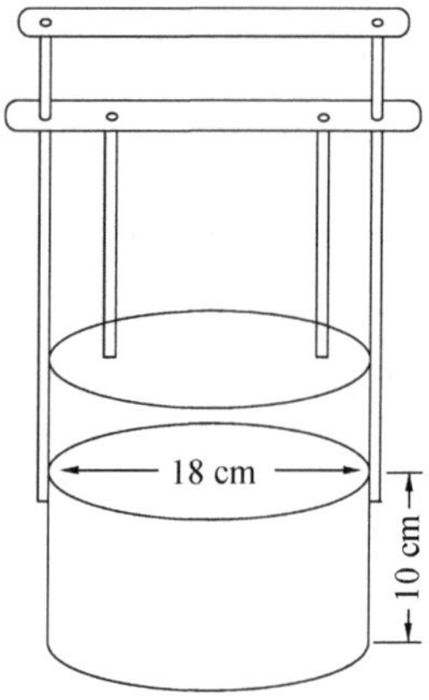

图 5-1 土壤取样器

(2) 样线法:实际上也是一种面积取样技术。通常先主观选定一块代表地段,并在该地段一侧设一基线,然后沿基线随机或系统取样选出一些测点,这些点可以作为通过该地段样线的起点。样线可使用 20~50m 或更长的卷尺。借助其深度可区分为确定频度需要的任何区段,同时也可记录被样线所截的每株植物的长度。设好样线之后,先对群落一般特征和生境条件进行记录,然后开始样线测定和记录。具体做法是:从一端开始,登记被样线所截(包括线上和线下)植物。记录所截植物的 3 个测定数据:样线的被截长度、植物区段数、所截个体数目。样线法测定简表如表 5-6 所示。

表 5-6 样线法测定简表

样地编号________ 地点____________ 样线长度____________ 区段数目____________

植物名	项目					
	植物个体数目	样线被截长度	某种植物的区段数	密度	盖度或优势度	频度

其中：

密度=植物最大宽度倒数的总和

盖度或优势度=(一个被截长度的总和/样线长度)×100%

频度=(出现该种的区段数/样线区段总数)×100%

(3) 目测法：根据不同植被类型、土壤类型、地形地貌和植物种类等因素，选定调查样点。每点选择生态条件基本一致的田块 10 块，依目测标准(表 5-7)按杂草种记录其目测级别。目测法较其他取样方法，具有劳动强度小、工作效率高的优点。

表 5-7　杂草群落优势度七级目测分级标准

优势度级别(危害度级别)	赋值	相对盖度/%	多度	相对高度
5	5	>25 >50 >95	多至很多 很多 很多	上层 中层 下层
4	4	10~25 25~50 50~95	较多 多 很多	上层 中层 下层
3	3	5~10 10~25 25~50	较少 较多 多	上层 中层 下层
2	2	2~5 5~10 10~25	少 较少 较多	上层 中层 下层
1	1	1~2 2~5 5~10	很少 少 较少	上层 中层 下层
T	0.5	<1 1~2 2~5	偶见 很少 少	上层 中层 下层
0	0.1	<0.1 <1 <2	1~3 株 偶见 很少	上层 中层 下层

其中：

相对盖度=(一个种被截长度的总和/所有种被截长度的总和)×100%

将 1 个样点中 10 块田地采集的各种杂草的目测杂草优势度级别按照以下公式统计，结果每个样点获得 1 列各种杂草的综合值数值。

综合值=∑(级别值×该级别出现的田块数)×100%/(5×10)

学习成果

(1) 学会园林杂草调查的基本方法。

(2) 掌握当地园林杂草的主要种类。

任务评价

任课教师当堂发放任务评价单,由学习者当堂完成组间评价和组内评价后,收回任务评价单。任课教师可以当堂给出教师评价分,也可以在任务学习者将当堂任务学习成果提交给任课教师后,课后给出教师评价分。学习者可以在课后规定时间内继续提交第二课堂自主学习成果,如学习者本人收集整理的园林杂草调查数据等。任课教师根据学习者任务完成情况,按照教师评价分占50%、组间评价分占30%、组内评价分占20%进行加权计算,最终形成每个学习者的任务完成评价成绩。成绩可以当堂反馈,也可以在下一次课堂上反馈。

职业能力测试

(1) 园林杂草调查的基本方法是什么?

(2) 样方法和样线法有何差异?

子任务2　园林杂草测报

目标要求

通过本次任务的实施,掌握园林杂草测报的基本方法。通过测报工作,熟悉当地草害发生情况和危害趋势。提高学生理论与实践相结合的能力,以及坚持一切从实际出发、因地制宜地解决实际问题的能力。

工作准备

用具准备:取样框、卷尺、记号笔、记录本、标签等。

任务实施

一、建立杂草档案

记录和收集田间杂草发生种类、发生密度以及恶性杂草的种类和发生密度等资料,以便分析和找出规律进行测报,如城市生态条件的影响、前茬草害的影响、主要绿化施工的影响等。

二、实地调查

在实地调查中按照田块类型进行深入调查,如杂草的种类、发生数量(密度或盖度)、分布类型、生育进度等,并记录其类型:前茬作物、现作物及生育期、栽培方式、主要农事操作、生态特殊条件等。

三、测报

通过测定稗、牛筋草、野燕麦等杂草的休眠期、萌发起始温度、最适温度、最高温度、土层中萌发最适及最大深度等内容进行杂草发生量的测报。

学习成果

（1）学会建立杂草档案。

（2）学会预测园林植物杂草的危害趋势。

任务评价

任课教师当堂发放任务评价单，由学习者当堂完成组间评价和组内评价后，收回任务评价单。任课教师可以当堂给出教师评价分，也可以在任务学习者将当堂任务学习成果提交给任课教师后，课后给出教师评价分。任课教师根据学习者任务完成情况，按照教师评价分占50%、组间评价分占30%、组内评价分占20%进行加权计算，最终形成每个学习者的任务完成评价成绩。成绩可以当堂反馈，也可以在下一次课堂上反馈。

职业能力测试

（1）举例说明牛筋草的生长习性和田间分布情况。

（2）本地园林恶性杂草的种类有哪些？它们的发展趋势如何？

【任务小结】

本任务主要传授和训练园林杂草调查统计和测报技术。通过调查和数据整理工作，熟悉当地草害的种类、发生情况和危害趋势，从而增强对当地草害发生发展的科学预见性，并提出合理的防治计划。

【讨论与提高】

（1）杂草种子萌发的研究方法有哪些？

（2）杂草原始数据的主要收集方式有哪些？

【考证提示】

本任务涉及园林植物保护工、花卉工、绿化工等工种的考核，涉及考证的内容主要为园林杂草的调查和测报方法，应牢固掌握，为防治奠定基础。

项目成果展示与实战提高

（1）布展场地准备：精心选择校园人流量较大的道路边或公共场所，准备好布展需要的展板和意见簿，以组为单位进行物理空间的软分割，按照工作小组集中摆放，形成有序的布展参观路线，让参观者既能参观到每一组的每一件展品，又不走回头路。

（2）成果展出：把本项目各任务所完成的学习成果配上说明书和文字介绍，以组为单位在公开场合进行展示，要求完成者本人必须在现场对自己的学习成果进行介绍，听取围观者的评价并认真记录评价要点和改进意见。

（3）实战提高：针对校园及周边正在发生的病虫草害，由学习者利用所学的知识和技能，完成调查统计与测报，提高专业知识水平、职业素质和职业能力。

项目六 园林常用农药的选择与使用

目标任务

知识目标：了解农药选择的依据；理解农药田间药效试验与防治效果试验的目的、意义及科学用药原则；熟悉农药使用的个人防护要求；掌握农药安全操作规范。

能力目标：能准确判断农药类型；能根据农药毒性等级分析安全风险；能通过查阅农药标签或数据库，获取分类及毒性信息；能精准计算与配制农药。

素质目标：强化农药安全使用意识；培养严谨负责的态度；主动践行生态环境保护。

思政目标：增强学生对制度和行业的认同感，增强学生对坚持“绿水青山就是金山银山”理念的深刻理解；引导学生对党的二十大报告中强化农业科技和装备支撑、质量强国的理解，培养学生的工匠精神。

任务1 农药的选择与应用

项目六
彩色图片

子任务1 杀菌剂的选择与应用

目标要求

通过对常用杀菌剂的知识学习，能在病害防治中正确选择有针对性的药剂。通过导入我国杀菌剂的发展历程，坚定学生的制度自信、文化自信。

工作准备

(1) 材料准备：常用杀菌剂的商品实物。

(2) 用具准备：橡胶手套。

任务实施

一、观察比较

分组仔细观察比较常用杀菌剂的商品实物并阅读其说明书。

二、总结与归纳

（一）波尔多液

波尔多液属无机铜类、非内吸性、保护性杀菌剂，为硫酸铜、生石灰和水按照一定的比例配制而成的天蓝色胶状悬浮液，呈碱性，有效成分是碱式硫酸铜，几乎不溶于水，不宜贮存，因此应现配现用，其配制比例根据防治对象而定。常用配比：硫酸铜：生石灰：水＝1：1：200。其特点是杀菌力强，防病谱广，附着力强，持效期达15~20天左右，具有良好的保护性，对人畜低毒。波尔多液的有效成分依靠在植物表面的水分、二氧化碳和植物分泌物等，逐步释放铜离子，抑制真菌孢子萌发和菌丝发育，广泛用于防治园林植物的叶斑病，如霜霉病、黑腥病、疫病、炭疽病、锈病、溃疡病等。使用时可直接喷雾，应避免在阴湿或露水未干前施用，不能与遇铜分解的农药混合使用。波尔多液对蚕有毒，因此不能污染桑树；在核果类植物上易产生药害，不宜在桃、李、梅、杏、梨、苹果、海棠开花时使用，如使用则硫酸铜量减半；葡萄易受生石灰危害，使用时生石灰量应减半。

（二）石硫合剂

石硫合剂是用生石灰、硫黄和水按1：1.5：13的比例煮制而成的，过滤后母液呈透明琥珀色，具有臭鸡蛋气味，呈强碱性，有效成分为多硫化钙，溶于水，易被空气中的氧气、二氧化碳分解，游离出硫和少量硫化氢，因此贮存时应严加密封，避免高温和日光照射。使用时可涂干或稀释后喷雾，可用于防治多种园林植物白粉病、毛毡病、锈病以及螨类、介壳虫、红蜘蛛等。

（二）代森锰锌

代森锰锌属有机硫类广谱保护性杀菌剂，可抑制病菌体内丙酮酸的氧化，从而起到杀菌作用，主要用于防治多种园林植物的真菌性叶部病害，如对霜霉病、疫病、炭疽病及叶斑病有良好的防效。它具有高效、低毒、杀菌谱广、病菌不易产生抗性等特点，且对植物缺锰、缺锌症有治疗作用。它对人畜低毒，对皮肤和黏膜有刺激作用，遇酸性、碱性物质易分解，高温时遇潮湿也易分解。常见剂型为70%和80%可湿性粉剂、25%悬浮剂，一般使用浓度为70%可湿性粉剂1 000~1 500倍喷雾。

（四）福美双

福美双是一种保护性杀菌剂，遇酸易分解，不能与含铜药剂混用，对人畜低毒，主要用于防治土传病害，对霜霉病、疫病、炭疽病无效。常见剂型有50%、75%、80%可湿性粉剂，一般使用浓度为50%的可湿性粉剂500~800倍液喷雾。

（五）乙磷铝

乙磷铝是第一个双向传导的内吸性杀菌剂，进入植物体内移动迅速并较持久。其防病谱广，是防治鞭毛菌亚门引起的病害的重要品种，对霜霉菌、疫霉菌、白粉病菌、菌核病菌均有防效。常见剂型为40%可湿性粉剂，一般使用浓度为40%的可湿性粉剂1 000~1 500倍液喷雾。

(六) 甲基硫菌灵(甲基托布津)

甲基硫菌灵是一种广谱、内吸、治疗性杀菌剂,对光、酸较稳定,遇碱性物质易分解,易产生抗药性,对多种园林植物的病害有预防和治疗作用。常见剂型有50%和70%可湿性粉剂、50%胶悬剂、36%悬浮剂,一般使用浓度为70%的可湿性粉剂800~1 000倍液喷雾。

(七) 百菌清

百菌清是广谱保护性杀菌剂,化学性质稳定,对皮肤和黏膜有刺激作用,对人畜急性毒性低,但慢性毒性备受关注,主要防治霜霉病、疫病病、炭疽病、灰霉病、锈病、白粉病及各种叶斑病,但对腐霉菌病害的防治效果欠佳。剂型种类多,常见剂型有50%和75%可湿性粉剂、40%悬浮剂、30%烟剂、5%颗粒剂,其持效期为7~10天,一般使用浓度为75%的可湿性粉剂500~800倍液喷雾。

(八) 多菌灵

多菌灵是一种高效、广谱、低毒、内吸性杀菌剂,具有保护和治疗作用,对酸、碱不稳定,易产生抗药性,主要用于防治黑斑病、枯萎病、菌核病、根腐病、茎腐病等多种病害,但对卵菌无效,主要用于叶面喷雾,也用于拌种和浇土。常见剂型有25%、50%可湿性粉剂,一般使用浓度为25%的可湿性粉剂300~500倍液喷雾。

(九) 腐霉剂

腐霉剂是一种接触型保护性杀菌剂,具有弱内吸性,在碱性条件下不稳定,对人畜低毒,具有保护和治疗的双重作用,对抗多菌灵、甲基托布津的核盘菌、灰葡萄孢菌有特效。常见剂型有50%可湿性粉剂、30%颗粒熏蒸剂、25%胶悬剂,一般使用浓度为50%的可湿性粉剂1 000~2 000倍液喷雾。

(十) 三唑酮

三唑酮是一种高效内吸性杀菌剂,具有广谱、用量低、持效期长的特点,并能被植物各部位吸收传导,具有预防和治疗作用,对人畜低毒,对白粉病、锈病、黑粉病有特效,但对镰刀菌病害无效,常用于喷雾和种子处理。常见剂型有15%和25%可湿性粉剂、20%乳油,一般使用浓度为15%的可湿性粉剂1 000~1 500倍液喷雾。

(十一) 甲霜灵

甲霜灵是一种触杀性、内吸性杀菌剂,具有双向传导特性,耐雨水冲刷,残效期为10~14天,高效、安全、低毒,对卵菌纲疫病、霜霉病、腐霉病有特效。常见剂型有25%可湿性粉剂、5%颗粒剂、40%乳油、35%粉剂,一般使用浓度为25%的可湿性粉剂500~800倍液喷雾或5%的颗粒剂按20~40kg/hm^{2}进行土壤处理。

(十二) 井冈霉素

井冈霉素是由吸水链霉菌井冈变种产生的水溶性葡萄糖苷类化合物,有A、B、C、D、E、F 6种成分,其中A、E、F对丝核菌菌丝的作用最强。井冈霉素内吸治疗作用强,耐雨水冲刷,残效期为15~20天,高效、安全、低毒,对丝核菌引起的纹枯病有特效。常见剂型有5%水剂、0.33%粉剂,一般使用浓度为5%的水剂500~800倍液喷雾,不可与碱性农药混用。

(十三) 多抗霉素

多抗霉素是金色链霉菌所产生的代谢产物,属于广谱性抗生素类杀菌剂,具有较好的内吸传导作用。其作用机理是干扰病菌细胞壁几丁质的生物合成,使菌体细胞壁不能正常合成而导致病菌死亡。多抗霉素对链格孢菌、葡萄孢菌、灰霉菌等所致真菌性病害有较好的防治效果。常见剂型有1.5%、2%、3%、10%可湿性粉剂及1%、3%水剂。

(十四) 农用链霉素

农用链霉素是由链霉菌产生的一种抗生素,为粉状物,易溶于水,兼有保护和治疗双重作用,对人畜安全、低毒,主要用于防治细菌性病害。常见剂型有0.1%~0.85%粉剂、72%可溶性粉剂,一般使用浓度为72%的可溶性粉剂3 000~4 000倍液灌根或300倍液涂干,不能与微生物杀虫剂混用。

学习成果

制作常用杀菌剂分类、特性、防治对象、常见剂型、使用方法比较表。

任务评价

任课教师当堂发放任务评价单,由学习者当堂完成组间评价和组内评价后,收回任务评价单。任课教师可以当堂给出教师评价分,也可以在任务学习者将当堂任务学习成果提交给任课教师后,课后给出教师评价分。学习者可以在课后规定时间内继续提交第二课堂自主学习成果。任课教师根据学习者任务完成情况,按照教师评价分占50%、组间评价分占30%、组内评价分占20%进行加权计算,最终形成每个学习者的任务完成评价成绩。成绩可以当堂反馈,也可以在下一次课堂上反馈。

职业能力测试

常用杀菌剂的持效期一般是多少天?

子任务2 杀虫剂的选择与应用

目标要求

通过导入有机氯杀虫剂的发展历程,明确事物总是在矛盾中不断发展的规律,科学应用辩证唯物主义和科学发展观去认识农药。

工作准备

(1) 材料准备:常用杀虫剂的商品实物。

(2) 用具准备:橡胶手套。

任务实施

一、观察比较

分组仔细观察比较常用杀虫剂的商品实物并阅读其说明书。

二、总结与归纳

(一) 敌百虫

敌百虫是一种广谱、低毒的有机磷类杀虫剂,具有胃毒和一定的触杀作用,但无内吸传导作用,可防治多种咀嚼式口器和刺吸式口器的害虫。常见剂型有30%乳油,80%、90%可溶性粉剂。

(二) 敌敌畏

敌敌畏是一种高效、速效、广谱的有机磷类杀虫剂,具有触杀、胃毒及强烈的熏蒸作用,在碱性和高温条件下极易分解,对咀嚼式、刺吸式口器害虫有良好的防治效果,对樱花及桃类花木、菊花敏感。常见剂型有50%、80%乳油,一般使用浓度为50%的乳油1 000~1 500倍液或80%的乳油2 000~3 000倍液喷雾,也可使用80%的乳油50倍液熏蒸。

(三) 辛硫磷

辛硫磷是一种高效、广谱、低毒的有机磷类杀虫剂,具有强烈的触杀、一定的胃毒和内吸作用,主要用于防治地下害虫及鳞翅目幼虫等。常见剂型有5%颗粒剂和50%乳油,一般使用浓度为50%的乳油1 000~1 500倍液喷雾或5%的颗粒剂按30kg/hm^{2}施入土壤。

(四) 毒死蜱

毒死蜱是一种广谱杀虫杀螨剂,具有触杀、胃毒、熏蒸三重作用,毒性中等,在叶片上残留期不长,在土壤中残效期长,因此它对地下害虫的防治效果较好,主要用于防治鳞翅目幼虫、蚜虫、介壳虫、害螨和地下害虫等,也可用于防治卫生害虫。常见剂型有48%和40.7%乳油,一般使用浓度为40.7%的乳油1 500~2 000倍液喷雾。

(五) 丁硫克百威

丁硫克百威是一种广谱、高效杀虫杀螨剂,具有触杀、胃毒、内吸作用,对人畜毒性中等,主要用于防治地下害虫、食叶害虫、蚜虫等。常见剂型有5%颗粒剂、15%乳油,一般使用浓度为15%的乳油1 500~2 000倍液喷雾或5%的颗粒剂按15~60kg/hm^{2}施入土壤。

(六) 溴氰菊酯

溴氰菊酯具有触杀、胃毒作用,还有一定的杀卵作用;对人畜毒性中等,但对水生生物高毒;吸附性好,耐雨水冲刷,持效期7~15天;连续单一施用,害虫易产生抗性;对鳞翅目幼虫和同翅目害虫有特效,但对螨类效果差。常见剂型是2.5%乳油,一般使用浓度为2.5%的乳油1 500~2 000倍液喷雾。

(七) 联苯菊酯

联苯菊酯具有触杀、胃毒作用,对人畜毒性中等,防治对象主要为鳞翅目幼虫、蚜虫、叶蝉、粉虱、潜叶蝇、叶螨。常见剂型有10%和2.5%乳油,一般使用浓度为10%的乳油2 500~3 000倍液喷雾。

(八) 氰戊菊酯

氰戊菊酯为广谱、高效触杀性杀虫剂,有一定的胃毒和拒食作用,无内吸性;击倒快,毒性中等,对鱼、蜜蜂高毒;主要用于防治鳞翅目、半翅目、双翅目幼虫,但对螨类效果差;连续单一施用,害虫易产生抗性。常见剂型为20%乳油,一般使用浓度为20%的乳油3 000~5 000倍液喷雾。

(九)三氟氯氰菊酯

三氟氯氰菊酯是一种活性高、杀虫谱广、速效的菊酯类杀虫剂,具有强烈的触杀、胃毒和驱避作用,主要用于防治鳞翅目、半翅目、鞘翅目、膜翅目害虫。常见剂型是2.5%乳油,一般使用浓度为2.5%的乳油3 000~5 000倍液喷雾。

(十)灭幼脲

灭幼脲是一种低毒、广谱杀虫剂,具有胃毒和触杀作用;抑制昆虫表皮几丁质合成,药后3~4天才能见效;对人畜低毒,对天敌安全;对鳞翅目幼虫有特效,对棉铃虫效果差。常见剂型是25%、50%胶悬剂,一般使用浓度为50%的胶悬剂1 000~1 500倍液喷雾,持效期15~20天。

(十一)吡虫啉

吡虫啉是一种强内吸性杀虫剂,对人畜低毒,对天敌昆虫安全,用于防治刺吸式口器害虫。由于其优良的内吸性,特别适于作种子处理和颗粒剂使用。常见剂型有10%和15%可湿性粉剂、10%乳油,一般使用浓度为10%的可湿性粉剂1 500~2 000倍液喷雾,或10%可湿性粉剂按药种比1∶6拌种,或每千克土壤施入1.25mg药剂。

(十二)乙虫腈

乙虫腈是一种苯基吡唑类杀虫剂,主要以触杀作用为主,对多种咀嚼式和刺吸式口器害虫均具有良好的活性。常见剂型是9.7%悬浮剂。

(十三)阿维菌素

阿维菌素是一种高效、广谱的抗生素类杀虫、杀螨、杀线虫剂,具有触杀、胃毒作用,对鳞翅目、鞘翅目、同翅目害虫、螨类高效,对人畜高毒。常见剂型有1%、1.8%和2%乳油,一般使用浓度为1.8%的乳油2 000~3 000倍液喷雾。

(十四)甲维盐

甲维盐,化学名为甲氨基阿维菌素苯甲酸盐,属于阿维菌素系列杀虫剂,杀虫活性比阿维菌素高1~3个数量级,是一种高效、广谱的杀虫、杀螨、杀线虫剂,具有触杀、胃毒作用,对植物有渗透作用。该药剂对鳞翅目、鞘翅目、同翅目害虫、螨类高效,对防治蛾类、潜叶蝇、叶甲、叶螨、木虱、介壳虫、蚜虫、根结线虫等有较好的效果,见效慢,易光解,药后3天见效,对人畜中毒,对赤眼蜂等天敌安全,对水生生物有毒,对蜜蜂、蚕毒性大。常见剂型为5%水分散粒剂,一般使用浓度为5%的水分散粒剂5 000~8 000倍液于害虫低龄期傍晚喷雾。

(十五)苏云金杆菌

苏云金杆菌是一种细菌性杀虫剂,有效成分是细菌及其产生的细菌毒素,属于低毒杀虫剂,主要防治直翅目、鞘翅目、双翅目、膜翅目等害虫,对鳞翅目幼虫有特效。常见剂型有Bt可湿性粉剂(100亿活芽/g)、Bt乳剂(100亿活孢子/mL),可广泛用于喷粉、喷雾、灌心等,也可用于飞机防治;可与敌百虫、菊酯类农药混用,效果好,见效快,不能与杀菌剂混用;一般用Bt乳剂或可湿性粉剂兑水2 000倍喷雾。

(十六)白僵菌

白僵菌是一种真菌性杀虫剂,对人畜和环境安全,对家蚕有害。使用该药剂后害虫不易产生抗性,用于防治鳞翅目、同翅目、膜翅目、直翅目害虫。常见剂型有50亿~70亿孢子/g粉剂、1.0%和0.6%乳油,一般使用浓度为50亿~70亿孢子/g粉剂稀释50~60倍喷雾。

(十七) 印楝素

印楝素是一种植物源杀虫剂,具拒食、忌避、毒杀、内吸等多种作用,对人畜和环境安全,用于防治鳞翅目、同翅目、鞘翅目等多种害虫。生产上常用0.1%~1%印楝素种核乙醇提取液喷雾。

(十八) 氟铃脲

氟铃脲是一种昆虫几丁质合成抑制剂,能抑制昆虫表皮几丁质的生物合成,使害虫在蜕皮或变态过程中死亡,还能导致成虫不育,并有较强的杀卵作用。该药剂具有高效、广谱、低毒、对天敌安全等特点,但对蚜、螨等刺吸式口器昆虫无效。常见剂型有5%乳油、20%悬浮剂。主要用于防治多种鳞翅目害虫,在卵孵化盛期或低龄幼虫期,喷洒5%氟铃脲乳油1 000~2 000倍液或20%氟铃脲悬浮剂8 000~10 000倍液,药效可维持15天左右。但应注意:对食叶害虫应在低龄期使用,对钻蛀性害虫应在产卵末期至卵孵化盛期使用。该药剂无内吸性和渗透性,喷药时要均匀周到,不能与碱性农药混用。

(十九) 核型多角体病毒

核型多角体病毒是一种微生物杀虫剂,其有效成分是病毒,具有胃毒作用,对人、畜、天敌、植物和环境安全,不耐高湿和紫外线,作用效果较慢,用于防治鳞翅目害虫,具有特异性。常见剂型为粉剂和可湿性粉剂,一般使用方法为每公顷用3×10^{11}~4.5×10^{11}个核多角体病毒兑水喷雾。

学习成果

制作常用杀虫剂分类、特性、防治对象、常见剂型、使用方法比较表。

任务评价

任课教师当堂发放任务评价单,由学习者当堂完成组间评价和组内评价后,收回任务评价单。任课教师可以当堂给出教师评价分,也可以在任务学习者将当堂任务学习成果提交给任课教师后,课后给出教师评价分。学习者可以在课后规定时间内继续提交第二课堂自主学习成果。任课教师根据学习者任务完成情况,按照教师评价分占50%、组间评价分占30%、组内评价分占20%进行加权计算,最终形成每个学习者的任务完成评价成绩。成绩可以当堂反馈,也可以在下一次课堂上反馈。

职业能力测试

常用杀虫剂的持效期一般是多少天?

子任务3 除草剂的选择与应用

目标要求

通过导入除草剂领域的最新进展,引导学生在严谨的科学研究、遵守相关法律法规的基础上理性地分析和解决问题。

工作准备

（1）材料准备：常用除草剂的商品实物。

（2）用具准备：橡胶手套。

任务实施

一、观察比较

分组仔细观察比较常用除草剂的商品实物并阅读其说明书。

二、总结与归纳

（一）乙草胺

乙草胺是选择性芽前处理除草剂，对一年生禾本科杂草和部分小粒种子的阔叶杂草，如马唐、狗尾草、牛筋草、稗草、千金子、看麦娘、野燕麦、早熟禾、硬草、画眉草等具有防治效果。常见剂型有 50%乳油、50%微乳剂、50%水乳剂等。

（二）苄嘧磺隆

苄嘧磺隆是选择性内吸传导型除草剂，能有效防治一年生和多年生阔叶杂草及莎草。它可通过杂草的根、茎、叶吸收，在体内迅速传导，抑制其生长，最终导致杂草叶片和根部组织坏死。常见剂型为 10%可湿性粉剂。

（三）莠去津

莠去津是一种内吸、选择性苗前（土壤处理）、苗后（茎叶处理）除草剂，主要用于防除一年生禾本科杂草及阔叶杂草；杂草出土前和苗后早期施药，可作土壤处理或茎叶处理；可与都尔、乙草胺等多种除草剂混用。常见剂型有 40%悬浮剂、50%可湿性粉剂。

（四）精噁唑禾草灵

精噁唑禾草灵是一种选择性内吸传导型芽后茎叶处理剂，低毒，主要用于草坪苗后防除马唐、牛筋草、稗草、看麦娘等禾本科杂草。常见剂型有 10%乳油、6.9%浓乳剂。

（五）草铵膦

草铵膦是一种非选择性触杀型除草剂，具有杀草谱广、低毒、活性高和环境相容性好等特点，可防除一年生和多年生禾本科杂草、阔叶杂草及莎草。常见剂型有 6%、12%、13.5%、15%和 20%水剂。

（六）草甘膦

草甘膦是一种慢性灭生性内吸传导型除草剂，通过杂草茎叶吸收并传导全株，使杂草枯死；低毒，在土壤中易分解，不宜作土壤处理剂。其主要防除对象是一年生及多年生杂草（对未出土的杂草种子无效），主要适用于果园、茶园、桑园、林木、农田等，用于防除休耕地、田边、道路、铁路等一年生及多年生禾本科杂草、莎草科杂草和阔叶杂草。常见剂型为 41%水剂，一般使用方法是 41%水剂稀释 500~1 000 倍喷雾。施用时切忌污染其他植物，以免造成药害；对多年生恶性杂草，如白茅、香附子等，要适当增加用药量，并且在第一次用药后 1 个月再施一次药，才能达到理想防治效果；在药液中加适量柴油和洗衣粉，可提高药效；在晴天高温时用药效果好,喷药后6~8h内遇雨应补喷,喷药器具要反复清洗干净。

学习成果

制作常用除草剂分类、特性、防治对象、常见剂型、使用方法比较表。

任务评价

任课教师当堂发放任务评价单,由学习者当堂完成组间评价和组内评价后,收回任务评价单。任课教师可以当堂给出教师评价分,也可以在任务学习者将当堂任务学习成果提交给任课教师后,课后给出教师评价分。学习者可以在课后规定时间内继续提交第二课堂自主学习成果。任课教师根据学习者任务完成情况,按照教师评价分占50%、组间评价分占30%、组内评价分占20%进行加权计算,最终形成每个学习者的任务完成评价成绩。成绩可以当堂反馈,也可以在下一次课堂上反馈。

职业能力测试

常用除草剂的持效期一般是多少天?

子任务4　植物生长调节剂的选择与应用

目标要求

通过导入植物生长调剂的发展历程,培养学生勇于质疑的勇气和严谨的工作作风。

工作准备

(1) 材料准备:常用植物生长调节剂的商品实物。

(2) 用具准备:橡胶手套。

任务实施

一、观察比较

分组仔细观察比较常用植物生长调节剂的商品实物并阅读其说明书。

二、总结与归纳

(一) 乙烯利

乙烯利是一种促进成熟的植物生长调节剂。乙烯利属于低毒农药,主要作用是促进成熟、增加雌花、提早结果、抑制茎秆伸长。常见剂型为40%水剂。

(二) 萘乙酸

萘乙酸是一种低毒、广谱性生长促进剂,主要作用是促进细胞分裂、诱杀不定根形成、增加坐果率、维持顶端优势、改变雌雄花比例、延长休眠等。常见剂型有70%钠盐原粉、80%钠盐原粉。

(三) 赤霉素

赤霉素是一种广谱性生长促进剂,主要作用是促进细胞伸长,打破器官休眠(如种子、块茎、鳞茎),促发芽,减少花、蕾、果脱落,使二年生植物当年开花。常见剂型有85%结晶粉、4%乳油。如用1 000mg/kg赤霉素浸球茎,打破百合休眠,促发芽;用100mg/kg赤霉素浸种,打破杜鹃、山茶种子休眠,促发芽。

(四) 丁酰肼

丁酰肼是一种植物生长抑制剂,主要作用是抑制新枝伸长、缩短节间、增加叶片厚度和叶绿素含量、防落花、促坐果、促不定根形成、提高抗寒力。丁酰肼属于低毒农药,常见剂型是85%可溶性粉剂、4%乳油。

(五) 缩节胺

缩节胺是一种植物生长抑制剂,抑制赤霉素的合成,主要作用是抑制植物纵向伸长,使分枝增多、茎变粗、植株矮化紧凑。缩节胺主要由根系吸收,叶面处理可增产,属于低毒农药。常见剂型是15%可湿性粉剂。

学习成果

制作常用植物生长调节剂分类、特性、防治对象、常见剂型、使用方法比较表。

任务评价

任课教师当堂发放任务评价单,由学习者当堂完成组间评价和组内评价后,收回任务评价单。任课教师可以当堂给出教师评价分,也可以在任务学习者将当堂任务学习成果提交给任课教师后,课后给出教师评价分。学习者可以在课后规定时间内继续提交第二课堂自主学习成果。任课教师根据学习者任务完成情况,按照教师评价分占50%、组间评价分占30%、组内评价分占20%进行加权计算,最终形成每个学习者的任务完成评价成绩。成绩可以当堂反馈,也可以在下一次课堂上反馈。

职业能力测试

常用植物生长调节剂的持效期一般是多少天?

【任务小结】

本任务主要传授和训练常用杀菌剂、杀虫剂、除草剂和植物生长调节剂的选择与应用技能。

【讨论与提高】

(1) 简述常用杀菌剂种类及其使用方法。

(2) 简述常用杀虫剂种类及其使用方法。

(3) 简述常用除草剂种类及其使用方法。

(4) 简述常用植物生长调节剂种类及其使用方法。

【考证提示】

本任务涉及园林植物保护工、花卉工、绿化工等工种的考核,涉及考证的内容主要为园林植物常用农药种类识别,应牢固掌握,为防治奠定基础。

任务2 农药的安全使用

子任务1 配制农药与施药

目标要求

通过对农药配制与施药方法的知识和技能的学习,能掌握农药的正确配制方法和常用施药方法。通过导入农业农村部《到2025年化学农药减量化行动方案》,结合我国社会主要矛盾转变的实际,瞄准人们对美好生活的向往,理解生态文明建设的重要意义。

工作准备

(1) 材料准备:常用杀菌剂和杀虫剂的水剂、乳剂和粉剂等剂型,水。

(2) 用具准备:橡胶手套、口罩、天平、牛角匙、称量纸、量筒、玻璃棒或木棍、量杯、喷雾器。

任务实施

一、农药浓度表示方法的基础知识

(一) 农药有效成分用量表示方法

国际上早已普遍采用单位面积有效成分用量,即克有效成分/公顷[g(ai)/hm^2]表示方法,我国还习惯用克有效成分/亩(1亩≈667m^2)。如用氰戊菊酯(速灭杀丁)防治鳞翅目害虫时有效成分用量为75~150g(ai)/hm^2。

(二) 农药商品用量表示方法

该表示法比较直观易懂,但必须带有制剂浓度,一般表示为g(mL)/hm^2或g(mL)/亩。如防治禾本科杂草需用20%烯禾啶(拿捕净)乳油975~1 500mL/hm^2。

(三) 百分浓度表示法

百分浓度,即一百份药液(或药粉)中含有效成分的份数,符号为“%”。如40%乐果表示100份这种乳油中含有40份乐果的有效成分。百分浓度又分重量百分浓度和容量百分浓度两种:固体之间或固体与液体间配药常用重量百分浓度,液体之间配药常用容量百分浓度。

(四) 百万分浓度表示法

百万分浓度,即一百万份药液(或药粉)中含农药有效成分的份数,在农药应用中以往常用于表示喷洒浓度;现根据国际规定,百万分浓度已不再使用 ppm 来表示,而统一用微克/毫升、毫克/升或克/立方米,即 μg/mL 或 mg/L 或 g/m^3 来表示。

(五) 倍数法

倍数法,即称取一定质(重)量或量取一定体积的商品农药,按同样的质(重)量单位(如克、千克)或体积单位(如升)等的倍数计算加水或其他稀释剂的量,然后配制成稀释的药液或药粉。加水量或其他稀释剂的量相当于商品农药用量的倍数。如 2.5%溴氰菊酯(敌杀死)乳油 2 000 倍液,即 1kg 2.5%溴氰菊酯(敌杀死)乳油加水 2 000kg。

倍数法一般不能直接反映药剂有效成分的稀释倍数。倍数法一般都是按重量计算,实际上稀释倍数越大,按容量计算与按重量计算之间的误差就越小(密度不同)。在生产应用上这种误差没有什么影响,但在精密的科学实验中需计算清楚。

在应用倍数法时,通常采用两种方法:

1. 内比法

内比法,即在稀释 100 倍以下时,稀释量要扣除原药所占的 1 份。如稀释 60 倍,即原药剂 1 份加稀释剂 59 份。

2. 外比法

外比法,即在稀释 100 倍以上时,稀释量不扣除原药剂所占的 1 份。如稀释 1 000 倍,即原药 1 份加稀释剂 1 000 份。

二、农药配制方法的基础知识

商品农药,除了低浓度的粉剂、颗粒剂和超低容量喷雾剂可以直接使用外,通常浓度都比较高,如按常规的施药方法,在使用前必须进行稀释。即使用商品农药,也要根据农药品种、防治对象、植物种类的不同及施药时气温的高低,在药剂中加入不同的水量或其他稀释剂进行稀释以降低药剂的浓度。

农药稀释正确与否,对药效和安全使用有很大关系。如兑水或其他稀释剂过多,则药剂浓度太低,会降低药效;如兑水太少则药剂浓度过高,会引起药害和人畜中毒事故。所以农药稀释配制时要严格掌握好农药稀释的浓度。

(一) 农药的稀释计算法

为了将农药稀释至所需浓度,就要先精确地计算出用药量等。农药稀释计算的基本原理是:稀释前和稀释后有效成分的含量相等。在农药的稀释计算中应特别注意单位的一致性。一般常用的稀释计算方法如下:

1. 按有效成分计算

通用公式:原药剂浓度×原药剂重量=稀释药剂浓度×稀释药剂重量。

例:用 50%某乳油拌花卉种子,拌种有效浓度为 0.5%,10kg 该药剂可拌多少花卉种子?

解:设可拌 $x$kg 花卉种子。

$50\% \times 10 = 0.5\% x$,求得 $x = 1\,000$,即可拌花卉种子 1 000kg。

2. 按稀释倍数计算

(1) 稀释 100 倍以下,通用公式:稀释药剂重量=原药剂重量×稀释倍数−原药剂重量。

例：用 40%乐果乳油 10mL，加水稀释成 50 倍药液，需加多少水？

解：稀释液重量 = 10×50−10 = 490(g)，即需加水 490g。

(2) 稀释 100 倍以上，通用公式：稀释药剂重量 = 原药剂重量×稀释倍数。

例：配制 50%某乳油 1 000 倍液喷雾，问 1.0kg 该乳油需加多少水？

解：需加水量 = 1.0×1 000 = 1 000(kg)，即需加水 1 000kg。

3. 农药混用时取用量的计算

农药混用时，各农药的取用量分别计算，而用水量合并计算。

例：将 75%多菌灵可湿性粉剂和 20%扫螨净乳油混合施用，防治果树上的病害和红蜘蛛。75%多菌灵可湿性粉剂施用浓度为 0.133%，20%扫螨净乳油施用浓度为 0.013%。现要配制 75L 喷洒液，两种农药的取用量各为多少？

解：75%多菌灵可湿性粉剂取用量 = (0.133%×75 000)÷75% = 133(g)

20%扫螨净乳油取用量 = (0.013%×75 000)÷20% = 48.8(g)

(二) 两步配制法

两步配制法也就是对农药进行二次稀释，是农药配制的方法之一。农药经过两次稀释配制，能够使某些不易溶解的可湿性粉剂或用量微小的农药得到更充分的溶解，使其分布得更均匀，计量更加准确，既提高用药效果，又减轻药害的发生，还能减少接触原药中毒的危险。可采用下列方法对农药进行二次稀释：

(1) 选用带有容量刻度的医用盐水瓶，将药剂放置于瓶内，注入适量的水，配成母液，再用量杯计量使用。

(2) 使用背负式喷雾器时，也可以在药桶内直接进行二次稀释。先将喷雾器内加少量的水，再加放少许的药液，充分摇匀，然后再补足水混匀使用。

(3) 用机动喷雾机具进行大面积施药时，可用较大一些的容器，如桶、缸等进行母液一次稀释。二次稀释时可放在喷雾器药桶内进行配制，混匀使用。

为了保证药液的稀释质量，配制母液的用水量应认真计算和仔细量取，不得随意多加或少用，否则都将直接影响防治效果。

三、农药施药方法的基础知识

农药的品种繁多，加工剂型多种多样，而且防治对象的危害部位、危害方式、环境条件等也不尽相同。因此在园林植物病虫草害防治时，应根据农药性质、病虫草害发生特点选择合理的施药方法，以达到发挥最佳药效、避免药害、减少对环境的不良影响的目的。在园林植物保护中常用的施药方法主要有以下几种：

(一) 喷雾法

喷雾法是利用喷雾器械将药液雾化后均匀喷洒在植物和有害生物表面的方法。喷雾的技术要求是使药液雾滴均匀覆盖在病虫及植物体上。对常规喷雾而言，一般应以叶面充分湿润而药液不从叶上流下为宜。对钻蛀性或卷叶为主的害虫，应喷淋湿透。对叶背侵入的病菌和为害的害虫还应注意对叶背喷药。喷药量多少视园林植物植株大小而定。

(二) 喷粉法

喷粉法是利用喷粉器械将药粉喷撒出去的方法。该方法工作效率高，不受水源限制，适用于大面积防治。其缺点是耗药量大，受风的影响大，不易撒布均匀。因此喷粉时必须均匀周到，使带病虫的植物表面均匀覆盖一层极薄的药粉。可用手指在叶片上检查，如看到有一些药粉沾在手指上即为合适；如看到叶片发白，则说明用药量过多。

用喷雾法和喷粉法施药时，首先应观察方向，注意喷孔方向要与风向一致，走向与风向垂直，不小于45°。先从地块下风向处开始喷药，避免人体接触药液。当压力达到预定压力时打开开关，按预定的速度进行喷药，同时保持下风向处手拿喷杆，喷向与风向一致。当第1个喷幅喷完后，关闭开关，走到第2个喷幅处，换另一只手拿喷杆喷药。喷药时压力与速度要保持一致，方向与高度要稳定，注意风速和方向的变化，及时调整，保证喷雾质量。喷完药后，要用清水洗净药箱、喷杆、喷头及软管等部件，并把药箱晾干。

（三）种苗处理法

种苗处理法是用药剂处理种子、块根、块茎、鳞茎等无性繁殖材料，消灭种子、块根、块茎和鳞茎表面和内部所带病虫的方法，如浸种法、拌种法、闷种法、种子包衣法等。浸种法是用一定浓度的药液浸泡种子；拌种法可分为干拌法（粉剂和可湿性粉剂拌种）和湿拌法（乳油和水剂加水稀释后拌种）；闷种法是用少量药液喷拌种子后堆闷一段时间再播种；种子包衣法是利用种衣剂为种子包衣。

（四）土壤处理法

土壤处理法是在播种前将药剂施到土壤里，杀灭土壤中的病菌、害虫和杂草的方法。该法主要防治植物根部病虫害和土传病害。进行土壤处埋时要使药剂均匀混入土壤中，与植株根部接触的药量不能过大。土表处理是用喷雾、喷粉、撒毒土等方法将药剂全面施于土壤表面，再翻耙到土壤中。深层施药是施药后再深翻或用器械直接将药剂施于深土层。

生长期也可用撒施法、泼浇法等施药。毒土是将乳油、可湿性粉剂、水剂或粉剂与具有一定湿度的细土按一定比例混匀制成的。撒施法是将药剂的颗粒剂或毒土直接撒布在植物根部周围。撒施法施药后应灌水，以便药剂渗滤到土壤中。泼浇法是将药剂加水稀释后泼浇于植株基部。

（五）熏蒸法

熏蒸法是利用熏蒸剂产生的有毒气体，在密闭或半密闭环境下，杀死病菌、害虫的一种方法。熏蒸法主要用于土壤处理和仓库处理。土壤熏蒸后需按规定等待一段较长时间，待药剂充分分散后才能播种，否则易引起药害。

（六）毒饵法

毒饵法是将药剂与害虫喜食的饵料混拌在一起，撒在害虫发生或栖居的地方，诱引害虫取食而发挥杀虫作用，主要用于防治地下害虫和活动性强的害虫，如蝼蛄、白蚁。

（七）烟雾法

烟雾法是利用烟剂或雾剂防治病虫害的方法。烟剂是农药的固体微粒（直径0.001~0.1μm）分散在空气中起作用；雾剂是农药的小液滴分散在空气中起作用。施药时用物理加热法或化学加热法引燃烟雾剂。烟剂点燃后药剂固体的小粒子分散在空中，漂移、沉降在植物表面，发挥杀菌、杀虫作用。这种方法施药扩散力强，但只能在密闭的环境中进行，如温室、塑料大棚和郁蔽的森林等。

（八）涂抹法

涂抹法是将内吸性药剂的高浓度药液或连同加入的矿物油涂抹在植株茎秆上，使植物内吸这些药剂后达到防治病虫的目的。也可将药剂加固着剂或水剂制成糊状物，涂抹在茎秆的病斑上，抑制病斑的蔓延或使病斑结痂。

（九）胶环（毒环）法

胶环法是利用2～8cm的专门性粘虫胶带围绕在树干的下部，毒环法是将毒剂直接涂在树皮上或涂在紧缠在树干上的纸带或草把环上，从而阻止或毒杀食叶昆虫爬到树上为害。

（十）农药施用方法的新技术

1. 低量喷雾技术

低量喷雾技术是指单位面积上施药量不变，将农药原液稍微稀释，用水量相当于常规喷雾技术的1/10～1/5。此技术提高了作业效率，在温室中及山区得到了广泛应用。

2. 静电喷雾技术

静电喷雾技术是指通过高压静电发生装置，使雾滴带电荷而易被叶片吸附的喷雾技术。使用该技术可使药液雾滴在叶片表面和背面的沉积量显著增加，极大提高农药的有效利用率，节省农药，并降低雾滴漂移，进而减少对环境的污染。

3. 丸粒化施药技术

对于水田使用的水溶性强的药剂，可采用丸粒化施药技术，只需把药丸均匀撒于农田中即可。该技术能使工效提高十几倍，且没有农药漂移，不污染邻近植物。

4. 循环喷雾技术

循环喷雾技术是指对常规喷雾机具进行重新设计改造，在喷洒部件的相对一侧加装药物回收装置，将没有沉积在靶标植株上的药液收集后抽回药液箱循环利用，大幅度提高农药有效利用率。

5. 药辊涂抹技术

药辊涂抹技术主要用于内吸性除草剂的施用，药液通过药辊（一种利用能吸收药液的泡沫材料做成的抹药滚筒）从药辊表面渗出，只需接触到杂草上部的叶片即可奏效。此方法几乎可使药剂全部施在靶标植物表面，不会发生药液抛洒和滴落。

四、农药质量简易识别的基础知识

（一）从农药标签及包装外观上识别真假

根据国家标准GB 3796—2018《农药包装通则》规定：农药的外包装材料应坚固耐用，保证内装物不受破坏，同时应标明农药名称和剂型、农药登记证号、农药生产许可证号、农药产品标准号、净含量、生产日期或批号、有效期、企业名称及联系方式、危害性标识等相关信息。农药的内包装材料应坚固耐用，不与农药发生任何物理和化学作用，不溶胀，不渗漏，不影响产品的质量。农药内包装容器（水溶性包装袋除外）表面应有标签，标签应标明农药名称和剂型、农药登记证号、农药生产许可证号、农药产品标准号、净含量、生产日期或批号、企业名称及联系方式、危害性标识、危险货物包装标识、注意事项、中毒急救措施、贮存和运输方法、农药类别、象形图、农药包装物追溯编码标识（至少应包含生产企业、产品名称、包装材料等可以追溯的相关信息）。

（二）从农药物理形态上识别优劣

1. 粉剂、可湿性粉剂

粉剂、可湿性粉剂应为疏松粉末，无团块，颜色均匀；如有结块或有较多的颗粒物，说明已受潮,不仅产品的细度达不到要求,其有效成分含量也可能会发生变化,从而影响使用效果。

2. 乳油

乳油应为均相液体,无沉淀或悬浮物;如出现分层和浑浊现象,或加水稀释后的乳状液不均匀或有浮油、沉淀物,都说明产品存在质量问题。

3. 悬浮剂、悬乳剂

悬浮剂、悬乳剂应为可流动的悬浮液,无结块。长期存放的产品可能存在少量分层现象,但经摇晃后应能恢复原状;如经摇晃后,产品不能恢复原状或仍有结块,说明产品存在质量问题。

4. 熏蒸片剂

熏蒸片剂如呈粉末状,表明已失效。

5. 水剂

水剂应为均相液体,无沉淀或悬浮物,加水稀释后一般也不出现浑浊沉淀。

6. 颗粒剂

颗粒剂应粗细均匀,不应含有许多粉末。

(三) 用简单的理化性能测试方法进行检查

可湿性粉剂具有一定细度(国家标准规定95%通过325目筛),能被水润湿并均匀悬浮在水中。对于可湿性粉剂质量的识别,首先观察有无结团、成块、不易分散现象,若有,则初步认为是不合格的;其次可以备一白色透明玻璃杯,在里面盛2/3的清水,静置后取少量(几克)药剂,在距水面2~3cm高处一次性倒入杯中,优良的可湿性粉剂在投入水中后,不加搅拌,能在2~3min内很快湿润分散,并形成较好的药液。

乳油一般是浅黄色或深棕色单相透明液体。对于其质量的识别,首先观察有无分层现象,如有分层、沉淀、悬浮物或溶液浑浊、流动性不好,可以初步认为是加水稀释后形成的乳浊液,不能稳定存在;其次取一白色透明玻璃杯,盛一定量的清水,用滴管吸取样滴,滴至静止的水面上,合格的乳油应能迅速向下向四周扩散,稍加搅拌后就形成白色牛奶状乳液,静置30min不会出现浑浊、油珠、沉淀物。对乳油的乳化性能可做简单试验,将乳油硬水溶液放在30℃水中1h,不分层、不沉淀、没有浮油为合格,否则为不合格。水溶性乳油能与水互溶,不呈乳白色。

干悬乳剂用水稀释后可自发分散,原药以粒径1~5μm的微粒弥散于水中,形成相对稳定的悬浮液。

悬浮剂为黏稠状可以流动的液体制剂,在水中具有良好的分散性和悬浮性,可以任何比例与水混合。合格品久置不分层,偶有分层现象,经摇振即可恢复原状;不合格品分层,摇振后不易恢复,在水中分散性、悬浮性都不好。

对于颗粒剂,若是包衣颗粒剂药粉脱落很多,或捏合颗粒剂药粒崩解很重,包装袋内出现大量积粉,颗粒形态不再明显,表明该农药可能已经失效。合格品应粗细均匀,不应含有过多粉末。

(四) 与农药登记证核对

国家规定,生产农药必须办理农药登记证或农药临时登记证。因此,经营单位和用户购买农药时,可以要求生产厂家、经销单位出示该产品的农药登记证复印件,并与该产品的标签核对。如发现产品的标签与登记证上的内容不一致,可提出疑问,并及时向当地农业行政主管部门反映,待问题查清楚后,再决定是否购买。

五、农药喷雾施药步骤的基础知识

第1步:选择农药及其剂型。

第2步:按照说明书确定靶标害虫或病害的施药浓度。

第3步:进行农药稀释计算,精确计算用药量和用水量。

第4步:用天平或量筒准确称量或量取所需农药。

第5步:用量杯准确量取所需水量。

第6步:将所称量或量取的农药加入喷雾器中。

第7步:将所量取的水先加入一半至喷雾器中,用玻璃棒或木棍搅拌均匀,然后再加入另一半水。

第8步:盖好喷雾器,用手扳动摇杆若干次,使桶内气压上升到工作压力。注意:扳动摇杆不能过分用力,以免气室爆炸。

第9步:对准靶标,均匀喷雾。

第10步:把剩余药液倒入土壤中,并用清水把喷雾器冲洗干净。

第11步:短期内不再使用时,应将喷雾器主要部件清洗干净、擦干装好,置于阴凉干燥处;若长期不用,注意将喷雾器各个金属零件涂上黄油,防止生锈。

学习成果

(1) 将农药的配制与喷雾过程用照相机或高像素手机拍摄记录下来。

(2) 撰写农药的配制与施药技能训练报告。

任务评价

任课教师当堂发放任务评价单,由学习者当堂完成组间评价和组内评价后,收回任务评价单。任课教师可以当堂给出教师评价分,也可以在任务学习者将当堂任务学习成果提交给任课教师后,课后给出教师评价分。学习者可以在课后规定时间内继续提交第二课堂自主学习成果。任课教师根据学习者任务完成情况,按照教师评价分占50%、组间评价分占30%、组内评价分占20%进行加权计算,最终形成每个学习者的任务完成评价成绩。成绩可以当堂反馈,也可以在下一次课堂上反馈。

职业能力测试

农药配制与施药的关键步骤及注意事项是什么?

子任务2 农药安全合理使用知识认知拓展

目标要求

通过对农药的合理使用和农药的安全使用知识的学习,能掌握农药的安全合理使用方法,用于指导园林植物病虫草害防治中农药的安全合理使用。理解党的二十大报告中“尊重自然、顺应自然、保护自然,是全面建设社会主义现代化国家的内在要求。必须牢固树立和践行绿水青山就是金山银山的理念,站在人与自然和谐共生的高度谋划发展”的深远意义。

工作准备

提前给学习者布置任务学习内容,请学习者提前查阅资料并举出正、反两方面的例子加以说明,以便于课堂上分组讨论。

任务实施

一、农药的合理使用

(一)分组讨论

根据查阅的资料举例说明农药的合理使用方法。

(二)总结与归纳

大多数农药对人畜有不同程度的毒性,因此农药的使用要以“经济、安全、高效”为基本原则,以控制有害生物种群数量为目的。

1. 正确选药

正确选药包括选择对症的药剂、选择合格的药剂两层意思。每种药剂都有一定的防治对象,即使广谱性的药剂也不是万能的。因此在施药前应根据病虫草害的发生种类正确选择药剂品种,做到对症下药。凡是合格的商品农药,在标签、说明书上都注明农药的三证号、有效成分含量、注册商标、批号、生产日期等。一般对于粉剂农药,先看药剂外表,如果已经明显受潮结块,药味不浓或有其他异味,并能用手搓成团,说明其已经基本失效;对乳剂农药,先将药瓶静置,如果药液浑浊不清或出现分层(油水分离)、有沉淀物生成或絮状物悬浮,说明药剂可能已经失效。

2. 适时用药

适时用药是提高药效的关键环节之一。任何化学农药都应选择在园林植物病虫草害生长发育最薄弱的时期施用,这样才能发挥最佳的防治效果。当园林植物的有害生物达到防治指标时,对害虫应在幼龄期或生育期进行防治,因为害虫在幼龄期抗药能力差;对病害应在始见病害时就适时施药,因为病菌一旦侵入植物体内,药剂就较难发挥作用;对杂草而言,应选择在杂草苗期施药,因为此时杂草对除草剂最敏感。总之,适时用药主要考虑有害生物的生长规律和农药的性能两个因素,避免见虫就打药的盲目施药方式。应做到施药前在田间调查和预测预报的基础上,掌握病虫草害的发生发展规律,抓住有利时机用药,这样既可节约用药,又能提高防治效果。如施用波尔多液等保护性药剂时,必须在病原菌未接触到植物时施药。

3. 适量用药

适量用药就是按照农药标签上的推荐剂量、用药次数来施用。过多地增加用量会造成农药的浪费或污染农产品和环境,造成药害,甚至造成人畜中毒,还会使防治对象更快地产生抗药性。(关联2025年中央一号文件中提出的“农业新质生产力”要求,解读农药减量化行动与绿色农业的协同性,深度融合国家战略、行业规范与职业精神。)

4. 交互用药

长期施用同一种或同一类农药防治某种病虫害,易使害虫或病原菌产生抗药性而降低防治效果,并使病虫害防治难度越来越大。因此,要轮换使用作用机制不同的农药,防止或减缓有害生物产生抗药性。因为不同类型或作用机制的农药,在有害生物上的作用位点及方式不同,有害生物难以产生抗药性或可减缓抗药性的产生。所以应在防治效果相同的情况下,尽可能选择不同品种、不同作用机制、无交互抗性的农药来防治病虫害。

5. 混合用药

园林植物病虫害大多数是几种或多种同时发生的,危害不同的部位。因此,为了兼治几种病虫害,扩大防治范围,达到节省劳力和提高防治效果的目的,可将2种或2种以上对病虫害具有不同作用机制的农药混合使用,如灭多威与菊酯类混用、有机磷与菊酯类混用、甲霜灵与代森锰锌混用等。

农药之间能否混用,主要与农药的化学性质有关。化学农药混用的原则如下:

(1) 不影响化学农药的稳定性,也就是说两种混合使用的农药不能发生化学变化。

(2) 不破坏化学农药的物理性状。两种农药混用后如果产生分层、絮结或出现乳剂破坏、悬浮率降低甚至有结晶析出,就不能混用。

(3) 毒性不得增大,即混合后不能增加农药对人的毒性,且施用后不能对园林植物产生药害。

(4) 混用农药品种要求有不同的作用方式和不同的防治靶标。农药混用的目的就是要防治不同的对象,以达到扩大防治谱的作用。

(5) 成本合理,如贵的内吸剂可与便宜的保护剂混合使用;不同种的农药混用后要达到增效的目的,不能有抵消作用。

(6) 混用农药时要随配随用,不宜长时间放置。

二、农药的安全使用

(一) 分组讨论

根据查阅的资料举例说明农药的安全使用方法。

(二) 总结与归纳

农药是一种生物活性物质,大多数农药对人畜有一定的毒性。因此在园林植物病虫害防治的过程中,既要达到控制病虫害种群数量的目的,也要做到安全用药,即对人畜安全、对植物安全、对环境安全等。

1. 对人畜安全

施用农药时,应当遵守农药防毒规程,正确配药、施药,做好安全防护工作,防止农药污染环境和农药中毒事故。一旦发生中毒事故,应立即采取紧急措施并及时将中毒者送往医院救治。使用农药时应当注意保护环境、有益生物和珍稀物种,做好废弃物处理和安全防护工作。各种农药对人体均会造成一定的伤害,因此农药在使用过程中要注意以下事项:① 孕妇、哺乳期妇女及体弱有病者不宜施药;② 施药者应尽量避免农药与皮肤及口鼻接触,应根据所用农药的毒性、施药方法和地点穿戴相应的防护用品;③ 施药时不能吸烟、喝水或吃食物;④ 一次施药时间不宜过长,每日工作不得超过 6h,连续施药不超过 5 天;⑤ 施药时应注意天气情况,一般雨天、下雨前、风力较大的天气、气温高时(30℃以上)不宜施药;⑥ 一般对于施用农药的田块,24h 后人才能进入田间从事其他农事活动;⑦ 接触农药后要用肥皂清洗,包括衣服;⑧ 药具用后的清洗要避开人畜饮用水源;⑨ 农药包装废弃物要妥善收集处理,不能随便乱扔;⑩ 农药应封闭储藏于背光、阴凉、干燥处;⑪ 农药应存放在远离食品、饮料、饲料及日用品处;⑫ 农药应存放在儿童和牲畜接触不到的地方;⑬ 农药不能与碱性物质混放;⑭ 一旦发现有头痛、头昏、恶心、呕吐等中毒症状,应立即送医院抢救治疗。

2. 对植物安全

对植物安全主要是指所施农药对所栽培的园林植物不产生药害。使用农药时要充分了解其理化性质、适用对象、注意事项、使用方法,注意用药时期、次数、剂量等,避免药害的发生。如发生药害,应采取清水冲洗根部、叶面淋洗的办法,去除残留农药,并加强肥水管理,使受害植株尽快恢复健康,同时应去除受害部位,总之,应采取积极措施消除或减轻药害所造成的影响。

3. 对环境安全

对环境安全是指在施用农药时,应避免对土壤、水体、大气的污染,避免对天敌、其他有益生物的杀伤。因此,在园林植物病虫草害防治的过程中,应选用高效、低毒、低残留的农药品种,选择合理的施药方式,施药后做好废弃物处理等,减少对环境的污染,为人类造福。

在选择防治园林植物病虫草害的农药时,要选择国家农业农村部农业技术推广中心推荐的无公害农药,以保证对生态环境的安全。

4. 采购、运输和保管安全

农药由使用单位指定专人凭证购买。购买农药时必须注意农药的包装,防止破漏,注意农药的品名、有效成分含量、出厂日期、使用说明等,鉴别不清和失效的农药不准使用。运输农药时,应先检查包装是否完整,发现有渗漏、破裂的,应用规定的材料重新包装后运输,并及时妥善处理被污染的地面、运输工具和包装材料,搬运农药时要轻拿轻放;农药不得与粮食、蔬菜、瓜果、食品、日用品等混载、混放。农药应集中在生产队、作业组或专业队设专用库、专用柜和专人保管,不能分户保存,且门窗要牢固,通风条件要好,门、柜要加锁;农药进出仓库应建立登记手续,不准随意存取。

5. 农药使用中的注意事项

配药时,配药人员要戴胶皮手套,必须用量具按照规定的剂量称取药液或药粉,不得任意增加用量。严禁用手拌药,拌种要用工具搅拌,用多少,拌多少。拌过药的种子应尽量用机具播种;如手撒或点种,则必须戴防护手套,以防皮肤吸收中毒。剩余的毒种应销毁,不准用作口粮或饲料。配药和拌种应选择远离饮用水源、居民点的安全地方,要有专人看管,严防农药、毒种丢失或被人、畜、禽误食。使用手动喷雾器喷药时应隔行喷,使用手动和机动药械喷药时均不能左右两边同时喷,有风和中午高温时应停止喷药。药桶内药液不能装得过满,以免晃出桶外,污染施药人员的身体。喷药前应仔细检查药械的开关、接头、喷头等处是否滴水,药桶有无渗漏,以免漏药污染。喷药过程中如发生堵塞,应先用清水冲洗后再排除故障,绝对禁止用嘴吹吸喷头和滤网。施用过高毒农药的地方要竖立标志,在一定时间内禁止放牧、割草、挖野菜,以防人畜中毒。用药工作结束后,要及时将喷雾器清洗干净,连同剩余药剂一起交回仓库保管,不得带回家。清洗药械的污水应选择安全地点妥善处理,不准随地泼洒,防止污染饮用水源和养鱼池塘。盛过农药的包装物品,不准用于盛粮食、油、酒、水等食品和饲料。装过农药的空箱、瓶、袋等要集中处理。浸种用过的水缸要先洗净,然后集中保管。

学习成果

(1) 列举几个农药合理使用的正、反案例。
(2) 列举几个农药安全使用的正、反案例。

任务评价

任课教师当堂发放任务评价单,由学习者当堂完成组间评价和组内评价后,收回任务评价单。任课教师可以当堂给出教师评价分,也可以在任务学习者将当堂任务学习成果提交给任课教师后,课后给出教师评价分。学习者可以在课后规定时间内继续提交第二课堂自主学习成果。任课教师根据学习者任务完成情况,按照教师评价分占50%、组间评价分占30%、组内评价分占20%进行加权计算,最终形成每个学习者的任务完成评价成绩。成绩可以当堂反馈,也可以在下一次课堂上反馈。

职业能力测试

(1) 农药合理使用的关键内容是什么?
(2) 农药的安全使用及其注意事项包括哪些方面?

【任务小结】

本任务主要传授和训练配药和施药技能,并要求掌握农药的安全合理使用知识。

【讨论与提高】

(1) 如何配制农药?有哪些注意事项?
(2) 农药常用的施药方法有哪些?
(3) 如何安全使用农药?如何保证对人体的健康?
(4) 如何做到农药的合理使用?如何保证对环境的安全?

【考证提示】

本任务涉及园林植物保护工、花卉工、绿化工等工种的考核,涉及考证的内容主要为农药配制、施药方法、农药的安全合理使用等,应牢固掌握,为防治奠定基础。

任务3　园林植物病虫草害的药剂防治

子任务1　园林植物病虫害的调查统计

目标要求

通过对园林植物病虫害的调查统计知识和技能的学习，能了解当地某一时期病虫发生情况，熟悉主要病虫的危害与发生特点，掌握园林植物病虫害的调查统计方法，明确病虫害发生情况，为开展防治工作奠定基础。尊重自然、保护自然，促进人与自然和谐共生，站在人与自然和谐共生的高度谋划发展。

工作准备

用具准备：调查记录册、笔等。

任务实施

一、了解病虫害的一般性调查方法

在园林植物生长的中后期，需对草坪、大叶黄杨、樱花、桃等园林植物的病虫害种类进行普查。

（1）取点：选择不同栽培条件、地势、土质的地块进行调查。

（2）调查记录．采用顺行调查方法进行调查，即从地块的一端开始调查，到达另一端后再从另一端开始向回调查。列表记录病虫害的分布情况和发病程度。

二、调查大叶黄杨白粉病、褐斑病或地被草花病害

（1）地块的选择：选择不同品种、地势、土质、耕作制度、水肥管理的地块，进行对比调查。

（2）取样：对地被草花按5点取样进行调查，每点为1m行长，调查20片叶。

（3）调查结果统计：对白粉病按其分级标准进行调查，统计每级的数量，用病情指数表示发病严重度。

三、调查草坪淡剑夜蛾或蛴螬发生情况

（1）地块的选择：选择不同品种、地势、土质、耕作制度、水肥管理的地块，进行对比调查。

（2）取样和调查结果统计：对草坪淡剑夜蛾或蛴螬可采用"Z"字法10点取样，每个样方为1m行长，调查每株内层叶至外层叶的各龄幼虫数，统计每株虫量。

四、学习病虫害的调查方法

病虫害的调查方法可分为一般调查、重点调查和调查研究三种。

（一）一般调查

当一个地区有关植物病虫害发生情况的资料很少时，应先作一般调查。调查的内容应宽泛，有代表性，但不要求精确。为了节省人力物力，一般调查在植物病虫害发生的盛期进行 1~2 次,以初步了解植物病虫害的分布和发生程度。

在作一般调查时,我们要对各种植物病虫害的发生盛期有一定的了解。如地下害虫、猝倒病等应在植物的苗期进行调查;草坪褐斑枯萎病、牡丹叶霉病在 6 月份以后才陆续出现;草本花卉灰霉病多在梅雨季节出现;草坪蛴螬在春季和秋季是为害盛期,错过便很难观察到。所以,可选择在植物的几个重要生育期如苗期、花期、生长期进行集中调查,以便同时调查多种植物病虫害的发生情况。

调查内容可参考表 6-1。

表 6-1　植物病虫害发生调查表

调查地点:　　　　　　调查人:　　　　　　　　　　　　年　　月　　日

病虫害名称	植物名称和生育期	发病地点或田块									
1											
2											
⋮											
10											

表中的 1、2……10 等数字在实际调查时可改换为具体名称,重要病虫害的发生程度可粗略写明“轻”、“中”或“重”,对不常见的病虫害可简单地写“有”或“无”等字样。

(二) 重点调查

在对一个地区的植物病虫害发生情况大致了解之后,对某些发生较为普遍或严重的病虫害可作进一步的调查。调查次数应较前一次多,调查内容要详细和深入,如分布、发病率、损失程度、环境影响、防治方法、防治效果等。对发病(被害)率、损失程度的计算要求比较准确。具体调查内容可参考表 6-2。

表 6-2　植物病虫害调查表

调查地点:　　　　　　调查人:　　　　　　　　　　　　年　　月　　日

病虫害名称:	发病(被害)率:	
田间分布情况:		
寄主植物名称:	品种:	种子来源:
土壤性质:	肥沃程度:	含水量:
栽培特点:	施肥情况:	灌、排水情况:
病虫害盛发前的温度和降雨:	病虫害盛发时的温度和降雨:	
防治方法:	防治效果:	
群众经验:		
其他病虫害:		

(三) 调查研究

在对病虫害的发生、分布、防治情况进行重点调查后,有时还要针对其中的某一问题进行调查研究。调查研究一定要深入,以进一步提高对病虫害的认识。

五、学习植物病虫害的统计方法

在对植物病虫害发生情况进行统计时，经常要用发病率、病情指数、被害率、被害指数等来表示植物病虫害的发生程度和严重度。

（一）植物病害调查结果统计

1. 发病率

详见项目五任务1中的子任务1。

2. 病情指数

详见项日五任务1中的了任务1。

（二）植物害虫为害结果统计

1. 被害率

被害率表示植物的植株、茎秆、叶片、花、果实等受害虫为害的普遍程度，不考虑受害轻重。

$$\text{被害率}(\%)=\frac{\text{被害株（茎、叶、花、果）}}{\text{调查总株（茎、叶、花、果）}}\times 100\%$$

如调查天牛蛀食碧桃的被害率，调查500株碧桃，其中被害碧桃35株，则碧桃被害率为$35/500\times 100\%=7\%$。

2. 被害指数

许多害虫对植物的为害轻重程度并不相同，用被害率不能完全说明植物受害的实际情况，可采用与病害相似的方法，将害虫为害情况按植株受害轻重进行分级，再用被害指数表示植物的受害程度。

$$\text{被害指数}(\%)=\frac{\sum(\text{各级病株、茎、叶、花、果数}\times\text{代表级数})}{\text{株、茎、叶、花、果数总和}\times\text{最高代表级数}}\times 100$$

如调查蚜害植株100株，0级53株，1级26株，2级18株，3级3株，4级0株，则蚜害指数为$(53\times 0+26\times 1+18\times 2+3\times 3)/(100\times 4)\times 100=17.75$。

植株受蚜虫和红花酢浆草岩螨为害的分级标准如表6-3和表6-4所示。

表6-3　蚜虫为害分级标准

等级	中毒症状	等级	中毒症状
0	无蚜虫，全部叶片正常	3	有蚜虫，受害最重叶片皱缩半卷，超过半圆形
1	有蚜虫，全部叶片无蚜害异常现象	4	有蚜虫，受害最重叶片皱缩全卷，呈圆形
2	有蚜虫，受害最重叶片出现皱缩不展		

表6-4　红花酢浆草岩螨为害分级标准

等　级	中毒症状
0	无螨，全部叶片正常
1	有螨，全部叶片无螨害异常现象
2	受害叶片出现三分之一以下白斑或有螨1~5头
3	受害叶片出现三分之一至二分之一白斑或有螨5~10头

续表

等　级	中 毒 症 状
4	受害叶片出现二分之一至三分之二白斑或有螨 10~20 头
5	受害叶片出现三分之二以上白斑，或枯死，或有螨 20 头以上

学习成果

（1）将病虫害调查过程用照相机或高像素手机拍摄记录下来。

（2）按寄主种类选择调查校园及周边园林植物常见病虫害的一般发生情况。

任务评价

任课教师当堂发放任务评价单，由学习者当堂完成组间评价和组内评价后，收回任务评价单。任课教师可以当堂给出教师评价分，也可以在任务学习者将当堂任务学习成果提交给任课教师后，课后给出教师评价分。学习者可以在课后规定时间内继续提交第二课堂自主学习成果。任课教师根据学习者任务完成情况，按照教师评价分占 50%、组间评价分占 30%、组内评价分占 20%进行加权计算，最终形成每个学习者的任务完成评价成绩。成绩可以当堂反馈，也可以在下一次课堂上反馈。

职业能力测试

（1）调查大叶黄杨褐斑病并统计发病率和病情指数，撰写病虫害调查报告。

（2）调查草坪淡剑夜蛾或蛴螬的田间发生量，撰写病虫害调查报告。

子任务 2　园林植物病虫草害田间药剂防治与药效统计

目标要求

通过对园林植物病虫草害药剂防治与药效统计知识和技能的学习，能掌握常用农药田间试验的常用方法，掌握园林植物病虫草害防治药剂的使用技术，并进一步熟练掌握药剂的配制方法以及药剂的安全使用技术。培养学生实事求是、求真务实的工作作风。

工作准备

（1）靶标：草坪夜蛾、园林植物白粉病和褐斑病、园林杂草。

（2）地点：校园及附近的园林绿地。

（3）材料准备：杀虫剂、杀菌剂和除草剂。

（4）用具准备：背负式喷雾器、玻璃棒、一次性手套、1 000mL 量筒、天平、白纸、一次性口罩、白大褂、插地杆、记号牌、记号笔、标签等。

任务实施

一、农药标签和说明书识别

（1）农药名称：包含农药有效成分及含量、名称、剂型等。农药名称通常有两种：一种是中（英）文通用名称，中文通用名称按照国家标准《农药中文通用名称》（GB 4839—2009）规定的名称，英文通用名称引用国际标准组织（ISO）推荐的名称；另一种为商品名，经国家批准可以使用。不同生产厂家有效成分相同的农药，即通用名称相同的农药，其商品名可以不同。

（2）农药三证：农药登记证、生产许可证和产品标准证。国家批准生产的农药必须三证齐全，缺一不可。

（3）净重或净容量：在标签的显著位置注明产品在每个农药容器中的净含量，用国家法定计量单位克（g）、千克（kg）、吨（t）或毫升（mL）、升（L）、千升（kL）表示。

（4）使用说明：用于大田作物时，使用剂量采用每公顷（hm^2）使用该产品总有效成分的质量（g）表示，或采用每公顷使用该产品的制剂量（g 或 mL）表示；用于树木等作物时，使用剂量采用总有效成分量或制剂量的浓度值（mg/kg、mg/L）表示；种子处理剂的使用剂量采用农药与种子质量比表示。其他特殊使用的，使用剂量应以农药登记批准的内容为准。

（5）注意事项：包括该农药与哪些物质不能相混使用、中毒症状和急救治疗措施；安全间隔期，即最后一次施药距收获时的天数；储藏运输的特殊要求；对天敌和环境的影响；等等。

（6）质量保证期：不同厂家的农药质量保证期标注方法有所差异。有的注明生产日期和质量保证期，有的注明产品批号和有效日期，有的注明产品批号和失效日期。一般农药的质量保证期是2~3年，应在质量保证期内使用，以保证作物的安全和防治效果。

（7）农药毒性与标识：一般分为剧毒、高毒、中等毒、低毒、微毒五个级别，分别用“”标识和“剧毒”字样、“”标识和“高毒”字样、“”标识和“中等毒”字样、“

”标识、“微毒”字样标注。标识应为黑色，描述文字应为红色。

（8）农药种类标识色带：不同类别的农药通过在标签底部添加一条与底边平行且不易褪色的特征颜色标识带来进行区分。除草剂用“除草剂”字样和绿色带表示；杀虫剂、杀螨剂、杀软体动物剂用“杀虫剂”、“杀螨剂”或“杀软体动物剂”字样和红色带表示；杀菌剂、杀线虫剂用“杀菌剂”或“杀线虫剂”字样和黑色带表示。农药类别的描述文字应当镶嵌在标识带上，颜色与其形成明显反差。其他农药可以不标注特征颜色标识带。

（9）可追溯电子信息码：应以二维码等形式标注，能够扫描识别农药名称、农药登记证持有人名称等信息。可追溯电子信息码不得含有违反《农药标签和说明书管理办法》规定的文字、符号、图形。

二、试验地的选择

（1）试验地应选择有代表性的地块，以使土壤差异降至最小限度，对提高试验的精度和准确性有重要作用。试验地应选择肥力均匀、植物种植和管理水平一致、病虫草害发生严重且为害程度比较均匀、地势平坦的地块。杀菌剂试验还要选择对试验病害高度感染的植物品种。

（2）为保证人畜安全和免受外来偶然因素的影响，试验地应选择远离房屋、道路、池塘的开阔农田。试验地一般应距离高大树木 30m 以上，以免影响日照和土壤水分的一致性；附近 10m 内不得有篱笆和围墙；距离建筑物 50m 以上；距离河流、池塘 100m 以上；若设在公路和道路旁边，应有 5~10m 的保护带。试验地周围最好种植一定面积的相同植物，以免试验地因孤立而受鸟害或鼠害。

（3）此外，试验地如对其他病虫草害进行化学防治，所用药剂应为同一厂家的产品，药剂的种类、剂型、有效成分含量、使用剂量、加水量、喷洒工具都应一致。

三、重复的设置

（1）田间试验条件比较复杂，尽管在选择试验地时已经注意控制各种差异，但差异是不可避免的。如果试验各处理只设一个小区即一次重复，则同一处理只有一个数值，就无从比较误差。通过设置重复可降低试验误差，提高试验的精确度。通常情况下设 3~5 次重复，即设置 3~5 个小区（图 6-1）。

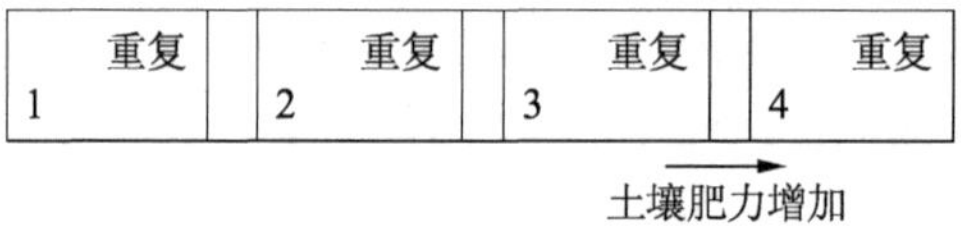

图 6-1　正确的重复设置

（2）小区的形状一般以狭长形为好，小区的长边与土壤肥力梯度变化方向或虫口密度的变化方向平行。小区的面积一般为 $15\sim50m^2$，每个小区树木不少于 3 株。如土壤肥力变化较大、植株高大、作物株行距较大、害虫活动性强，则小区面积要大些，反之可小些。

（3）小区排列：为使土壤肥力差异、植物生长整齐度、病虫草害为害程度等诸多偶然因素作用于各小区的机会均等，在每个小区即重复内设置的各种处理只有用随机排列才能反映实际误差。进行随机排列可用抽签、查随机数字表或用函数计算器产生随机数等方法。如某农药品种的 4 种用药量代号分别为 1、2、3、4，将空白对照代号设为 5，进行 4 次重复试验，小区和区组的排列如图 6-2 所示。

1	3	4	1
3	1	2	5
2	5	3	2
4	4	1	4
5	2	5	3

图 6-2　随机区组的排列

（4）设立对照区和保护行：为进行药剂间的效果比较，必须设立对照区。对照区一般为不施药的空白对照区（一般以 CK 表示）。空白对照区可以反映自然状态下的病虫草害发生和消长情况。通过试验小区和对照区效果的比较，可以明确试验药剂的效果。为避免各种外来因素和边际效应的影响，在试验地的周围还应设立保护行，保护行的宽度应在 1m 以上。小区之间还应设置隔离行 2～3 行，这样即使在喷药时相邻小区的药液有轻微的漂移，也不会影响处理间的评价效果。若进行水田中杀菌剂和除草剂的药效试验，小区间还应筑小田埂隔离，以免药剂随水串流。

（5）药效试验的实施：选取当地当前针对草坪夜蛾、园林植物白粉病、褐斑病和杂草的农药品种 3~4 个，比较农药不同种类、不同剂型（或不同使用浓度）的药效差异。每个处理的重复次数为 4 次，并设清水处理为空白对照（以 CK 表示），试验小区的设计参照图 6-5。在药效试验时应保证农药配制浓度准确、施药均匀，所有处理应尽快完成，最长不可超过 1 天。

四、药效试验的取样及结果计算

（1）淡剑夜蛾幼虫：对淡剑夜蛾幼虫可采用“Z”字法 10 点取样，每个样方为 1m 行长，调查每株内层叶至外层叶的各龄幼虫数，分别记录各药剂种类、剂型或施药浓度在施药前和施药后的幼虫数，计算 1 天、3 天、5 天、7 天、10 天的防治效果。

$$\text{虫口减退率}=\frac{\text{防治前活虫数}-\text{防治后活虫数}}{\text{防治前活虫数}}\times 100\%$$

$$\text{校正防治效果}=\frac{\text{施药区虫口减退率}-\text{对照区虫口减退率}}{1-\text{对照区虫口减退率}}\times 100\%$$

（2）白粉病、褐斑病：采用对角线法 5 点取样，每个样方为 1m 行长，分别记录各药剂种类、剂型或施药浓度在施药前和施药后的发病程度并计算病情指数，再计算 3 天、5 天、10 天、15 天的相对防治效果。

$$\text{相对防治效果}=\frac{\text{对照区病情指数或发病率}-\text{防治区病情指数或发病率}}{\text{对照区病情指数或发病率}}\times 100\%$$

（3）杂草：采用对角线法 5 点取样，每个样方为 1m 行长，分别记录各药剂种类、剂型或施药浓度在施药前和施药后 3 天、5 天、7 天、10 天的杂草死亡率。

施用农药由于环境条件的变化或者药剂本身浓度过高，超过了寄主的承受限度，植物有时会出现药害。对于药害程度的记录也是很重要的，其对正确地使用农药有重要意义。杀虫剂、杀菌剂、除草剂的药害分级标准如表 6-5 和表 6-6 所示。

表 6-5　杀虫剂和杀菌剂对作物的药害分级标准

<table>
<tr><th>分　级</th><th>叶面被害率</th><th>分　级</th><th>果面被害率</th></tr>
<tr><td>1. 无危害</td><td>0</td><td rowspan="2">1. 无危害</td><td rowspan="2">无锈斑</td></tr>
<tr><td>2. 可忽略</td><td><6.0%</td></tr>
<tr><td>3. 轻度</td><td>6.3%～12.5%</td><td>2. 轻度</td><td>有 10%以下的锈斑</td></tr>
<tr><td>4. 中度</td><td>12.6%～25%</td><td>3. 中度</td><td>有 11%～30%的锈斑</td></tr>
<tr><td>5. 严重</td><td>25.1%～50%</td><td rowspan="2">4. 严重</td><td rowspan="2">有 30%以上的锈斑</td></tr>
<tr><td>6. 很严重</td><td>>50%</td></tr>
</table>

表 6-6　除草剂对作物的药害分级标准

等级	中毒症状	等级	中毒症状
1	植株没有症状,健康	4	有较重的症状,如失绿等,但对产量无影响
2	很轻度矮化	5	植株稀少,严重失绿或矮化,预计产量有损失
3	有轻微但清晰可见的症状	6	严重危害,直至整个植株死亡

五、撰写试验报告

试验报告应包括以下内容:

(1) 试验名称。

(2) 试验单位。

(3) 试验目的。

(4) 试验地点。

(5) 试验材料:供试农药名称、剂型、生产厂家,以及供试植物种类、品种、生育期。

(6) 试验方法:试验设计(处理浓度、空白对照、小区面积、排列方式、重复次数)、施药方法[施药工具型号、施药时间、施药方式(喷雾等)、施药量(kg/hm^2)]、施药条件(施药时的温度等气候条件)。

(7) 试验结果:防治效果、药害等情况。

(8) 小结与讨论:对供试农药作出总体评价,提出相应的用药技术。

学习成果

(1) 将药剂防治及统计全过程用照相机或高像素手机拍摄记录下来。

(2) 根据药效防治试验结果写一份药效防治报告。

任务评价

任课教师当堂发放任务评价单,由学习者当堂完成组间评价和组内评价后,收回任务评价单。任课教师可以当堂给出教师评价分,也可以在任务学习者将当堂任务学习成果提交给任课教师后,课后给出教师评价分。学习者可以在课后规定时间内继续提交第二课堂自主学习成果。任课教师根据学习者任务完成情况,按照教师评价分占 50%、组间评价分占 30%、组内评价分占 20%进行加权计算,最终形成每个学习者的任务完成评价成绩。成绩可以当堂反馈,也可以在下一次课堂上反馈。

职业能力测试

(1) 从药剂的安全使用技术角度考虑,在使用农药过程中应当注意哪些问题?

(2) 药剂防治试验中为何要采用随机区组的排列?

【任务小结】

本任务主要传授和训练园林植物病虫草害的药剂防治技术。

【讨论与提高】

(1) 园林植物病虫害三类调查方法有何差异?

(2) 植物病虫害调查结果统计有哪些指标? 如何运用?

(3) 田间药效试验为何要采取随机区组设计?

(4) 田间药效试验为何要设立对照区和保护行?

【考证提示】

本任务涉及园林植物保护工、花卉工、绿化工等工种的考核,涉及考证的内容主要为病虫草害药效试验等,应牢固掌握,为防治奠定基础。

案例分析

植物源杀虫剂——烟碱的安全使用准则

烟碱为三大传统植物性杀虫剂之一,主要来源于茄科烟草属植物;对害虫有胃毒、触杀和熏蒸作用,并有杀卵作用,无内吸性;主要作用于神经系统的乙酰胆碱受体,麻醉神经,是一种典型的神经毒剂。烟碱的蒸气可从虫体任何部位侵入体内而发挥毒杀作用。烟碱易挥发,持效期短。

烟碱的毒性表现:兔急性经皮 LD_{50} 为 50~60mg/kg,兔急性经口 LD_{50} 为 50mg/kg。按我国农药毒性分级标准,烟碱属高毒杀虫剂。但因其易挥发,且在空气和光照下很快分解,因此仍可用于作物上防治害虫。

烟碱在防治蔬菜、柑橘害虫上的使用方法:对蚜虫有特效,对斑潜蝇等有较好的防治效果。防治菜豆上的蚜虫时,烟碱的使用量为 30~40g/hm^2,采用喷雾方式施用。使用 30%增效烟碱乳油 70~105g/hm^2(有效成分)兑水喷雾,可有效防治蚕豆上的斑潜蝇。防治烟青虫,可使用 10%烟碱乳油 75~112.5g/hm^2(有效成分)兑水喷雾。

烟碱的安全使用注意事项:由于烟碱对人高毒,所以配药或施药时都应遵守通常的农药使用保护规则,做好个人保护。① 烟碱易挥发,贮存时应密封。② 配成的药液应立即使用。③ 烟碱对蜜蜂有毒,使用时应远离养蜂场所。④ 在稀释药液时,加入一定量的肥皂或石灰,能提高药效。⑤ 急救治疗措施:用清水或盐水彻底冲洗;如丧失意识,开始时可吞服活性炭,清洗肠胃,禁服吐根糖浆;无解毒剂,应对症治疗。

烟碱与其他药剂的混用:烟碱可与多种杀虫剂混用,以提高药效或扩大杀虫谱。烟碱分别与马钱子碱、除虫菊素复配成 0.84%马钱烟水剂、10%除虫菊素烟碱乳油,可防治十字花科蔬菜蚜虫和菜青虫;与辣椒碱复配成 9%辣椒碱烟碱微乳剂,按 54~81g/hm^2(有效成分)施用,可防治十字花科蔬菜菜青虫;与苦参碱复配成 0.6%苦烟乳油和 1.2%苦烟乳油,可防治黄瓜红蜘蛛、甘蓝菜青虫、黄瓜蚜虫和小麦黏虫;与氯氰菊酯复配成 4%氯烟水乳剂,按 60~120g/hm^2(有效成分)喷雾,可防治甘蓝蚜虫;与百部碱、楝素复配成 1.1%百部楝烟乳油,按 12.375~16.5g/hm^2(有效成分)施用时可防治菜豆斑潜蝇,按 8.25~12.375g/hm^2(有效成分)施用时可防治十字花科蔬菜菜青虫和小菜蛾,按 12.375~24.75g/hm^2(有效成分)施用时可防治十字花科蔬菜蚜虫；与茶皂素混用，可防治柑橘树的介壳虫、始叶螨和全爪螨；与阿维菌素混用，可防治柑橘树的红蜘蛛。

项目成果展示与实战提高

（1）布展场地准备：精心选择校园人流量较大的道路边或公共场所，准备好布展需要的展板和意见簿，以组为单位进行物理空间的软分割，按照工作小组集中摆放，形成有序的布展参观路线，让参观者既能参观到每一组的每一件展品，又不走回头路。

（2）成果展出：把本项目各任务所完成的学习成果（照片或实物等）配上说明书和文字介绍，以组为单位在公开场合进行展示，要求完成者本人必须在现场对自己的学习成果进行介绍，听取围观者的评价并认真记录评价要点和改进意见。

（3）实战提高：购买几盆感病的盆栽花草树木等园林植物，提供给几个参观者携带到现场。在活动现场，参观者咨询这些花草树木等园林植物药剂防治的问题，由学习者利用所学知识和技能，现场实施，提高专业知识水平、职业素质和职业能力。

技能强化训练四　波尔多液的配制

一、能力目标

（1）了解波尔多液的特性，掌握波尔多液的配制与使用方法。

（2）掌握鉴别波尔多液质量优劣的方法。

（3）培养学生养成精益求精的工匠精神和严谨的工作作风。

二、材料

五水硫酸铜、生石灰、风化石灰、温水。

三、仪器和用具

100mL 烧杯、200mL 烧杯、200mL 量筒、天平、牛角匙、玻璃棒、研钵、试管刷、石蕊试纸、天平、铁丝等。

四、内容与方法

（一）基本原理

波尔多液是由硫酸铜、生石灰和水配制而成的一种保护性杀菌剂。其有效成分为碱式硫酸铜，化学式为$[Cu(OH)_2]_3 \cdot CuSO_4$。制备波尔多液的化学反应式如下：

$$4CuSO_4 \cdot 5H_2O+3Ca(OH)_2 = [Cu(OH)_2]_3 \cdot CuSO_4+3CaSO_4+20H_2O$$

喷洒药液后，植物体和病菌表面会形成一层很薄的药膜，该膜不溶于水，但在二氧化碳、氨、植物体及病菌分泌物的作用下，通过释放可溶性铜离子可抑制病原菌孢子萌发或菌丝生长。在酸性条件下，铜离子大量释出时也能凝固病原菌的细胞原生质而起到杀菌作用。在相对湿度较高、叶面有露水或水膜的情况下，药效较好，但对耐铜力差的植物易产生药害。波尔多液可有效阻止孢子发芽，防止病菌侵染，并能促使叶色浓绿、生长健壮，提高植物体抗病能力。该制剂具有杀菌谱广、持效期长、病菌不会产生抗性、对人畜低毒等特点，是应用历史最久的一种杀菌剂。

（二）配制方法比较

分别用如表 6-7 所示方法配制 1%的等量式波尔多液(1∶1∶100)。

表 6-7 波尔多液的配制比例

处理序号	硫酸铜液			石灰			总体积/mL	操作方法
	药量/g	加水量/mL	浓度/%	药量/g	加水量/mL	浓度/%		
1	2	100	2	2	100	2	200	两液同时注入另一容器
2	2	160	1.25	2	40	5	200	稀硫酸铜液注入浓石灰乳
3	2	160	1.25	2	40	5	200	浓石灰乳注入稀硫酸铜液
4	2	160	1.25	2	40	5	200	稀硫酸铜液注入浓风化石灰液

（1）两液同时注入法：用 1/2 的水溶解硫酸铜，另用 1/2 的水溶解生石灰，然后同时将两液注入第三个容器内，边倒边搅拌即成。这是最常用的配制方法。

（2）稀硫酸铜液注入浓石灰乳法：用 4/5 的水溶解硫酸铜，另用 1/5 的水溶解生石灰，然后将稀硫酸铜液倒入石灰乳中，边倒边搅拌即成。

（3）浓石灰乳注入稀硫酸铜液法：配制方法同(2)，但将浓石灰乳注入稀硫酸铜液中，边倒边搅拌即成。

（4）用风化已久的石灰代替生石灰，方法同(2)。

注意：少量配制波尔多液时，硫酸铜与生石灰要研细；用温水溶解硫酸铜可加快其溶解速度；如用块状石灰加水溶化，一定要慢慢将水滴入，使石灰逐渐崩解化开。

（三）配制程序

（1）称取 2g 硫酸铜放入 200mL 烧杯中，加少量水，加热溶解，然后加水稀释到表 6-7 中所要求的体积。

（2）称取 2g 生石灰放于 100mL 烧杯中，加温水少许(几滴即可)使石灰溶解，然后加水稀释到表 6-7 中所要求的体积，配成石灰乳。

（3）待溶液冷却后，将两种溶液混合，同时不停搅拌，然后倒入 200mL 的量筒中，并标出序号。

（四）波尔多液的质量检查

药液配好以后，用以下方法检查质量：

（1）物态观察：观察比较不同方法配制的波尔多液的颜色和质地是否相同。质量优良的波尔多液应为天蓝色胶态乳状液。

（2）酸碱测试：用红色石蕊试纸或者 pH 试纸测定其酸碱性，以试纸慢慢变为蓝色(发生碱性反应)为好。

（3）置换反应：用磨亮的铁丝插入波尔多液中片刻，观察铁丝上有无镀铜现象，以不产生镀铜现象为好。

（4）沉淀测试：将制成的波尔多液分别同时倒入 200mL 的量筒中静置 30min，记录沉淀情况；沉淀越慢越好，沉淀过快者不可使用。悬浮率可用以下公式计算：

$$悬浮率(\%)=\frac{悬浮液柱的容积}{混合液柱的总容积}\times 100\%$$

将检查鉴别结果记入表6-8。

表6-8　波尔多液质量检查鉴别表

实验序号	悬浮率/%			物态观察	酸碱测试	置换反应
	10min	20min	30min			
1						
2						
3						
4						

五、实训成果

(1) 列表比较不同方法配制的波尔多液的质量优劣,将结果填入表6-8。

(2) 简述波尔多液的正确配制程序及配制和使用的注意事项。

六、职业能力测试

在防治园林植物病害时,配制波尔多液应当用何种容器? 为什么?

技能强化训练五　园林植物常用农药理化性状的鉴别与检测

一、能力目标

(1) 熟悉园林植物常用农药的标签和使用说明,为农药的正确使用奠定基础。

(2) 掌握园林植物常用农药的理化性状及剂型的特性,为园林植物病虫害的防治和农药的合理使用奠定基础。

(3) 掌握常用园林植物农药的简易检测方法,为农药的安全使用奠定基础。

(4) 培养学生实事求是、精益求精的态度,准确表达自己想法的能力及严谨的工作作风。

二、材料

(1) 杀虫剂: 80%敌敌畏乳油、50%辛硫磷乳油、40.7%乐斯本乳油、2.5%敌杀死乳油、20%速灭杀丁乳油、10%吡虫啉乳油、1.8%阿维菌素乳油、90%敌百虫可溶性粉剂、25%杀虫双水剂、3%呋喃丹颗粒剂、25%灭幼脲3号悬浮剂、磷化铝片剂、Bt乳剂、白僵菌粉剂、10%氯氰菊酯乳油、50%杀螟松乳油等。

(2) 杀螨剂: 73%克螨特乳油、20%达螨酮乳油、25%三唑锡可湿性粉剂等。

(3) 杀菌剂: 50%多菌灵可湿性粉剂、50%农利灵可湿性粉剂、25%粉锈宁乳油、40%福星乳油、25%敌力脱乳油、72.2%普力克水剂、45%百菌清烟剂、56%靠山水分散颗粒剂、42%噻菌灵悬浮剂、20%萎锈灵乳油、70%甲基托布津可湿性粉剂、65%代森锌可湿性粉剂、75%百菌清可湿性粉剂、12.5%烯唑醇可湿性粉剂等。

(4) 除草剂: 20%草甘膦水剂、20%苯磺隆可湿性粉剂、10%骠马乳油、33%施田补乳油、

48%地乐胺乳油等。

（5）杀鼠剂：0.75%杀鼠迷追踪粉、10%灭鼠优原粉、0.005%大隆蜡块等。

三、仪器和用具

天平、牛角匙、试管、量筒、烧杯、玻璃棒等。

四、内容与方法

（一）农药标签识别和说明书阅读

（1）农药名称：包含农药有效成分及含量、名称、剂型等。农药名称通常有两种：一种是中（英）文通用名称，中文通用名称按照国家标准《农药中文通用名称》（GB 4839—2009）规定的名称，英文通用名称引用国际标准组织（ISO）推荐的名称；另一种为商品名，经国家批准即可使用，不同生产厂家有效成分相同的农药，即通用名称相同的农药，其商品名可以不同。

（2）农药三证：农药登记证、生产许可证和产品标准证。国家批准生产的农药必须三证齐全，缺一不可。

（3）净重或净容量：农药的净重量或净体积。

（4）使用说明：按照国家批准的作物和防治对象简述使用时期、用药量或稀释倍数、使用方法及限用浓度；等等。

（5）注意事项：包括中毒症状和急救治疗措施；安全间隔期，即最后一次施药距收获时的天数；储藏运输的特殊要求；对天敌和环境的影响；等等。

（6）质量保证期：不同厂家的农药质量保证期标注方法有所差异。有的注明生产日期和质量保证期，有的注明产品批号和有效日期，有的注明产品批号和失效日期。一般农药的质量保证期是2~3年，应在质量保证期内使用，以保证作物的安全和防治效果。

（7）农药毒性与标志：农药的毒性不同，其标志也有所差别，使用时要注意鉴别。

（8）农药种类标识色带：农药标签下部有一条与底边平行的标识色带，用以表明农药的类别。其中，红色带表示杀虫剂、杀螨剂或杀软体动物剂，黑色带表示杀菌剂或杀线虫剂，绿色带表示除草剂。

（9）可追溯电子信息码：应以二维码等形式标注，能够扫描识别农药名称、农药登记证持有人名称等信息。可追溯电子信息码不得含有违反《农药标签和说明书管理办法》规定的文字、符号、图形。

（二）农药理化性状的鉴别与检测

（1）常用农药理化性状的鉴别：辨识粉剂、可湿性粉剂、乳油、颗粒剂、水剂、烟雾剂、悬浮剂等剂型在颜色、形态等物理外观上的差异。

（2）粉剂与可湿性粉剂质量的简易鉴别：取少量药粉轻轻撒在水面上，长期浮在水面上的为粉剂；在1min内粉粒吸湿下沉，搅动时可产生大量泡沫的为可湿性粉剂。另取少量可湿性粉剂倒入盛有200mL水的量筒内，轻轻搅动后放置30min，观察药液的悬浮情况：沉淀越少，药粉质量越高；如有约3/4的粉剂颗粒沉淀，表示可湿性粉剂的质量较差。在上述药液中加入0.2~0.5g合成洗衣粉，充分搅拌，比较观察药液的悬浮性是否改善。

（3）乳油质量简易测定：将2~3滴乳油滴入盛有清水的试管中，轻轻振荡，观察油水融合是否良好，稀释液中有无油层漂浮或沉淀。稀释后油水融合良好，呈半透明或乳白色稳定的乳状液,表明乳油的乳化性能好;若出现少许油层,表明乳化性尚可;若出现大量油层、乳油被破坏,则不能使用。

五、实训成果

(1) 将常用农药的理化性状及防治对象填入表6-9。

表6-9　常用农药理化性状及防治对象表

药剂名称	中(英)文通用名	剂型	有效成分含量	颜色	气味	毒性	主要防治对象

(2) 测定1~2种可湿性粉剂及乳油的悬浮性和乳化性,并记录其结果。

六、职业能力测试

(1) 有效成分相同的农药是否具有相同的特性和防治效果?

(2) 农药剂型中的哪种剂型最环保?为什么?

(3) 园林植物农药使用时有哪些注意事项?

项目七 园林植物病虫草害防治技术的选择与应用

目标任务

知识目标：结合国家“生态文明建设”的战略，了解杂草防治与生态保护的辩证关系；理解“预防为主，综合防治”的植保方针及其生态学意义；掌握综合防治方案的制订原则及关键技术组合逻辑。

能力目标：能构建基于综合防治理念的防治决策流程图；能设计园林技术防治方案；能优化防治技术。

素质目标：树立系统防控思维；培养科学批判精神；奠定持续学习能力。

思政目标：结合我国科学家在杂草生物防治领域的突破，弘扬科学家精神，鼓励学生探索绿色防治技术；通过实际操作，体验劳动价值，培养吃苦耐劳的品质。

任务1 熟悉综合防治基本知识

项目七
彩色图片

目标要求

通过对综合防治基本概念、综合防治原则和类型的学习，能掌握综合防治的基本知识，在今后园林植物病虫草害防治中加以运用。坚持“绿水青山就是金山银山”的理念，坚持山水林田湖草沙一体化保护和系统治理，全方位、全地域、全过程加强生态环境保护。

工作准备

提前给学习者布置任务学习内容，要求学习者提前查阅资料并学习教材上相关内容，以便于课堂上分组讨论。

任务实施

一、分组讨论

根据提前查阅的资料和教材上的相关内容展开讨论。

二、总结与归纳

园林植物病虫害的防治方法很多，但每种方法均有优缺点，单单靠某一种方法往往不能达到目的，因此人们提出了“有害生物综合治理”（Integrated Pest Management，简称IPM）防治策略，作为一种控制植物有害生物的管理方法。以有害生物综合治理为核心，实现对园林植物病虫害的可持续控制，是对园林植物病虫害防治原理的概括。

（一）IPM的概念

有害生物综合治理（IPM），也称为有害生物综合防治，简称综合防治。1967年，联合国粮农组织（FAO）在罗马召开的第一届有害生物综合治理专家小组会议对IPM定义如下：一个有害生物管理体系，它依据相关环境和有害生物种群动态，尽可能协调一致地采用所有适当的技术和方法，将有害生物的种群控制在可造成经济损失的水平之下。1986年11月，我国将IPM定义如下：对有害生物进行科学管理的一种体系，它从农业生态系总体出发，根据有害生物与环境之间的相互联系，充分发挥自然控制因素的作用，因地制宜地协调应用必要的措施，将有害生物控制在经济受害允许水平之下，以获得最佳的经济、生态和社会效益的综合措施。

有害生物综合治理是一种方案，它能控制病虫草害的发生，避免不同防治措施之间相互矛盾，尽量发挥其有机协调作用，是保持经济允许水平之下的防治体系。在园林植物保护方面，有害生物综合治理充分体现了环境保护观点、社会学观点和经济学观点，实现了生态效益、社会效益和经济效益的和谐统一。

（二）IPM的原则

1. 生态原则

园林植物、病虫、天敌三者之间有的相互依存，有的相互制约。当它们共同生活在一个环境中时，它们的发生、消长、生存又与这个环境的状态关系极为密切。这些生物与环境共同构成一个生态系统。综合治理就是在育苗、移栽和养护管理过程中，通过有针对性地调节和控制生态系统中的某些组成部分，以创造一个有利于植物及其病虫天敌生存，而不利于病虫滋生和发展的环境条件，从而预防或减少病虫的发生与危害。

2. 安全原则

根据园林生态系统中各组成部分的运动规律和彼此之间的相互关系，既针对不同对象，又考虑整个生态系统当时和以后的影响，灵活、协调地选用一种或几种适合园林实际条件的有效技术和方法，如园林管理技术、病虫天敌的保护和利用、物理机械防治、化学防治等措施，对不同的病虫害采取不同的防治对策。几项措施取长补短，相互辅佐，并注意实施的时间和方法，以达到最好的防治效果。同时将对生态系统内外产生的副作用降到最低限度，既控制了病虫危害，又保护了人、天敌和植物的安全。

3. 环保原则

从恢复和促进生态平衡，有利于自然控制角度出发，园林植物病虫害综合治理并不排除化学农药的使用，而是要求从病虫、植物、天敌、环境之间的自然关系出发，科学地选择及合理地使用农药，在城市园林中应特别注意选择高效、无毒或低毒、污染轻、有选择性的农药（如苏云金杆菌乳剂、灭幼脲等），防止对人畜造成毒害，减少对环境的污染，充分保护和利用天敌，逐步加强自然控制的各个因素，不断增强自然控制力。

4. 效益原则

防治病虫的目的是控制病虫的危害,使其危害程度低到不足以造成经济损失。因而经济允许水平(经济阈值)是综合治理的一个重要概念。人们必须研究病虫的数量发展到何种程度,才采取防治措施,以阻止病虫达到造成经济损失的程度,这就是防治指标。病虫危害程度低于防治指标可不防治;否则必须掌握有利时机,及时防治。在以城镇街道、公园绿地、厂矿及企事业单位的园林绿化为主体时,上述经济观点则不完全适用,因为园林绿化是以生态环境效益及绿化观赏效益为目的,而不是以经济效益为目的的。

(三) IPM 的类型

1. 单病虫的一元综合防治

单病虫的一元综合防治指以一种主要病虫害为对象进行综合防治,如对月季黑斑病的综合治理措施和对天牛的综合治理措施。

2. 单植物多病虫的多元综合防治

单植物多病虫的多元综合防治指以一种作物所发生的主要病虫害为对象进行综合防治,如对菊花病虫害的综合治理措施和对高羊茅草坪病虫害的综合治理措施。

3. 多植物多病虫的区域性复杂多元综合防治

多植物多病虫的区域性复杂多元综合防治指以整个地块或区域为对象,综合考虑不同植物上的各种生物因素,制订综合防治措施。如以整个园林绿化小区或某个园林苗圃、花卉生产基地为对象,研究其主要植物种类主要病虫害的综合治理措施。

学习成果

绘制 IPM 策略图,用于成果展示。

任务评价

任课教师当堂发放任务评价单,由学习者当堂完成组间评价和组内评价后,收回任务评价单。任课教师可以当堂给出教师评价分,也可以在任务学习者将当堂任务学习成果提交给任课教师后,课后给出教师评价分。学习者可以在课后规定时间内继续提交第二课堂自主学习成果。任课教师根据学习者任务完成情况,按照教师评价分占 50%、组间评价分占 30%、组内评价分占 20%进行加权计算,最终形成每个学习者的任务完成评价成绩。成绩可以当堂反馈,也可以在下一次课堂上反馈。

职业能力测试

(1) 综合防治的原则是什么?

(2) 综合防治的类型有哪几种?

【任务小结】

本任务主要传授和训练有害生物综合治理的知识和技能。

【讨论与提高】

什么是 IPM? 其与生态环境保护的关系如何?

【考证提示】

本任务涉及园林植物保护工、花卉工、绿化工等工种的考核,涉及考证的内容主要为综合防治相关知识,应牢固掌握,为防治奠定基础。

任务2 防治技术的选择与应用

子任务1 植物检疫

目标要求

通过对植物检疫知识的学习,熟悉植物检疫的步骤和方法,熟悉常见的园林植物检疫对象,了解植物检疫概念。通过导入国际贸易中植物检疫的经典案例,增强学生的法律意识,争做懂法守法的高素质公民。

工作准备

提前给学习者布置任务学习内容,要求学习者提前查阅资料并学习教材内容,收集植物检疫性病、虫、草害的发生案例,以便于课堂上分组讨论。

任务实施

一、分组讨论

根据提前查阅的资料和教材上的相关内容展开讨论,将收集的植物检疫性病、虫、草害发生案例制作成PPT进行分组交流。

二、总结与归纳

植物检疫是伴随着植物引种而来的。随着区域间植物种质资源引种或交换日益增多,一些在本区域不存在的病、虫、杂草等有害生物可能随植物材料的引入而被传入,一旦蔓延,将给整个生态造成无穷祸害。

(一)植物检疫的概念

植物检疫又称为法规防治,其狭义解释仅指为防止危险性病虫草的人为传播而进行的隔离检查,但现在人们普遍认为植物检疫是指一个国家或地区政府为了防止危险性有害生物随植物及其产品的人为引入和传播,以法律手段和行政措施强制实施的预防性的植物保护措施。植物检疫涉及法律规范、行政管理、国际贸易、检测与检验技术等许多方面,是一项特殊形式的植物保护措施。植物检疫的基本属性是强制性、预防性和法规性。

1. 检疫法律法规

检疫法律法规是国家各级各类权力机关在其职权范围内制定的有关动植物检疫的各种规范性文件的总称。我国植物检疫法律法规主要有以下类型:

（1）法律：1991年10月30日全国人民代表大会常务委员会制定发布的《中华人民共和国进出境动植物检疫法》(2009年进行了修正)。本法系统地规定了我国进出境动植物检疫的目的、任务、检疫范围、检疫要求、动植物检疫机关设置以及法律责任等。

（2）行政法规：2017年10月7日经国务院修改后重新发布的《植物检疫条例》;2011年1月25日经国家林业局修改后重新发布的《植物检疫条例实施细则(林业部分)》;2007年11月8日经农业部修改后重新发布的《植物检疫条例实施细则(农业部分)》;1996年12月2日国务院发布的《中华人民共和国进出境动植物检疫法实施条例》。

（3）地方法规和规章：各省、自治区、直辖市人大或政府制定发布的植物检疫法规和规章。

上述植物检疫法律、法规、规章保障植物检疫机构依法行政,履行检疫职责,同时为人民法院审理植物检疫行政诉讼案件提供了依据和参照。

2. 检疫机构

《植物检疫条例》第三条第一款规定：县级以上地方各级农业主管部门、林业主管部门所属的植物检疫机构,负责执行国家的植物检疫任务。目前我国的植物检疫机构分为内地植物检疫和口岸植物检疫两个部分。

内地植物检疫是依据国务院颁布的《植物检疫条例》,由国务院农业主管部门即农业农村部主管部门主管全国农业植物检疫工作,各省、自治区、直辖市农业主管部门主管本地区的农业植物检疫工作。农业农村部所属的植物检疫机构和县级以上地方各级农业主管部门所属的植物检疫机构负责执行农业植物检疫任务。国家林业和草原局以及各级地方林业主管部门主管全国和地方森林植物检疫工作。植物检疫机构由《植物检疫条例》授权,独立行使行政执法权,其主要任务是对检疫性有害生物、应施检疫的植物和植物产品以及相对人实施检疫管理,组织根除检疫性有害生物或控制其传播蔓延。

口岸植物检疫是依据《中华人民共和国进出境动植物检疫法》和《中华人民共和国进出境动植物检疫法实施条例》,由国家出入境检验检疫局统一管理,在各口岸设立检验检疫机构执行检疫,其主要任务是在对外开放的港口、码头、机场等场所,对进出境植物和植物产品实施检疫,阻止国外检疫性有害生物的传入;对国内输出的植物和植物产品实施检疫,防止检疫性有害生物的传出。我国进出口检疫由国务院设立的国家动植物检疫机关(国家)统一管理。

（二）园林植物检疫对象

园林植物检疫对象是指国家有关园林植物检疫部门根据一定时期国际、国内病、虫、杂草发生分布情况和本国、本地区的实际需要,经科学审定,并明文规定要采取检疫措施禁止传播蔓延的某些园林植物病、虫、杂草。园林植物检疫对象是由检疫法律法规所明确规定的有害生物种类。园林植物检疫对象的确定原则是：

（1）在本国或本地区尚未发生或虽发生但分布不广。

（2）在本国或传播地区严重危害园林植物的生长和观赏价值,而且防治困难。

（3）必须是人为传播的,即可随植物材料、种苗、所附泥土、包装物等传播。

植物检疫分为对内植物检疫和对外植物检疫。对内植物检疫是由检疫机构根据国家颁布的国内植物检疫对象,将在国内发生危险性病、虫、杂草的局部地区划为疫区,不但严格禁止从疫区输出带危险性病、虫、杂草的植物及其产品,还在疫区中对检疫对象采取有效措施积极进行防治。对外植物检疫是国家在对外港口、国际机场、保税区及国际交通要道设立检疫机构,对进出口的植物及其产品实施检疫处理,防止国外危险性病、虫、杂草的输入,同时也防止国内某些危险性病、虫、杂草的输出。

(三)植物检疫的步骤与方法

1. 国内检疫的步骤

(1)报检:调运或邮寄种苗及其他应受检的植物产品时,应向调出地相关检疫机构报检。

(2)检验:检疫机构人员对所报检的植物产品要进行严格的检验。到达现场后凭肉眼和放大镜对产品进行外部检查,并抽取一定数量的产品进行详细检查,必要时可进行显微镜检及诱发试验等。

(3)检疫处理:经检验,如发现检疫对象,应按照规定在检疫机构监督下进行处理。其一般方法有:禁止调运、就地销毁、消毒处理、限制使用地点等。

(4)签发证书:经检验后,如不带有检疫对象,则检疫机构发给国内植物检疫证书放行;如发现检疫对象,经处理合格后,仍可发证放行;无法进行消毒处理的,应停止调运。

2. 出入境检疫的步骤

(1)交检证件:需交检的证件包括检疫证书、贸易合同、检疫物进出境单据以及种子、种苗和其他繁殖材料的有效检疫审批单。

(2)填写进境/出境"动植物检疫报检单":现在报检单上所有项目都已编成代码,以便微机处理。报检单的内容必须与实际相符,否则要受到行政处罚。

(3)核对、登记、编号:口岸检疫人员对报检单进行核对,确定无误后登记、编号,等待现场检疫和隔离检疫。

3. 检疫方法

(1)产地检疫。

产地检疫是实施植物检疫的基础,其主要任务是根据输入国检疫要求、检疫实际需要以及检疫物供需单位、个人要求,到入境或出境检疫物的产地进行检疫。产地检疫时依据进出境检疫物种类,应检病、虫、杂草的生物学特性,选择一种或几种适当的方法进行检疫。检疫不合格的,暂停进口或出口。

(2)现场检疫。

现场检疫包括依法登船、登车、登机实施检疫,依法进入港口、车间、机场、邮局实施检疫,依法进入种植、加工、存放场所实施检疫,同时按《中华人民共和国进出境动植物检疫法》规定采样。现场检疫的主要任务如下:

① 查检检疫审批单、报检单、输出国家或地区检疫证书等单证,核对证物是否相符;

② 查验与检疫物有关的运行日志、货运单、贸易合同等,查询检疫物的启运时间、港口、途经国家和地区;

③ 检查外部包装、运输工具、堆放场所以及铺垫材料等是否附有检疫性病、虫、杂草;

④ 在全批检疫物中,用科学方法抽样检查是否带有危险性病、虫、杂草(对各种植物、植物产品和其他检疫物的抽查数量有明确规定,种苗类按一批总件数的5%~20%抽查);

⑤ 根据检疫需要,在全批检疫物中拣取代表样品,带回室内检查。

(3) 室内检疫。

根据进出境国的双边协定和检疫条款,对代表样品和发现的病、虫、杂草,按其生物学特性分别在室内采用一种或几种检疫方法进行检查和鉴定。

① 过筛检查筛上物和筛下物是否带有害虫、病粒、菌核、杂草;

② 对于隐蔽性害虫,可根据为害症状以及可选的籽粒、果实、枝条等,采用剖开、灯光透视、染色、比重等方法检查;

③ 对于附着性病原菌,用直接镜检、洗涤等方法检查;

④ 对于潜伏性病原菌,用分离培养、切片等方法检查;

⑤ 对于病原线虫,用漏斗分离法检查。

目前,分子生物学检测方法已被广泛应用于植物检疫,不仅大大提高了检疫效率,而且检疫结果更准确可靠。

(4) 隔离检疫。

《中华人民共和国进出境动植物检疫法》规定,输入的植物种子、苗木和其他繁殖材料,在以下 3 种情况下要进行隔离检疫:

① 某些植物危险性病、虫、杂草,特别是许多病毒病,在输入的种苗上往往表现隐症,口岸抽样检查时很难检出,而在生长发育期间容易鉴别;

② 国家公布的病、虫、杂草名录有一定的局限性,《中华人民共和国进境植物检疫性有害生物名录》中的某些病、虫、杂草虽然在国外发生不太严重,但在传入国内后,可能由于生态环境的改变有利于其发生危害,并造成重大经济损失;

③ 当引进的植物带有微量病原物时,口岸抽样检查很难发现疫情,传入后,可能大量繁殖而引起严重的流行危害。

隔离检疫需要隔离检疫场所。口岸植物检疫机关都建有植物隔离检疫苗圃。中国农业科学院品种资源研究所负责中国与国外植物种质资源交换的管理工作。该所在北京和厦门设有两个国家作物引种和检疫基地。其中,北京检疫基地设有各类检疫温室、防虫温室、综合检疫室、防虫网室及露天苗圃,并配备了土壤消毒设备,能根据作物不同来源地区及可能存在的病、虫、杂草的危险程度,满足不同层次的隔离检疫要求。

4. 检疫结果的处理

(1) 检疫放行:经检疫合格的植物、植物产品或其他检疫物,检疫机关签发检疫证书或在报关单上加盖检疫放行章,入境的还可开具"检疫放行通知单",海关依据这些单证验放。

(2) 除害处理:检疫不合格的检疫物可在隔离检疫基地进行除害处理,重新检疫合格的出证放行。除害又称无害化,是通过化学、物理或其他方法杀灭有害生物的处理方式,在检疫中应用最广泛的是熏蒸。

(3) 销毁或退回:对于除害处理后仍不合格的检疫物应销毁,应不准出入境并予以销毁。若物主不愿销毁,则将其还给物主。如必须引进该检疫物,则要转港卸货,并限制使用的范围、时间和地点。

(4) 检疫特许审批:《中华人民共和国进出境动植物检疫法》规定,如果禁止进境物属于科学研究、教学等特殊需要,而引进单位又具有符合检疫要求的防疫、监督管理措施,则检疫机关可以签发“进境植物检疫特许审批单”,同时要求上级主管部门出具证明材料,说明“特批物”的品种、产地、引种的特殊需要和使用方式。

学习成果

将植物检疫性病、虫、草害发生案例制作成 PPT。

任务评价

任课教师当堂发放任务评价单,由学习者当堂完成组间评价和组内评价后,收回任务评价单。任课教师可以当堂给出教师评价分,也可以在任务学习者将当堂任务学习成果提交给任课教师后,课后给出教师评价分。学习者可以在课后规定时间内继续提交第二课堂自主学习成果。任课教师根据学习者任务完成情况,按照教师评价分占 50%、组间评价分占 30%、组内评价分占 20%进行加权计算,最终形成每个学习者的任务完成评价成绩。成绩可以当堂反馈,也可以在下一次课堂上反馈。

职业能力测试

(1) 什么是植物检疫? 其检疫的程序如何?
(2) 园林植物检疫对象确定的原则是什么?

子任务 2 园林技术防治

目标要求

通过对园林技术防治方法的学习,熟悉园林技术防治方法,了解园林技术防治概念。增强学生对党的二十大报告中提出的“尊重人民创造、集中人民智慧”理念的理解,树立“绿色植保”理念。

工作准备

提前给学习者布置任务学习内容,请学习者提前查阅资料并学习教材内容,收集园林技术防治方法及应用案例,以便于课堂上分组讨论。

任务实施

一、分组讨论

根据提前查阅的资料和教材上的相关内容展开讨论,将收集的园林技术防治方法及应用案例制作成 PPT 进行分组交流。

二、总结与归纳

园林技术防治就是对园林植物栽培、管理、环境等各种技术环节加以适当改进,创造有利于园林植物生长发育、不利于病虫草害发生和危害的条件，从而避免病虫草害的发生或减轻危害。园林技术防治与生产过程结合得比较紧密，一般不需要额外的费用和劳力，可长期控制病虫草害，并且对环境不会产生任何污染。因此，园林技术防治是最根本的防治手段，最能体现“预防为主，综合防治”的植物保护方针，是园林植物综合防治的基础，并应贯穿于整个生产过程中。

（一）选育选用抗性品种

同种植物的不同品种对同一种病害或害虫的为害有不同程度的抵抗能力。通过选用抗病虫品种防治病虫，实质上是利用植物本身遗传上的免疫力或抵抗力来防治病虫，因此具有治本的作用。国内外经验充分证明：选育选用抗性品种是防治植物病虫草害最经济、最有效、最环保的措施。园林植物种质资源丰富，为抗性品种的培育提供了大量的被选材料。20世纪70年代我国大面积种植的大官杨，推广不久即因受光肩星天牛等蛀干害虫为害而被淘汰。这个教训说明抗病虫育种在防治工作中的重要性。目前世界上已培育出菊花、香石竹、金鱼草等花卉抗锈病的新品种，翠菊抗紫菀萎蔫病的新品种，菊花抗叶枯线虫病的新品种，草坪抗病品种，抗松疱锈病、杨树天牛、杨树溃疡病和泡桐丛枝病的优良品种或无性系等。

（二）提高园林植物养护水平

1. 加强肥水管理

合理的肥水有利于园林植物健壮生长，增强抗逆能力。在施用有机肥时，应施用充分腐熟且无异味的有机肥，以免污染环境，影响观赏，而且可以避免在未经腐熟的有机肥中经常带有的大量虫卵引起地下害虫的发生。在施用无机肥时，强调氮、磷、钾肥配合使用，以防止出现缺素症。园林植物的灌溉方法、时间、浇水量等，均影响病虫害的发生。喷灌和“滋”水等方式往往易引起叶部病害的发生，最好采用沟灌、滴灌或沿盆钵边缘浇水的方式。浇水要适量，水量过大易引起植物根部缺氧窒息，轻则植物生长不良，重则引起根部腐烂，尤其是肉质根等器官。浇水时间最好选择在晴天的上午，以便及时降低叶片表面的湿度。

2. 改善环境条件

环境条件主要指温湿度条件，使其不适宜产生病虫害。温室栽培植物要经常通风换气、降低温湿度，减轻灰霉病、霜霉病的发生。定植密度和盆花摆放密度要适宜，以利于通风透光。冬季温室温度要适宜，不能忽冷忽热。

3. 合理修剪

对园林植物合理、及时修剪，可以增强树势，使花叶并茂，减少病虫害发生。例如，对天牛、透翅蛾等钻蛀性害虫以及袋蛾、刺蛾等食叶害虫，均可采用修剪虫枝等方法进行防治；对于蚧壳虫、粉虱等害虫，则可通过修剪、整枝达到通风透光的目的，从而抑制此类害虫的为害。秋冬季节结合修枝，剪去有病枝条，可减少来年病害的初侵染源，如月季枝枯病、白粉病以及阔叶树腐烂病等。对于园圃修剪下来的枝条，应及时清除。草坪的修剪高度、次数、时间也要合理。

4. 中耕除草

中耕除草不仅可以保持地力，减少土壤水分的蒸发，促进花木健壮生长，提高抗逆能力，还可以清除许多病虫的发源地及潜伏场所。如杂草苋色藜是香石竹病毒病的中间寄主，铲除杂草可以起到减轻病害的作用。褐刺蛾、绿刺蛾、扁刺蛾、黄杨尺蛾、草履蚧等害虫的幼虫、蛹或卵生活在浅土层中，通过中耕，可使其暴露于土表，便于杀死。中耕可以改变土壤小气候，抑制病虫的发生和为害，也可直接消灭一些病虫害。中耕还是除草的重要手段，消灭田间杂草，也就随之消灭了在杂草上越冬的多种病原菌和害虫。许多病毒病的毒源可在杂草宿根中越冬，细菌、真菌病害也有不少这种情况。

5. 翻土、培土

翻土、培土结合深耕施肥，可将表土或落叶层中越冬的病菌、害虫深翻入土，使得病菌无法萌动，害虫无法孵化或羽化。公园、绿地、苗圃等场所冬季暂无花卉生长，最好深翻一次，这样便可将其深埋于地下，翌年不再发生危害。此法对于防治花卉菌核病等效果较好。对公园树坛翻耕时，要特别注意树冠下面和根颈部附近的土层，让覆土达到一定的厚度，使得病菌无法萌动，害虫无法孵化或羽化。

6. 球茎等器官的收获及收后管理

以球茎、鳞茎等器官越冬的花卉，为了保障这些器官的健康贮存，收获前应尽量少浇水，防止含水过多导致贮藏腐烂，且收获应在晴天收获；在挖掘过程中尽量减少伤口；挖掘后剔除有伤口、病虫、腐烂的球茎，并在日光下暴晒数日后收藏。贮窖预先清扫消毒，通风晾晒；入窖后要控制好温度和湿度，窖温一般控制在 5℃左右，湿度控制在 70%以下。球茎等器官最好单个装于尼龙网袋，悬挂于窖顶贮藏。

（三）清洁园林圃地

对于园圃中的病虫害残体、草坪的枯草层，应及时收集并加以处理，如深埋或烧毁。生长季节要及时摘除病虫枝叶，清除因病虫或其他原因致死的植株。操作过程中应避免人为传染，如在切花、摘心、除草时要防止工具和人手对病菌的传带。温室中带有病虫的土壤、盆钵在未处理前不可继续使用。无土栽培时，被污染的营养液要及时清除，不得继续使用。除草要及时，许多杂草是病虫害的野生寄主，增加了病虫害的侵染来源，同时杂草丛生还提高了周围环境的湿度，有利于病害的发生。

（四）科学配置园林植物

建园时，为了保证景观的美化效果，往往将许多种植物搭配种植，忽视了病虫害之间的相互传染，人为地造成了某些病虫害的发生和流行。如海棠与柏属树种、牡丹(芍药)与松属树种近距离栽植易造成海棠锈病及牡丹(芍药)锈病的大发生。因而在园林布景时，植物的配置不仅要考虑美化效果，还应考虑病虫的危害问题。

（五）合理间作、轮作

每种病虫对树木、花草都有一定的选择性和转移性，因而在进行花卉生产及苗圃育苗时，要考虑到寄主植物与害虫的食性及病菌的寄主范围，尽量避免相同食料及相同寄主范围的园林植物混栽或间作。如黑松、油松、马尾松等混栽将导致日本松干蚧严重发生；槐树与苜蓿为邻将为槐蚜提供转主寄主，导致槐树严重受害；桃、梅等与梨相距太近，有利于梨小食心虫的大量发生；多种花卉的混栽会加重病毒病的发生。

连作往往会加重园林植物病害的发生。如温室中香石竹多年连作时，会加重镰刀菌枯萎病的发生，而实行轮作可以减轻病害。轮作时间视具体病害而定，对于鸡冠花褐斑病实行 2 年以上轮作即有效，而对胞囊线虫病所需时间则较长，一般情况下要实行 3 年以上轮作。轮作是古老而有效的防病措施，轮作植物须为非寄主植物。轮作可使土壤中的病原物因找不到食物饥饿而死，从而降低病原物的数量。水旱轮作可以明显缩短轮作时间，一般水旱轮作 1 年就有效。

学习成果

将园林技术防治方法及应用案例制作成 PPT。

任务评价

任课教师当堂发放任务评价单，由学习者当堂完成组间评价和组内评价后，收回任务评价单。任课教师可以当堂给出教师评价分，也可以在任务学习者将当堂任务学习成果提交给任课教师后，课后给出教师评价分。学习者可以在课后规定时间内继续提交第二课堂自主学习成果。任课教师根据学习者任务完成情况，按照教师评价分占 50%、组间评价分占 30%、组内评价分占 20%进行加权计算，最终形成每个学习者的任务完成评价成绩。成绩可以当堂反馈，也可以在下一次课堂上反馈。

职业能力测试

如何在园林植物的日常养护中体现 IPM 的原则和方法？

子任务 3 物理防治

目标要求

通过对园林植物病虫草害的物理防治技术的学习，熟悉物理防治技术方法及其优缺点，了解物理防治概念。增强学生对“坚持古为今用、推陈出新”理念的理解，树立科技自强自立的信念，树立“绿色植保”理念。

工作准备

提前给学习者布置任务学习内容，请学习者提前查阅资料并学习教材内容，收集物理防治技术方法及应用案例，以便于课堂上分组讨论。

任务实施

一、分组讨论

根据提前查阅的资料和教材上的相关内容展开讨论，将收集的物理防治技术方法及应用案例制作成 PPT 进行分组交流。

二、总结与归纳

物理防治是利用各种器械设备、工具和各种物理因子来控制有害生物的方法。常用的方法有人工和简单器械捕杀法、诱杀法、阻隔法、汰除法、热处理法等，这些方法具有简单方便、经济有效、不与其他防治技术发生冲突、不污染环境的优点。但有些方法较原始,效率低,只能作为辅助措施或应急手段。近代物理学的发展及其在园林植保上的应用,开辟了物理防治技术广阔的前途。

(一) 捕杀法

利用人工或各种简单的器械捕捉或直接消灭害虫的方法称为捕杀法。人工捕杀适用于具有假死性、群集性特征或其他目标明显而易于捕捉的害虫。一般当害虫发生面积不大或其他措施不适用时,人工捕杀很有效,特别是在劳动力充足的条件下更易实施。此法的优点是环保,不伤害天敌;缺点是工效低,费工多。如利用金龟子的假死性,在其成虫盛发期,晃动树枝,金龟子掉落后加以捕杀;人工刮除树枝上的介壳虫以及树裂缝中越冬的棉蚜、红蜘蛛、木虱等。

(二) 诱杀法

利用害虫的趋光、趋化性,人为设置器械或诱物来诱杀害虫的方法称为诱杀法。利用此法还可以预测害虫的发生动态。常见的诱杀法有:

1. 灯光诱杀

利用害虫对灯光的趋性,人为设置灯光来诱杀害虫的方法称为灯光诱杀。目前生产上所用的光源主要是黑光灯,此外还有高压汞灯、频振式杀虫灯、白炽灯等。

2. 黄板诱杀

利用蚜虫对黄色的趋光性,在 30cm×30cm 的夹板上正反两面刷上黄漆,干后在板上刷一层机油,将黄色粘胶板设置于花卉栽培区域,可诱粘到大量有翅蚜、白粉虱、斑潜蝇等害虫,其中以在温室保护地内使用时效果较好。一般黄板要高于植株 30cm 放置。

3. 潜所诱杀

利用害虫在某一时期喜欢某一特殊环境的习性,人为设置类似的环境来诱杀害虫的方法称为潜所诱杀。如在树干基部绑扎草把或麻布片,可引诱某些蛾类幼虫前来越冬,然后集中杀灭;在苗圃内堆集新鲜杂草,能诱集地老虎幼虫潜伏草下,然后集中杀灭。

4. 食料诱杀

食料诱杀是一种利用害虫的趋化性,在害虫喜欢的食物中掺入适量毒剂来诱杀害虫的方法。如蝼蛄喜食牛粪、半熟的谷粒、炒香的菜饼,因此可用牛粪毒饵、毒谷、菜饼毒饵诱杀;小地老虎成虫喜食花蜜或发酵物,故可以用糖醋毒液或发酵物诱杀。

5. 性诱剂诱杀

用 50~60 目防虫网制成一个高 10cm、直径 3cm 的圆柱形笼子,每个笼子里放两头未交配的雌蛾(可以先采集雌蛹放在笼里,羽化后待用),把笼子吊在水盆上,水盆内盛水并加入少许煤油,在黄昏后放于田中,一个晚上可诱杀数百上千头雄蛾。

6. 饵木诱杀

许多蛀干害虫,如天牛、小蠹虫等喜欢在新伐倒木上产卵繁殖,因而可在这些害虫的繁殖期,人为地放置一些木段供其产卵,待卵全部孵化后进行剥皮处理,消灭其中的害虫。如在山东泰山岱庙内,人们用此法引诱大量双条杉天牛到人为设置的柏树木段上产卵,据调查,每 1m 木段上可诱虫 100 余头。

(三) 阻隔法

阻隔法也叫障碍物法,是指人为设置各种障碍,以切断病虫害的侵害途径。在园林植物保护中使用的阻隔法通常主要用以下几种：

1. 涂毒环或胶环

一般而言，对有上下树习性的幼虫可在树干上涂毒环或胶环，阻隔和触杀幼虫。该法多用于树木的胸高处，一般涂 2~3 个环。胶环的配方通常有两种：① 蓖麻油 10 份、松香 10 份、硬脂酸 1 份；② 豆油 5 份、松香 10 份、黄醋 1 份。

2. 纱网阻隔

对于温室保护地内栽培的花卉植物，可采用 40~60 目的纱网覆罩，不但可以隔绝蚜虫、粉虱、叶蝉、蓟马等害虫的为害，而且可以有效地减轻病毒病的发生。

3. 挖障碍沟

对于无迁飞能力只能爬行为害的害虫，可在未受害植物周围挖沟，待害虫坠入沟中后予以集中杀灭。所挖沟的规格一般为宽 30cm、深 40cm，两壁光滑垂直。

4. 设置障碍物

利用害虫在不同场所越冬或产卵的习性，可在树干基部设置障碍物阻止幼虫下树越冬或上树产卵。如在树干上绑塑料布或在树干基部培土堆，制成光滑的陡面。山东枣区总结出人工防治枣尺蠖的经验："尺蠖防治五步法"，即"一涂、二挖、三绑、四撒、五堆"，可有效地控制枣尺蠖上树。

（四）汰除法

利用健全种子与被害种子大小、比重上的差异进行器械或液相分离，可汰除带有病虫的种子。常用的汰除法有手选、筛选、盐水选等。如汰除大豆菟丝子种子，一般采用筛选法；汰除小麦线虫病的虫瘿、油菜菌核病的菌核，常用盐水选种法。

（五）热处理法

任何生物（包括植物病原物、害虫）对温度都有一定的忍耐性，超过限度时生物就会死亡。一般害虫和植物病原物对高温的忍受力都较差，因此，可利用生物的这一特性，通过提高温度来杀死病原物和害虫，这一方法称为热处理法。

1. 温烫浸种

温烫浸种是防止种子、苗木、接穗以及其他无性繁殖材料带菌的有效方法，温烫浸种的温度高低、时间长短应根据不同的处理对象选定。若大量浸种，则一定要进行处理前的浸种试验，以确定浸种的温度和时间。浸种后要把种子晾干后方可播种。温烫浸种时，一般先把种子放在较低温度的水中（15℃~25℃）浸泡 4~6h，使种子内部的病原物从休眠状态进入活动状态，然后再将种子移到较高温度的热水中（50℃~55℃）。

2. 土壤的热处理

土壤的热处理在温室及苗床中经常使用，主要采用烧土、烘土、晒土等方法对土壤进行消毒、灭菌，减少土传病害的发生。

学习成果

将物理防治技术方法及应用案例制作成 PPT。

任务评价

任课教师当堂发放任务评价单,由学习者当堂完成组间评价和组内评价后,收回任务评价单。任课教师可以当堂给出教师评价分,也可以在任务学习者将当堂任务学习成果提交给任课教师后,课后给出教师评价分。学习者可以在课后规定时间内继续提交第二课堂自主学习成果。任课教师根据学习者任务完成情况,按照教师评价分占50%、组间评价分占30%、组内评价分占20%进行加权计算,最终形成每个学习者的任务完成评价成绩。成绩可以当堂反馈,也可以在下一次课堂上反馈。

职业能力测试

(1) 简述诱杀法常用的种类及防治对象。
(2) 简述阻隔法常用的种类及防治对象。
(3) 简述热处理法的具体使用方法。

子任务4　化学防治

目标要求

通过对园林植物病虫草害的化学防治技术的学习,熟悉化学防治技术方法及其优缺点,了解化学防治概念。增强学生对"坚持精准治污、科学治污"理念的深刻理解。结合我国社会主要矛盾转变的实际,瞄准人们对美好生活的向往,理解党的二十大报告中提出的"质量强国"理念。

工作准备

提前给学习者布置任务学习内容,请学习者提前查阅资料并学习教材内容,收集化学防治技术方法及应用案例,以便于课堂上分组讨论。

任务实施

一、分组讨论

根据提前查阅的资料和学习教材上相关内容进行讨论,将收集的化学防治技术方法及应用案例制作成PPT进行分组交流。

二、总结与归纳

(一) 化学防治的概念

化学防治是指用各种化学药剂来控制危害园林植物有害生物种群数量的一种防治方法。

(二) 化学防治的发展

化学防治的发展历程,是一部从粗放走向精准、从高毒转向绿色的科技进化史。

19 世纪至 20 世纪中期：化学防治从硫黄、波尔多液等无机农药起步。20 世纪 40 年代，合成农药迎来爆发式发展，DDT 等有机氯农药因其广谱高效性成为农业增产的重要工具。随后出现的有机磷和氨基甲酸酯类农药进一步丰富了害虫防治手段，但其高毒性风险也初步显现。

20 世纪中后期：农药滥用导致的残留超标、害虫抗性增强和生态环境破坏等问题日益突出。特别是《寂静的春天》的出版，为人类敲响了环境警钟。这一时期，全球开始建立严格的农药管理法规体系，研发方向转向"高效、低毒、低残留"的新型农药，更加注重环境安全性。

21 世纪以来：现代农药研发呈现出环境友好与靶向精准两大特征。新型杀虫剂（如新烟碱类）对哺乳动物的安全性显著提高；生物农药（如 Bt 制剂、植物源农药）应用范围不断扩大；农药剂型（如微胶囊剂、水分散粒剂）和精准施药技术（如无人机施药、变量喷雾技术）的创新发展，显著提升了农药使用效率，同时降低了用量与环境风险。

未来发展方向：前沿技术（如 RNA 农药、纳米农药）将与信息技术深度融合，持续推动化学防治向智能化、可持续化方向发展。（以国家绿色发展需求为导向的教学实践，有助于学生深化对"绿水青山就是金山银山"理念的理解。）

（三）化学防治的优缺点

化学防治具有快速高效、使用方法简单、不受地域限制、便于大面积机械化操作等优点，但也具有容易引起人畜中毒、污染环境、杀伤天敌、引起次要害虫再猖獗、长期使用同一种农药可使某些害虫产生不同程度的抗药性等缺点。当病虫害大发生时，化学防治可能是唯一有效的方法。在今后相当长的一段时间内，化学防治仍将占重要地位。针对化学防治的缺点，可通过发展选择性强、高效、低毒、低残留的农药以及通过改变施药方式、减少用药次数等措施逐步加以解决；同时，还要与其他防治方法相结合，扬长避短，充分发挥化学防治的优越性，减少其毒副作用。

学习成果

将化学防治技术方法及应用案例制作成 PPT。

任务评价

任课教师当堂发放任务评价单，由学习者当堂完成组间评价和组内评价后，收回任务评价单。任课教师可以当堂给出教师评价分，也可以在任务学习者将当堂任务学习成果提交给任课教师后，课后给出教师评价分。学习者可以在课后规定时间内继续提交第二课堂自主学习成果。任课教师根据学习者任务完成情况，按照教师评价分占 50%、组间评价分占 30%、组内评价分占 20%进行加权计算，最终形成每个学习者的任务完成评价成绩。成绩可以当堂反馈，也可以在下一次课堂上反馈。

职业能力测试

什么是化学防治？其优缺点是什么？

子任务5　生物防治

目标要求

通过对园林植物病虫草害的生物防治技术的学习,熟悉生物防治技术方法及其优缺点,了解生物防治概念。理解党的二十大报告中提出的“加快实现高水平科技自立自强”的意义,致力于促进生物技术发展。

工作准备

提前给学习者布置任务学习内容,请学习者提前查阅资料并学习教材内容,收集生物防治技术方法及应用案例,以便于课堂上分组讨论。

任务实施

一、分组讨论

根据提前查阅的资料和教材上的相关内容展开讨论,将收集的生物防治技术方法及应用案例制作成PPT进行分组交流。

二、总结与归纳

(一) 生物防治的概念

生物防治就是利用生物及其代谢产物来防治病虫草害的方法,可分为以虫治虫、以菌治虫、以鸟治虫、以蛛螨治虫、以激素治虫、以菌治病、以虫除草、以菌除草等。从生态园林和可持续发展的角度来看,生物防治是实施持续园林植物保护最理想的方法。

(二) 生物防治的优缺点

生物防治具有范围广、自然资源丰富、可就地取材并应用的特点。它能参与生态环境的调控,对环境友好,有利于保持生态平衡,对人畜安全,且病虫草害不易产生抗性,抑制期长,从而使园林植物生长的环境保持良性循环,具有连续、持久控制病虫草害的作用。生物防治的不足是成本高,见效慢,局限性强,技术要求高;当病虫草害大暴发时,还需辅助以其他防治方法;有益生物的培养和利用操作较为复杂,防治对象单一,作用范围较窄。

(三) 天敌的种类及应用

1. 常见天敌昆虫的种类与应用

(1) 常见天敌昆虫的种类。

天敌昆虫作为一种特殊的资源愈来愈受到人们的重视。按照天敌昆虫的取食方式可将其分为捕食性天敌昆虫和寄生性天敌昆虫。

① 捕食性天敌昆虫:通过取食直接杀死害虫,这类昆虫用它们的咀嚼式口器直接蚕食虫体的一部分或全部。目前大部分捕食性天敌昆虫分属于18个目、近200个科,如螳螂、澳洲瓢虫、草蛉、猎蝽、食蚜蝇等。

② 寄生性天敌昆虫:不直接杀死害虫,而是在某个时期或终身寄生在其他昆虫的体内

或体外，以其体液和组织为食，害虫不会马上死亡，当天敌昆虫长大后，害虫才慢慢死亡。寄生性天敌昆虫主要分属于 5 个目、97 个科，多数种类属膜翅目、双翅目，如被广泛利用的寄生蜂和寄生蝇。这类昆虫个体一般较寄主小，在寄主上可育出 1 个或多个个体，如姬蜂、小茧蜂、蚜茧蜂、土蜂、肿腿蜂、黑卵蜂及小蜂类和寄蝇类。

（2）常见天敌昆虫的应用。

① 以虫治虫：利用天敌昆虫来防治害虫的一种方法。目前，该方法在园林植物上应用较广的有：用松毛虫赤眼蜂防治棉褐带卷蛾、梨小食心虫等，用管氏肿腿蜂防治天牛，用中华草蛉防治叶螨，用日光蜂防治苹果棉蚜等。总之，以虫治虫首先要提高当地天敌对害虫的自然控制作用。因此，要注意保护害虫的自然天敌，尽量创造有利于害虫天敌生存的条件；有时还要采取人工大量饲养繁殖和释放害虫天敌来增加天敌的数量，以便抑制害虫的发生和为害。

② 以昆虫激素治虫：昆虫激素是指经人工合成或从自然界的生物源中分离或派生出来的化合物，主要来自昆虫体内分泌的激素，如昆虫的性外激素、蜕皮激素及保幼激素等。目前在我国应用较广的昆虫激素有灭幼脲Ⅰ号、Ⅱ号、Ⅲ号等，用于防治园林植物鳞翅目类害虫。

③ 以虫除草：利用专食杂草的益虫来防除杂草的一种方法。如用豚草条纹叶甲防治豚草，用水葫芦叶甲防治水葫芦。

2. 常见天敌微生物（细菌、真菌、病毒）的种类与应用

（1）常见天敌微生物的种类。

① 细菌。细菌在生物防治上目前主要应用于害虫的防治上。目前已经发现的昆虫病原细菌有 90 余种，其中最多的是芽孢杆菌属细菌。这些细菌能产生毒素，经寄主昆虫吞食后，通过消化道进入体腔并引发疾病。芽孢杆菌属最常用的为苏云金杆菌（包括松毛虫杆菌、青虫菌均为其变种）。苏云金杆菌为革兰氏阳性土壤杆菌，属于芽孢杆菌属。其菌体为短杆状，生有鞭毛，单生或形成短链。它在芽孢形成过程中产生杀虫伴胞晶体蛋白，这些蛋白具有很高的杀虫活性。在过去的几十年里，已确定数十种苏云金杆菌菌系及 130 多种它们编码的杀虫晶体蛋白。目前，克隆苏云金杆菌基因已转入植物，并在植物体内高效表达，广泛应用于农林生产。

② 真菌。可以在生物防治中应用的真菌种类很多，仅已知的昆虫病原真菌就有 750 多种。这些真菌既可以防治病害，也可以防治害虫，还可以防除杂草。在害虫防治方面，研究较多且实用价值较大的真菌主要包括虫霉属、白僵菌属、绿僵菌属及拟青霉属。在病害防治方面，较常用的真菌主要是木霉属。在杂草防治方面，目前具有生物潜能的真菌主要集中在盘苞菌属等 9 个属中。国内外已筛选出对多种杂草具有良好除草活性的真菌菌株，其中部分菌株的防治效果可与化学除草剂相媲美。

③ 病毒。病毒在生物防治中主要应用于防治害虫和病毒病害。目前应用较广的昆虫病毒有核型多角体病毒（NPV）、质型多角体病毒（CPV）、颗粒体病毒（GV）等，主要感染鳞翅目、双翅目、膜翅目、鞘翅目等幼虫。害虫通过取食带有病毒的食物、接触病虫体或其排泄物而感染。此外，可以利用植物病毒弱毒株系防治植物病毒病。病毒弱毒株是通过热处理或化学处理使病毒毒性人为减弱而获得的。未受病毒侵染的植株接种弱毒株系不表现症状，

能对侵害的强株系产生抗性,使之不表现症状或减轻状症,从而达到防治植物病毒病的目的。

(2) 常见天敌微生物的应用。

① 以菌治虫:利用昆虫病原菌微生物或其代谢产物来防治害虫的一种生物防治方法。该方法对人畜无影响,使用时安全,无残留毒性,害虫产生抗性较慢。此外,这些病原菌可用简单、价廉的方式人工培养后制成生物制剂喷洒于田间使昆虫染病而亡。目前应用广泛的有:用苏云金杆菌、白僵菌、绿僵菌等防治桃蛀果蛾和松毛虫,用阿维菌素防治鳞翅目、同翅目害虫。被细菌感染的昆虫死后体躯软化、变色,失去原形,内腔液化并带黏滞性,同时散发出臭味。常用的苏云金杆菌制剂无公害,可与其他农药混用,并且对温度要求不严,对鳞翅目幼虫防效好。真菌以其孢子或菌丝自体壁侵入昆虫体内,以虫体各种组织和体液为营养,大量繁殖,并以菌丝穿出体壁,产生孢子,随风力、水流进行再侵染。感病昆虫常出现食欲锐减等症状,且虫体萎缩,死后虫体僵硬,呈白色、绿色或黄色,体表布满菌丝和孢子。真菌在高温高湿条件下易于流行。感染病毒的昆虫表现为食欲减退、行动迟缓,腹足或臀足黏附在植株枝梢,体躯呈"一"字形或"V"字形下垂而死。病虫体色变浅或呈蓝色,皮肤脆弱易破裂,虫体变软,组织液化,胸部膨大,体壁破裂后流山白色或褐色的黏液,但无臭味,体表无丝状物。随着近代微生物学的发展,微生物产品已采用工厂化方式生产,以菌治虫在园林植物害虫防治方面具有广阔前景。

② 以菌治病:利用微生物之间的拮抗作用来防治园林植物病害的一种生物防治方法。它主要利用了某些微生物(真菌、细菌、放线菌)在新陈代谢过程中所分泌的抗生素能杀死或抑制植物病原物的特性。目前,以菌治病多用于防治土壤传播的病害。如利用 K84 细菌防治桃树根癌病,用多氧霉素防治苹果斑点落叶病,用农抗 120 防治苹果树腐烂病,用哈茨木霉防治茉莉花白绢病,用井冈霉素防治草坪褐斑病等。

③ 以菌除草:主要利用具有专寄生杂草的病原菌来防除杂草。1963 年,我国首次将真菌用于杂草的生物防除研究,利用炭疽病菌"鲁保一号"防治大豆菟丝子。1966 年以后,生物除草剂"鲁保一号"推广到全国 20 多个省、自治区、直辖市,防治效果稳定在 80%以上。

3. 其他常见天敌的种类及应用

(1) 蜘蛛和螨类治虫。

蜘蛛为肉食性动物,主要捕食昆虫,食料缺乏时也有相互残杀现象。常见的蜘蛛有草间小黑蛛、八斑球腹蛛、拟水狼蛛、三突花蟹蛛等。蜘蛛主要捕食各种飞虱、叶蝉、螨类、蚜虫、蝗蝻、蝶蛾类的卵和幼虫等。捕食螨是指捕食叶螨和植食性害虫的螨类,重要的科有植绥螨科和长须螨科。这两个科中有的种类已能人工饲养繁殖并释放于温室和田间,对防治叶螨具有良好效果。很多捕食螨是植食性螨类的重要天敌。如四川利用畸螯螨防治柑橘叶螨,广东利用植绥螨防治二斑叶螨,福建利用胡瓜钝绥螨防治叶螨。国内研究较多的是植绥螨,其种类多、分布广,可捕食许多植物上的多种害螨,并对其进行了大面积的商品化应用。

(2) 蛙类治虫。

两栖类中的青蛙、蟾蜍、雨蛙、树蛙等,主要以昆虫及其他小动物为食。它们所捕食的昆虫绝大多数为农林害虫,如蝗虫、叶蝉、飞虱、蚜虫、蝽类、蝼蛄、金龟甲、象甲、叩头虫、蚊、蝇及多种鳞翅目幼虫。

(3) 鸟类治虫。

据调查,我国现有鸟类中食虫鸟约占半数,很多鸟类一昼夜所吃的食物相当于它们自身的重量。据观察,一对啄木鸟可控制 20~30hm^2 杨树林中的光肩星天牛。猫头鹰对林鼠有明显的控制作用。在杨树人工林中利用挂人工鸟巢的方式招引大山雀、啄木鸟和灰喜鹊等益鸟,可以明显降低食叶害虫和蛀干害虫的密度。家燕能捕食蚊、蝇、蝶、蛾等害虫。目前在园林植物上应用较广的是食虫鸟类。广州白云山公园管理处从安徽定远县引进灰喜鹊驯养,用来消灭松毛虫,获得了成功。

(4) 线虫治虫。

线虫是一类寄生于昆虫体内的微小动物,属线形动物门,能随水膜运动寻找寄生昆虫。有些线虫可寄生于地下害虫和钻蛀性害虫体内,导致这些害虫死亡。被线虫寄生的害虫常表现为褪色或膨胀,生长发育迟缓,繁殖力降低,有的还会出现畸形。不同种类的线虫影响被寄生害虫的方式不同。如索线虫以幼虫直接穿透昆虫表皮进入其体内寄生一段时间,后期钻出虫体进入土壤,再发育为成虫并交尾产卵。索线虫在穿出虫体时所造成的孔洞会导致昆虫死亡。

(四) 现代生物技术的应用

与园林植物有害生物控制有关的现代生物技术主要有:

1. 转基因植物技术

利用基因工程技术,将外源基因导入体细胞,最终可得到转基因植株。1988 年,美国科学家应用基因工程方法,在杨树抗虫育种方面取得了突破性进展。他们通过基因嵌合,把马铃薯中对昆虫有抑制作用的蛋白基因通过大肠杆菌转移到杨树中,培育出了新型抗虫树种。我国育种工作者也在开展这方面的研究,目前分离纯化了控制或修饰矮牵牛、金鱼草、紫罗兰、翠菊、蔷薇、香豌豆、报春花等花色的基因及有关的酶,而且克隆了这些花卉黄酮素特异性的一些 DNA 和基因。

2. 植物组培快繁和植株脱毒技术

植物组织培养技术即把植物的细胞、组织、器官等培育成幼苗,并继续切割再次培养,繁殖出大量的幼苗。其特点是使用的植物材料少,不受季节和气候的限制,繁殖周期短,扩繁速度快等。该技术目前已广泛应用于珍稀植物和名贵花木的育苗。花卉利用茎尖组织培养,辅以化学或高温处理,可以较好地起到植株脱毒作用,有利于防止产品畸形、品质变劣等。

学习成果

将生物防治技术方法及应用案例制作成 PPT。

任务评价

任课教师当堂发放任务评价单,由学习者当堂完成组间评价和组内评价后,收回任务评价单。任课教师可以当堂给出教师评价分,也可以在任务学习者将当堂任务学习成果提交给任课教师后,课后给出教师评价分。学习者可以在课后规定时间内继续提交第二课堂自主学习成果。任课教师根据学习者任务完成情况,按照教师评价分占50%、组间评价分占30%、组内评价分占20%进行加权计算,最终形成每个学习者的任务完成评价成绩。成绩可以当堂反馈,也可以在下一次课堂上反馈。

职业能力测试

什么是生物防治?其优缺点是什么?

【任务小结】

本任务主要传授和训练植物检疫的相关内容,以及园林技术防治、物理防治、化学防治、生物防治等技术。

【讨论与提高】

(1) 园林植物有害生物防治的方法有哪些?

(2) 国家法律规定的园林植物检疫对象中哪些你比较熟悉?其寄主及危害是什么?

(3) 为什么说园林技术防治是最根本的防治方法?

(4) 在园林植物病虫草害的防治中如何体现对生态环境的保护?

(5) 化学防治在园林植物病虫草害防治中会被淘汰吗?为什么?

【考证提示】

本任务涉及园林植物保护工、花卉工、绿化工等工种的考核,涉及考证的内容主要为病虫草害的具体防治技术和方法,应牢固掌握。

项目成果展示与实战提高

(1) 布展场地准备:精心选择校园人流量较大的道路边或公共场所,准备好布展需要的展板和意见簿,以组为单位进行物理空间的软分割,按照工作小组集中摆放,形成有序的布展参观路线,让参观者既能参观到每一组的每一件展品,又不走回头路。

(2) 成果展出:把本项目各任务所完成的学习成果(如PPT等),配上说明书和文字介绍,以组为单位在公开场合进行展示,要求完成者本人必须在现场对自己的学习成果进行介绍,听取围观者的评价,并认真记录评价要点和改进意见。

(3) 实践提高:购买几盆感病的盆栽花草树木等园林植物,提供给几个参观者携带到现场。在活动现场,参观者咨询这些花草树木等园林植物的防治技术问题,由学习者利用所学知识和技能,现场回答,提高专业知识水平、职业素质和职业能力。

模块三

园林植物常见病虫草害的识别诊断与防治

项目八　园林植物苗期及地下病虫害的识别诊断与防治

目标任务

知识目标：了解园林植物苗期病害的症状及地下害虫的危害症状；理解园林植物苗期病虫害的发病规律及地下害虫的生活习性；掌握园林植物苗期病虫害防治原理与方法。

能力目标：能进行园林植物苗期病虫害的诊断分析；能进行园林植物苗期病虫害防治方案的制订与实施。

素质目标：树立绿色植保理念；培养成本与效率意识。

思政目标：坚持用唯物辩证法原理引导学生学习与思考，遵循矛盾论观点，树立“绿色植保”理念。

任务1　园林植物苗期病害的诊断与防治

项目八
彩色图片

子任务1　猝倒病的诊断与防治

目标要求

通过对猝倒病相关知识和技能的学习，能对园林植物苗期猝倒病进行正确诊断和有效防治。通过猝倒病不同病因、不同症状的学习，提升学生全面分析问题、解决问题的能力，以及精益求精、严谨细致的职业素养。

工作准备

（1）材料准备：猝倒病的新鲜标本、盒装标本、散装标本、病原切片以及照片、课件图片或挂图等。

（2）教学场地准备：猝倒病发生现场、多媒体教室。

（3）用具准备：显微镜、擦镜纸、搪瓷盘、放大镜、盖玻片、载玻片、挑针、刀片、吸水纸等。

任务实施

病害发生概述：猝倒病是世界性病害，在全国各地都有发生，是园林植物常见的病害之一。该病寄主范围很广泛，一、二年生草本花卉及木本花卉的苗木均可被侵染。针叶树中除柏科树木的幼苗比较抗病外，其他针叶树种幼苗都易感病。阔叶树中较易感病的有刺槐、槭树、海桐、紫荆、枫香等。

一、症状识别

(一) 识别与观察

仔细观察猝倒病的各类标本及发生现场，描述病害发生的病状和病征。

(二) 总结与归纳

1. 种腐和芽腐

种腐和芽腐是指种子及尚未出土的幼芽受病原菌侵染后呈现水渍状腐烂在土中。

2. 猝倒

猝倒是指幼苗出土后，嫩茎尚未木质化，病菌自茎基部侵入，受侵部呈现水渍状腐烂，幼苗迅速倒伏，此时嫩叶仍呈绿色，随后病部向两端扩展，根部相继腐烂，最后全苗干枯。这种症状也称萎倒或颈腐，通常在幼苗出土后一个月内最容易发生。

3. 立枯

立枯是指苗木木质化后，茎基部或根部受病菌侵染，皮层变色腐烂，幼苗立枯而不倒伏。这种类型也称为根腐型立枯。

二、病原识别

(一) 识别与观察

仔细观察猝倒病的病原及其切片，描述病原菌的主要特征。

(二) 总结与归纳

本病的发生原因分为侵染性和非侵染性两大类。非侵染性病原主要为土壤渍水以及根部灼伤、水土污染等环境因素。侵染性病原主要为腐霉菌(*Pythium* spp.)、丝核菌(*Rhizoctonia* spp.)和镰刀菌(*Fusarium* spp.)。

三、发生规律分析

猝倒病的病原菌主要危害不足1年生的幼苗，出土1个月内幼苗最易感病。如果环境条件适宜，加上苗木之间常较靠近，先发病的死苗又成为病原菌的营养物质，所以病害一旦发生，常可较快蔓延扩展造成流行。影响猝倒病流行的主要因素有以下几方面：

(1) 前作是茄科等感病植物，土壤中病株残体多，病原菌积累多，易使苗木发病。

(2) 圃地土壤黏重，排水不良，在雨天或土壤很潮湿时整地作床或播种，土壤易板结，不利于种子萌发和幼芽生长出土，易发病。

(3) 整地粗糙，土块大，苗床不平或苗床太低，容易积水，不利于苗木生长，也易发病。

(4) 施用没有腐熟的有机肥，肥料在腐熟时易发热烧伤种苗，这些肥料中又常混有病株残体，更有利于病原菌的蔓延和危害。

(5) 播种过迟，幼苗出土晚，出土后又遇连续阴雨天，湿度大，有利于病原菌生长，不利于苗木生长。幼嫩的苗木抗病力弱，极易受到病原菌侵染发病。播种太早，气温低，种子在土壤中时间长，又易造成种腐、芽腐。

（6）播种量过多，出苗后又未及时间苗，导致苗木过密，这样既容易使苗木发病，又容易导致病害扩展。此外，苗木过密，后期苗间湿度大，易引起苗木基部叶腐，甚至会进一步向上蔓延，导致苗木大部分叶枯或整株枯死。

（7）播种种子质量差，不仅种腐、芽腐会增多，而且由于幼苗出土不齐，不能及时揭草，揭草后苗木也较纤弱，易发病。

四、病害防治

（一）分组操作

（1）分组收集整理病害关键防治技术方法，并讨论交流。

（2）选择 1~2 种病害最佳防治技术方法进行分组实践操作。

（二）总结与归纳

根据猝倒病的发生规律，结合育苗管理，采取以栽培技术为主的综合防治技术。

1. 优选圃地

采用新垦山地或前茬抗病的圃地育苗，土壤中病原菌少，可减少发病。土壤黏重、地下水位高或排水不良的土地不宜选用。

2. 深耕细整

在多雨潮湿地区，苗床要高，床面要平整；在干旱地区苗床较低时，雨季应开沟排水。

3. 选好有机肥

基肥应施用充分腐熟的有机肥料，特别是堆肥，以减少可能带有的病原菌。未充分腐熟的有机肥料有促进土壤习居菌活动的作用。

4. 合理播种

精选种子，适量播种。播种期应适宜，以利于种子顺利发芽出土，促进苗木生长健壮，提高抗病力。

5. 做好苗期管理

及时揭草、筛土、间苗、除草松土，注意排灌和适时追肥等。

6. 药剂防治

在采用育苗技术措施的同时适当施用药剂，常可取得更好的防病作用。通常可用药土垫床或在苗期喷药。用 50%多菌灵可湿性粉剂制 1∶250 的药土垫床，或用 50%多菌灵可湿性粉剂 500~800 倍液在苗期喷洒 2~3 次，对丝核菌和镰孢菌引起的猝倒病具有良好的防治效果。（深化生态平衡和可持续发展的重要性，在防治实践中自觉优先采用环境友好型方法。）

学习成果

（1）将猝倒病发生症状用照相机或高像素手机拍摄记录，并进行整理。

（2）将猝倒病主要识别特征及关键防治技术要点填入表 8-1。

表 8-1　猝倒病主要识别特征及关键防治技术要点记录表

项目名称		记录内容
主要识别特征	1. 2. ……	
关键防治技术要点	1. 2. ……	

任务评价

任课教师当堂发放任务评价单,由学习者当堂完成组间评价和组内评价后,收回任务评价单。任课教师可以当堂给出教师评价分,也可以在任务学习者将当堂任务学习成果提交给任课教师后,课后给出教师评价分。任课教师根据学习者任务完成情况,按照教师评价分占 50%、组间评价分占 30%、组内评价分占 20%进行加权计算,最终形成每个学习者的任务完成评价成绩。成绩可以当堂反馈,也可以在下一次课堂上反馈。

职业能力测试

(1) 猝倒病的症状识别要点是什么?

(2) 导致猝倒病流行的关键环境因素是什么?

子任务 2　细菌性软腐病的诊断与防治

目标要求

通过对细菌性软腐病相关知识和技能的学习,能对园林植物细菌性软腐病进行正确诊断和有效防治。培养学生树立和践行“绿水青山就是金山银山”的生态文明与可持续发展的理念。

工作准备

(1) 材料准备:细菌性软腐病的新鲜标本、盒装标本、散装标本、病原切片以及照片、课件图片或挂图等。

(2) 教学场地准备:细菌性软腐病发生现场、多媒体教室。

(3) 用具准备:显微镜、擦镜纸、搪瓷盘、放大镜、盖玻片、载玻片、挑针、刀片、吸水纸等。

任务实施

病害发生概述:细菌性软腐病广泛分布于我国华东、华中、华北、东北、西北等地,在华东地区发生较为严重，是园林植物常见病害之一，可以危害马蹄莲、鸢尾、君子兰、郁金香、仙客来、风信子、百合、火炬花、大丽花、唐菖蒲、花叶万年青、秋海棠、紫罗兰、龟背竹、水仙、蝴蝶兰、菊花、仙人掌等多种园林观赏植物的小苗、成株和储藏期的种球，主要造成根、茎基部和种球的腐烂。该病病斑面积大，叶基部发病时全叶腐烂，假鳞茎发病导致全株腐烂死亡，经济损失严重，火炬花和马蹄莲小苗的发病率达50%左右。

一、症状识别

（一）识别与观察

仔细观察细菌性软腐病的各类标本及发生现场，描述病害发生的病状和病征。

（二）总结与归纳

鸢尾发病时，初期感病植株叶片先端出现黄绿色水渍状透光条纹，湿度大时病斑边缘伤口处有菌溢流出，之后逐渐黄化、干枯。感病植株根茎部产生水渍状褐色不规则状软腐，病健组织界限分明，病叶容易拔出地面。球茎组织感病发生糊状腐败，初为灰白色，后呈灰褐色，有时留下一完整的外皮。腐败的球茎或根状茎具有恶臭气味，这种恶臭是诊断此病的重要依据。

马蹄莲发病时，全株各部位组织都能受害形成软腐。最初在受害部位出现水渍状坏死，病部很快扩大，病组织开始软化、变色、凹陷或起皮。病斑边缘初有明显界限，随着病情的发展，界限逐渐模糊不清，最后软腐。叶片被害时，出现水渍状不规则病斑，并向四周扩大，导致叶片腐烂。地上部茎和叶片腐烂可造成植株倒伏。当地下块根受害时，叶片出现系统性黄化，随着病情的发展，最后整株死亡。受害块根的外表可能完整，但内部已经腐烂分解成不透明或奶油色的浑浊黏稠状液体。马蹄莲感染软腐病时，若没有另一种腐生细菌的侵入，则没有恶臭味。

君子兰发病时，其主要受害部位是假鳞茎及叶片。其上先出现水渍状小斑点，之后逐渐扩大形成淡褐色的病斑。病斑扩大很快，蔓延到整个假鳞茎及叶片，导致组织腐烂解体呈软腐状，最终造成烂头，并有微酸味。

二、病原识别

（一）识别与观察

仔细观察细菌性软腐病的病原及其切片，描述病原菌的主要特征。

（二）总结与归纳

该病的病原菌有胡萝卜软腐欧文氏菌胡萝卜致病变种［*Erwinia carotovora* pv. *carotovora*（Jones）Bergey］、海芋欧文氏菌［*E. aroideae*（Townsend）Holl.］、菊欧文氏菌（*E. chrysanthemi* Burknoldoer Mcfadden et Dimock.）和软腐欧文氏菌黑茎病变种［*E. carotovora* var. *atroseptica*（Hellmers et Dowson）Dye］等多种，均为欧文氏菌属，主要为胡萝卜软腐欧文氏菌胡萝卜致病变种。革兰氏染色反应阴性，菌体短杆状，大小为（1.5~3.0）μm×（0.6~0.9）μm，单生或链生，周生鞭毛2~6根，无荚膜，兼性厌氧菌，生长最适温度25℃~28℃，超过50℃时无法存活。

三、发生规律分析

病原菌可依赖寄主植物或病残体在土壤中存活几年，在土壤中和病残体上越冬。它们借雨水、灌溉水和昆虫传播，也可以通过病叶与健叶的相互接触或使用受污染的操作工具等传播,种球带菌时可作远距离传播。病原菌多从伤口和自然孔口处侵染寄主,除了种球带菌为最初侵染源外,田间采花、昆虫和贮藏期造成的伤口都是病原菌的主要侵入途径。病原菌可通过溅雨、灌溉水、昆虫、真菌病害和工具等传播造成再侵染。生长季节可发生多次再侵染。该病属于高温高湿病害,温度高、湿度大,尤以湿度大时发病严重;排水不良的土壤不但不利于植株生长,而且有利于病害的发生。高温和多雨季节,即使病原菌浓度较低,也可造成马蹄莲软腐病严重发生。干燥炎热气候抑制病程发展,但频繁的干湿变化也有利于病害的发展。种植过密、绿荫覆盖度大的地方球茎易发病,连作地发病重。气温为5℃~37℃时,植株均可发病,最适宜的发病温度为22℃。6~11月该病均可发生,其中6~7月为最适宜的发病期。

四、病害防治

(一)分组操作

(1)分组收集整理病害关键防治技术方法,并讨论交流。

(2)选择1~2种病害最佳防治技术方法进行分组实践操作。

(二)总结与归纳

细菌性软腐病的防治应当采取以选用抗耐病品种为中心,以栽培防病、控制湿度为主,药剂控制为辅的综合防治技术。

(1)选用抗耐病品种,选种健康种球和种苗,选择土质疏松、排水良好、无杂草、pH 5.6~6.6的土壤作床土。马蹄莲以红花品种最抗病。

(2)种植前施用菊酯类杀虫剂防治钻心虫等害虫,用溴甲烷、氯化苦或福尔马林等化学药剂进行土壤消毒,用链霉素200倍液或苯双灵、福美双、氢氧化铜液浸泡种球30min,阴干后种植。栽植时种球不能种植太深,以刚露种球为宜。

(3)避免连作,进行2~3年轮作。应与豆科、禾本科作物进行轮作,降低田间病原菌数量。最理想的是将其与水稻轮作。

(4)加强通风,控制灌水次数和数量,改善排水条件,控制土壤水分,降低土壤温度,使根茎保持干燥。采花应改拔取方式为刀切方式,待伤口愈合后再进行农事操作。少用尿素,用含钙、钾量高的复合肥料,施肥时应远离根部以免造成伤口。

(5)发现病株应及时剪除或拔除销毁,彻底挖除腐烂的球茎,贮藏期间发现有病球茎应及时剔除。温室及盆栽花木可以换土,病穴内可施用石灰、其他杀菌剂,或用0.5%~1%福尔马林10g/m^2进行土壤消毒。发病初期可施用0.5%波尔多液、15%链霉素可湿性粉剂500倍液或0.2%高锰酸钾。发病重时应先剪除病叶,再喷药剂。

(6)采收和贮藏时防止种球受伤,种球应完全干燥后在8℃和相对湿度80%的条件下贮藏。采收后用500倍链霉素,或500倍链四环霉素、500倍链霉素、500倍钙镁精混剂喷雾,降低病菌从伤口侵入的机会。

学习成果

(1)将细菌性软腐病发生症状用照相机或高像素手机拍摄记录,并进行整理。

(2)将细菌性软腐病主要识别特征及关键防治技术要点填入表8-2。

表 8-2　细菌性软腐病主要识别特征及关键防治技术要点记录表

项目名称		记录内容
主要识别特征	1. 2. ……	
关键防治技术要点	1. 2. ……	

任务评价

任课教师当堂发放任务评价单，由学习者当堂完成组间评价和组内评价后，收回任务评价单。任课教师可以当堂给出教师评价分，也可以在任务学习者将当堂任务学习成果提交给任课教师后，课后给出教师评价分。任课教师根据学习者任务完成情况，按照教师评价分占 50%、组间评价分占 30%、组内评价分占 20%进行加权计算，最终形成每个学习者的任务完成评价成绩。成绩可以当堂反馈，也可以在下一次课堂上反馈。

职业能力测试

（1）细菌性软腐病的症状识别要点是什么？

（2）导致细菌性软腐病流行的关键环境因素是什么？

【任务小结】

本任务主要传授和训练猝倒病、细菌性软腐病的诊断与防治技术。

【讨论与提高】

（1）如何准确诊断猝倒病和细菌性软腐病？

（2）园林植物苗期病害的关键防治技术有哪些？

【考证提示】

本任务涉及园林植物保护工、绿化工、花卉工、花卉园艺师等工种的考核，涉及考证的内容主要为园林植物苗期病害的诊断与防治，应牢固掌握。

任务 2　园林植物地下害虫的识别与防治

子任务 1　地老虎的识别与防治

目标要求

通过对地老虎相关知识和技能的学习,能对为害园林植物的地老虎进行准确识别和有效防治。树立“绿色植保”理念,提升精益求精、严谨细致的职业素养。

工作准备

(1) 材料准备:地老虎的盒装标本、浸泡标本以及照片、课件图片或挂图等。

(2) 教学场地准备:地老虎发生现场、多媒体教室。

(3) 用具准备:体视显微镜、擦镜纸、搪瓷盘、放大镜、眼科剪刀、镊子、蜡盘、大头钉、吸水纸等。

任务实施

虫害发生概述:地老虎属于鳞翅目、夜蛾科,是世界性的地下害虫,我国已发现 170 余种,为害园林植物的约 20 种,主要有小地老虎、大地老虎、黄地老虎、八字地老虎等。

一、为害状识别

(一) 识别与观察

仔细观察地老虎的各类标本及发生现场,描述虫害发生情况。

(二) 总结与归纳

地老虎幼虫为害寄主的幼苗,从地面截断植株或咬食未出土的幼苗,也能咬食植株的生长点,严重影响植株的正常生长。

二、形态识别

(一) 识别与观察

仔细观察地老虎的标本,描述其主要特征。

(二) 总结与归纳

小地老虎和大地老虎的形态特征如表 8-3、图 8-1 所示。

表 8-3　小地老虎和大地老虎的形态特征

虫态	小地老虎	大地老虎
成虫	体长 16~32mm，翅展 42~54mm，体暗褐色；雌虫触角丝状，雄虫基部双栉齿状；前翅前缘及外横线至内横线区域色深，呈暗褐色，近后缘色淡；亚基线、内横线和外横线明显，且为双线；环形纹、肾形纹和楔形纹明显，并围以黑边，在肾形纹外侧有 1 条"一"字纹，与亚缘线外的 2 条黑色横纹相对；后翅淡黄色	体长 20~22mm，翅展 45~48mm；头部、胸部褐色，颈板中部具黑横线 1 条；腹部、前翅灰褐色，外横线以内前缘区、中室暗褐色；基线双线褐色，达亚中褶处；内横线波浪形，双线黑色；剑纹黑边窄小；环纹具黑边，圆形褐色；肾纹大，具黑边，褐色，外侧具 1 黑斑近达外横线；中横线褐色，外横线锯齿状双线褐色，亚缘线锯齿状浅褐色，缘线呈 1 列黑色点；后翅浅黄褐色
卵	半球形，高 0.6mm，初产时乳白色，孵化前变为灰褐色	半球形，长 1.8mm，高 1.5mm，初产时淡黄色，之后渐变为黄褐色，孵化前变为灰褐色
幼虫	老熟幼虫体长 37~47mm，体黄褐至暗褐色，体具淡色的纵带；腹部 1~8 节，背面每节具 2 对毛片，后 2 个比前 2 个大 2 倍以上；体粗糙，具明显大小不等的颗粒，背面中央具 2 条淡褐色纵带；臀板黄褐色，其上具 2 条深褐色纵带	老熟幼虫体长 41~61mm，黄褐色，体表皱纹多，颗粒不明显；头部褐色，中央具黑褐色纵纹 1 对；额三角形，底边大于斜边；各腹节 2 毛片与 1 毛片大小相似；气门长卵形，黑色；臀板除末端 2 根刚毛附近为黄褐色外，几乎全为深褐色，且全布满龟裂状皱纹
蛹	长 18~24mm，第 4 至 7 腹节基部有 1 圈刻点，末端具 1 对臀刺	长 23~29mm，初产时浅黄色，后变为黄褐色

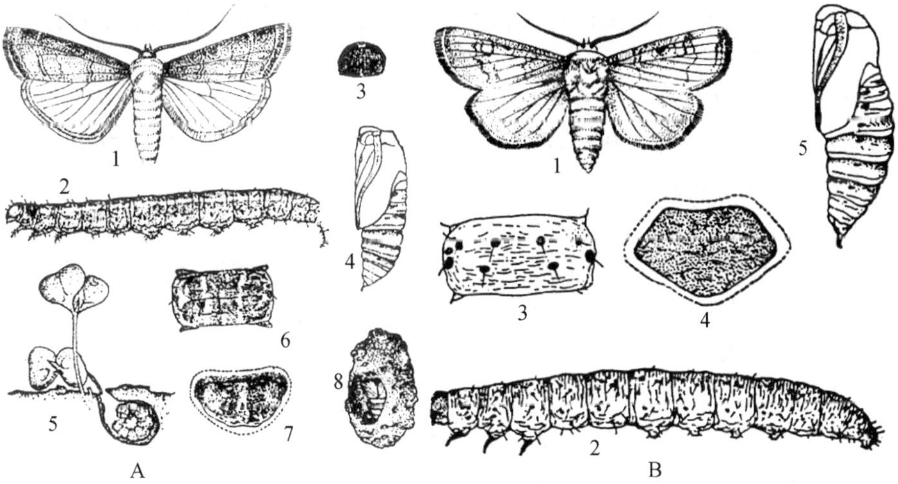

A. 小地老虎：1. 成虫；2. 幼虫；3. 卵；4. 蛹；5. 被害状；6. 幼虫第 4 腹节背面观；7. 幼虫末节臀板；8. 土室。

B. 大地老虎：1. 成虫；2. 幼虫；3. 幼虫第 4 腹节背面观；4. 幼虫末节臀板；5. 蛹。

图 8-1　小地老虎和大地老虎的形态特征

（引自张继祖《中国南方地下害虫及其天敌》）

三、发生规律分析

地老虎中以小地老虎分布最广,为害最严重。小地老虎在全国各地每年发生2~7代,在山东、江苏、上海等地每年发生4代左右,以蛹或老熟幼虫越冬。一年中常以第1代幼虫在春季发生数量最多,为害最重。成虫羽化多在下午3时至晚上10时,白天栖息在阴暗处或潜伏在土缝中、枯叶下,晚间出来活动,以晚上7~10时为盛。成虫对黑光灯有强烈趋性,对糖、醋、蜜、酒等香甜物质特别嗜好。卵散产于杂草或土块上,每头雌虫产卵800~1 000粒。1~2龄幼虫群集于幼苗顶心嫩叶处昼夜取食,3龄后即分散为害,白天潜伏于杂草或幼苗根部附近的表土干、湿层之间,夜出咬断苗茎,苗木木质化后则改食嫩芽和叶片。幼虫老熟后在土表5~6cm深处做土室化蛹。圃地周围杂草多有利于其发生。土壤湿度对小地老虎发生的影响最大,以土壤含水量15%~20%最为适宜。长江流域雨量充沛,常年土壤湿度大,因此小地老虎发生严重。其在沙土、重黏土发生少,在沙壤土、壤土、黏壤土发生多。

四、虫害防治

(一)分组操作

(1)分组收集整理虫害关键防治技术方法,并讨论交流。

(2)选择1~2种虫害最佳防治技术方法进行分组实践操作。

(二)总结与归纳

地老虎是多食性害虫,寄主种类多,特别是小地老虎,具有长距离迁飞习性,发生量大,为害时间比较集中,高龄幼虫期食量很大,给多种园林植物造成了极大的危害。因此,对地老虎的防治应根据各地发生为害时期,因地制宜地制定策略。一般将第1代作为防治重点,采取农业防治和药剂防治相结合的综合防治措施。

(1)精耕细作、除草灭虫,实行轮作和灌水,有条件的地区可以实行水旱轮作,结合苗期灌水,可杀死部分初孵幼虫。

(2)用50%辛硫磷乳油500倍液拌种,或在幼虫3龄期前用50%辛硫磷乳油、2.5%溴氰菊酯乳油、25%氰戊菊酯乳油、50%敌敌畏乳油1 000~1 500倍液或20%除虫菊酯2 000倍液对植株地上部分和杂草进行喷洒。

(3)用75%辛硫磷乳油0.4kg,加水适量喷拌125~175kg细土,顺垄撒施在幼苗根际附近,每公顷撒毒土300kg,对多种地老虎均有很好的防治效果。此外,用1份50%敌敌畏喷拌2 000份细沙制成毒沙,也有较好的毒杀效果。

(4)错过防治适期且虫龄已大时,可用90%晶体敌百虫0.5kg或2.5%敌百虫粉1.5~2.5kg,加水2.5~5L喷在50kg碾碎炒香的棉子饼上或油渣上;或每公顷用50%辛硫磷乳油750g拌棉子饼75kg,或用鲜草代替饵料,铡碎拌草30~35kg,于傍晚撒到行间幼苗附近,隔一定距离撒一小堆,每公顷用量225~300kg。

(5)根据地老虎成虫具有趋化性和趋光性的特点,在成虫盛发期,可利用黑光灯或糖醋液进行诱杀,或套种芝麻等多种地老虎喜欢产卵的作物诱集成虫产卵,然后拔苗烧毁或在幼虫孵化盛期集中喷药防治。也可用新鲜潮湿的泡桐叶诱集幼虫。

(6)在地老虎高龄幼虫期,每天早晨巡视田间,扒开新被害植株幼苗的周围或畦边田埂阳坡表土,人工捕杀幼虫。可结合灌水迫使幼虫爬出土表,再进行捕杀。

学习成果

（1）将地老虎发生状用照相机或高像素手机拍摄记录，并进行整理。

（2）将地老虎主要识别特征及关键防治技术要点填入表 8-4。

表 8-4　地老虎主要识别特征及关键防治技术要点记录表

项目名称		记录内容
主要识别特征	1. 2. ……	
关键防治技术要点	1. 2. ……	

任务评价

任课教师当堂发放任务评价单，由学习者当堂完成组间评价和组内评价后，收回任务评价单。任课教师可以当堂给出教师评价分，也可以在任务学习者将当堂任务学习成果提交给任课教师后，课后给出教师评价分。任课教师根据学习者任务完成情况，按照教师评价分占 50%、组间评价分占 30%、组内评价分占 20%进行加权计算，最终形成每个学习者的任务完成评价成绩。成绩可以当堂反馈，也可以在下一次课堂上反馈。

职业能力测试

（1）小地老虎的形态识别要点是什么？

（2）导致小地老虎大发生的关键环境因素是什么？

子任务 2　蛴螬的识别与防治

目标要求

通过对蛴螬相关知识和技能的学习，能对为害园林植物的蛴螬进行准确识别和有效防治。树立“绿色植保”理念，理解“健全生物安全监管预警防控体系”的意义。

工作准备

（1）材料准备：蛴螬的盒装标本、浸泡标本以及照片、课件图片或挂图等。

（2）教学场地准备：蛴螬发生现场、多媒体教室。

（3）用具准备：体视显微镜、擦镜纸、搪瓷盘、放大镜、眼科剪刀、镊子、蜡盘、大头钉、吸水纸等。

任务实施

虫害发生概述：蛴螬是鞘翅目、金龟甲科的幼虫，为地下害虫中分布最广、为害最严重的类群。目前全世界已知的金龟总科有 2.9 万多种，我国也有 1 300 多种。我国华东地区重要的蛴螬主要有暗黑鳃金龟、铜绿丽金龟等几种。

一、为害状识别

(一) 识别与观察

仔细观察蛴螬的各类标本及发生现场，描述虫害发生情况。

(二) 总结与归纳

成虫主要啃食各种植物叶片，造成孔洞、缺刻或秃枝；幼虫可以为害多种植物的根茎及球茎，以腐殖质及少量嫩根为食，造成缺刻和土壤疏松。

二、形态识别

(一) 识别与观察

仔细观察蛴螬的标本，描述其主要特征。

(二) 总结与归纳

暗黑鳃金龟和铜绿丽金龟的形态特征如表 8-5、图 8-2 所示。

表 8-5　暗黑鳃金龟和铜绿丽金龟的形态特征

虫态	暗黑鳃金龟	铜绿丽金龟
成虫	体长 17~22mm，长卵形，暗黑色或红褐色，无光泽；前胸背板前缘具有成列的褐色长毛；翅鞘伸长，两侧缘几乎平行，每侧 4 条纵肋不明显；腹部臀节背板不向腹面包卷，与肛腹板相会合于腹末	体长 15~18mm，背面铜绿色，其中头、前胸背板、小盾片色较浓，鞘翅色较淡，有金属光泽；鞘翅背面有 2 条纵肋，边缘有膜质饰边，肩部具瘤突；臀板三角形，黄褐色，基部有 1 个倒正三角形大黑斑，两侧各有 1 个小椭圆形黑斑
卵	初产时长椭圆形，乳白色，孵化前变为近圆球形	初产时椭圆形，长 1.7~1.9mm，乳白色，孵化前变为圆球形，卵壳表面光滑
幼虫	3 龄幼虫体长 35~45mm，头部前顶刚毛每侧 1 根，位于冠缝侧；肛腹板后部覆毛区无刺毛列，只有散乱排列的钩状毛	3 龄幼虫体长 30~33mm，头部前顶刚毛每侧 6~8 根，排成 1 纵行；肛腹板后部覆毛区刺毛列由长针状刺毛组成，每侧多为 15~18 根，两列刺毛尖端大多彼此相遇或交叉，仅后端稍许岔开
蛹	长 20~25mm；腹部背面有发音器 2 对，分别位于腹部第 4~5 节和第 5~6 节交界处的背面中央；尾节三角形，2 尾角呈钝角岔开	长 18~22mm，体稍弯曲；腹部背面有 6 对发音器；臀节腹面处，雄蛹有 4 裂的瘤状突起，雌蛹较平坦

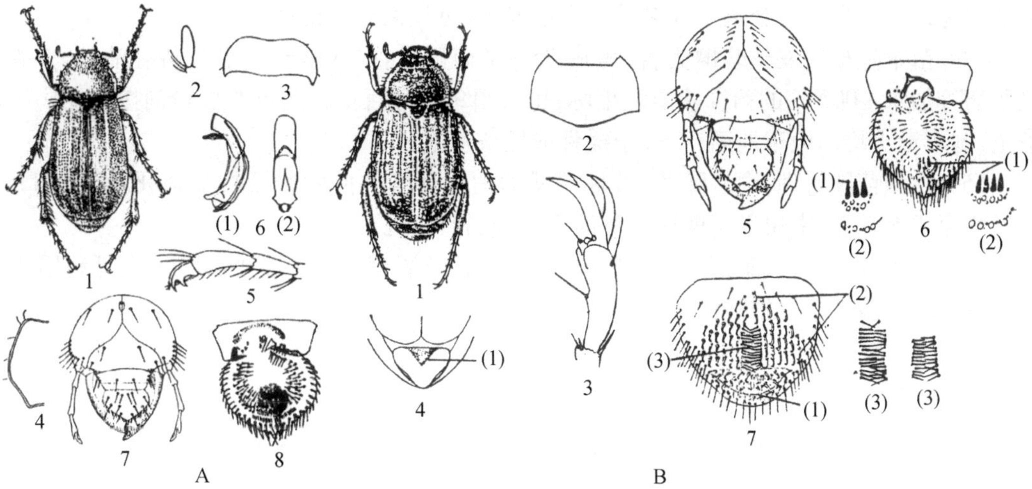

A. 暗黑鳃金龟：1. 成虫（背面）；2. 下颚须末节；3. 唇基（背面）；4. 前胸背板；5. 足跗节及爪；6. 雄性外生殖器：（1）左侧观，（2）背面观。

B. 铜绿丽金龟：1. 成虫背面观；2. 成虫前胸背板；3. 前、中足爪；4. 雄性臀板：（1）三角形黑斑。示意图；5. 幼虫头部；6. 内唇：（1）（2）感区刺及感觉刺排列情况；7. 肛腹片：（1）（2）刺毛列排列情况，（3）尖刺列。

图 8-2　暗黑鳃金龟和铜绿丽金龟的形态特征

（引自张继祖《中国南方地下害虫及其天敌》）

三、发生规律分析

1 年发生 1 代，一般以幼虫在土中越冬，少数以成虫越冬。翌年 4 月中旬出土活动，4 月末至 6 月上旬为成虫盛发期，有雨后集中出土的习性，6 月末虫量减少。成虫活动适宜的温度为 20℃～25℃。成虫有夜出性，飞翔力强，傍晚多围绕树冠飞翔。5 月中旬为交尾盛期。雌虫产卵于 10～20cm 深的土中，卵散产或 10 余粒集于一处。一般 1 头雌虫产卵数十粒，卵期 8～13 天。幼虫期在 300 天左右，幼虫共 3 龄，老熟幼虫在 20～30cm 深土层中化蛹。暗黑鳃金龟的蛹期为 16～22 天，铜绿丽金龟的蛹期为 7～11 天。羽化盛期在 8 月中、下旬，当年羽化成虫大部分不出土即蛰伏越冬。沙壤土或土壤含水量达 15%～18%时幼虫容易发生为害。7 月降雨量大，土壤含水量高时幼虫死亡率高。

四、虫害防治

（一）分组操作

（1）分组收集整理虫害关键防治技术方法，并讨论交流。

（2）选择 1～2 种虫害最佳防治技术方法进行分组实践操作。

（二）总结与归纳

（1）利用假死性，振落捕杀。

（2）金龟子发生为害期，于日落后或日出前施放烟雾剂，每亩用量 1kg。对为害花的金龟子，于树木吐蕾和开花前，喷 40%乐果乳油、75%辛硫磷乳油 1 000～1 500 倍液。

（3）种植蓖麻作为诱杀带，中毒后及时将其处死，或用蓖麻叶 0.5kg，捣碎后加清水 5kg，浸泡 2h，过滤后喷雾，3 天内有效。酸菜汤对铜绿丽金龟、杨树叶对暗黑鳃金龟有诱集作用，可加农药诱杀。夜出性金龟子大多数都有趋光性,可设黑光灯诱杀。

(4) 苗木生长期发现蛴螬为害,可用75%辛硫磷乳油、30%乙酰甲胺磷乳油、90%敌百虫原药等加水1 000倍的稀释液灌注根际;也可用90%敌百虫原药等杀虫粉剂按一定比例掺细土,制成毒土均匀撒于地面,一般于播种或插条前施药。

(5) 加强苗圃管理,中耕除草,破坏蛴螬的适生环境并借助器械将其杀死。可于11月前后冬灌或5月上、中旬生长期适时浇灌大水,减轻为害。

(6) 利用各种益鸟、刺猬、青蛙、蟾蜍、步甲等天敌捕食金龟子成虫、幼虫,也可利用卵孢白僵菌和乳状菌进行生物防治。

学习成果

(1) 将蛴螬发生状用照相机或高像素手机拍摄记录,并进行整理。

(2) 将蛴螬主要识别特征及关键防治技术要点填入表8-6。

表8-6 蛴螬主要识别特征及关键防治技术要点记录表

项目名称		记录内容
主要识别特征	1. 2. ……	
关键防治技术要点	1. 2. ……	

任务评价

任课教师当堂发放任务评价单,由学习者当堂完成组间评价和组内评价后,收回任务评价单。任课教师可以当堂给出教师评价分,也可以在任务学习者将当堂任务学习成果提交给任课教师后,课后给出教师评价分。任课教师根据学习者任务完成情况,按照教师评价分占50%、组间评价分占30%、组内评价分占20%进行加权计算,最终形成每个学习者的任务完成评价成绩。成绩可以当堂反馈,也可以在下一次课堂上反馈。

职业能力测试

(1) 铜绿丽金龟的形态识别要点是什么?

(2) 导致暗黑鳃金龟大发生的关键环境因素是什么?

子任务3 蝼蛄的识别与防治

目标要求

通过对蝼蛄相关知识和技能的学习，能对为害园林植物的蝼蛄进行准确识别和有效防治。培育学生运用科学方法论解决问题的能力，树立和践行"绿水青山就是金山银山"的生态文明与可持续发展的理念。

工作准备

（1）材料准备：蝼蛄的盒装标本、浸泡标本以及照片、课件图片或挂图等。

（2）教学场地准备：蝼蛄发生现场、多媒体教室。

（3）用具准备：体视显微镜、擦镜纸、搪瓷盘、放大镜、眼科剪刀、镊子、蜡盘、大头钉、吸水纸等。

任务实施

虫害发生概述：蝼蛄属直翅目、蝼蛄科，全世界约40种，常见的有华北蝼蛄和东方蝼蛄。华北蝼蛄多分布于北纬32°以北地区，东方蝼蛄的发生遍及全国。

一、为害状识别

（一）识别与观察

仔细观察蝼蛄的各类标本及发生现场，描述虫害发生情况。

（二）总结与归纳

蝼蛄在土中咬食刚播下的种子和发芽的种子，或把作物幼苗的嫩茎咬断。根茎部受害后常呈乱麻状，导致植株发育不良或干枯而死。另外，蝼蛄在近地面活动时会形成隆起的隧道，使幼苗和土壤分离，因失水而枯死。

二、形态识别

（一）识别与观察

仔细观察蝼蛄的标本，描述其主要特征。

（二）总结与归纳

华北蝼蛄和东方蝼蛄的形态特征如表8-7、图8-3所示。

表8-7 华北蝼蛄和东方蝼蛄的形态特征

虫态	华北蝼蛄	东方蝼蛄
成虫	身体粗大，体长36~50mm，黄褐色，背板中央有1个不明显的心形凹陷，腿节内侧下缘弯曲，缺刻明显，胫节背侧内缘有刺1个或消失	身体较小，体长30~35mm，灰褐色，背板中央有1个明显的心形凹陷，腿节内侧下缘平直，缺刻不明显，胫节背侧内缘有刺3~4个
若虫	黄褐色，5~6龄以上同成虫，末端近圆筒形	灰褐色，2~3龄以上同成虫，末端近纺锤形
卵	椭圆形，长2.4~2.8mm，孵化前暗灰色	长椭圆形，长3.0~3.2mm，孵化前暗紫色

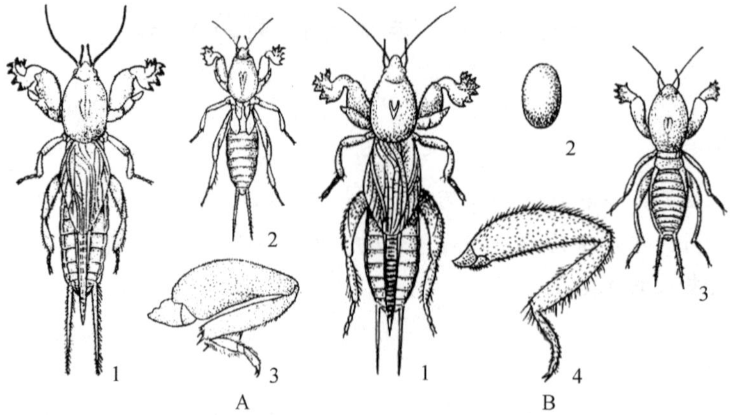

A. 华北蝼蛄：1. 成虫；2. 若虫；3. 成虫后足。 B. 东方蝼蛄：1. 成虫；2. 卵；3. 若虫；4. 成虫后足。

图 8-3 华北蝼蛄和东方蝼蛄的形态特征

(引自张继祖《中国南方地下害虫及其天敌》)

三、发生规律分析

华北蝼蛄 3 年左右完成 1 代，在江苏、安徽、山西、河南等地以成虫、若虫在 60cm 以下的土壤深层越冬。次年 3、4 月气温达 8℃～12℃时开始进入活动为害期，常可看到地面有拱起的虚土弯曲隧道；6～8 月气温升高，潜至土下 15～20cm 处做土室产卵，每室产卵 50～80 粒，雌虫每次产卵 30～160 粒，一生可产卵 300～400 粒，2 周左右孵出若虫；9～10 月天气凉爽，又升迁到表土活动为害，形成 1 年中第 2 次为害高峰；10、11 月若虫达 9 龄时越冬。越冬若虫于次年 3、4 月开始活动，至秋季 12、13 龄时再越冬，到第 3 年秋季羽化为成虫，以成虫越冬。

东方蝼蛄在长江以南地区每年发生 1 代，长江以北地区 1～2 年发生 1 代，成虫、若虫均可越冬。次年 3 月开始活动，越冬若虫于 5、6 月间羽化为成虫，7 月交尾产卵，卵经 2～3 周孵化为若虫；若虫期共 5 龄，4 个月羽化为成虫，一般在 10 月下旬入土越冬，有些发育较晚的若虫即以若虫在土中越冬。1 年中的活动情况可分为冬季休眠、春季苏醒、出窝迁移、为害猖獗、越夏产卵和秋季为害 6 个阶段。

以上 2 种蝼蛄均昼伏夜出，晚 8～11 时达活动取食高峰。初孵若虫有群集性，怕风、怕水、怕光，3～6 天后分散为害。成虫具趋光性、趋化性、趋粪性和喜湿性，嗜好香甜物质，在一般低洼地中，雨后和灌溉后为害最烈，喜栖息在灌渠两旁的潮湿地带。

四、虫害防治

(一) 分组操作

(1) 分组收集整理虫害关键防治技术方法，并讨论交流。

(2) 选择 1～2 种虫害最佳防治技术方法进行分组实践操作。

(二) 总结与归纳

(1) 发生期将 40%乐果乳油或 90%敌百虫原药用热水化开，0.5kg 药剂加水 5kg，拌饵料 50kg(饵料要煮至半熟或炒香)，傍晚将毒饵均匀撒在蝼蛄出没的地方；也可每隔 20m 左右挖一个规格为 30cm×20cm×6cm 的小坑，然后将马粪或带水的鲜草放入坑内诱集，次日清晨集中捕杀；还可将 90%晶体敌百虫等农药加适量细土拌均匀，翻入地下进行毒土防治。

(2) 蝼蛄羽化期间用灯光诱杀，晴朗无风的闷热天气诱集效果最好。

（3）招引喜鹊、戴胜、红脚隼、黑枕黄鹂和红尾伯劳等天敌栖息繁殖食虫。

学习成果

（1）将蝼蛄发生状用照相机或高像素手机拍摄记录，并进行整理。

（2）将蝼蛄主要识别特征及关键防治技术要点填入表8-8。

表8-8　蝼蛄主要识别特征及关键防治技术要点记录表

项目名称		记录内容
主要识别特征	1. 2. ……	
关键防治技术要点	1. 2. ……	

任务评价

任课教师当堂发放任务评价单，由学习者当堂完成组间评价和组内评价后，收回任务评价单。任课教师可以当堂给出教师评价分，也可以在任务学习者将当堂任务学习成果提交给任课教师后，课后给出教师评价分。任课教师根据学习者任务完成情况，按照教师评价分占50%、组间评价分占30%、组内评价分占20%进行加权计算，最终形成每个学习者的任务完成评价成绩。成绩可以当堂反馈，也可以在下一次课堂上反馈。

职业能力测试

（1）东方蝼蛄的形态识别要点是什么？

（2）导致华北蝼蛄大发生的关键环境因素是什么？

子任务4　金针虫的识别与防治

目标要求

通过对金针虫相关知识和技能的学习，能对为害园林植物的金针虫进行准确识别和有效防治。树立“绿色植保”理念，理解“健全生物安全监管预警防控体系”的意义。

工作准备

（1）材料准备：金针虫的盒装标本、浸泡标本以及照片、课件图片或挂图等。

（2）教学场地准备：金针虫发生现场、多媒体教室。

（3）用具准备：体视显微镜、擦镜纸、搪瓷盘、放大镜、眼科剪刀、镊子、蜡盘、大头钉、吸水纸等。

任务实施

虫害发生概述：金针虫为鞘翅目、叩甲科的幼虫，为害园林植物的种类至少有 35 种，主要有沟金针虫、细胸金针虫、褐纹金针虫等。

一、为害状识别

（一）识别与观察

仔细观察金针虫的各类标本及发生现场，描述虫害发生情况。

（二）总结与归纳

金针虫主要咬食播下萌发的种子，使其残缺不齐，幼苗长大后为害分蘖节、根、茎等成纤维状；也可将身体钻入茎、大粒种子或块茎，常造成植物缺苗，导致减产及品质降低。

二、形态识别

（一）识别与观察

仔细观察金针虫的标本，描述其主要特征。

（二）总结与归纳

沟金针虫和细胸金针虫的形态特征如表 8-9、图 8-4 所示。

表 8-9　沟金针虫和细胸金针虫的形态特征

虫态	沟金针虫	细胸金针虫
成虫	体长 14~18mm，宽 4~5mm，浓栗褐色，密被金黄色细毛，足浅褐色；前胸背板呈半球状隆起，宽大于长，密布刻点，中央有细纵沟	体长 8~9mm，宽 25mm，暗褐色，密被灰色短毛，并有光泽，头胸部黑褐色，足赤褐色；前胸背板略带圆形；鞘翅暗褐色，密被灰色短毛，有 9 条纵列刻点
卵	近椭圆形，乳白色，长 0.7mm	圆形，乳白色，长 0.5~1.0mm
幼虫	黄褐色，较宽而扁平，尾节末端有 2 分叉，各叉内侧有 1 小齿	淡黄褐色，细长圆筒形，尾节圆锥形，近基部两侧各有 1 褐色圆斑
蛹	长 15~22mm	长 8~9mm

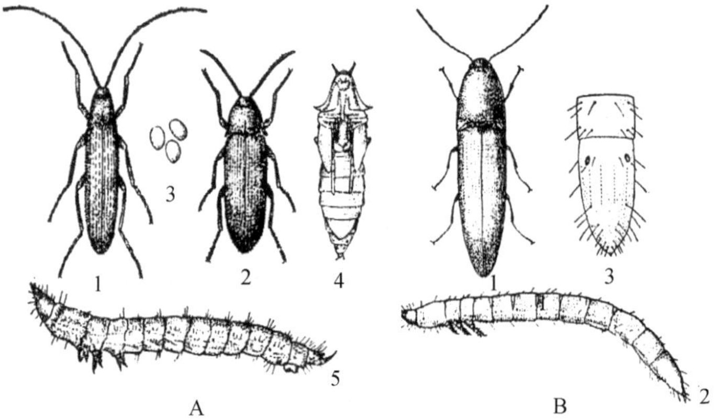

A. 沟金针虫：1. 雄成虫；2. 雌成虫；3. 卵；4. 蛹；5. 幼虫。

B. 细胸金针虫：1. 成虫；2. 幼虫；3. 幼虫尾节。

图 8-4　沟金针虫和细胸金针虫的形态特征

（引自张继祖《中国南方地下害虫及其天敌》）

三、发生规律分析

沟金针虫2~3年1代,以成虫及幼虫在土中越冬,4月上旬为成虫活动盛期。雌成虫活动迟缓,寿命约220天,卵产于土中,以3~7cm深处居多,产卵近百粒,卵期约35天。老熟幼虫在土中13~20cm深处做土室化蛹,蛹期20天左右,成虫羽化后即在原处越冬。沟金针虫在土中活动受温度和湿度的影响很大:当10cm深土温6℃左右时即上升活动,当10cm深土温达10℃~20℃时为害种子幼苗,当土温达到30℃以上时向深土层移动。9月以后上移为害,11月中旬以后向10~30cm深土层移动越冬。春季多雨,土壤墒情好,含水量15%~18%时加重为害。春季干旱以及土壤水分过多时减轻为害。

细胸金针虫2年多1代,以成虫及幼虫在土中越冬。早春3月土壤解冻即开始活动,4月中下旬达到活动高峰。3~5月当10cm深土温达7℃~12℃时是幼虫为害盛期。幼虫老熟后做土室化蛹,7月为化蛹盛期,8月羽化,在土中产卵散生。细胸金针虫在旱地几乎不发生,在偏碱和潮湿黏重土壤中适宜发生。土壤水分充足是细胸金针虫发生和为害的一个极为重要的条件。

四、虫害防治

(一) 分组操作

(1) 分组收集整理虫害关键防治技术方法,并讨论交流。

(2) 选择1~2种虫害最佳防治技术方法进行分组实践操作。

(二) 总结与归纳

(1) 春秋耕翻整地,中耕除草,清洁田园,增施腐熟的有机肥可以减轻金针虫为害。

(2) 适度灌水可以减轻沟金针虫为害。

(3) 药剂防治可以参照蛴螬、蝼蛄的防治方法。

学习成果

(1) 将金针虫发生状用照相机或高像素手机拍摄记录,并进行整理。

(2) 将金针虫主要识别特征及关键防治技术要点填入表8-10。

表8-10 金针虫主要识别特征及关键防治技术要点记录表

项目名称		记录内容
主要识别特征	1. 2. ……	
关键防治技术要点	1. 2. ……	

任务评价

任课教师当堂发放任务评价单,由学习者当堂完成组间评价和组内评价后,收回任务评价单。任课教师可以当堂给出教师评价分,也可以在任务学习者将当堂任务学习成果提交给任课教师后,课后给出教师评价分。任课教师根据学习者任务完成情况,按照教师评价分占50%、组间评价分占30%、组内评价分占20%进行加权计算,最终形成每个学习者的任务完成评价成绩。成绩可以当堂反馈,也可以在下一次课堂上反馈。

职业能力测试

(1) 沟金针虫的形态识别要点是什么?

(2) 细胸金针虫大发生的关键环境因素是什么?

【任务小结】

本任务主要传授和训练园林植物地下害虫的识别与防治技术。

【讨论与提高】

(1) 当地发生面积广、为害严重的地下害虫有哪些?

(2) 地老虎有何习性? 怎样防治地老虎?

【考证提示】

本任务涉及园林植物保护工、绿化工、花卉工、花卉园艺师等工种的考核,涉及考证的内容主要为园林植物地下害虫的识别与防治,应牢固掌握。

项目成果展示与实战提高

(1) 布展场地准备:精心选择校园人流量较大的道路边或公共场所,准备好布展需要的展板和意见簿,以组为单位进行物理空间的软分割,按照工作小组集中摆放,形成有序的布展参观路线,让参观者既能参观到每一组的每一件展品,又不走回头路。

(2) 成果展出:把本项目各任务所完成的学习成果(照片或实物),配上说明书和文字,以组为单位在公开场合进行展示,要求完成者本人必须在现场对自己的学习成果进行介绍,听取围观者的评价并认真记录评价要点和改进意见。

(3) 实战提高:购买几盆感病的盆栽花草树木等园林植物,提供给几个参观者携带到现场。在活动现场,参观者咨询这些花草树木等园林植物药剂防治的问题,由学习者利用所学知识和技能,现场回答,提高专业知识水平、职业素质和职业能力。

技能强化训练六　园林植物苗期病害及地下害虫识别

一、能力目标

(1) 熟悉并掌握园林植物猝倒病、细菌性软腐病等苗期病害的主要症状特点及病原菌形态。

(2) 熟悉并掌握园林植物地老虎类、蝼蛄类、金龟子类、金针虫类等地下害虫的形态特征和为害状特点。

(3) 提升学生全面分析问题、解决问题的能力。

二、材料

(1) 园林植物猝倒病、细菌性软腐病等苗期病害的新鲜标本、盒装标本、玻片标本及挂图。

（2）主要园林植物地下害虫蝼蛄类、金龟子类、地老虎类、金针虫类等的新鲜标本、盒装标本、玻片标本及挂图。

三、仪器和用具

（1）仪器：显微镜、体视显微镜、投影仪、多媒体教学设备等。

（2）用具：放大镜、镊子、刀片、挑针、培养皿、滴瓶、载玻片、盖玻片等。

四、内容与方法

（一）园林植物苗期病害及病原识别

（1）猝倒病：观察猝倒病危害幼苗茎基部病斑形态、颜色，注意是否缢缩变细、是否倒伏、发病部位是否有丝状物或菌核出现；观察菌丝是否有隔、是否呈直角分枝，若有，观察基部是否有缢缩；注意观察猝倒病的孢子囊。

（2）细菌性软腐病：观察细菌性软腐病的受害部位是否有腐烂，是否有酸味或臭味，腐烂的病叶或球根是否失水干缩，病健交界处的界限是否明显。取少许菌脓涂片，并用结晶紫染色后在油镜下观察菌体的形态特征。

（二）园林植物地下害虫及为害状识别

（1）蝼蛄形态及为害状识别：观察蝼蛄成虫、若虫及卵的形态，比较成虫、若虫的特征。观察蝼蛄为害后，根部和幼茎被咬食状及苗床、园圃或草坪虚土隆起的不规则隧道特征。

（2）金龟子成虫与幼虫（蛴螬）的形态及为害状识别：观察金龟子成虫及幼虫形态，对照挂图识别其幼虫为害苗木根系特征、成虫为害叶片后形成的孔洞特征。

（3）地老虎类形态及为害状识别：观察小地老虎、大地老虎、黄地老虎成虫、幼虫的特征，比较成虫的体长、前后翅斑纹、触角形状，幼虫的体长、唇基、毛片、臀板形态。对照挂图或被害幼苗识别其为害状。

（4）金针虫及成虫叩头甲的形态及为害状识别：观察金针虫及成虫叩头甲的形态，对照挂图或被害幼苗识别其为害特征。

五、实训成果

（1）按照生物绘图的标准，手工绘制猝倒病及细菌性软腐病症状图。

（2）按照生物绘图的标准，手工绘制蝼蛄、蛴螬的形态图。

（3）比较园林植物苗期病害及地下害虫的特征，填入表8-11。

表8-11　园林植物苗期病害及地下害虫的特征

病害或害虫名称	病原菌形态特征或害虫形态	症状特点或为害状

六、职业能力测试

（1）为什么园林植物猝倒病会出现多种症状类型？

（2）怎样通过为害状推断地下害虫的种类？

项目九 园林草本花卉病虫害的识别诊断与防治

目标任务

知识目标: 了解草本花卉病虫害危害症状;理解影响宿根花卉病虫害发生与流行的关键因素;掌握常见草本花卉病虫害的关键防治技术。

能力目标: 能准确识别草本花卉常见病虫害的症状;能结合现场环境和调查结果,分析草本花卉病虫害严重发生的原因;能通过定期观察和调查,评估所实施防治措施的效果。

素质目标: 强化规范操作与精准施药意识;树立生态平衡与可持续防控理念。

思政目标: 培养学生的创新意识、职业责任感及团队协作精神,树立"绿色植保"理念。

任务1 一、二年生草本花卉病虫害的识别诊断与防治

项目九彩色图片

子任务1 一、二年生草本花卉常见病害的诊断与防治

目标要求

通过对一、二年生草本花卉常见病害相关知识和技能的学习,能对一、二年生草本花卉常见病害进行正确诊断和有效防治。通过导入学科前辈的事迹,引导和激发学生学习前辈知行合一、勇于实践、积极探索的精神和严谨求实、追求真理的治学态度。

工作准备

(1) 材料准备:瓜叶菊白粉病、凤仙花褐斑病和矮牵牛灰霉病的新鲜标本、盒装标本、散装标本、病原切片以及照片、课件图片或挂图等。

(2) 教学场地准备:瓜叶菊白粉病、凤仙花褐斑病和矮牵牛灰霉病发生现场、多媒体教室。

（3）用具准备：显微镜、擦镜纸、搪瓷盘、放大镜、盖玻片、载玻片、挑针、刀片、吸水纸等。

任务实施

病害发生概述：瓜叶菊白粉病在瓜叶菊栽培地区均有发生，是瓜叶菊上一种较为普遍且严重的病害，在我国上海、江苏、浙江、安徽、山东、北京、天津、辽宁、广东、新疆等地均有发生。苗期发病重，影响植株生长、开花，并影响观赏价值。

凤仙花褐斑病又名凤仙花叶斑病，在我国广东、江苏、上海、浙江、四川、河南、吉林、湖南等地均有发生。

矮牵牛灰霉病是矮牵牛生产中常见的病害，在3～5月生长季节经常发生，轻者影响叶片生长，严重时可引起大量落花、落叶，影响开花，对品质和产量造成很大危害。

一、症状识别

（一）识别与观察

仔细观察瓜叶菊白粉病、凤仙花褐斑病和矮牵牛灰霉病的各类标本及发生现场，描述病害发生的病状和病征。

（二）总结与归纳

1. 瓜叶菊白粉病

病害主要发生在叶片上，严重时也可危害叶柄、嫩梢及花蕾等部位。发病初期叶片正面出现小白粉斑，直径4～8mm，之后逐渐扩大成近圆形白粉斑，严重时连接成片，整个植株的叶片被满白粉层，叶片逐渐褪绿、枯黄（图9-1）。发病后期白粉层还会变为灰色，并出现黑色小颗粒，即病原菌的闭囊壳。苗期发病易造成植株生长不良，花芽枯死，蕾而不花，花小，畸形。

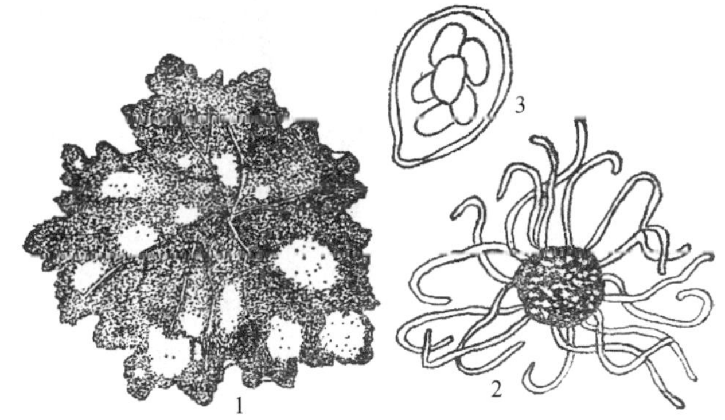

1. 症状；2. 闭囊壳；3. 子囊及子囊孢子。

图9-1　瓜叶菊白粉病

（引自徐明慧《园林植物病虫害防治》）

图9-2　凤仙花褐斑病

2. 凤仙花褐斑病

叶面病斑（图9-2）初为浅黄褐色小点，病斑直径2～5mm，之后扩展成圆形、近圆形，病斑中央逐渐变为淡褐色，边缘深褐色，具有不明显的轮纹。湿度高时，病斑表面长出淡黑色的霉状物。严重感病的叶片，病斑连成片，导致叶片变褐枯黄，引起植株死亡。

3. 矮牵牛灰霉病

病原菌主要侵染叶片，也能侵染嫩茎和花器等部位。发病初期，病部出现水渍状斑点，之后逐渐扩大,病组织变成褐色至黑色并腐烂,后期表面形成一层灰色至灰褐色霉层。茎部感病后病斑呈褐色,不规则形,易发生软腐。花器受侵染后变褐色,腐烂并脱落。在潮湿条件下,病部均形成灰褐色霉层。

二、病原识别

(一) 识别与观察

仔细观察瓜叶菊白粉病、凤仙花褐斑病和矮牵牛灰霉病的病原及其切片,描述病原菌的主要特征。

(二) 总结与归纳

1. 瓜叶菊白粉病

病原菌为二孢白粉菌(*Erysiphe eichoracearum* DC.)(图 9-1),属子囊菌亚门、核菌纲、白粉菌目、白粉菌属。

2. 凤仙花褐斑病

病原菌为福士尾孢(*Cercospora fukushiana* Yamam.)(图 9-3),属半知菌亚门、丝孢纲、丛梗孢目、尾孢属。

3. 矮牵牛灰霉病

病原菌为灰葡萄孢(*Botrytis cinerea* Pers et Fr.)(图 9-4),属半知菌亚门、丝孢纲、丝孢目、葡萄孢属。

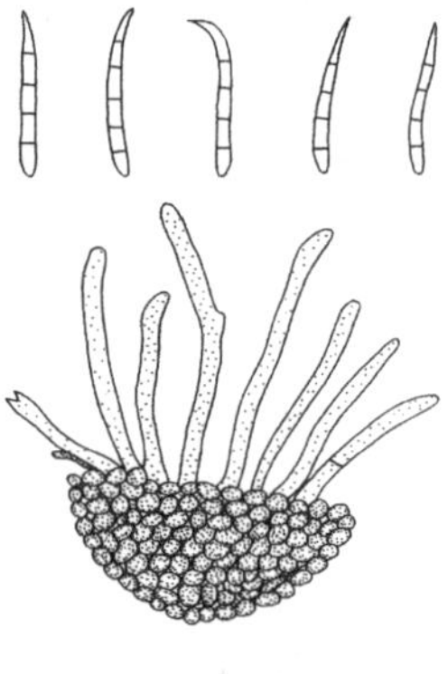

图 9-3　福士尾孢

(引自蔡祝南等《花卉病虫害防治大全》)

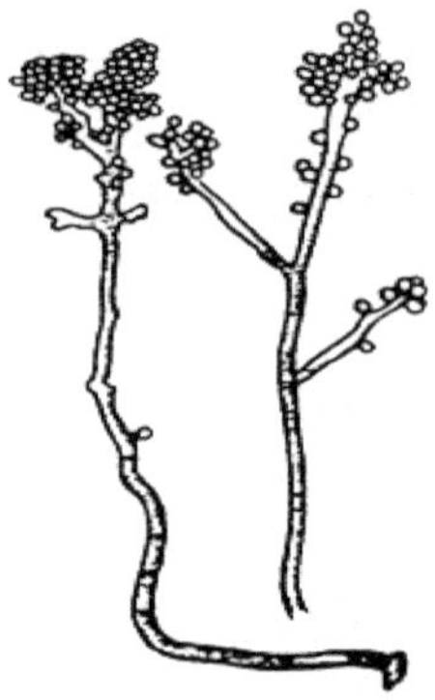

图 9-4　灰葡萄孢

(引自徐明慧《园林植物病虫害防治》)

三、发生规律分析

(一) 瓜叶菊白粉病

病原菌以闭囊壳在病株残体上越冬,翌年以子囊孢子随气流传播,自表皮直接侵入。瓜叶菊长出 2~3 片真叶时即能发病。该病的发生与温度密切相关,15℃~20℃时有利于病害发生,10℃以下时病害受抑制。病害发生有两个高峰期,苗期发病盛期为当年 11~12 月,成株发病盛期为次年 3~4 月,一般苗期发病重。瓜叶菊各品种均可感病,抗病性差异不明显。

(二) 凤仙花褐斑病

病原菌以菌丝体在病叶及土壤植物残体上越冬,翌年条件适宜时,产生大量分生孢子,并随气流传播引起初侵染,在生长季节可发生多次再侵染。病害主要发生在植株的叶片上,老叶较易发病。高湿、多雨有利于该病的发生和蔓延。一般 8~9 月发病较重，10 月病害逐渐减轻。

（三）矮牵牛灰霉病

病原菌以菌丝体、分生孢子在病株和病残体上，或以菌核在土壤中越夏或越冬。以分生孢子借风雨传播，尤以雨后天气转晴时传播迅速。温室气温在 20℃左右、空气湿度大时发病最严重。此外，操作工具、灌溉水等均可传播病害。温室是病害发生和蔓延的重要场所，通常以春季发病严重。

四、病害防治

（一）分组操作

（1）分组收集整理病害关键防治技术方法，并讨论交流。

（2）选择 1~2 种病害最佳防治技术方法进行分组实践操作。（培养学生的团队协作精神。）

（二）总结与归纳

1. 瓜叶菊白粉病

（1）加强田间管理，合理施肥，及时清除病残体及发病植株，并烧毁。农家肥充分腐熟后施用，氮肥不宜偏多，少量施用硼酸、高锰酸钾等微量元素肥料。加强通风透光，保持适当株行距，盆花摆放不要过密。浇水不宜过多，一般以盆土湿润为度。灌水最好在晴天上午进行。

（2）发病初期用 25%三唑酮可湿性粉剂 2 000~2 500 倍液、80%代森锌可湿性粉剂 500~600 倍液、50%苯来特可湿性粉剂 1 000~1 500 倍液或 50%退菌特可湿性粉剂 700 倍液防治。几种药剂要交替使用，以免病原菌产生抗性。

2. 凤仙花褐斑病

（1）收获后及时清除枯枝落叶，并集中烧毁，减少侵染来源。

（2）加强栽培管理，合理密植，实行配方施肥，增强植株的抗病力。

（3）发病初期可选用 1∶1∶100 的波尔多液、50%代森锰锌可湿性粉剂或 50%多菌灵可湿性粉剂 500~600 倍液等药剂，每 10 天喷 1 次，连续喷 2~3 次。

（4）在栽培防病的基础上，于 4~5 月雨季来临前或发病初期喷洒有效药剂进行综合防治。

3. 矮牵牛灰霉病

（1）播种、盆栽前一定要清除矮牵牛、大丽菊、秋海棠、一串红、杜鹃花、大花蕙兰等寄主的病株、病叶、病土等，减少病原菌初侵染来源。

（2）苗床选择未栽种过矮牵牛、万寿菊等花卉的地块，确保无菌育苗，采用干净且无病菌的鱼塘泥拌火烧土作营养土，培育无病壮苗。

（3）花盆摆放不宜过密，科学浇水，精心养护，增强植株抗病力。春末夏初降雨量大、雨日多，采用棚室避雨栽培，注意棚室光照和通风，把相对湿度控制在 80%以下；露地栽培时，在降雨前后及时开沟排水，保证通风，严防湿气长时间滞留。

（4）雨季到来之前或发病初期，及时剪除病叶、病枝、病花，然后喷施 50%异菌脲可湿性粉剂、20%福·腐可湿性粉剂、25%咪鲜胺乳油、65%甲硫·霉威可湿性粉剂或 50%腐霉利可湿性粉剂 1 000~1 500 倍液，隔 7~10 天喷 1 次，连续喷 2~3 次，把叶片、分枝上下层喷湿，药剂交替使用。

学习成果

(1) 将一、二年生草本花卉常见病害发生症状用照相机或高像素手机拍摄记录,并进行整理。

(2) 将一、二年生草本花卉常见病害主要识别特征及关键防治技术要点填入表9-1。

表9-1 一、二年生草本花卉常见病害主要识别特征及关键防治技术要点记录表

项目名称		记录内容
主要识别特征	1. 2. ……	
关键防治技术要点	1. 2. ……	

任务评价

任课教师当堂发放任务评价单,由学习者当堂完成组间评价和组内评价后,收回任务评价单。任课教师可以当堂给出教师评价分,也可以在任务学习者将当堂任务学习成果提交给任课教师后,课后给出教师评价分。任课教师根据学习者任务完成情况,按照教师评价分占50%、组间评价分占30%、组内评价分占20%进行加权计算,最终形成每个学习者的任务完成评价成绩。成绩可以当堂反馈,也可以在下一次课堂上反馈。

职业能力测试

(1) 瓜叶菊白粉病的症状识别要点是什么?

(2) 导致矮牵牛灰霉病流行的关键环境因素是什么?

子任务2 温室白粉虱的识别与防治

目标要求

通过对温室白粉虱相关知识和技能的学习,能对温室白粉虱进行准确识别和有效防治。培养学生科学诊断病虫害的能力,逐步提升学生的科学素养和团队协作能力。

工作准备

(1) 材料准备:温室白粉虱的盒装标本、浸泡标本以及照片、课件图片或挂图等。

(2) 教学场地准备:温室白粉虱发生现场、多媒体教室。

(3) 用具准备:体视显微镜、擦镜纸、搪瓷盘、放大镜、眼科剪刀、镊子、蜡盘、大头钉、吸水纸等。

任务实施

虫害发生概述：温室白粉虱[*Trialeurodes vaporariorum*（Westwood）]，属同翅目、粉虱科。该虫1975年始见于北京，现几乎遍布全国，主要分布在东北、华北、华东等地区，是一种分布很广的露地和温室害虫。温室白粉虱的寄主范围较广，可以为害瓜叶菊、天竺葵、樱草、一品红、倒挂金钟、扶桑、杜鹃、月季、茉莉、一串红、万寿菊、仙客来等47科900余种植物。

一、为害状识别

（一）识别与观察

仔细观察温室白粉虱的各类标本及发生现场，描述虫害发生情况。

（二）总结与归纳

温室白粉虱主要以成虫、幼虫群集叶背吸食汁液，可使叶片发黄脱落，分泌的蜜露还易诱发煤污病、病毒病。

二、形态识别

（一）识别与观察

仔细观察温室白粉虱的标本，描述害虫的主要特征。

（二）总结与归纳

1. 成虫

雌成虫体长1~1.5mm，雄成虫体长约1mm。触角短丝状，7节，喙粗针状。虫体和翅被白色蜡粉，前后翅的翅脉简单（图9-5）。

2. 若虫

长椭圆形，扁平，在体表上长有数十根长短不一的蜡丝，体色淡黄或黄绿色，因龄期不同而大小各异。若虫共4龄，1龄若虫长约0.27mm，浅黄绿色，胸足和触角发达，能爬行，尾部1对毛明显；老熟若虫体长约0.5mm，足和触角萎缩，营固着生活。

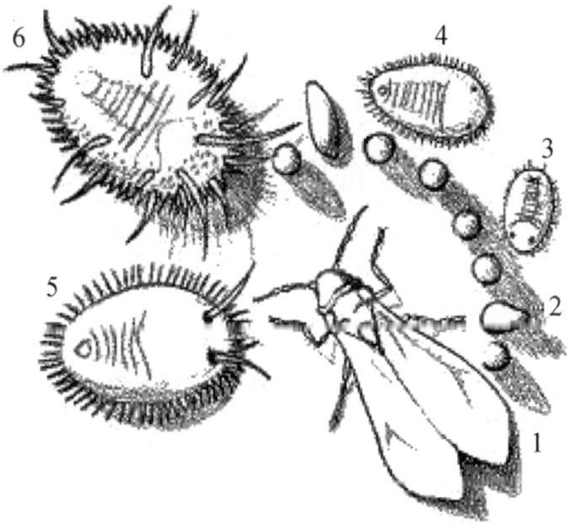

1. 成虫；2. 卵；3~5. 若虫；6. 伪蛹。

图9-5　温室白粉虱

3. 卵

长约0.2~0.3mm，长椭圆形，基部有0.02mm长的卵柄。初产时淡绿色，微覆蜡粉，后变为黑色，略有光泽。

4. 伪蛹

椭圆形，中央突起，淡黄色。蛹体周围有纵向褶皱，蛹背有10~11对刚毛状蜡刺，蜡刺易断裂。

三、发生规律分析

1年发生6~11代，在温室内可终年发生。繁殖快，产卵量大，世代重叠现象严重，以各种虫态在温室植物上越冬。在露地一般春末夏初数量开始上升，夏季高温多雨时略有下降，秋季迅速达到高峰，并移入温室。以两性繁殖为主，偶能进行孤雌生殖。成虫选择嫩叶群集产卵，对黄色、嫩绿色有强烈趋性。每头雌虫可产卵100~200粒，卵多产于叶背。卵期6~8

天，若虫期8~9天，蛹期6~7天。初孵若虫可在叶背作短距离移动。

四、虫害防治

（一）分组操作

（1）分组收集整理虫害关键防治技术方法，并讨论交流。

（2）选择1~2种虫害最佳防治技术方法进行分组实践操作。

（二）总结与归纳

（1）使用防虫网，阻止温室白粉虱侵入温室。选用某些材料覆盖土壤表面，可防止温室白粉虱栖息在植物上。

（2）选用抗虫品种，同时种植诱集带，消灭杂草寄主。收获作物或蔬菜后，要清除残枝败叶。

（3）根据温室白粉虱对黄色有强烈的趋光性，可用黄色粘虫纸袋诱杀成虫。

（4）保护地设施内，可在温室白粉虱初发期，按温室白粉虱与寄生蜂1∶2~1∶4的比例，每隔7~10天释放丽蚜小蜂1次，连续放蜂3次，可较有效地控制早期温室白粉虱的为害。

（5）使用药剂毒杀成虫、幼虫，方法有烟雾法和喷雾法。烟雾法：用22%敌敌畏烟剂7.5kg/hm^2，于傍晚时关闭门窗熏烟，杀灭白粉虱成虫效果较好。喷雾法：喷洒25%噻嗪酮可湿性粉剂1 000~1 500倍液、20%甲氰菊酯2 000~3 000倍液、70%吡虫啉水分散剂20 000~25 000倍液或25%噻虫嗪水分散剂5 000~10 000倍液，对杀灭成虫、幼虫效果明显，但对卵效果不明显。

学习成果

（1）将温室白粉虱发生状用照相机或高像素手机拍摄记录，并进行整理。

（2）将温室白粉虱主要识别特征及关键防治技术要点填入表9-2。

表9-2 温室白粉虱主要识别特征及关键防治技术要点记录表

项目名称		记录内容
主要识别特征	1. 2. ……	
关键防治技术要点	1. 2. ……	

任务评价

任课教师当堂发放任务评价单，由学习者当堂完成组间评价和组内评价后，收回任务评价单。任课教师可以当堂给出教师评价分，也可以在任务学习者将当堂任务学习成果提交给任课教师后，课后给出教师评价分。任课教师根据学习者任务完成情况，按照教师评价分占50%、组间评价分占30%、组内评价分占20%进行加权计算，最终形成每个学习者的任务完成评价成绩。成绩可以当堂反馈,也可以在下一次课堂上反馈。

职业能力测试

(1) 温室白粉虱的形态识别要点是什么?

(2) 导致温室白粉虱大发生的关键环境因素是什么?

【任务小结】

本任务主要传授和训练一、二年生草本花卉常见病虫害的相关内容和技能,为园林植物病虫草害的防治工作奠定基础。

【讨论与提高】

(1) 如何有效防治瓜叶菊白粉病、凤仙花褐斑病和矮牵牛灰霉病?

(2) 温室白粉虱的关键防治技术有哪些?

【考证提示】

本任务涉及园林植物保护工、绿化工、花卉工、花卉园艺师等工种的考核,涉及考证的内容主要为一、二年生草本花卉常见病虫害的识别诊断和防治,应牢固掌握。

任务2　球根花卉病虫害的识别诊断与防治

子任务1　球根花卉叶部病害的诊断与防治

目标要求

通过球根花卉叶部病害的学习,能对球根花卉叶部病害进行正确诊断和有效防治。引导学生了解病害发生的原因,使其增强对大自然的敬畏感,从而充分认识国家大力推进"生态文明建设"的重要性。

工作准备

(1) 材料准备:病毒病、朱顶红红斑病和仙客来灰霉病的新鲜标本、盒装标本、散装标本、病原切片以及照片、课件图片或挂图等。

(2) 教学场地准备:病毒病、朱顶红红斑病和仙客来灰霉病发生现场,多媒体教室。

(3) 用具准备:显微镜、擦镜纸、搪瓷盘、放大镜、盖玻片、载玻片、挑针、刀片、吸水纸等。

任务实施

病害发生概述:病毒病在球根花卉中不仅大量存在,而且危害严重。目前,无病毒病的球根花卉基本上不存在。在自然界,一种球根花卉常受到几种、几十种病毒的侵染。病毒病能使寄主叶色、花色异常,器官畸形,植株矮化,病重则不开花,甚至毁种。唐菖蒲花叶病是世界性病害,凡种植唐菖蒲的地方均有该病发生,我国上海、浙江、江苏、福建、云南、四川、广东、黑龙江、辽宁、河北、陕西、广东、北京等地均有发生。该病引起唐菖蒲球茎退化、植株矮小、花穗短小、花少花小,严重影响切花的产量和质量,是我国唐菖蒲切花进入国际市场的主要障碍。郁金香碎色病的别名为郁金香白条病,是一种世界性病害,各郁金香产区都有发生,是造成郁金香种球退化的重要原因之一,有些品种的发病率高达90%以上。该病毒病除危害郁金香外,还危害百合、水仙、风信子等多种花卉。美人蕉花叶病在日本、美国以及东欧等很多国家都有报道,在我国华东、华北、华南等地区均有发现,是美人蕉的主要病害。

红斑病是危害朱顶红以及百枝莲等花卉较严重的病害之一。该病发生严重时,会造成花梗干枯,不能开花。

仙客来灰霉病是世界性病害,在我国各地发生普遍,尤其是温室栽培中的常见病害,严重时病株率可达30%左右。

一、症状识别

(一) 识别与观察

仔细观察病毒病、朱顶红红斑病和仙客来灰霉病的各类标本及发生现场,描述病害发生的病状和病征。

(二) 总结与归纳

1. 唐菖蒲花叶病

病毒主要侵染叶片,也侵染花器等部位。发病初期,叶片上出现褪绿角斑与圆斑,后因病斑扩展受叶脉限制而呈多角形,颜色变为褐色,病叶黄化、扭曲。感病植株矮小,花穗短,花少花小,发病严重的植株抽不出花穗。症状随品种不同略有差异,有些品种的花瓣变色,呈碎锦状,如粉红色花品系。唐菖蒲叶片上也有深绿和浅绿相间的块状斑驳或线纹。初夏时,新叶上的症状特别明显;盛夏时症状不明显,有隐症现象。

2. 郁金香碎色病

图 9-6　郁金香碎色病

该病症状主要表现在花上,花瓣颜色产生深浅不同的变化,使花瓣表现为镶色(图 9-6),称为“碎色”。叶片受害出现浅绿色或灰白色条斑,有时形成花叶。症状的发展受郁金香品种及病毒株系的影响,或因病株发病时间的长短、环境条件的变化而不同。在红色或紫色品种上产生碎色花,花瓣上形成大小不等的淡色斑点或条斑,往往增加了观赏价值。历史上曾经误将这种得病的植株作为新的良种栽培，同时导致了该病的广泛传播。在淡色或白色花品种上，由于花瓣本身缺少花色素，其花瓣碎色症状并不明显。该病危害严重时植株生长不良。

3. 美人蕉花叶病

该病主要发生在美人蕉的叶片和花器上。发病初期，叶片上出现褪绿小斑点，或呈现黄绿或深浅绿相间的条纹；严重时叶子畸形、卷曲、黄化，甚至枯萎，植株矮小（图 9-7）。普通美人蕉、大花美人蕉和粉叶美人蕉等品种的症状尤其严重，红花美人蕉比较抗病，花瓣上形成碎锦。

图 9-7　美人蕉花叶病

4. 朱顶红红斑病

该病可发生在朱顶红的叶片、花梗、苞片及球根上，主要危害叶片和花梗。感病初期叶片上出现不规则的红褐色斑点，后期病斑扩大为椭圆形或呈梭形凹陷的紫红色病斑，严重时病斑互相连接使叶片变形枯死。受害花梗产生红褐色小斑点，后迅速扩展成赤褐色条斑，花梗向有病斑一侧弯曲，严重时花梗干枯，不能开花。球根感染时，形成圆形或椭圆形的病斑，环境潮湿时会出现粒状的深褐色霉层。

5. 仙客来灰霉病

该病主要危害盆栽仙客来，并多发生在温室，1~5 月发生严重。病害主要发生在叶片、叶柄上，也侵染花梗、花瓣和块茎。叶片受害后出现暗绿色水渍状斑点，病斑逐渐扩大，使叶片呈褐色，后干枯脱落，发生严重时，叶片萎蔫下垂（图 9-8）。叶柄和花梗受害后呈水渍状腐烂下垂。花瓣感病后，产生水渍状并褪色，造成花瓣凋谢或变黑褐色腐烂。块茎受害后，潮湿时为软腐，干燥时形成干腐。发病部位潮湿时易产生灰色霉层，即病原菌的分生孢子及分生孢子梗。

1. 症状；2. 病原菌。

图 9-8　仙客来灰霉病

（引自曹恒生《花木病虫害防治》）

二、病原识别

（一）识别与观察

仔细观察病毒病、朱顶红红斑病和仙客来灰霉病的病原及其切片，描述病原的主要特征。

（二）总结与归纳

1. 唐菖蒲花叶病

引起唐菖蒲花叶病的病原在我国主要有 2 种，即黄瓜花叶病毒（Cucumber mosaic virus，CMV）（图 9-9）和菜豆黄花叶病毒（Bean yellow mosaic

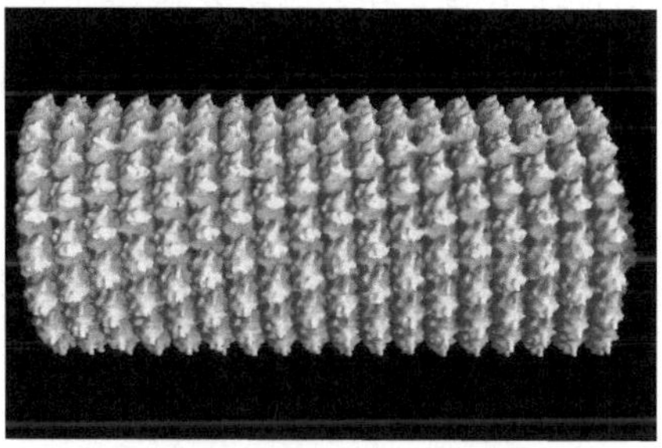

图 9-9　黄瓜花叶病毒

virus,BYMV)。黄瓜花叶病毒属黄瓜花叶病毒组。该病毒粒体球形,直径 28~30nm,钝化温度 70℃,稀释限点 10^{-4},体外存活期 3~6 天。菜豆黄花叶病毒属马铃薯 Y 病毒(Potato virus Y)组。该病毒粒体线条状,长 750nm,内含体风轮状、束状,钝化温度 55℃~60℃,稀释限点 10^{-4},体外存活期 2~3 天。

2. 郁金香碎色病

引起郁金香碎色病的病原为郁金香碎色病毒(Tulip breaking virus,TuBV)。病毒粒体线状,大小为 700nm×(12~13)nm,内含体束状或线圈状,钝化温度 65℃~70℃,稀释限点 10^{-5},18℃时体外存活期 4~6 天。TuBV 有强毒和弱毒 2 个株系,强毒株系导致叶片和花梗上均出现褪色斑驳。除 TuBV 外,CMV 也可以侵染郁金香,并产生碎色花,易与 TuBV 混淆,但 CMV 引起的碎色部位仅限于花瓣的边缘。TuBV 只侵染郁金香属和百合属的植物。

3. 美人蕉花叶病

引起美人蕉花叶病的病原主要是黄瓜花叶病毒。另外,还有引起黄化类症状的美人蕉矮化类病毒(Canna dwarf viriod)。

4. 朱顶红红斑病

该病的病原菌为水仙大褐斑菌(*Stagonospora curtisii*),属半知菌亚门、腔孢菌纲、球壳菌目、壳多隔孢属。

5. 仙客来灰霉病

该病的病原菌(图 9-8)为灰葡萄孢(*Botrytis cinerea* Pers et Fr.),属半知菌亚门、丝孢纲、丝孢目、葡萄孢属。

三、发生规律分析

(一) 唐菖蒲花叶病

两种病毒均在病球茎及病植株体内越冬,借助球茎传到下一个生长季节。菜豆黄花叶病毒由汁液、蚜虫(棉蚜、百合新瘤蚜、马铃薯长管蚜、桃蚜等)传播;黄瓜花叶病毒由汁液、桃蚜及其他蚜虫传播。两种病毒均以带毒球茎作远距离传播。两种病毒均自微伤口侵入。两种病毒寄主范围都较广。菜豆黄花叶病毒除侵染唐菖蒲外,还能侵染美人蕉、黄瓜、曼陀罗等植物。黄瓜花叶病毒能侵染 40~50 种花卉,如大花美人蕉、美人蕉、粉叶美人蕉、金盏菊、百日草、萱草、福禄考、香石竹、兰花、鸢尾、小苍兰、水仙、百合等,很多蔬菜和杂草都是该病毒的毒源植物。

(二) 郁金香碎色病

种球、病残体以及田间的郁金香属、百合属植物是郁金香碎色病毒的越冬场所和病害初侵染的来源。郁金香碎色病毒由汁液或蚜虫非持久性传毒,可以危害多种郁金香及百合。台湾百合和麝香百合是郁金香碎色病毒的鉴别寄主。在自然栽培的情况下,重瓣郁金香往往比单瓣郁金香更易感病。

(三) 美人蕉花叶病

黄瓜花叶病毒在有病的块茎内越冬,由带毒块茎随运输作远距离传播。美人蕉花叶病发生极为普遍,由于采用营养分根繁殖,使病毒代代相传,逐年加重。黄瓜花叶病毒传播的途径主要是靠蚜虫和汁液接触传染,特别是通过棉蚜、桃蚜等作非持久性传毒。蚜虫在病株上取食 1min 即可带毒,在健株上取食 1min 即可将病毒传上。病毒在虫体内的有效时间不超过4h。汁液接种,如采用摩擦接种法,可在黄瓜、曼陀罗、苋色藜和千日红等植物上产生病毒病症状。美人蕉不同品种间抗病性有一定差异。普通美人蕉、大花美人蕉、粉叶美人蕉发病严重,红花美人蕉抗病力强,"大总统"红花美人蕉品种对花叶病免疫。

(四) 朱顶红红斑病

病菌以分生孢子器在鳞茎或外层纸状鳞片上或病叶、病残体上越夏或越冬。病球和病残体是第2年最主要的侵染来源。病菌的分生孢子借风雨传播,初侵染常发生在11月中下旬,翌年3月中下旬进行再侵染,4~5月进入发病高峰,5月上旬叶片枯死。种植过密、排水不良时易发病。以水仙为前作或与文殊兰等邻作时会相互感染,加重病害。

(五) 仙客来灰霉病

病菌以分生孢子或菌核在病叶或其他病组织内越冬。翌春,气温在20℃左右、湿度较高时产生分生孢子,借气流传播,以伤口侵入为主,植株健壮则不易被侵染。病菌对花器及叶片致病力较强。6~7月梅雨季节及10月以后的开花期发病重。该病在气温22℃左右易于发生。空气湿度大时,病害发展迅速;空气干燥时发展缓慢,灰霉少;花盆放置过密,通风不良时发生严重;氮肥过多,植株组织嫩弱时发病重。

四、病害防治

(一) 分组操作

(1) 分组收集整理病害关键防治技术方法,并讨论交流。

(2) 选择1~2种病害最佳防治技术方法进行分组实践操作。

(二) 总结与归纳

1. 唐菖蒲花叶病

(1) 对调运的种球茎进行血清学检测,同时对带有病毒的球茎视病情加以处理,最好全部销毁。建立无毒良种繁育基地,栽培脱毒的组培苗。切花生产可使用经茎尖培养的去病毒试管苗。

(2) 注意田间卫生,拔除患病植株,减少田间再侵染。清除田间杂草,减少黄瓜花叶病毒的侵染来源。

(3) 合理施肥,根据唐菖蒲的需肥特点及种植地块肥力状况,平衡施肥,增强植株的抗病力。用10%吡虫啉乳油3 000倍液防治传毒蚜虫。对切花用具及进行操作的人手用3%~5%磷酸三钠或热肥皂水进行消毒,以防相互感染。选育抗耐病的唐菖蒲品种,淘汰观赏性差的感病品种。选用2%宁南霉素水剂250倍液于发病前喷雾,7~10天喷1次,连续喷2~3次,有较好的防病作用。

2. 郁金香碎色病

(1) 我国郁金香大量引自国外,尤其是荷兰,这些种球多是多年种植、带有病毒、严重退化的淘汰种球,因此首先应严格检疫。

(2) 在防虫室或隔离温室里播种无毒种球来繁殖。采取严格的卫生措施,尽可能减少病毒的再次感染。采用茎尖培养脱毒和组织培养繁殖无毒苗。

(3) 铲除杂草,减少侵染源。消灭昆虫、线虫和真菌等传病介体。预防人为接触传播,接触病苗和材料后要清洗消毒,再接触健康的植株。田间种植期间,及时除去重病株和瘦弱退化株。

(4) 发病区用40%乐果乳油1 000倍液或50%抗蚜威可湿性粉剂4 000~5 000倍液喷雾,以减少蚜虫传毒。在鳞茎贮藏前,用80%敌敌畏乳油80倍液喷洒贮藏地点和器具等,或用2.5%溴氰菊酯乳油2 000倍液喷洒,杀死存在的蚜虫,以防传毒。

3. 美人蕉花叶病

(1) 淘汰有毒的块茎,不用带毒的根茎作繁殖材料。秋天挖取块茎时,把地上部分表现花叶症状的弃去。在分根繁殖时,选用无病毒的母株作为繁殖材料。发现病株立即拔除销毁,减少侵染源。

(2) 及时清除黄瓜花叶病毒毒源植物。使用杀虫剂防治蚜虫,减少传病媒介。发病前用2%宁南霉素水剂250倍液喷雾。

4. 朱顶红红斑病

(1) 避免连作,选取无病球根种植。种植前除去被害鳞片。种植不要过密,要保持良好通风,发现病株、病叶应及时拔除。种植前一天用1∶120倍43%福尔马林浸种3h,或用50%多菌灵可湿性粉剂500倍液浸种12h。

(2) 发病初期喷75%百菌清可湿性粉剂或80%代森锌可湿性粉剂500~700倍液,防止病害蔓延。

5. 仙客来灰霉病

(1) 清洁田园,发现病株及时清理,以免扩大传染。

(2) 控制温湿度,尤其是早春、初冬低温高湿季节,温室栽培应注意加强通风、透光、降温,浇水时避免淋浇。

(3) 将栽培土摊开置于阳光下连续几天暴晒杀菌。也可用40%甲醛溶液(每立方米土用200~300mL)或40%五氯硝基苯可湿性粉剂(用量为土重的0.2%)进行土壤消毒,方法为铺一层土喷一次药,一层层处理完后,用塑料布覆盖闷2~3小时,然后摊开晾2~3天。

(4) 发病前及发病初期使用速克灵烟雾剂熏蒸。傍晚,将用纸分包好的药剂均匀地放置在温室内各处点燃,关闭门窗,每10m^2用20%腐霉利烟雾剂2~3g,7~10天熏1次,连熏3次见效。发病初期也可用1∶1∶200的波尔多液防治,或者用50%多菌灵可湿性粉剂、70%甲基硫菌灵可湿性粉剂或10%多抗霉素可湿性粉剂1 000~2 000倍液防治。发病期,每2周喷1次50%代森锌可湿性粉剂或50%硫菌灵可湿性粉剂500~800倍液。

学习成果

(1) 将球根花卉叶部病害发生症状用照相机或高像素手机拍摄记录,并进行整理。

(2) 将球根花卉叶部病害主要识别特征及关键防治技术要点填入表9-3。

表9-3 球根花卉叶部病害主要识别特征及关键防治技术要点记录表

项目名称		记录内容
主要识别特征	1. 2. ……	

续表

项目名称		记录内容
关键防治技术要点	1. 2. ……	

任务评价

任课教师当堂发放任务评价单，由学习者当堂完成组间评价和组内评价后，收回任务评价单。任课教师可以当堂给出教师评价分，也可以在任务学习者将当堂任务学习成果提交给任课教师后，课后给出教师评价分。任课教师根据学习者任务完成情况，按照教师评价分占50%、组间评价分占30%、组内评价分占20%进行加权计算，最终形成每个学习者的任务完成评价成绩。成绩可以当堂反馈，也可以在下一次课堂上反馈。

职业能力测试

（1）郁金香碎色病的症状识别要点是什么？

（2）导致朱顶红红斑病流行的关键环境因素是什么？

子任务2　球根花卉根茎部病害的诊断与防治

目标要求

通过球根花卉根茎部病害的学习，能对球根花卉根茎部病害进行正确诊断和有效防治。培养学生科学诊断病虫害的思维能力，逐步提升学生的科学素养。

工作准备

（1）材料准备：百合鳞茎基腐病、百合疫病、仙客来根结线虫病、美人蕉青枯病、贮藏期干腐病、贮藏期青霉病、水仙茎线虫病等新鲜标本、盒装标本、散装标本、病原切片以及照片、课件图片或挂图等。

（2）教学场地准备：百合鳞茎基腐病、百合疫病、仙客来根结线虫病、美人蕉青枯病、贮藏期干腐病、贮藏期青霉病、水仙茎线虫病等发生现场，多媒体教室。

（3）用具准备：显微镜、擦镜纸、搪瓷盘、放大镜、盖玻片、载玻片、挑针、刀片、吸水纸等。

任务实施

病害发生概述：百合鳞茎基腐病主要危害百合植株的茎基部，影响植株生长，严重的可导致全株死亡。此病在很多地区发病较普遍,发病率一般为10%~15%,有的甚至达到30%。

百合疫病是百合常见病之一,根颈受害引起生长不良,倒伏枯死。除百合外,该病还危害凤仙花、草莓等多种植物。

仙客来根结线虫病在我国发生普遍,使仙客来生长受阻,严重时可造成全株枯死,在生产上造成很大损失。

美人蕉青枯病使各地每年损失近10万株美人蕉,病区发病率20%~30%,严重时成片死亡,影响景观。

贮藏期干腐病主要造成根和茎基部坏死,常见的寄主植物有水仙、唐菖蒲等。以水仙鳞茎干腐病为例,该病主要分布在福建、上海、江苏、安徽及浙江等地。

贮藏期青霉病主要危害植株的球根部位,常见的寄主植物有唐菖蒲、水仙、百合、郁金香等。以唐菖蒲贮藏期青霉病为例,该病主要分布在上海、江苏、浙江、安徽、湖北、辽宁等地。

水仙茎线虫病是危害水仙鳞茎的重要病害,发生普遍,寄主广泛。除危害水仙外,该病还可危害郁金香和唐菖蒲等球根花卉。

一、症状识别

(一)识别与观察

仔细观察百合鳞茎基腐病、百合疫病、仙客来根结线虫病、美人蕉青枯病、贮藏期干腐病、贮藏期青霉病、水仙茎线虫病的各类标本及发生现场,描述病害发生的病状和病征。

(二)总结与归纳

1. 百合鳞茎基腐病

病害发生于鳞茎的鳞片基部,病部变褐、腐烂,病鳞片从基盘上脱落下来。病鳞茎上长出的植株,其基部叶片变黄或变褐,提前死亡,很少长出花茎,或虽能长出花茎,但短小低劣。病鳞茎没有完全腐烂时逐渐变小或开裂。

2. 百合疫病

花器、叶片、茎、茎基部、鳞茎及根等全株均可发病。感病花器枯萎、凋谢,长出白色霉状物;发病初期,叶片呈水渍状,后枯萎;茎基部组织初现淡黄色水渍状腐烂,后皮层、髓部变褐坏死,染病处以上部分叶片变黄、枯萎;茎上病斑凹陷,呈条状,暗褐色或黑色,可向上或向下扩展,病健交界处清晰。后期,茎基部组织变黑变褐,维管束组织软腐,鳞茎变褐坏死,根部变褐腐败(图9-10)。

图9-10 百合疫病

3. 仙客来根结线虫病

被害植株地上部分表现出生长不良,植株矮小,叶片少、小且黄,下部叶片更为明显,花不能开放,严重时可导致植株枯死。在仙客来的主根或新生的侧根上产生单生或串生的圆形、纺锤形或不规则形瘤状根结(图9-11),大小不一,小如菜籽，大如豆粒，初为黄白色，表面光滑，后变为褐色，表面粗糙，破裂腐烂。在体视显微镜下剖开根结，可见到乳白色小颗粒状雌虫。

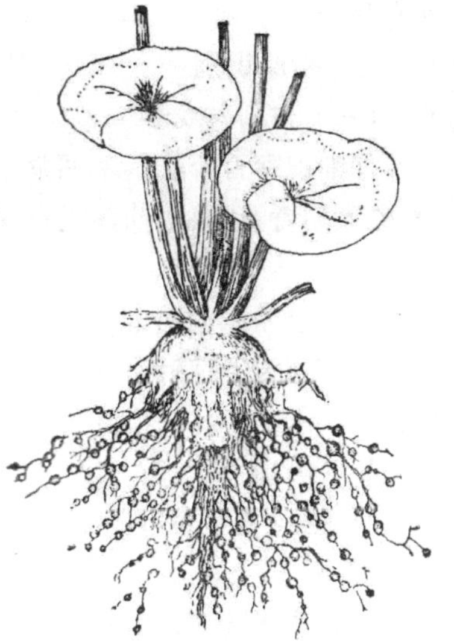

图 9-11　仙客来根结线虫病

（引自徐明慧《园林植物病虫害防治》）

4. 美人蕉青枯病

病菌侵染植株的茎秆和根系，流行期植株从染病到枯死一般只需 10~15 天。病株地上部叶片失水变黄，萎蔫下垂，后茎基或茎干出现黑色条斑，绕茎一周后整株枯死。横切坏死的根或茎，几分钟后切面上有乳白色或黄褐色细菌黏液溢出，即病原细菌，是室外诊断青枯病的重要依据。若纵切茎干，则可见条状黑褐色斑带。

5. 贮藏期干腐病

水仙鳞茎干腐病多发生于鳞茎基部和根部。叶片上初为小而不规则的褐色病斑，后扩大，病斑干燥，后期病部表面长出白色或粉红色霉层；鳞茎发病，初为根盘部位出现褐色斑，并向上迅速穿越鳞茎向内部蔓延，或横向扩展，鳞茎腐烂呈条状，腐烂组织为深褐色或紫褐色，鳞片中间出现白色或粉红色的菌丝体，后期病球肉质鳞片呈干腐海绵状剥落。田间鳞茎发病时，随病害发展，叶片由叶尖向下失绿变黄，直至全株枯萎。贮藏期间，球根根部开始变褐、腐败，后期肉质部分呈干腐海绵状剥落，有时也坚硬如石。病轻的鳞茎再次种植时，长出的植株矮化，叶短或浅黄绿色，根少或无根生长，不久枯死。

6. 贮藏期青腐病

被害球茎上开始时产生褐色下陷的病斑，周围黑色，与健康部分界限明显，在潮湿条件下病斑上长出一层青色的霉层。病菌一般先侵染紧贴球茎的外皮，然后向上、向下扩展，病球茎呈木栓质腐烂。温湿度高时，病斑表面和内部形成直径 0.5mm 的灰色或浅黄色到浅褐色球形小菌核。发病严重时，球茎腐烂。

7. 水仙茎线虫病

该病主要侵染花茎和鳞茎。受害后，植株萎缩，鳞茎腐烂。感病鳞茎的鳞片间常常产生一圈或多圈褐色环斑，在夏季贮藏中尤其严重，可使鳞茎部分或全部腐烂，在茎基衰老鳞片中有时可见大量线虫（图 9-12）。患病鳞茎种植后叶片生长受阻，扭曲变形（图 9-12），肿大，皱缩，基部增厚，有时开裂，出现淡黄或黄褐色的泡状斑点，叶片中间的泡状斑点比边缘的大，边缘的泡状斑点通常中心凹陷。患病鳞茎长出的叶和花均小，严重感染的鳞茎很少能长出叶片和花朵。花茎的症状与叶片相似，根呈水渍状，变褐色，

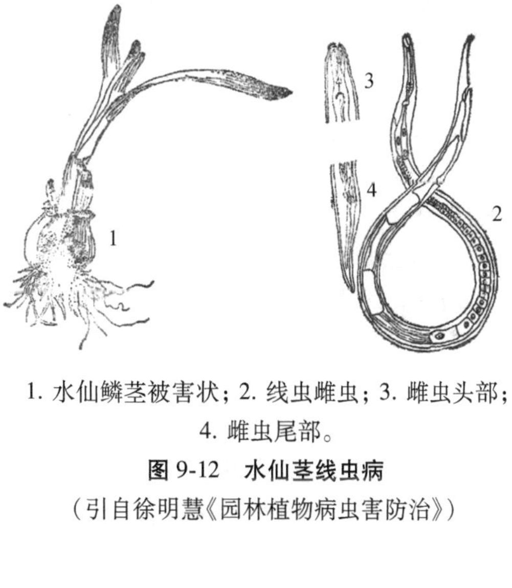

1. 水仙鳞茎被害状；2. 线虫雌虫；3. 雌虫头部；4. 雌虫尾部。

图 9-12　水仙茎线虫病

（引自徐明慧《园林植物病虫害防治》）

并有臭味。

二、病原识别

(一) 识别与观察

仔细观察百合鳞茎基腐病、百合疫病、仙客来根结线虫病、美人蕉青枯病、贮藏期干腐病、贮藏期青霉病、水仙茎线虫病的病原及其切片,描述病原菌的主要特征。

(二) 总结与归纳

1. 百合鳞茎基腐病

病原菌为尖孢镰刀菌(*Fusarium oxysporum*),属半知菌亚门、丝孢纲、瘤座孢目、镰刀菌属。

2. 百合疫病

病原菌为恶疫霉(*Phytophthora cactorum*)和烟草疫霉(*P. nicotianae*),属鞭毛菌亚门、霜霉目、疫霉属。

3. 仙客来根结线虫病

病原菌主要有南方根结线虫(*Meloidogyne incognita* Chitwood.)、花生根结线虫(*M. arenaria* Neal)等(图9-13),属线虫纲、垫刃目、根结线虫属。南方根结线虫的雄虫蠕虫形,长1.2~2.0mm,尾短而钝圆,有2根弯刺状交合刺;雌虫鸭梨形,大小为(0.5~0.69)mm×(0.30~0.43)mm,阴门周围有特殊的会阴花纹;幼虫蠕虫形;卵长椭圆形,无色透明。花生根结线虫的雌虫大小为(0.51~1.0)mm×(0.4~0.6)mm,虫体末端具一棕黄色胶质卵囊,一端露于病瘤外,每卵囊内有卵300~500个,会阴部弓形纹较低平,稍呈圆形,背面圆而扁,侧线上无明显沟纹,仅具不规则断续横纹,近尾尖处无刻点;雄虫线形。

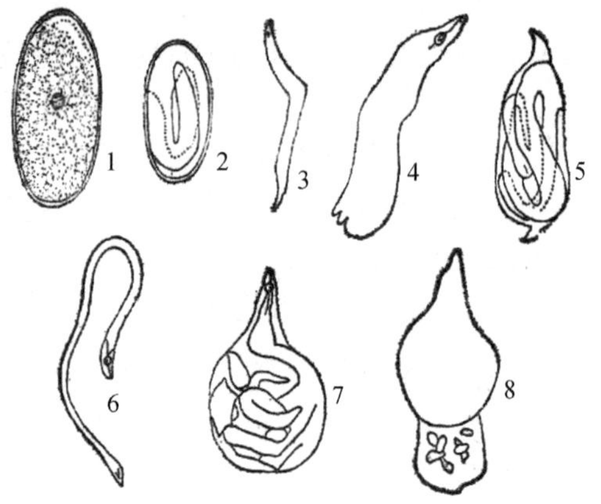

1. 卵;2. 卵内孕育的幼虫;3. 幼虫;
4. 未成熟的雌虫;5. 在幼虫包皮内成熟的雌虫;
6. 雄虫;7. 含有卵的雌虫;8.产卵的雌虫。

图9-13 根结线虫生活史

(引自徐明慧《园林植物病虫害防治》)

4. 美人蕉青枯病

病原菌为青枯假单胞杆菌(*Pseudomonas solanacearum*),属薄壁菌门、假单胞杆菌目、假单胞杆菌属。

5. 贮藏期干腐病

病原菌为水仙尖镰孢(*Fusarium oxysporum* f.*narcissi*),属半知菌亚门、丝孢纲、瘤座孢目、镰刀菌属。病菌的无性孢子有大型镰刀形的分生孢子、小型椭圆形的分生孢子和圆形的厚垣孢子,以3种孢子进行侵染传播。

6. 贮藏期青霉病

病原菌为唐菖蒲青霉(*Penicillium gladioli* Mach),属半知菌亚门、丝孢纲、丛梗孢目、青霉属。分生孢子梗扫帚状,分枝较大,有3层。小梗大小为(9~12)μm×(2~2.5)μm,壁粗糙。分生孢子椭圆至亚球形，2.8～3.5μm。菌落产生大量菌核，可排成同心圈。

7. 水仙茎线虫病

病原菌为起绒草茎线虫[*Ditylenchus dipsaci*（kühn）Filipjev]，属线虫纲、垫刃目、垫刃科、茎线虫属。病原线虫的雌、雄成虫均为线形，体长0.9～1.8mm，直径约30μm。

三、发生规律分析

（一）百合鳞茎基腐病

病菌以菌丝体在种球内或以菌丝体及菌核随病残体在土壤中越冬。带病的种鳞茎和污染的土壤是该病主要的初侵染来源。在前作发病的地块上连作，一般病害发生较重。根茎受伤或受根结线虫危害时易发病或使病害加重。

（二）百合疫病

病菌主要以菌丝体、厚垣孢子或卵孢子随病残体在土壤中越冬，翌年萌发游动孢子借风雨、流水传播侵入，发病后产生孢子囊，再萌发游动孢子直接再侵染。潮湿多雨、大雨后排水不良，有利于该病的发生和蔓延。有伤口时，植株易受侵染。高温多雨，气温在20℃～30℃，相对湿度在70%以上，土壤湿度在40%～50%时，该病易流行。

（三）仙客来根结线虫病

根结线虫的寄主范围极广泛，仅园林植物受害的已有几十种。线虫的卵、幼虫、成虫都可越冬，每年发生3～5代，完成1代约需30～50天。雌虫在病根上越冬；卵在卵囊内越冬，成活期可达2年。线虫主要通过种苗、未腐熟的肥料、工具、土壤、农事操作和流水传播。在土内越冬的2龄幼虫可直接侵入寄主的幼根，刺激寄主形成巨型细胞，并形成根结。幼虫几经脱皮发育为成虫，雌雄交配产卵或孤雌生殖产卵。土壤内幼虫如3周遇不到寄主，死亡率可达90%。连作、高温高湿、盆土疏松且湿度过大有利于发病。

（四）美人蕉青枯病

病菌可存活于土壤、植株残体和垃圾混合物中，使用种过花生、番茄、茄子、烟草、木麻黄、桉树、菊花、大丽花等染病植物的土壤以及这些罹病植物的花、茎、根和叶的病残体接触过的土肥、水源培育美人蕉都易发生病害。病菌在土壤中可存活1年以上，干燥和水淹时分别仅能存活30天和90天。病菌多从根部及茎干处伤口侵入。风雨损伤、昆虫蛀食、人为活动造成的伤口都会为病菌侵入创造机会。地表径流、株间连根是小区间主要的传播途径。远距离传播主要靠带病的块茎繁殖材料。一般每年3月开始发病，6～10月发病严重，7～9月为发病高峰期。台风暴雨后，当气温在33℃～35℃，相对湿度在80%以上或积水时，病害最易流行。

（五）贮藏期干腐病

病菌以菌丝体和厚垣孢子在带病鳞茎、病残体、病根或土壤中越冬。以昆虫咬伤和机械伤口侵入，也可直接侵入健康根系。适宜病菌侵染的土壤温度为23℃～32℃，最适温度为28℃～30℃，低于13℃时病菌很难侵染。降雨时形成的地表径流、灌溉水流等可使病菌在田间传播。将病、健鳞茎混在一起会大大增加感染机会。挖掘时损伤多，则容易发病。土壤偏酸、多雨潮湿、黏重积水、氮肥过多，都有利于病害的发展与蔓延。5月上旬至收获期是病害发生盛期。贮藏场所通风不好易感病；种植有病鳞茎时发病重；连作发病重。

(六) 贮藏期青腐病

病菌以菌核越冬。病菌广泛存在于空气、水、土壤和各种容器中,当球茎在采收或贮藏过程中受到创伤时,便从伤口侵入球茎。雨天挖掘,又未能迅速干燥,贮藏库温度、湿度偏高,通风不良时易发生此病。球茎在贮藏和运输过程中堆积过厚、时间过久会使病害加重。

(七) 水仙茎线虫病

病原线虫在鳞茎残体或土壤中可存活 3~4 年,干旱条件下可存活 20 年。雌线虫产卵量为 200~500 粒。主要侵染阶段是 4 龄幼虫,该阶段幼虫可在恶劣环境下生存相当长时间。线虫主要从叶片和花茎的气孔侵入,向鳞茎扩展;也可从鳞片进入,在此迅速发育。纵切鳞茎,可见线虫蔓延踪迹。繁殖与传播的最适温度为 10℃~15℃。在适温下,线虫完成一个生活周期需 19~25 天,在水仙上一个生长季节可增殖 15 000 倍,能使整个鳞茎迅速毁坏。水流、田间操作的工具和人手、带病鳞茎均可传病。

四、病害防治

(一) 分组操作

(1) 分组收集整理病害关键防治技术方法,并讨论交流。

(2) 选择 1~2 种病害最佳防治技术方法进行分组实践操作。

(二) 总结与归纳

1. 百合鳞茎基腐病

(1) 种鳞茎用 70%甲基托布津可湿性粉剂 1 000 倍液浸泡 10min,清水冲洗后播种。

(2) 露地栽培百合应选择排水良好的地方,雨季注意及时排水,发现病株及早挖除并销毁。另外,在栽植过程中应避免碰伤植株的根颈部。

(3) 在生长期或发病初期,喷洒 1∶0.5∶100 的波尔多液或 70%乙磷铝可湿性粉剂 700 倍液能抑制病害传播。种植前可选用 66.5%霜霉威盐酸盐水剂 400~600 倍液进行土壤喷淋。

2. 百合疫病

(1) 选择健康鳞茎进行种植,发现病株及早清除。设防雨设施,注意排水,同时适当增施磷、钾肥,提高植株的抗病力。

(2) 发病初期用 25%甲霜灵可湿性粉剂、72%霜脲氰锰锌可湿性粉剂或 72%霜脲氰可湿性粉剂 800 倍液、64%噁霜灵锰锌可湿粉剂或 58%甲霜灵锰锌可湿性粉剂 500 倍液、40%乙磷铝可湿性粉剂 250~300 倍液或 1∶1∶200 波尔多液喷雾防治,每隔 7~10 天喷 1 次,连续喷 2~3 次。采花前 3 天停药。

3. 仙客来根结线虫病

(1) 加强植物检疫,避免疫区扩大,病株传入无病区。

(2) 进行土壤热处理。先清除杂质,热处理温度不超过 80℃,以免导致土质变劣,时间在 30min 以上;或在夏季高温季节,在水泥地上将土壤铺成薄层,在太阳下暴晒,晚上收集后用塑料布覆盖,反复暴晒两星期,其间防止水浸,避免再次污染。

(3) 花盆和其他用具要清洗消毒。将染病球茎在 46.6℃的水中浸泡 60min 或在 48.9℃的水中浸泡 30min。与禾本科植物轮作,间隔 2~3 年。

(4) 用 1.8%阿维菌素乳油 2 000~3 000 倍液或 5%甲维盐水分散粒剂 5 000~8 000 倍液

进行土壤处理。

4. 美人蕉青枯病

(1) 不在病区取块茎作繁殖材料。若发现批量带病种苗,应成批淘汰。

(2) 不在发生过青枯病的土壤上种植美人蕉。土杂肥应先堆沤,充分腐熟,或每平方米用40%福尔马林50倍液6kg淋洒后覆盖薄膜消毒。病害流行期,不中耕除草,避免损伤植株。

(3) 发现病株立即拔除,挖去病土并在四周淋洒25%福美双·甲霜灵(青枯灵)400~600倍液或90%土霉素、农用硫酸链霉素3 000~4 000倍液或硫黄粉剂等。在病区台风过后最好淋撒上述药剂1次。

5. 贮藏期干腐病

(1) 收获后、贮藏前、种植时,仔细检查,剔除有病鳞茎或剥去腐烂鳞片并销毁。挖掘、挑选和分级时避免造生伤口,并迅速干燥。鳞茎贮藏于干燥、阴凉、通风的场所。进行轮作。

(2) 播种前用40%甲醛120倍液浸种3.5h、50%多菌灵500倍液浸种12h、50%苯菌灵1 000~2 000倍液浸种20~30min或58%甲霜灵锰锌可湿性粉剂400倍液处理水仙球根,进行种球消毒。

6. 贮藏期青霉病

采收球茎时避免损伤,且球茎应迅速干燥。刚收获的球茎应放在30℃左右温度条件下处理10~15天,促进伤口愈合,经干燥后再贮藏。

7. 水仙茎线虫病

(1) 清除感染的植株和鳞茎,挑选无病鳞茎作种球。发现病株及时拔除,并去除下部鳞茎,更换穴内土壤或用药剂处理土壤。在贮藏过程中定期检查,销毁病残体。

(2) 对感病轻的鳞茎或可疑鳞茎用温水或药剂处理。将种球放在43℃温水中加0.5%福尔马林浸泡3~4h,既可杀灭线虫,又可防治侵染鳞茎的真菌。也可将鳞茎放入46%虫线磷200倍液中浸泡30min以杀灭线虫。处理后的鳞茎应即用清水冷却、干燥,或立即种植。

(3) 对病区土壤,用80%二溴氯丙烷5~8mL/m^{2}药剂稀释100~150倍浇灌,土壤熏蒸。

学习成果

(1) 将球根花卉根茎部病害发生症状用照相机或高像素手机拍摄记录,并进行整理。

(2) 将球根花卉根茎部病害主要识别特征及关键防治技术要点填入表9-4。

表9-4　球根花卉根茎部病害主要识别特征及关键防治技术要点记录表

项目名称		记录内容
主要识别特征	1. 2. ……	
关键防治技术要点	1. 2. ……	

任务评价

任课教师当堂发放任务评价单,由学习者当堂完成组间评价和组内评价后,收回任务评价单。任课教师可以当堂给出教师评价分,也可以在任务学习者将当堂任务学习成果提交给任课教师后,课后给出教师评价分。任课教师根据学习者任务完成情况,按照教师评价分占50%、组间评价分占30%、组内评价分占20%进行加权计算,最终形成每个学习者的任务完成评价成绩。成绩可以当堂反馈,也可以在下一次课堂上反馈。

职业能力测试

(1) 水仙茎线虫病的症状识别要点是什么?
(2) 贮藏期青霉病流行的关键环境因素是什么?

子任务3　球根花卉害虫的识别与防治

目标要求

通过球根花卉害虫的学习,能对球根花卉害虫进行正确识别和有效防治。引导学生了解害虫发生的原因,使其增强对大自然的敬畏感,从而充分认识国家大力推进"生态文明建设"的重要性。

工作准备

(1) 材料准备:大丽花螟蛾的盒装标本、浸泡标本以及照片、课件图片或挂图等。
(2) 教学场地准备:大丽花螟蛾发生现场、多媒体教室。
(3) 用具准备:体视显微镜、擦镜纸、搪瓷盘、放大镜、眼科剪刀、镊子、蜡盘、大头钉、吸水纸等。

任务实施

虫害发生概述:大丽花螟蛾(*Ostrinia nubilalis* Hubner),别名玉米螟,鳞翅目、螟蛾科,为大丽花的主要害虫,主要分布在我国东北、华北、华东、西北等地。

一、为害状识别

(一) 识别与观察

仔细观察大丽花螟蛾的各类标本及发生现场,描述虫害发生情况。

(二) 总结与归纳

幼虫蛀食大丽花、菊花、美人蕉、唐菖蒲、棕榈等园林植物。受害严重时,大丽花茎部几乎全被蛀害,不能开花。

二、形态识别

（一）识别与观察

仔细观察大丽花螟蛾的标本，描述害虫的主要特征。

（二）总结与归纳

1. 成虫

成虫体长 15mm，黄褐色。前翅鲜黄色，翅面上有 2 条浅褐色波浪细纹；后翅灰白或灰色，波浪纹不是很明显。

2. 幼虫

幼虫（图 9-14）圆筒形，老熟幼虫体长约 20mm，头红褐色，背中央有 1 条明显的褐色细线。

3. 蛹

蛹纺锤形，红褐色或黄褐色。

图 9-14　大丽花螟蛾幼虫

三、发生规律分析

1 年 2 代，以幼虫在茎秆内越冬。次年 5 月下旬幼虫化蛹，5 月底羽化为成虫，在花芽及叶基部产卵。幼虫为害期分别为 6~7 月中旬、8 月中旬至 10 月，尤其以 8~9 月为害最严重，此时恰好是大丽花的花期，因而影响花期开花和节日摆花。幼虫有转移为害习性，被害植物茎秆被蛀空，枯黄而死，蛀孔外粘有黑色虫粪。10 月底幼虫在茎秆内越冬。

四、虫害防治

（一）分组操作

（1）分组收集整理虫害关键防治技术方法，并讨论交流。

（2）选择 1~2 种虫害最佳防治技术方法进行分组实践操作。

（二）总结与归纳

（1）虫害较轻时不必喷药，可剪除虫株，消灭幼虫，防止蔓延。

（2）幼虫初发期喷 2.5%三氟氯氰菊酯乳油 7 400 倍液或 25%喹硫磷乳油 2 000 倍液。

（3）幼虫若已蛀入茎秆内，可注射 80%敌敌畏乳油 500 倍液，并用泥土封孔。

（4）大丽花种植地勿与玉米、高粱地块接近，冬季及时处理大丽花茎秆和菊花茎秆，减少越冬虫源。

学习成果

（1）将大丽花螟蛾发生状用照相机或高像素手机拍摄记录，并进行整理。

（2）将大丽花螟蛾主要识别特征及关键防治技术要点填入表 9-5。

表 9-5　大丽花螟蛾主要识别特征及关键防治技术要点记录表

项目名称		记录内容
主要识别特征	1. 2. ……	

续表

项目名称		记录内容
关键防治技术要点	1. 2. ……	

任务评价

任课教师当堂发放任务评价单，由学习者当堂完成组间评价和组内评价后，收回任务评价单。任课教师可以当堂给出教师评价分，也可以在任务学习者将当堂任务学习成果提交给任课教师后，课后给出教师评价分。任课教师根据学习者任务完成情况，按照教师评价分占50%、组间评价分占30%、组内评价分占20%进行加权计算，最终形成每个学习者的任务完成评价成绩。成绩可以当堂反馈，也可以在下一次课堂上反馈。

职业能力测试

(1) 大丽花螟蛾的形态识别要点是什么?

(2) 导致大丽花螟蛾大发生的关键环境因素是什么?

【任务小结】

本任务主要传授和训练球根花卉病虫害的相关内容和技能，为园林植物病虫草害的防治工作奠定基础。

【讨论与提高】

(1) 如何区分青枯病和枯萎病?

(2) 百合疫病的关键防治技术有哪些?

【考证提示】

本任务涉及园林植物保护工、绿化工、花卉工、花卉园艺师等工种的考核，涉及考证的内容主要为球根花卉病虫害的识别和防治，应牢固掌握。

任务3 宿根花卉病虫害的识别诊断与防治

子任务1 宿根花卉叶部病害的诊断与防治

目标要求

通过宿根花卉叶部病害的学习，能对宿根花卉叶部病害进行正确诊断和有效防治。在团队协作中理解党的二十大报告中强调的“团结就是力量，团结才能胜利”的深远意义。

工作准备

（1）材料准备：兰花炭疽病、红掌细菌性叶斑病的新鲜标本、盒装标本、散装标本、病原切片以及照片、课件图片或挂图等。

（2）教学场地准备：兰花炭疽病、红掌细菌性叶斑病发生现场，多媒体教室。

（3）用具准备：显微镜、擦镜纸、搪瓷盘、放大镜、盖玻片、载玻片、挑针、刀片、吸水纸等。

任务实施

病害发生概述：兰花炭疽病是一种分布广泛的病害，主要危害春兰、蕙兰、建兰、墨兰、寒兰等兰属花卉，引起叶、果部位焦黑斑点，严重时整叶枯死。

红掌细菌性叶斑病最早于1960年在巴西发现，1971年开始在美国夏威夷地区出现，20世纪80年代相继在一些生产红掌的地区传播开来。随着我国引进种植红掌切花和盆花规模的扩大，红掌细菌性叶斑病也随之传入我国。

一、症状识别

（一）识别与观察

仔细观察兰花炭疽病、红掌细菌性叶斑病的各类标本及发生现场，描述病害发生的病状和病征。

（二）总结与归纳

1. 兰花炭疽病

该病主要危害叶片，其他器官也受害。前期，在叶片的中部出现红褐色至黑褐色圆形、椭圆形斑点（图9-15），叶缘处病斑呈半圆形。随着病斑的扩展，小病斑会连接成波纹状或条状的黑褐色大病斑。若叶尖发病，则病斑向下蔓延，造成叶片成段枯死；若叶基部发病，严重时则会造成整张叶片枯死。后期，病斑呈轮纹状，病斑中央颜色变浅，呈灰白色，有的病斑上还会出现近轮状排列的黑色小颗粒，即病原菌的分生孢子盘。

1. 症状；2. 分生孢子盘。

图9-15　兰花炭疽病

（引自徐明慧《园林植物病虫害防治》）

2. 红掌细菌性叶斑病

该细菌有两种侵染方式。一种侵染类型称为叶部侵染，开始于叶缘及叶片下部气孔较多的地方。初期，在叶背可见水浸状斑点；后期，叶缘出现褐斑，且边缘有黄色晕环。另一种侵染类型称为系统侵染或维管束侵染，开始于茎上，通过维管束系统迅速传遍整个植株。维管束内由于细菌的阻塞，水分流动与营养运输受阻,侵染初期新叶叶色暗淡,后期叶片变黄,在较短时间内就能导致花梗和叶片从植株上脱落,生长点迅速腐烂,并有菌脓涌出。有时,当汁液携带细菌流向叶片时,叶部会出现水浸状斑点,类似于叶部侵染,不同的是这种情况下水浸状斑点多出现在叶子中间的主脉附近。

二、病原识别

(一) 识别与观察

仔细观察兰花炭疽病、红掌细菌性叶斑病的病原及其切片,描述病原菌的主要特征。

(二) 总结与归纳

1. 兰花炭疽病

该病由多种真菌引起,主要有兰刺盘孢菌(*Colletotrichum orchidearum* Allesoh.)和兰叶短刺盘孢菌(*C. orchidearum* f. *cymbidium* Allesoh.)2 种,属半知菌亚门、丝孢纲、黑盘孢目、刺盘孢属。寒兰、蕙兰上发生的炭疽病的病原多为兰叶短刺盘孢菌,春兰、建兰、婆兰、墨兰上发生的炭疽病的病原多为兰刺盘孢菌。

2. 红掌细菌性叶斑病

病原菌为黛粉黄单胞杆菌[*Xanthomonas campestris* pv. *dieffenbachiae*(Mc Cull och et Pirone)Dye]。细菌杆状,大小为(0.7~1.8)μm×(0.4~0.7)μm,革兰氏染色反应阴性,好氧,具单极生鞭毛,善游,适宜生长温度为 25℃~30℃。

三、发生规律分析

(一) 兰花炭疽病

病原菌在 4 月初开始侵染兰花老叶,5~6 月扩展较快,梅雨季节病害加重,7 月以后病害渐渐中止。兰花新叶在 7 月底开始发病,8 月发展迅速。若这时遇台风侵袭,会造成叶片和植株受伤而使病害加重。兰花炭疽病病原菌在叶面上能存活 9 个月,在植株中能生存 1 年以上,散落在种植兰花的盆土表土上的病菌可存活 1 年左右。所以,若不进行治疗,病害会年复一年地发生。兰花品种间有抗病性差异:春兰、寒兰、风寒兰、报春兰、大富贵等品种感病;蕙兰、十元抗性中等;台兰、秋兰、墨兰、建兰中由于含铁梗素,因而较为抗病。

(二) 红掌细菌性叶斑病

除安祖花属植物外,该菌几乎可危害所有天南星科的植物,如黛粉叶属、合果芋属、蔓绿绒属等属植物。病菌可通过茎、叶上的伤口侵入,也可通过植株上的气孔、叶缘水孔侵入。水是病菌传播和侵入的主要媒介。侵入叶片表面需要 20min 以上,主要侵染气孔多、开放型、间隙大的幼嫩组织。病害除经由病株的接触或植株表面带菌水滴落植株表面传播外,飞溅的雨水、灌溉水以及带病菌的介质、鞋、人手、衣服、工具等都是传播的途径。生长弱的植株更容易被病菌侵染。病菌繁殖理想的温度在 30℃左右,不良的环境条件及较高的温度下病害发展速度更快。

四、病害防治

(一) 分组操作

(1) 分组收集整理病害关键防治技术方法,并讨论交流。

(2) 选择 1~2 种病害最佳防治技术方法进行分组实践操作。

（二）总结与归纳

1. 兰花炭疽病

（1）加强兰花养护管理，种植不要过密，注意通风透光。不宜用瓷盆种植，浇水尽量选择灌水，不要淋浇。避免冻害和霜害，操作中尽量不伤及植株，增施磷钾肥，增强兰花的抗病性。

（2）冬、春季剪除病叶，及时清除落叶、拔除病残叶，集中烧毁，减少侵染来源。然后向地面、盆面、植株上喷施 1∶1∶100 波尔多液 1~2 次。

（3）发病初期喷施 1∶1∶100 波尔多液、80%炭疽福美可湿性粉剂 600 倍液、75%百菌清可湿性粉剂+70%甲基硫菌灵可湿性粉剂（1∶1）、50%苯菌灵可湿性粉剂或 20%三环唑可湿性粉剂 800 倍液，7~10 天喷 1 次，连续喷 3~4 次。

（4）发病期可用 50%福美双可湿性粉剂、50%咪鲜胺锰盐可湿性粉剂、75%百菌清可湿性粉剂 500~800 倍液，或 69%烯酰吗啉锰锌+75%百菌清可湿性粉剂（1∶1）1 000~1 500 倍液喷雾，7~10 天喷 1 次，交替喷 3~4 次，防治效果明显。

2. 红掌细菌性叶斑病

（1）种植清洁无病菌的组培健康种苗。避免随意从外界带入该病害的寄主植物。

（2）加强卫生措施，尽量减少生产区人员、作业工具的流动。所有操作要先清洁区后发病区。切花、切叶刀具分区使用，定期消毒，每次使用都要用 85%酒精等消毒液消毒。尽早去除被感染的叶片，装入密闭的塑料袋中带出销毁；整株拔除系统侵染及邻近植株与基质。进入温室生产区，必须穿消毒白大褂，同时用 85%酒精等消毒液对手和鞋子进行消毒。

（3）尽量避免不良的环境条件及偏高的温度，使植株保持干燥，杜绝植株的吐水现象。降低铵态氮和硝态氮水平，增施磷、钾肥，促使植株生长健壮。

（4）轮换施用 72%农用硫酸链霉素、新植霉素 4 000~5 000 倍液、10%农用硫酸链霉素可湿性粉剂 1 000 倍液，每周一次。铜制剂对红掌植株有毒害作用，50%DT 可湿性粉剂等含铜农药要慎重选择使用。

学习成果

（1）将宿根花卉叶部病害发生症状用照相机或高像素手机拍摄记录，并进行整理。

（2）将宿根花卉叶部病害主要识别特征及关键防治技术要点填入表 9-6。

表 9-6　宿根花卉叶部病害主要识别特征及关键防治技术要点记录表

项目名称		记录内容
主要识别特征	1. 2. ……	
关键防治技术要点	1. 2. ……	

任务评价

任课教师当堂发放任务评价单，由学习者当堂完成组间评价和组内评价后，收回任务评价单。任课教师可以当堂给出教师评价分，也可以在任务学习者将当堂任务学习成果提交给任课教师后，课后给出教师评价分。任课教师根据学习者任务完成情况，按照教师评价分占50%、组间评价分占30%、组内评价分占20%进行加权计算，最终形成每个学习者的任务完成评价成绩。成绩可以当堂反馈，也可以在下一次课堂上反馈。

职业能力测试

（1）兰花炭疽病的症状识别要点是什么？

（2）造成红掌细菌性叶斑病流行的关键环境因素是什么？

子任务2　宿根花卉根茎部病害的诊断与防治

目标要求

通过宿根花卉根茎部病害的学习，能对宿根花卉根茎部病害进行正确诊断和有效防治。在团队中培养认真履职尽责、勇于担当的品质，培养学生敢于创新的精神。

工作准备

（1）材料准备：香石竹枯萎病、天竺葵菌核病、非洲菊根腐病的新鲜标本、盒装标本、散装标本、病原切片以及照片、课件图片或挂图等。

（2）教学场地准备：香石竹枯萎病、天竺葵菌核病、非洲菊根腐病发生现场、多媒体教室。

（3）用具准备：显微镜、擦镜纸、搪瓷盘、放大镜、盖玻片、载玻片、挑针、刀片、吸水纸等。

任务实施

病害发生概述：枯萎病是香石竹上发生普遍而严重的病害，在我国上海、江苏、浙江、广东、天津等省市均有发生。该病从20世纪30年代起，成为各国香石竹生产的一个限制因素。寄主植物有香石竹、石竹、美国石竹等石竹属多种植物。该病主要危害植株的根部，造成其枯萎死亡，发病率一般为10%~20%。

菌核病主要危害植株的幼苗、茎部等，是天竺葵栽培中的毁灭性病害。

根腐病是我国非洲菊生产上最主要的病害，发生面广，危害严重，一般发病率为20%~30%，严重时达80%。根腐病主要危害植株的地下部分，在非洲菊的整个生长期都会发生。

一、症状识别

（一）识别与观察

仔细观察香石竹枯萎病、天竺葵菌核病、非洲菊根腐病的各类标本及发生现场，描述病害发生的病状和病征。

（二）总结与归纳

1. 香石竹枯萎病

植株在生长发育的任何时期都可受害。首先是植株下部叶片及枝条变色、萎蔫，并迅速向上蔓延，叶片由正常的深绿色变为淡绿色，最终呈苍白的稻草色，植株枯萎（图 9-16）。有时植株一侧或个别叶片的一半受到侵染，则表现为一侧枝叶或叶片一半明显枯萎，嫩枝生长扭曲、畸形和生长停滞，幼株受侵染导致迅速死亡，根部受侵染后迅速向茎部蔓延，植株最终枯萎死亡。纵切病茎，可看到维管束中有暗褐色条纹，从横断面可见到明显的暗褐色环纹。

图 9-16　香石竹枯萎病

（引自徐明慧《园林植物病虫害防治》）

2. 天竺葵菌核病

病菌主要侵染植株接近土表茎基部，也可在茎中部发生。茎基或茎中部感染初期，出现淡褐色、水渍状稍凹陷斑点，渐向上下扩展成不规则斑块。病斑围绕茎一周时，叶片黄化下垂干枯，最后植株死亡。病茎组织干腐，茎内中空，表皮完好或开裂，高湿环境条件下，病部表面可长出白色棉毛状菌丝，干燥时菌丝消失。剖开病茎，有黑色鼠粪状菌核颗粒。

3. 非洲菊根腐病

病株根系呈黑褐色，病根皮层剥离，须根少，整个植株易拔起。病情发展缓慢时，病株叶片呈紫红或黑褐色，陆续枯萎；严重发生时，整个植株很快呈青枯状死亡。

二、病原识别

（一）识别与观察

仔细观察香石竹枯萎病、天竺葵菌核病、非洲菊根腐病的病原及其切片，描述病原菌的主要特征。

（二）总结与归纳

1. 香石竹枯萎病

病原菌为香石竹尖镰孢（*Fusavium oxysporum* f. sp dianthi Sny et Hans）（图 9-17），属半知菌亚门、丝孢纲、瘤座孢目、镰刀菌属，是专一引起香石竹维管束病害的病原。

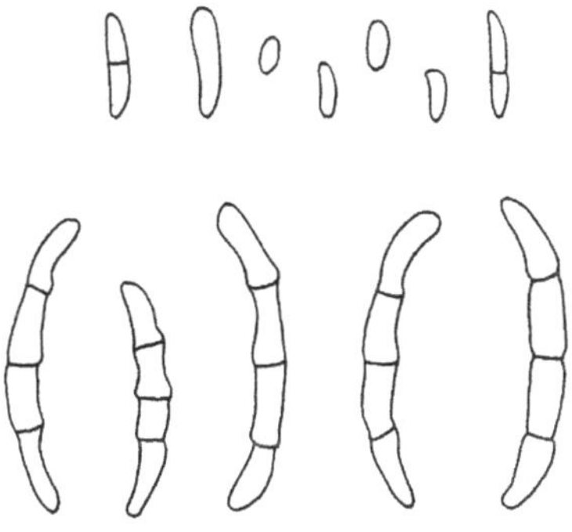

图 9-17　香石竹尖镰孢

（引自蔡祝南等《花卉病虫害防治大全》）

2. 天竺葵菌核病

病原菌为核盘菌（*Sclerotinia sclerotiorum*），属子囊菌亚门、盘菌纲、柔膜菌目、核盘菌属。病菌发育的最有利温度为 20℃左右，相对湿度在 85%以上。

3. 非洲菊根腐病

该病由多种真菌共同引起,主要有腐皮镰孢菌(*Fusarium solani*)、尖孢镰刀菌(*F.oxysporum*)、长蠕孢菌(*Helminthosporium sativum*)、立枯丝核菌(*Rhizoctonia solani*)。

三、发生规律分析

(一) 香石竹枯萎病

病原菌在病株残体或土壤中存活。病株的根或茎的腐烂处在潮湿环境中可产生子实体。孢子借气流、雨水或灌溉水的泼溅传播,通过根、茎基部或插条的伤口侵入危害,病菌进入维管束系统并逐渐向上蔓延扩展。病菌可定殖在维管束而无症状表现。症状出现前,维管束内病菌扩展慢,从感病母株上获得的部分繁殖材料可能有隐匿寄生,因此,繁殖材料是病害传播的重要来源之一。被污染的土壤也是传播来源之一。春、夏季节,若土壤温度较高,阴雨连绵,土壤积水,则病害发生严重。栽培中氮肥施用过多以及土壤偏酸性,均有利于病菌的生长和侵染,促进病害的发生和流行。品种之间存在抗病力差异,一般粉红色花品种易感病,红色花品种较抗病,白色花品种则反复不定。

(二) 天竺葵菌核病

除安祖花属植物外,该菌几乎可危害所有天南星科的植物,如黛粉叶属、合果芋属、蔓绿绒属等属植物。病原菌可通过茎、叶上的伤口侵入,也可通过植株上的气孔、叶缘水孔侵入。水是病菌传播和侵入的主要媒介。侵入叶片表面需要 20min 以上,主要侵染气孔多、开放型、间隙大的幼嫩组织。病害除经由病株的接触或植株表面带菌水滴落植株表面传播外,飞溅的雨水、灌溉水以及带病菌的介质、鞋、人手、衣服、工具等都是传播的途径。生长弱的植株更容易被病菌侵染。病菌繁殖理想的温度在 30℃左右,不良的环境条件及较高的温度下病害发展速度更快。

(三) 非洲菊根腐病

非洲菊常进行保护地栽培,因其四季都能产花,所以根腐病全年均可发生。每年 4~8 月是此病发生较重的时期,冬季发病率较低。该病的主要病原菌为弱寄生菌,在土壤或植株病残体中越冬,带菌土壤和受害植株是此病的主要侵染源。高温高湿、土壤黏重会促进病原菌的增殖和传播,降低非洲菊根系的抗病能力,容易引起根腐病的大发生。6~9 月降水多,病害发生严重。根腐病的发病率随施钾水平的提高而降低,而施磷水平提高则病害发生会加重。另外,土壤的骤然干湿交替、频繁的中耕松土使植株根系造成伤口,加大了病原菌侵入的机会,也会促进根腐病的发生。

四、病害防治

(一) 分组操作

(1) 分组收集整理病害关键防治技术方法,并讨论交流。

(2) 选择 1~2 种病害最佳防治技术方法进行分组实践操作。

(二) 总结与归纳

1. 香石竹枯萎病

(1) 从健康无病母株上取插条,最好建立无病母本区。发现病株及时拔除并销毁,减少病菌在土壤中的积累。

(2) 苗圃土壤或盆土被污染,必须更换或消毒处理后再使用。温室可用蒸汽、威百亩、溴甲烷等对土壤进行熏蒸消毒。用50%克菌丹或50%多菌灵500倍液于种植前浇灌土壤，或用70%敌磺钠500倍液、3%硫酸亚铁处理土壤，均有防治效果。

2. 天竺葵菌核病

（1）苗床或盆栽土壤，要选择前作无菌核病的或经土壤消毒才可栽植。用福尔马林液消毒土壤，2周后上盆栽植。

（2）浇施稀石灰、泥浆于盆土表面，可抑制菌核长出子囊盘或阻隔菌丝体接触茎基，有防病作用。

（3）发病初期，用硫黄粉2份加草木灰或消石灰1份混合后撒于植株中、下部和土表上，有较好防效。也可用40%菌核净可湿性粉剂800～1 000倍液喷洒2～3次，7～10天喷1次。

3. 非洲菊根腐病

（1）选育抗病品种，合理施肥，加强栽培管理。

（2）避免在上年发病的土壤上种植。种植前，用70%敌磺钠1 000～1 500倍液拌土。发现病株随时拔除烧毁，并挖除病土换新土。

（3）发病初期，可用等份50%福美双可湿性粉剂+70%五氯硝基苯可湿性粉剂土壤撒施，每株每次用药2g。

学习成果

（1）将宿根花卉根茎部病害发生症状用照相机或高像素手机拍摄记录，并进行整理。

（2）将宿根花卉根茎部病害主要识别特征及关键防治技术要点填入表9-7。

表9-7　宿根花卉根茎部病害主要识别特征及关键防治技术要点记录表

项目名称		记录内容
主要识别特征	1. 2. ……	
关键防治技术要点	1. 2. ……	

任务评价

任课教师当堂发放任务评价单，由学习者当堂完成组间评价和组内评价后，收回任务评价单。任课教师可以当堂给出教师评价分，也可以在任务学习者将当堂任务学习成果提交给任课教师后，课后给出教师评价分。任课教师根据学习者任务完成情况，按照教师评价分占50%、组间评价分占30%、组内评价分占20%进行加权计算，最终形成每个学习者的任务完成评价成绩。成绩可以当堂反馈，也可以在下一次课堂上反馈。

职业能力测试

(1) 香石竹枯萎病的症状识别要点是什么?
(2) 非洲菊根腐病流行的关键环境因素是什么?

子任务3 宿根花卉害虫的识别与防治

目标要求

通过宿根花卉害虫的学习,能对宿根花卉害虫进行正确识别和有效防治。引导学生逐步树立科技自强自立的信念,培养学生敢于创新的精神。

工作准备

(1) 材料准备:菊姬长管蚜、美洲斑潜蝇、蜗牛、蛞蝓的标本以及照片、课件图片或挂图等。
(2) 教学场地准备:菊姬长管蚜、美洲斑潜蝇、蜗牛、蛞蝓发生现场、多媒体教室。
(3) 用具准备:体视显微镜、擦镜纸、搪瓷盘、放大镜、眼科剪刀、镊子、蜡盘、大头钉、吸水纸等。

任务实施

虫害发生概述:菊姬长管蚜(*Macrosiphoniella sanborni* Gillette=*Macrosiphum sanborni* Gillette),又名菊小长管蚜,属同翅目、蚜科,是菊花生产中的一种重要害虫,成蚜、若蚜均群集刺吸菊花汁液,广泛分布于北京、山东、江苏、浙江、广东、辽宁、河北、河南等省市。

美洲斑潜蝇(*Liriomyza sativae*)于1938年在阿根廷紫苜蓿上首次被发现并命名。我国于1993年12月在海南三亚首次发现,1994年将其列为国内检疫对象。自发现以来,美洲斑潜蝇短短几年迅速蔓延至全国大部分地区。已知寄主植物有21科100多种,受害花木主要是菊花、大丽花、满天星、金叶女贞等。

为害园林草本花卉的蜗牛俗称蜒蚰螺、小田螺、水牛等,常见种类有灰巴蜗牛和同型巴蜗牛等。

蛞蝓俗称软蜗牛、鼻涕虫等,常见种类有双线嗜黏液蛞蝓、野蛞蝓和黄蛞蝓等。

一、为害状识别

(一) 识别与观察

仔细观察菊姬长管蚜、美洲斑潜蝇、蜗牛、蛞蝓的各类标本及发生现场,描述虫害发生情况。

(二) 总结与归纳

1. 菊姬长管蚜

苗期主要为害嫩茎和嫩叶,影响茎叶正常生长。被害株生长点附近嫩叶变小,向下卷曲,生长点矮缩变小。现蕾开花期则集中为害花梗和花蕾,开花后还为害花蕊,并进入管状花瓣，造成花蕾变小，易脱落，开花不鲜艳，早凋谢。为害严重时不仅虫蜕散布在叶瓣之间影响美观，而且蚜虫分泌的大量蜜露会引起煤污病，使枝叶和花朵变黑色，严重影响花的质量和观赏价值。

2. 美洲斑潜蝇

幼虫潜食叶片栅栏组织，形成不规则弯曲的蛇形蛀道（图 9-18），幼虫排泄的黑色虫粪交替排在蛀道两侧。蛀道长度和宽度随虫龄的生长而增大。老熟幼虫从蛀道顶端咬破上表皮钻出叶面，滚落土中或在叶面上化蛹。

图 9-18　美洲斑潜蝇的为害状

3. 蜗牛

灰巴蜗牛（*Bradybaena ravida*）属软体动物门，腹足纲，柄眼目，巴蜗牛科，分布在东北、华北、华东、华南、华中、西南、西北等地，是为害玉簪、羽衣甘蓝等园林花卉植物的主要虫害。灰巴蜗牛主要在春、秋两季为害，可造成叶片孔洞和缺刻，甚至幼苗被咬断，而且蜗牛粪便会使健叶腐烂发臭，严重影响商品的观赏价值。

4. 蛞蝓

野蛞蝓（*Agriolimax agrestis*）属软体动物门，腹足纲，柄眼目，蛞蝓科，分布于欧洲、美洲、亚洲以及中国的广东、海南、广西、福建、浙江、江苏、安徽、湖南、湖北、江西、贵州、云南、四川、河南、河北、北京、西藏、新疆、内蒙古等地，是为害菊花、一串红、月季、仙客来、羽衣甘蓝等园林花卉植物的主要虫害。受害叶片成孔洞或缺刻状，粪便及黏液污染叶片，易诱发病害，严重影响商品的观赏价值。

二、形态识别

（一）识别与观察

仔细观察菊姬长管蚜、美洲斑潜蝇、蜗牛、蛞蝓的标本，描述害虫的主要特征。

（二）总结与归纳

1. 菊姬长管蚜

无翅胎生雌蚜（图 9-19）体深红褐色，长 2.0~2.5mm，触角、腹管和尾片暗褐色，腹管圆筒形，末端渐细，表面呈网眼状，尾片圆锥形，表面有齿状颗粒，并有毛 11~15 根。有翅胎生雌蚜体暗红褐色，腹部斑纹较无翅型显著，触角第 3 节有次生感觉圈 16~26 个，第 4 节有 2~5 个，腹管、尾片形状同无翅型，尾片有毛 9~12 根。若蚜体赤褐色，体态似无翅成蚜。

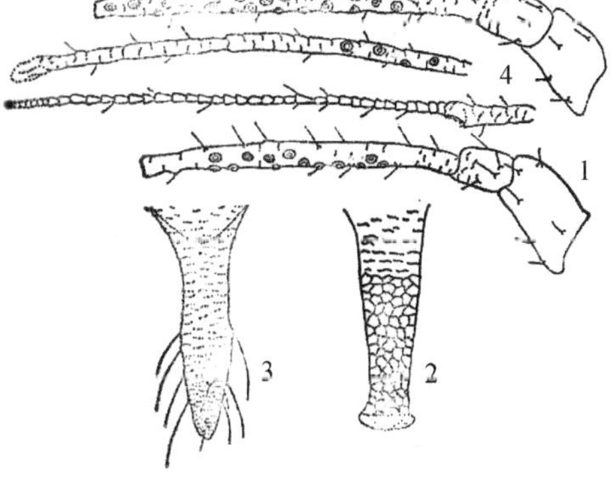

无翅胎生雌蚜：1. 触角；2. 腹管；3. 尾片。
有翅胎生雌蚜：4. 触角。
图 9-19　菊姬长管蚜
（引自徐明慧《园林植物病虫害防治》）

2. 美洲斑潜蝇

（1）成虫：体长 1.3~2.3mm，浅灰黑色，胸背板亮黑色，体腹面黄色，雌虫体比雄虫大。

（2）卵：米色，半透明，大小为（0.2~

0.3)mm×(0.1~0.15)mm。

(3)幼虫:蛆状,初无色,后变为浅橙黄色至橙黄色,长3mm,后气门呈圆锥状突起,顶端有3个分叉,各具1个开口。

(4)蛹:椭圆形,橙黄色,腹面稍扁平。

3. 蜗牛

灰巴蜗牛的卵呈圆球形,直径1.5mm,初产卵为乳白色,有光泽,逐渐变成淡黄色,近孵化时变成土黄色。灰巴蜗牛的幼贝体较小,如扁豆大小,初孵幼贝有2.5个螺层,形态与成贝相似。灰巴蜗牛的成贝头部发达,位于体躯前端,头上具有两对触角,眼在触角的顶端;口位于头部腹面,并具有触唇;足在体躯腹面,适于爬行;体外具有一螺壳,呈扁圆球形,壳高19~20mm,宽20~21mm,有5.5~6个螺层;壳质较硬,呈黄褐色或红褐色;螺旋部低矮,体螺层较宽大,周缘中部有一条褐色带,壳口椭圆形;遇到不良环境将身体收缩于壳内,分泌黏液,在壳口形成厣膜。

4. 蛞蝓

野蛞蝓的卵呈椭圆形,直径2~2.5mm,初产卵白色透明,近孵化时颜色变深。野蛞蝓的幼体,初孵幼虫体长2~2.5mm,淡褐色,体形同成体。野蛞蝓的成体,体长30~60mm,宽4~6mm;长梭形,光滑柔软无外壳,体表暗灰色、黄白色或灰红色,少数有不明显的暗带或斑点;触角2对,暗黑色;体背前端具外套膜,为体长的1/3,其边缘卷起,内有退化的贝壳,上有明显的同心圆生长线,同心圆状生长线中心的外套膜后端偏右;呼吸孔在体右侧前方,其上有细小的色线环绕;黏液无色。

三、发生规律分析

(一)菊姬长管蚜

菊姬长管蚜每年发生10~20代,以无翅胎生雌蚜在留种菊花的叶腋和芽旁越冬。在温暖地区不发生有性蚜,寒冷地区冬季在温室中越冬。到3月初即开始活动繁殖。4月中旬至5月中旬为繁殖盛期,5月上旬有翅蚜数量开始上升,5月中旬至6月上旬为有翅蚜盛发期,6月下旬至7月下旬田间的虫口密度较低,8月初开始回升。9月中旬到10月下旬为第2次繁殖盛期,虫口密度出现第2个峰值。从11月中旬起以无翅胎生雌蚜集中向留种株或菊茬上越冬。平均温度为20℃、相对湿度65%~70%时,完成1代约为10天。

(二)美洲斑潜蝇

美洲斑潜蝇在我国南方可终年发生,无越冬现象;北方地区露地条件下不能越冬,但可在温室内越冬。6~9月为发生高峰期。该虫在我国年发生代数南北差异较大,南方自然条件下每年发生16~24代,北方地区4~14代。成虫以产卵器刺伤叶片,吸食汁液,把卵产在叶片表皮下,卵经2~5天孵化。幼虫取食叶肉,幼虫期4~7天,在隧道内不断发育,隧道由细渐变粗,老熟幼虫咬破表皮在叶外或土表下化蛹。蛹期7~14天。

(三)蜗牛

灰巴蜗牛每年发生1~2代,以成贝或幼贝在为害植物的根际处、落叶堆中、石缝中、荫棚花盆下的土中及砖块杂草中等处越冬,较为密集,但不成堆。成贝产卵多少不一,几十粒至上百粒不等。最多的单只可产卵237粒,最少的仅为31粒。卵分多次产出,一般为7~11次,每次数粒至几十粒不等。同只成贝产卵地点不一,分多处产卵,产卵期21天左右。卵主要产在松软湿润、腐殖质含量高的沙壤土中，也有的产在其活动的花盆下或枯草丛中。土壤中产卵，一般距地面1.5~4.0cm，以2~3cm的土层中居多，卵期为14~31天。

（四）蛞蝓

蛞蝓每年发生2~3代，世代重叠，以成体或幼体在植物根部湿土下、河沟边、草丛中及石板下越冬及产卵。在保护地内可周年生长繁殖和为害。蛞蝓为雌雄同体，异体受精。在南方每年4~5月和9~10月是活动高峰期，在北方7~9月为害较重。活动为害高峰期后出现产卵高峰，卵产于湿润疏松的土表中，特别是腐殖质含量高的疏松土壤中。

四、虫害防治

（一）分组操作

（1）分组收集整理虫害关键防治技术方法，并讨论交流。

（2）选择1~2种虫害最佳防治技术方法进行分组实践操作。

（二）总结与归纳

1. 菊姬长管蚜

（1）加强栽培管理，从苗期开始，注意通风透光，控制温湿度，改善小气候条件，使之不利于其繁殖与为害。

（2）为害严重时，用10%吡虫啉可湿性粉剂3 000倍液、2.5%吡虫啉可湿性粉剂1 000倍液或其他药剂喷雾处理。

2. 美洲斑潜蝇

（1）合理布局植物品种，轮作，调整播植期，清洁田园，改善田间小气候等。

（2）设置黄板，诱杀成虫。

（3）保护和帮助寄生蜂等天敌，充分发挥其控制作用。

（4）成虫大量发生时，可用阿维菌素、甲维盐等阿维菌素类，杀虫单、杀虫双、巴丹等沙蚕毒素类，毒死蜱等有机磷类，高效氯氰菊酯、甲氰菊酯等拟除虫菊酯类，以及灭蝇胺等农药进行防治，有较好的防效。

3. 蜗牛

（1）加强栽培管理，勤中耕和深中耕，将卵翻至地面，暴露于空气中炸裂或被天敌吃掉，同时可使土壤含水量降低，减少卵的孵化。

（2）根据实际情况，可于清晨、傍晚或久晴的雨后人工捕捉成、幼贝；也可用鲜嫩菜叶、杂草做成诱堆，将其诱至堆中，清晨集中捕捉。

（3）在大量发生期，使用6%密达（四聚乙醛）颗粒剂，用量为5.2~5.5kg/hm^2。注意，要在晴天的早晚或阴天撒施，雨天不宜用药。

4. 蛞蝓

（1）加强栽培管理，及时中耕，秋季耕翻，破坏蛞蝓的栖息和产卵场所。

（2）根据实际情况，可于清晨或傍晚人工捕捉蛞蝓，或利用捕食性甲虫防治蛞蝓。

（3）在大量发生期，使用6%密达（四聚乙醛）颗粒剂，用量为7.5~11.3kg/hm^2。在蛞蝓发生期，于清晨未潜入土时，可用氨水100倍液或硫酸铜800~1000倍液喷洒防治。

学习成果

（1）将宿根花卉害虫发生状用照相机或高像素手机拍摄记录，并进行整理。

（2）将宿根花卉害虫主要识别特征及关键防治技术要点填入表 9-8。

表 9-8　宿根花卉害虫主要识别特征及关键防治技术要点记录表

项目名称		记录内容
主要识别特征	1. 2. ……	
关键防治技术要点	1. 2. ……	

任务评价

任课教师当堂发放任务评价单，由学习者当堂完成组间评价和组内评价后，收回任务评价单。任课教师可以当堂给出教师评价分，也可以在任务学习者将当堂任务学习成果提交给任课教师后，课后给出教师评价分。任课教师根据学习者任务完成情况，按照教师评价分占 50%、组间评价分占 30%、组内评价分占 20%进行加权计算，最终形成每个学习者的任务完成评价成绩。成绩可以当堂反馈，也可以在下一次课堂上反馈。

职业能力测试

（1）菊姬长管蚜的形态识别要点是什么？

（2）导致美洲斑潜蝇大发生的关键环境因素是什么？

【任务小结】

本任务主要传授和训练宿根花卉病虫害的相关内容和技能，为园林植物病虫草害的防治工作奠定基础。

【讨论与提高】

（1）红掌细菌性叶斑病的关键防治技术是什么？

（2）美洲斑潜蝇与非洲斑潜蝇的区别是什么？

【考证提示】

本任务涉及园林植物保护工、绿化工、花卉工、花卉园艺师等工种的考核，涉及考证的内容主要为宿根花卉病虫害的识别与防治，应牢固掌握以上要点。

任务4　水生花卉病虫害的识别诊断与防治

子任务1　水生花卉病害的诊断与防治

目标要求

通过水生花卉病害的学习，能对水生花卉病害进行正确诊断和有效防治。树立“绿色植保、科技植保、现代植保”的新理念，践行知行合一，为建设美好家园、绿水青山、美丽中国做贡献。

工作准备

（1）材料准备：荷花褐斑病的新鲜标本、盒装标本、散装标本、病原切片以及照片、课件图片或挂图等。

（2）教学场地准备：荷花褐斑病发生现场、多媒体教室。

（3）用具准备：显微镜、擦镜纸、搪瓷盘、放大镜、盖玻片、载玻片、挑针、刀片、吸水纸等。

任务实施

一、症状识别

（一）识别与观察

仔细观察荷花褐斑病的各类标本及发生现场，描述病害发生的病状和病征。

（二）总结与归纳

荷花褐斑病又称为荷花褐纹病，叶斑圆形或近圆形，大小不等，淡褐色，边缘深褐至紫褐色，有的出现同心轮纹，病斑上密生小黑点，严重时病斑密布并连接成斑块，局部干枯。

二、病原识别

（一）识别与观察

仔细观察荷花褐斑病的病原及其切片，描述病原菌的主要特征。

（二）总结与归纳

病原菌为莲褐斑尾孢菌（*Cercospora nymplaeacea* Cke.et Ell.），属半知菌亚门、丝孢纲、丝孢目、尾孢属。

三、发生规律分析

病菌以菌丝体和分生孢子座在病残体上越冬，以分生孢子进行初侵染和再侵染，借气流或风雨传播蔓延。高温多雨尤其是暴风雨频繁的年份或季节易发病；连作或莲株过密、通透性差的田块发病重。

四、病害防治

(一) 分组操作

(1) 分组收集整理病害关键防治技术方法,并讨论交流。

(2) 选择 1~2 种病害最佳防治技术方法进行分组实践操作。

(二) 总结与归纳

(1) 注意田间卫生,收获时或生长季节,收集病残物深埋或烧毁。重病地实行轮作,合理密植,管好水肥。

(2) 发病严重时喷 50%多菌灵可湿性粉剂 500 倍液或 80%代森锌可湿性粉剂 800 倍液。

学习成果

(1) 将水生花卉病害发生症状用照相机或高像素手机拍摄记录,并进行整理。

(2) 将水生花卉病害主要识别特征及关键防治技术要点填入表 9-9。

表 9-9　水生花卉病害主要识别特征及关键防治技术要点记录表

项目名称		记录内容
主要识别特征	1. 2. ……	
关键防治技术要点	1. 2. ……	

任务评价

任课教师当堂发放任务评价单,由学习者当堂完成组间评价和组内评价后,收回任务评价单。任课教师可以当堂给出教师评价分,也可以在任务学习者将当堂任务学习成果提交给任课教师后,课后给出教师评价分。任课教师根据学习者任务完成情况,按照教师评价分占 50%、组间评价分占 30%、组内评价分占 20%进行加权计算,最终形成每个学习者的任务完成评价成绩。成绩可以当堂反馈,也可以在下一次课堂上反馈。

职业能力测试

荷花褐斑病的症状识别要点是什么?

子任务 2　水生花卉害虫的识别与防治

目标要求

通过水生花卉害虫的学习,能对水生花卉害虫进行正确识别和有效防治。引导学生逐步树立科技自强自立的信念，培养学生敢于创新的精神。

工作准备

（1）材料准备：莲窄摇蚊、短额负蝗的标本以及照片、课件图片或挂图等。

（2）教学场地准备：莲窄摇蚊、短额负蝗发生现场、多媒体教室。

（3）用具准备：体视显微镜、擦镜纸、搪瓷盘、放大镜、眼科剪刀、镊子、蜡盘、大头钉、吸水纸等。

任务实施

虫害发生概述：莲窄摇蚊（*Stenochironomus nclumbus*），别名莲潜叶摇蚊、水蛆，属双翅目、摇蚊科，为害对象有荷花、花莲、藕莲、碗莲、子莲等，还未见为害其他水生植物，主要分布在江苏、安徽、湖北等地区，为害期长，从 4 月起至 10 月止。

短额负蝗（*Atractomorpha sinensis* Bolivar），别名中华负蝗、尖头蚱蜢，属直翅目、蝗总科、负蝗科，为多食性害虫，广泛分布于我国大多数省市，可为害荷花、睡莲等多种植物。

一、为害状识别

（一）识别与观察

仔细观察莲窄摇蚊、短额负蝗的各类标本及发生现场，描述虫害发生情况。

（二）总结与归纳

1. 莲窄摇蚊

幼虫为害荷花根茎、浮叶和实生苗叶，爬至荷叶上，从叶背啄孔钻入，在叶内掘穴匍匐前进。每一幼虫为一单独潜道。幼虫潜食于上表皮下，开始时潜道呈线形，随着幼虫在虫道内向前扩大取食，潜道呈喇叭口状向前扩大成不规则的紫褐色斑。虫斑形状不规则，但都有 1 个细长的尾部。潜道内充满水液。在为害盛期，数十或数以百计的幼虫纵横交错地蚕食，使各坑道相连，致使整个荷叶坏死。幼虫蜕皮或化蛹前，将虫粪筑在虫道两侧，因而潜道内有成段似“=”的深色区。

2. 短额负蝗

初孵若虫在叶表面啃食叶肉，留下表皮，2 龄后可把叶片咬成缺刻，甚至把叶片吃光。

二、形态识别

（一）识别与观察

仔细观察莲窄摇蚊、短额负蝗的标本，描述害虫的主要特征。

（二）总结与归纳

1. 莲窄摇蚊

（1）成虫：体长 3~4.5mm，翠绿色，头小。复眼中部褐色，周围黑色。中胸特别发达，背板前部隆起，呈驼背状，后部两侧各有 1 个梭形黑褐色条斑。前翅淡黄色，最宽处有较宽的黑斑，外缘有不规则的黑斑。足细长，前足是体长的两倍多。雌、雄虫较易区别：雌虫触角丝状，褐色，6 节，腿节中央和基部有一小段黑色，腹部翠绿色；雄虫触角羽毛状，14 节，基部褐色，先端黑褐色，前足胫节黑色，腿节先端有一小段黑色。

(2) 卵：长椭圆形,嫩黄色,头部隐约可见眼点,长约 0.2mm,宽 0.08mm,包含在暗白色胶质物中。

(3) 幼虫：体柔软纤细,长 10~11mm,黄色或淡黄绿色。头部褐色,触角 5 节,口器黑色,头部有一部分缩嵌在前胸内,中、后胸宽大,腹部圆筒形,分节明显,腹末有 2 对短小的刚毛。

(4) 蛹：体长 4~6mm,翠绿色,复眼红褐色,前足明显游离于蛹体,卷曲于胸、腹前。蛹前端和尾部生有短细的白色绒毛。

2. 短额负蝗

(1) 成虫：雌成虫(图 9-20)体长约为 32mm,前翅长 26~28mm,体淡绿到灰褐色,有淡黄色瘤状突起,头尖,颜面隆起狭长,中间有纵沟,触角剑状,雌成虫的触角长度等于头胸之和。

图 9-20　短额负蝗

(2) 卵：长 2.9~3.8mm,长椭圆形,黄褐色至深黄色。

(3) 若虫：形似成虫,无翅但有翅芽。

三、发生规律分析

(一) 莲窄摇蚊

每年约发生 6~7 代,世代重叠。5 月中下旬幼虫开始为害,10 月中旬停止,以 7~8 月为害最重。幼虫在湖底越冬。气温、水温均为 20℃左右时,成虫寿命 3~5 天,卵期 3~8 天,幼虫期 14~17 天,其中为害期 1~17 天,蛹期 2~4 天。成虫于傍晚羽化,18~20 时羽化最多,21 时至次日清晨很少羽化。成虫飞翔速度较慢,有趋光性,白天栖息不动,交尾后于夜间产卵于浮叶边缘水中。卵块胶体状,有很强的黏着力,每卵块有卵 211~232 粒。孵化期不整齐,同一卵块中的卵 4~5 天孵化完毕。幼虫孵出后群集于卵块中,取食胶质物,此时虫体迅速增大,2 天后体长达卵长 2.5 倍以上。稍后,幼虫游至浮叶下面,由浮叶背面侵入。侵入孔近圆形,直径 0.2mm。幼虫老熟后,作丝茧化蛹。雌、雄成虫羽化外出后,不久即交配产卵。

(二) 短额负蝗

长江流域每年发生 2 代,以卵在土中越冬。卵多产在比较平整、土质较细、不紧不松、土壤湿度适中、杂草稀少的凹地,深度平均为 2.5cm。产卵后,多数还可连续交配数次,并进行第 2 次产卵。每个卵囊内一般有 25~100 粒卵。若虫共 5 龄。成虫和若虫善跳跃,上午 11 时以前和下午 3~5 时取食最强烈,其他时间多在作物或杂草中躲藏。

四、虫害防治

(一) 分组操作

(1) 分组收集整理虫害关键防治技术方法,并讨论交流。

(2) 选择 1~2 种虫害最佳防治技术方法进行分组实践操作。

（二）总结与归纳

1. 莲窄摇蚊

（1）缸栽荷花勿使用莲塘泥，对已受害的缸栽荷花，应彻底换土，并在换土时用 90%晶体敌百虫 2 000 倍液全面消毒。

（2）及时处理浮叶、受害荷叶和过多的小立叶，选留出水的大立叶和伴生长枝。

（3）对受害缸栽荷花，喷施 90%晶体敌百虫 1 000～1 500 倍液；对池中栽培的荷花，喷施 25%西维因可湿性粉剂 400～500 倍液，可保护池中的鱼类和其他水生动物。

2. 短额负蝗

（1）发生严重地区，秋季、春季铲除田埂、地边 5cm 以上的土壤及杂草，使卵块暴露在地面被晒干或冻死，也可重新加厚地埂，增加盖土厚度，使孵化后的蝗蝻不能出土。

（2）保护利用麻雀、青蛙、大寄生蝇等天敌。

（3）抓住初孵蝗蝻集中为害双子叶杂草且扩散能力极弱时，每 667m^2 喷撒敌百虫 · 马拉硫磷粉剂 1.5～2kg，也可用 20%氰戊菊酯乳油 15mL 兑水 400kg 喷雾。

学习成果

（1）将水生花卉害虫发生状用照相机或高像素手机拍摄记录，并进行整理。

（2）将水生花卉害虫主要识别特征及关键防治技术要点填入表 9-10。

表 9-10 水生花卉害虫主要识别特征及关键防治技术要点记录表

项目名称		记录内容
主要识别特征	1. 2. ……	
关键防治技术要点	1. 2. ……	

任务评价

任课教师当堂发放任务评价单，由学习者当堂完成组间评价和组内评价后，收回任务评价单。任课教师可以当堂给出教师评价分，也可以在任务学习者将当堂任务学习成果提交给任课教师后，课后给出教师评价分。任课教师根据学习者任务完成情况，按照教师评价分占 50%、组间评价分占 30%、组内评价分占 20%进行加权计算，最终形成每个学习者的任务完成评价成绩。成绩可以当堂反馈，也可以在下一次课堂上反馈。

职业能力测试

（1）莲窄摇蚊的形态识别要点是什么？

（2）短额负蝗大发生的关键环境因素是什么？

【任务小结】

本任务主要传授和训练水生花卉病虫害的相关内容和技能,为园林植物病虫草害的防治工作奠定基础。

【讨论与提高】

荷花褐斑病流行的关键环境因素是什么?

【考证提示】

本任务涉及园林植物保护工、绿化工、花卉工、花卉园艺师等工种的考核,涉及考证的内容主要为水生花卉病虫害的识别诊断与防治,应牢固掌握以上要点。

案例分析

水仙病毒病

寒冬腊月,水仙花能在一碟清水中,展开青翠的叶片,开出素雅芳香的花朵,点缀在室内几案上,给人们带来生气和春意。

中国水仙花分布在我国、日本、朝鲜。现在的水仙栽培基地中,最为著名的是福建漳州。据考,漳州栽培水仙已有三四百年历史。由于该地域适合水仙繁衍,生产方法较先进,产品质量在其他地区之上,有球大、形美、花多等特点。新中国成立前,漳州水仙生产只局限在圆山附近的一小块地方;新中国成立后,水仙生产得以加速发展,现在生产面积已达 3 000 多亩。上海崇明岛是另一个生产水仙较多的地方。据《崇明县志》记载,水仙在该县已有 70 年的栽培历史。该县生产的水仙鳞茎球小、花少,较漳州的差。另外,浙江的舟山、温州,福建的平潭也有野化水仙,形体与崇明产的相似,近年也开始生产。此外,湖北、湖南、云南、四川、广州也都有水仙生产。

中国水仙为多年生单子叶草本植物,有球状鳞茎,由鳞茎盘及肥厚的肉质鳞片组成。鳞茎盘上着生芽,着生在鳞茎球中心的称顶芽,着生在顶芽两侧的称侧芽,所有的芽都排列在一条直线上。小球一般只有叶芽,大、中球的顶芽为混合芽或叶芽。漳州水仙花形美、味香,在球根花卉中是最有出口创汇前途的一种。近年来,水仙病毒病在我国水仙栽培地区发生较广,发生率达 70%~80%,鳞茎带毒率高达 80%以上,其危害还有逐年加重的趋势。水仙病毒病不仅在栽培区内大面积发生,而且还造成种球的退化,影响水仙出口。

水仙病毒病的初侵染源主要为带毒鳞茎,叶蝉、蚜虫和土壤线虫是田间传播介体。因此,切断初侵染源,阻隔传播媒介是较有效的防治方法。目前生产中采取的防治方法有:① 生产中采用脱毒组培苗。生长季节及时拔除病株。② 用高温处理鳞茎,效果很好。1 年生鳞茎在 43. 5℃的温水中浸泡 3h;2 年生鳞茎在 44℃的温水中浸泡 2h;3 年生鳞茎在 44.5℃的温水中浸泡 1. 5h。③ 生长期用 40%乐果乳剂 2 000 倍液防治各种蚜虫。

项目成果展示与实战提高

(1) 布展场地准备:精心选择校园人流量较大的道路边或公共场所,准备好布展需要的展板和意见簿，以组为单位进行物理空间的软分割，按照工作小组集中摆放，形成有序的布展参观路线，让参观者既能参观到每一组的每一件展品，又不走回头路。

（2）成果展出：把本项目各任务所完成的学习成果（照片或实物），配上说明书和文字，以组为单位在公开场合进行展示，要求完成者本人必须在现场对自己的学习成果进行介绍，听取围观者的评价并认真记录评价要点和改进意见。

（3）实战提高：购买几盆感病的盆栽花草树木等园林植物，提供给几个参观者携带到现场。在活动现场，参观者咨询这些花草树木等园林植物药剂防治的问题，由学习者利用所学知识和技能，现场诊断，互动实战，提高专业知识水平、职业素质和职业能力。

技能强化训练七　园林草本花卉、草坪及地被植物病虫害识别

一、能力目标

（1）熟悉并掌握一、二年生草本花卉病虫害的主要症状特点及病原菌形态、害虫的主要形态特征及为害状特点。

（2）熟悉并掌握球根、宿根花卉病虫害的主要症状特点及病原菌形态、害虫的主要形态特征及为害状特点。

（3）熟悉并掌握水生花卉、草坪及地被植物病虫害的主要症状特点及病原菌形态、害虫的主要形态特征及为害状特点。在团队协作中践行知行合一，理解“空谈误国、实干兴邦”的意义，树立“绿色植保”理念。

二、材料

（1）一、二年生草本花卉病虫害：白粉病、凤仙花褐斑病、灰霉病、温室白粉虱、蚜虫等的新鲜标本、盒装标本、玻片标本及挂图。

（2）球根花卉病虫害：百合疫病、朱顶红红斑病、仙客来根结线虫病、仙客来灰霉病、贮藏期病害（干腐、软腐、青霉等）、大丽花螟蛾、水仙茎线虫病、蚜虫等的新鲜标本、盒装标本、玻片标本及挂图。

（3）宿根花卉病虫害：兰花炭疽病、香石竹枯萎病、天竺葵菌核病、非洲菊根腐病、美洲斑潜蝇等的新鲜标本、盒装标本、玻片标本及挂图。

（4）水生花卉病虫害：荷花褐斑病、莲窄摇蚊、短额负蝗等的新鲜标本、盒装标本、玻片标本及挂图。

（5）草坪及地被植物病虫害：褐斑病、腐霉枯萎病、镰刀菌枯萎病、白绢病、沿阶草炭疽病、夜蛾类（斜纹夜蛾、银纹夜蛾、淡剑夜蛾）、菜粉蝶等的新鲜标本、盒装标本、玻片标本及挂图。

三、仪器和用具

（1）仪器：显微镜、体视显微镜、投影仪、多媒体教学设备等。

（2）用具：放大镜、镊子、刀片、挑针、培养皿、滴瓶、载玻片、盖玻片、蒸馏水等。

四、内容与方法

(一) 一、二年生草本花卉病虫害症状与病原、害虫及为害状识别

(1) 白粉病：观察瓜叶菊白粉病、月季白粉病和紫薇白粉病症状特点。用挑针挑取白粉病的白粉及小黑点,制玻片镜检分生孢子、闭囊壳及附属丝形态。用挑针轻轻挤压盖玻片,观察子囊及子囊孢子。

(2) 凤仙花褐斑病：观察症状特点,切片或用挑针挑取病斑上的黑色小颗粒,观察其形态特征。

(3) 灰霉病：危害嫩梢、幼叶、花蕾、花器等组织,在病部产生大量疏松的灰色霉层(分生孢子及分生孢子梗),观察灰霉病症状特点。用挑针挑取灰霉病病部的灰色霉层,镜检分生孢子及分生孢子梗的形态结构。

(4) 蚜虫：用手持放大镜及体视显微镜(解剖镜)观察新鲜的蚜虫标本,注意体色、蜡粉、口针、触角、尾片、腹管、翅等的形态构造。肉眼观察不同蚜虫的为害状特征。

(二) 球根花卉病虫害症状与病原、害虫及为害状识别

(1) 百合疫病：观察症状特点、病原菌的菌丝及游动孢子囊形态。

(2) 朱顶红红斑病：观察症状特点及病原菌的形态特征。

(3) 仙客来根结线虫病：观察症状特点,用刀片剖开病部,用挑针挑取线虫镜检观察线虫的形态特征。

(4) 贮藏期病害：观察球根花卉干腐、软腐、青霉等病的症状特点及病原菌的分生孢子梗、分生孢子的形态特征,判断软腐病的腐烂部位是否有特殊的臭味或酸味。

(5) 大丽花螟蛾：观察成虫及幼虫的特征,成虫的体长、前后翅斑纹、触角形状,幼虫的体长、背线形态,对照挂图或被害植株识别其为害状。

(三) 宿根花卉病虫害症状与病原、害虫及为害状识别

(1) 兰花炭疽病：观察病害的症状特点,注意病斑中央是否有同心轮纹状排列的小黑点。切片或用挑针挑取病斑上的黑色小颗粒,镜检分生孢子盘、分生孢子梗及分生孢子的形态特征。

(2) 香石竹枯萎病：观察病害的症状特点,镜检分生孢子梗及分生孢子的形态特征。

(3) 天竺葵菌核病：观察病害的症状特点,是否有菌核及菌核的大小和颜色等。

(4) 非洲菊根腐病：观察病害的症状特点及病原物分生孢子梗及分生孢子的形态特征。

(5) 美洲斑潜蝇：观察美洲斑潜蝇成虫及幼虫的形态特征,观察为害状的隧道特点。

(四) 水生花卉、草坪及地被植物病虫害症状与病原、害虫及为害状识别

(1) 荷花褐斑病：观察病害的症状特点,镜检分生孢子梗及分生孢子的形态特征。

(2) 莲窄摇蚊及短额负蝗：观察成虫及幼虫的形态特征与生活史。

(3) 褐斑病、腐霉枯萎病、镰刀菌枯萎病：观察病害在冷季型草坪上引起的单株受害状及草坪整体受害状,观察病原菌的形态特征。

(4) 白绢病：观察马蹄金白绢病的症状、病原菌的形态、菌核的大小及形态等。

(5) 沿阶草炭疽病：观察病害的症状特点及病原菌的形态特征。

(6) 夜蛾类：观察斜纹夜蛾、银纹夜蛾、淡剑夜蛾的成虫及幼虫的形态特征与生活史,

注意比较三种夜蛾的形态区别，观察为害状。

（7）菜粉蝶：观察成虫及幼虫的形态特征与生活史，观察为害状。

五、实训成果

（1）按照生物绘图的标准，手工绘制白粉病、灰霉病、根结线虫病及兰花炭疽病的症状图。

（2）按照生物绘图的标准，手工绘制蚜虫、大丽花螟蛾、斜纹夜蛾、淡剑夜蛾的形态图。

（3）列表比较所观察的园林草本花卉、草坪及地被植物病虫害的特征。

表 9-11　园林草木花卉、草坪及地被植物病虫害特征

害虫或病害名称	害虫形态或病原菌形态特征	为害状或症状特点

六、职业能力测试

（1）白粉病和灰霉病的症状有什么异同？

（2）怎样区别斜纹夜蛾、银纹夜蛾、淡剑夜蛾？

（3）本实验实训所涉及的病害中，哪些病害的症状特点很相似？哪些害虫的为害状很相似？

项目十 园林木本植物病虫害的识别诊断与防治

目标任务

知识目标：了解木本植物病虫害常见病虫害的主要类型；理解木本植物病虫害发生的环境诱因及其相互关系；掌握木本植物病虫害田间诊断的基本流程及关键防治技术。

能力目标：能准确识别常见木本植物病虫害；能制订科学合理的综合防治方案。

素质目标：培养严谨细致的科学态度；强化责任意识和职业道德；提升持续学习与信息获取能力。

思政目标：培养学生科学诊断病虫害的思维能力，养成团队合作精神。

任务1 木本花卉病虫害的识别诊断与防治

项目十
彩色图片

子任务1 木本花卉常见病害的诊断与防治

目标要求

通过木本花卉常见病害的学习，能对木本花卉常见病害进行正确诊断和有效防治。培养学生的创新意识、求真务实的科学精神、认真细致的工作态度。

工作准备

（1）材料准备：玫瑰锈病、月季黑斑病、海棠锈病、桂花枯斑病、紫薇白粉病、樱花穿孔病、茉莉白绢病、牡丹红斑病的新鲜标本、盒装标本、散装标本、病原切片以及照片、课件图片或挂图等。

（2）教学场地准备：玫瑰锈病、月季黑斑病、海棠锈病、桂花枯斑病、紫薇白粉病、樱花穿孔病、茉莉白绢病、牡丹红斑病发生现场、多媒体教室。

（3）用具准备：显微镜、擦镜纸、搪瓷盘、放大镜、盖玻片、载玻片、挑针、刀片、蒸馏水、吸水纸等。

任务实施

病害发生概述：玫瑰锈病在我国玫瑰产区发生普遍，引起叶片早落，影响玫瑰花的产量。本病除危害玫瑰外，也危害月季和蔷薇等蔷薇属多种植物。

月季黑斑病是一种世界性病害，在我国各地均有发生，主要危害叶片，造成叶片枯黄、早落，削弱树势，使花朵小、开花迟，甚至使叶片全部落光，严重破坏生态绿化景观，降低切花产量。

海棠锈病又称为苹桧锈病，我国各地均有分布，主要危害海棠、桧柏、苹果、梨等植物，是园林植物上最常见的锈病，具有转主危害的特性。

桂花枯斑病又名叶枯病或赤枯病，广泛发生于桂花栽种地区，造成桂花提早落叶，树势衰弱，影响观赏价值。

紫薇白粉病在我国发生较为普遍，多数省市均有发生，华东地区发生严重，被害叶片枯黄早落，影响树势和观赏效果。

樱花穿孔病，又称樱花褐斑穿孔病，可以危害樱花、桃、梅、杏、李等许多种木本花卉，在我国各樱花种植区均有发生，受害轻者叶片穿孔，重者叶片脱落，树势衰弱。

茉莉白绢病是茉莉上最严重的一种病害，在苏州、杭州、上海、南京、福州、台湾等地普遍发生，苏州、上海等地发生较为严重。发病严重时，植株整株萎蔫、枯死，对茉莉的产量和观赏性影响很大。

牡丹红斑病也叫牡丹叶霉病、轮斑病，可以危害牡丹、芍药等花卉，主要危害叶片，也危害绿色茎、叶柄、萼片、花瓣、果实甚至种子，是牡丹上发生最为普遍的病害之一，在长江流域一带发生普遍，严重地块病情指数可达50~90。

一、症状识别

（一）识别与观察

仔细观察玫瑰锈病、月季黑斑病、海棠锈病、桂花枯斑病、紫薇白粉病、樱花穿孔病、茉莉白绢病、牡丹红斑病的各类标本及发生现场，描述病害发生的病状和病征。

（二）总结与归纳

1. 玫瑰锈病

该病主要危害芽、叶片，也危害叶柄、花、果、嫩枝等部位。玫瑰新芽初放时，可见芽上布满鲜黄色粉堆，形似一朵黄花。发病初期，叶片正面出现淡黄色粉状物（图 10-1），反面生有黄色稍隆起的小斑点——锈孢子器，初生于表皮下，成熟后突破表皮散出橘红色粉末，随着病情的发展，后期又出现橘黄色粉堆——夏孢子，秋末叶背出现黑褐色粉状物，即冬孢子堆和冬孢子。受害叶早期脱落，嫩枝受害处略肿大，影响生长和开花。

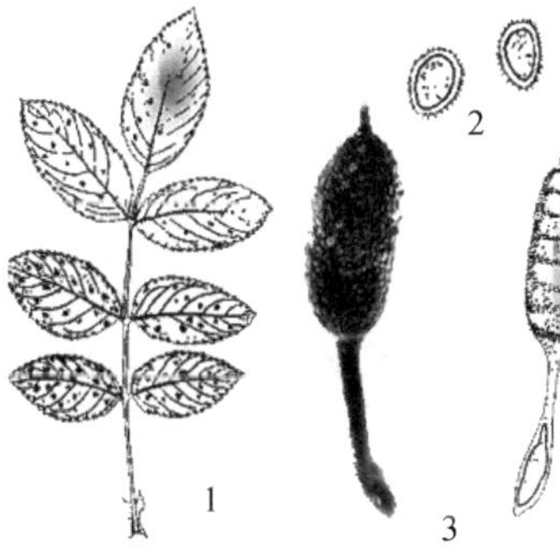

1. 症状；2. 夏孢子；3. 冬孢子（左为电镜图）。

图 10-1 玫瑰锈病症状及病原短尖多胞锈菌

2. 月季黑斑病

该病主要危害叶片,也危害叶柄、叶脉、嫩梢等部位。发病初期,叶片正面出现褐色小斑点,逐渐扩展成为圆形、近圆形直径 2~12mm 的黑色病斑,病斑边缘呈放射状,这是该病的典型症状(图 10-2)。发病后期,病斑中央变为灰白色,其上着生许多黑色小颗粒(分生孢子盘)。病斑相互连接使叶片变黄、脱落。嫩梢上的病斑为紫褐色长椭圆形斑,后变为黑色,病斑稍隆起。

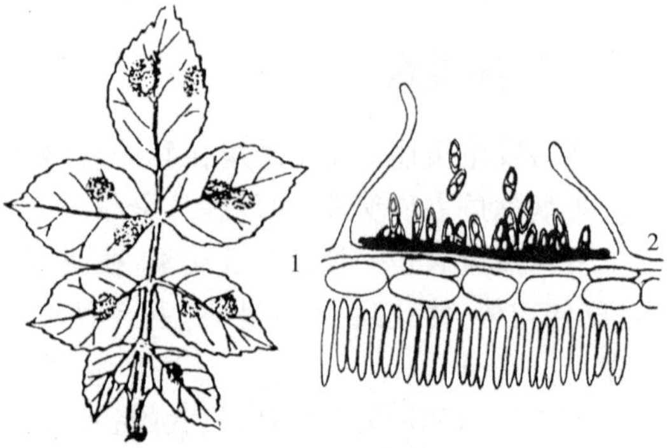

1. 症状; 2. 分生孢子盘和分生孢子。

图 10-2 月季黑斑病

(引自费显伟《园艺植物病虫害防治》)

3. 海棠锈病

该病在春、夏季危害海棠。发病初期,叶片正面出现黄绿色小斑点,后逐渐扩大为橙黄色病斑,病斑正面出现针尖大小的黑色小粒点(性孢子器)(图 10-3)。发病后期叶片背面长出黄色须状物(锈孢子器)。转主寄主为桧柏,秋、冬季病菌危害桧柏的针叶或小枝,被害部位出现浅黄色斑点,后隆起呈灰褐色豆状的小瘤,初期表面光滑,后膨大,表面粗糙,呈棕褐色,直径 0. 5~1.0cm,翌春 3~4 月遇雨破裂,膨大为橙黄色花朵状或木耳状。受害严重的桧柏小枝上病瘿成串,造成柏叶枯黄,小枝干枯,甚至整株死亡。

1. 冬孢子角; 2. 冬孢子萌发及担子和担孢子; 3. 发病海棠叶片症状(叶背); 4.性孢子器; 5. 锈孢子器。

图 10-3 海棠锈病

(引自徐明慧《园林植物病虫害防治》)

4. 桂花枯斑病

病斑往往出现在叶尖或叶缘,初为褪绿淡褐色小点,渐向内扩展,后为圆形或向里扩大呈不规则形块状大斑,灰褐色至红褐色,病斑边缘深褐色,稍突起(图 10-4)。病斑上散生许多黑色小点粒，为病菌的分生孢子器。病斑扩大可使全叶的一半干枯，叶片脱落。树势衰弱，严重时植株枝干苍白干枯死亡。有时病部卷曲脆裂。

5. 紫薇白粉病

该病主要危害紫薇的叶片、嫩梢和花蕾。发病初期，叶片上首先出现白色小粉斑，然后扩大为圆形粉斑，严重时白粉层覆盖整个叶片，造成叶片扭曲变形、枯黄、提早脱落或干枯死亡。发病后期白粉层上会出现由白而黄、最后变为黑色的小颗粒，即病原菌的闭囊壳。

1. 症状；2. 分生孢子器及分生孢子。

图 10-4　桂花枯斑病

（引自欧阳秩等《观赏植物病害》）

6. 樱花穿孔病

该病主要危害成长的叶片，也危害嫩枝。感病叶片最初出现针尖状褐色小点，后扩大成 1～4mm 圆形至近圆形褐色斑，略带同心轮纹，中间褐色，边缘紫色或红褐色，病斑上出现灰褐色绒状小点；后期病斑周围产生离层，病叶两面有褐色霉状物出现，病斑中部干枯脱落，形成穿孔破烂斑（图 10-5）。病斑间可相互连接，叶片上病斑多时，叶片提早脱落。

7. 茉莉白绢病

病害发生在根颈和根部，条件适宜时可向上蔓延到下部叶片。病株根颈部变褐腐烂，菌丝逐渐蔓延扩展，在植株根部和根颈部产生白色绢丝状薄膜，多呈辐射状，菌丝可以蔓延到根颈附近土壤，严重时土壤中充满白色菌丝，并形成菌核（图 10-6）。菌核油菜籽状大小，初为白色，后逐渐变为黄褐色至深褐色。皮层腐烂后引起叶片枯萎脱落，严重时全株死亡。潮湿条件下，菌丝可蔓延到下部叶片，产生大量白色绢丝膜，使叶片出现水渍状斑，并产生白色菌丝。

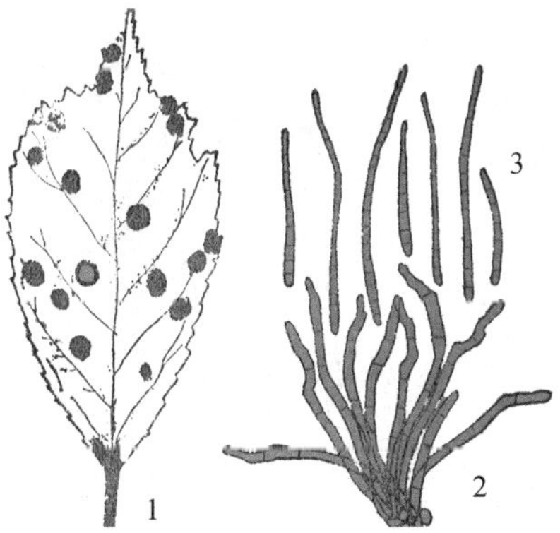

1. 症状；2. 分生孢子梗；3. 分生孢子。

图 10-5　樱花穿孔病

（引自徐明慧《园林植物病虫害防治》）

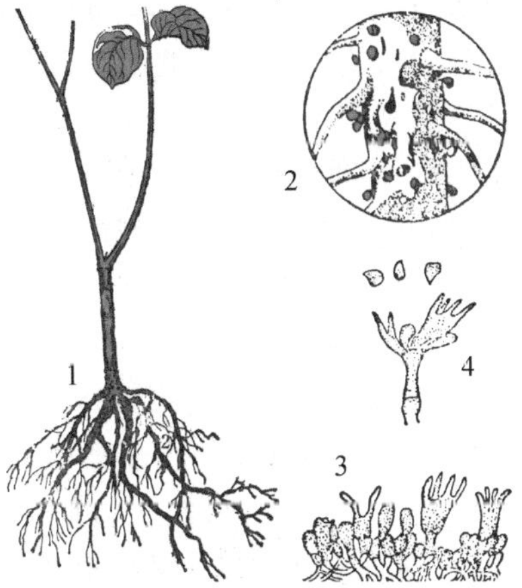

1. 症状；2. 病部菌核放大；

3. 担子层；4. 担子及担孢子。

图 10-6　茉莉白绢病

8. 牡丹红斑病

叶片发病初期,新叶背面出现绿色小点,并逐渐扩大为直径 5~12mm 的褐色大斑,叶面逐渐变为紫红色至暗紫色,叶背变为淡褐色至褐色,病斑边缘不清晰,椭圆形至不规则形,并具有同心轮纹,中央淡黄褐色,边缘暗紫褐色,有时连成片。多雨潮湿天气,病部背面出现暗绿色霉层。发生在叶片边缘的病斑可使叶片扭曲,多个病斑相连可使整个叶片呈焦枯状。绿色茎感病时,多从茎基部开始产生紫褐色长圆形小斑点,稍突起,后来斑点直径逐渐扩大为 3~5mm,中间开裂并下陷。叶柄、叶脉上的症状与绿色茎上的相似。萼片上初发病时出现褐色突出小点,严重时边缘焦枯。

二、病原识别

(一) 识别与观察

仔细观察玫瑰锈病、月季黑斑病、海棠锈病、桂花枯斑病、紫薇白粉病、樱花穿孔病、茉莉白绢病、牡丹红斑病的病原及其切片,描述病原菌的主要特征。(培养学生科学诊断的思维能力。)

(二) 总结与归纳

1. 玫瑰锈病

病原菌为单主寄生锈菌,主要有玫瑰多胞锈菌(*Phrangmidium rosae-rugosae* Kasai)、短尖多胞锈菌[*Phrnagmidium mucronatum*(Pers.)Schlecht.]和蔷薇多胞锈菌(*P. rosae-multiforae* Diet.),属担子菌亚门、多胞锈菌属。

2. 月季黑斑病

病原菌为蔷薇放线孢菌(*Actinonema rosae* Fr.)和蔷薇盘二孢菌(*Marssonina rosae* Lind)2 种(图 10-2)。蔷薇放线孢菌属半知菌亚门、射线孢属,蔷薇盘二孢菌属半知菌亚门、盘二孢属。

3. 海棠锈病

病原菌为山田胶锈菌(*Gymnosporangium yamadai* Miyabe)和梨胶锈菌(*G. haraeanum* Syd.)(图 10-3),均属担子菌亚门、胶锈菌属。

4. 桂花枯斑病

病原菌为木樨生叶点霉(*Phyllosticta osmanthicola* Train.),属半知菌亚门、叶点霉属。分生孢子器近球形,分生孢子无色单胞,长圆形至近菱形(图 10-4)。

5. 紫薇白粉病

病原菌为南方小钩丝壳菌[*Uncinuliella australiana* (McA1p.) Zheng & Chen],属子囊菌亚门、小钩丝壳属。闭囊壳聚生或散生,暗褐色,近球形,附属丝顶端弯曲成钩状卷曲;粉孢子串生,椭圆形,无色,单胞(图 10-7)。

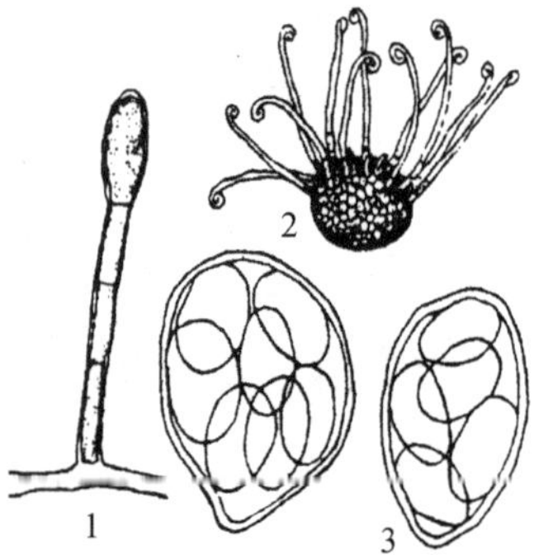

1. 分生孢子和分生孢子梗; 2. 闭囊壳和附属丝; 3.子囊和子囊孢子。

图 10-7 紫薇白粉病

(引自费显伟《园艺植物病虫害防治》)

6. 樱花穿孔病

病原菌为核果尾孢(*Cercospora circumscissa* Sacc.),属半知菌亚门、丝孢纲、丛梗孢目、尾孢属。分生孢子梗丛生，密集成束，分生孢子橄榄色，鞭状至倒棍棒状，直或微弯，有横隔膜1~7个（图10-5）。

7. 茉莉白绢病

病原菌为齐整小核菌（*Sclerotium rolfsii* Sacc.），属半知菌亚门、丝孢纲、无孢目、小核菌属。菌核表面平滑，球形或近球形，直径0.8~2.3mm，似油菜籽（图10-6）。

8. 牡丹红斑病

病原菌为芍药枝孢霉（*Cladosporium paeoniae* Pass），属半知菌亚门、丝孢纲、丝孢目、枝孢霉属。分生孢子梗黄褐色，线形，隔膜3~7个，3~7根簇生；分生孢子纺锤形或卵形，一至多个细胞，黄褐色。

三、发生规律分析

（一）玫瑰锈病

病菌以菌丝体在芽内或以冬孢子在发病部位及枯枝落叶上越冬。翌年玫瑰芽萌发时，冬孢子萌发产生担孢子，侵入植株幼嫩组织，4月下旬出现明显的病芽，在嫩芽、幼叶上出现橙黄色粉状物，即锈孢子。5月，玫瑰花含苞待放时开始在叶背出现夏孢子，并可借风、雨、昆虫等媒介传播，进行第1次再侵染。条件适宜时叶背不断产生大量夏孢子，进行多次再侵染，造成病害流行。发病适温为15℃~26℃，6月、7月和9月发病最为严重。四季温暖、多雨、空气湿度大为病害流行的主要因素。北京重瓣红玫瑰和甘肃小叶玫瑰易感病。

（二）月季黑斑病

露地栽培条件下，病原菌以菌丝体在芽鳞、叶痕、枯枝落叶上越冬，翌年春天产生分生孢子进行初侵染。温室栽培中的病原菌以分生孢子和菌丝体在病部越冬。分生孢子萌发和生长的适温为20℃~25℃。分生孢子由雨水、灌溉水的喷溅传播，由表皮直接侵入，潜伏期一般为10天，最短为3天，有多次再侵染。发病与降雨早晚、降雨次数、降雨量密切相关，一般在降雨2周后出现症状。高温高湿则病重，通风不良有利于发病。老叶较抗病，新叶较感病，展开6~14天的叶片最感病。所有的月季栽培品种均可受侵染，但抗病性差异明显。茶香、金背大红、金枝玉叶等品种感病；伊丽莎白、黑千层、伊斯贝尔等品种抗病。栽培密度大，盆花摆放密度大，偏施氮肥以及以喷灌、浇灌等方式浇水则病害加重。生长不良和新移栽的植株发病重。

（三）海棠锈病

病菌以菌丝体在桧柏枝条上越冬，可存活多年。翌春3~4月遇雨则冬孢子萌发产生担孢子，随风传播到海棠上。担孢子萌发后直接侵入寄主表皮，约10天后在叶片正面产生性孢子器，3周后形成锈孢子器。8~9月锈孢子成熟后随风传播到桧柏上，侵入嫩梢越冬。海棠和桧柏混栽或距离较近、病菌大量存在、3~4月份雨水较多，是海棠锈病大发生的三个重要条件。在海棠、苹果与桧柏混栽的公园和园林绿地等处发病严重。

（四）桂花枯斑病

病菌以菌丝和分生孢子器在病叶上越冬。次年产生分生孢子，经风雨传播，侵染植株，7~11月发病，越冬后的老叶及植株下部的叶片发病重。该病原菌发育的温度范围为10℃~33℃，最适宜温度为27℃左右。高温、高湿、通风不良、植株生长衰弱时发病较重。

（五）紫薇白粉病

病原菌以菌丝体在病芽上或以闭囊壳在病叶上越冬。粉孢子由气流传播，生长季节有多次再侵染。粉孢子萌发最适宜的温度为 19℃~25℃。当空气相对湿度为 100%或有自由水存在时更有利于粉孢子萌发。该病主要发生在春、秋两季,以秋季发病最为严重。

（六）樱花穿孔病

病菌在病枝梢和病落叶中越冬。子囊孢子在春季成熟,翌年气温适宜便借风雨传播。一般从 6 月开始先从下部叶片发病,8~9 月为发病高峰期。风雨多时发病严重,9 月下旬植株上仅残存少量叶片。通风不良、植株密集、树势衰弱等都有利病害发生。夏季干旱导致树势弱,则发病率高。

（七）茉莉白绢病

以菌核或菌丝在土壤、病株残体、杂草上越冬。菌核在土壤中可存活 4 年以上,但在高湿条件下存活期很短,不耐水浸。病菌以菌丝在土壤中蔓延,远距离传播主要靠流水、植株和病土等。病菌发育的最适温度为 32℃~33℃,最高温度为 40℃,最低温度为 8℃,适宜 pH 为 5~9。连作土壤发病严重,高温高湿条件容易发病。

（八）牡丹红斑病

病原菌以菌丝在病组织上及地面枯枝上越冬,翌年春季产生分生孢子,经风雨传播并侵染危害。病菌从伤口或直接侵入寄主,有多次再侵染。下部叶片受害最重,牡丹开花后病害逐渐明显并加重。梅雨季节发病严重且扩展快。

四、病害防治

（一）分组操作

（1）分组收集整理病害关键防治技术方法,并讨论交流。

（2）选择 1~2 种病害最佳防治技术方法进行分组实践操作。

（二）总结与归纳

1. 玫瑰锈病

（1）休眠期清除枯枝落叶,喷洒 3 波美度的石硫合剂,杀死芽内及病部的越冬菌丝体;生长季节及时清除、烧毁枯枝败叶,减少侵染来源。

（2）温室栽培要注意通风透光,降低空气湿度,改善环境条件;增施磷、钾、镁肥,氮肥要适量;在酸性土壤中施入石灰等能提高寄主的抗病性。

（3）新叶展开后喷洒 1∶1∶150~200 波尔多液、0.2~0.3 波美度的石硫合剂、25%三唑酮可湿性粉剂 1 500 倍液或敌锈钠可湿性粉剂 250~300 倍液等药剂。在 6 月下旬和 8 月中旬发病盛期前喷药防治,每隔 8~10 天喷 1 次,连续喷 2~3 次,药剂有 75%百菌清可湿性粉剂 800 倍液、50%代森铵可湿性粉剂 800~1 000 倍液、50%退菌特可湿性粉剂 500 倍液。

2. 月季黑斑病

（1）及时清除枯枝落叶,秋季要彻底清除枯枝落叶,集中销毁。结合修剪清除病枝。休眠期喷洒 1%硫酸铜或 3 波美度的石硫合剂,杀死越冬菌源。

（2）改善环境条件,控制病害发生。控制密度,通风透光。N、P、K 配比合理,促进植株生长健壮。采取滴灌措施,上午浇水,忌大水滴飞溅式喷灌。

（3）发病初期,喷 75%百菌清可湿性粉剂 500~700 倍液、70%甲基硫菌灵可湿性粉剂 500~700 倍液、65%代森锌可湿性粉剂 500 倍液、50%多菌灵可湿性粉剂 500~1 000 倍液。注意交替用药,延缓抗药性。

3. 海棠锈病

（1）园林规划时，尽量避免海棠、苹果、梨等仁果类阔叶树与桧属、柏属的针叶树相互混交栽植。一般要求两类植物相距半径 5km 以上。不可避免时，应选择抗病品种种植，且将柏类种植在下风口，海棠等种植在逆风口，以尽量减轻危害。

（2）春季，针叶树上的菌瘿开裂前（一般在 3 月上中旬），当春雨量达 4~10mm 时，向柏类喷药，抑制冬孢子萌发。常用药剂有 1%倍量式波尔多液、64%噁霜灵锰锌可湿性粉剂 300 倍液、3%石灰水等。在海棠刚萌芽时向海棠喷药保护，常用药剂有 25%三唑酮可湿性粉剂 1 500~2 000 倍液、70%甲基硫菌灵可湿性粉剂 1 000 倍液、65%代森锌可湿性粉剂 500 倍液、75%百菌清可湿性粉剂 500~800 倍液、12.5%烯唑醇可湿性粉剂 3 000~6 000 倍液。

（3）秋季 8~9 月，当锈孢子成熟时，向海棠上喷 65%代森锌可湿性粉剂 500 倍液或 25%三唑酮可湿性粉剂 1 500~2 000 倍液，阻止锈孢子转主寄生。

4. 桂花枯斑病

冬季结合修剪时，清除病叶，并集中烧毁。发病初期，可喷洒 1∶1∶100~200 波尔多液或 65%代森锌可湿性粉剂 500 倍液，以后可喷洒 50%多菌灵可湿性粉剂 800~1 000 倍液或 50%苯菌灵可湿性粉剂 1 000~1 500 倍液、70%甲基硫菌灵可湿性粉剂 500~800 倍液。

5. 紫薇白粉病

（1）减少初侵染来源，秋季彻底清除枯枝落叶，集中销毁。

（2）生长季节及时摘除病芽、病叶和病梢。

（3）发病初期喷洒 25%三唑酮可湿性粉剂 3 000 倍液、50%苯菌灵可湿性粉剂 1 000 倍液、70%甲基硫菌灵可湿性粉剂 1 000 倍液或生物制剂“BO~10”150~200 倍液等。药剂应交替使用，延缓或避免抗性。

6. 樱花穿孔病

（1）幼苗期喷洒 65%代森锌可湿性粉剂 500 倍液、3~5 波美度石硫合剂或 1∶1∶（100~200）的波尔多液等。发芽前喷施 2~3 波美度石硫合剂或 1%波尔多液，进行树体消毒。展叶后喷施 50%多菌灵可湿性粉剂 800 倍液或 70%甲基硫菌灵可湿性粉剂 1 500 倍液。

（2）发病期喷洒 50%苯菌灵可湿性粉剂 1 500 倍液、65%代森锌可湿性粉剂 600 倍液或 50%多菌灵可湿性粉剂 1 000 倍液。

（3）加强栽培管理，创造良好的通风透光条件，不宜将樱花栽在风口区；多施磷钾肥，干旱时及时浇水，增强抗病能力。

（4）秋季清除病落叶并烧毁，结合修剪剪除病枝，减少来年侵染源。

7. 茉莉白绢病

（1）轮作，尤其水旱轮作效果较好。

（2）有机肥要充分腐熟，冬季温室内避免密集堆放病残体和土壤，栽培土壤用加热方法灭菌。

（3）早期发现病株应及时拔除并烧毁或深埋，病穴灌洒 50%代森铵可湿性粉剂 500 倍液或撒施石灰粉消毒土壤。

（4）发病初期灌浇 50%退菌特可湿性粉剂或 50%代森铵可湿性粉剂 800 倍液，7~10 天 1 次。

(5) 利用哈茨木霉(*Trichoderma harzianum*)防治茉莉白绢病效果较好。把培养好的木霉混合到灭菌过的麸皮上,配成木霉制剂施入土壤。使用时,土壤要保持一定的湿度。

8. 牡丹红斑病

(1) 病害发生与初侵染源关系最为密切,因此,冬季要结合清扫田园,彻底剪除病茎,清除病残体,并集中销毁,以减少下年的初侵染来源。

(2) 经常锄草松土,开花期间宜多浇水,但不能过于潮湿,花后及时剪除残花,增强植株的生长势,减轻病害的发生。

(3) 病害的发生与品种有一定关系,紫芙蓉、胭脂点玉等发病较重,粉珠盘、娃娃面、红云迎日等发病中等,东海朝阳、紫袍金带发病较轻。

(4) 早春植株萌动前喷3~5波美度石硫合剂或代森锌500倍液一次;发病初期及时摘除病叶,喷洒60%多菌灵盐酸盐超微粉剂600倍液、50%多菌灵可湿性粉剂500倍液、70%甲基硫菌灵可湿性粉剂800~1 000倍液、75%百菌清可湿性粉剂600倍液、50%多硫悬浮剂800倍液或2%武夷霉素水剂150倍液,7~10天喷一次,连续喷3~4次。温室内可于傍晚时喷洒5%百菌清可湿性粉剂或释放烟雾剂防治牡丹红斑病,每667m^2每次用250~300g,封闭大棚、温室过夜。

学习成果

(1) 将木本植物常见病害发生症状用照相机或高像素手机拍摄记录,并进行整理。

(2) 将木本植物常见病害主要识别特征及关键防治技术要点填入表10-1。

表10-1 木本植物常见病害主要识别特征及关键防治技术要点记录表

项目名称		记录内容
主要识别特征	1. 2. ……	
关键防治技术要点	1. 2. ……	

任务评价

任课教师当堂发放任务评价单,由学习者当堂完成组间评价和组内评价后,收回任务评价单。任课教师可以当堂给出教师评价分,也可以在任务学习者将当堂任务学习成果提交给任课教师后,课后给出教师评价分。任课教师根据学习者任务完成情况,按照教师评价分占50%、组间评价分占30%、组内评价分占20%进行加权计算,最终形成每个学习者的任务完成评价成绩。成绩可以当堂反馈,也可以在下一次课堂上反馈。

职业能力测试

（1）海棠锈病的症状识别要点是什么？

（2）紫薇白粉病流行的关键环境因素是什么？

子任务 2　木本花卉常见害虫的识别与防治

目标要求

通过木本花卉常见害虫的学习，能对木本花卉常见害虫进行准确识别和有效防治。培养学生科学诊断病虫害的思维能力，逐步提升学生的科学素养，培养学生的创新意识和职业责任感。

工作准备

（1）材料准备：梨冠网蝽、紫薇绒蚧、烟粉虱、蚜虫、大青叶蝉、叶螨等的标本、照片、课件图片或挂图等。

（2）教学场地准备：梨冠网蝽、紫薇绒蚧、烟粉虱、蚜虫、大青叶蝉、叶螨发生现场、多媒体教室。

（3）用具准备：体视显微镜、擦镜纸、搪瓷盘、放大镜、眼科剪刀、镊子、蜡盘、大头钉、吸水纸等。

任务实施

虫害发生概述：梨冠网蝽（*Stephanitis nashi* Esaki et Takeya），又名军配虫，属半翅目、网蝽科，广泛分布于我国各地，可以为害杜鹃、海棠、樱花、梨、苹果、红叶李、桃、梅花等多种园林植物。

紫薇绒蚧（*Eriococcus legerstroemiae* Kuwana），又名石榴毡蚧、紫薇绒粉蚧，属同翅目、蚧总科、绒蚧科，广泛分布于华东、华北、东北、华中等地，主要为害紫薇、石榴等花木，已成为园林植物的重要害虫。

烟粉虱（*Bemisia tabaci* Gennadius），属同翅目、粉虱科，在我国华东地区广泛发生，可以为害大戟科、锦葵科、葫芦科等 10 科 50 多种植物，在一品红上为害十分严重。

蚜虫又名蜜虫、腻虫等，属同翅目、蚜科，刺吸式口器害虫。蚜虫种类多，繁殖率高，生活周期复杂，寄主十分普遍，我国各地均有分布。园林植物上常见的蚜虫主要有棉蚜、桃蚜、桃粉蚜、绣线菊蚜、月季长管蚜、菊姬长管蚜等，以棉蚜和桃蚜最为常见。桃蚜［*Myzus persicae* (Sulzer)］又名桃赤蚜、烟蚜，广泛分布于全国各地，为害海棠、郁金香、牡丹、百日草、金鱼草、金盏花、樱花、蜀葵、梅花、夹竹桃、香石竹、大丽花、菊花、仙客来、一品红、白玉兰、瓜叶菊、桃、李、杏等 300 多种园林植物。棉蚜（*Aphis gossypii* Glover）在全国各地均有分布，寄主植物近300种,主要为害扶桑、木槿、蜀葵、石榴、一串红、倒挂金钟、茶花、菊花、牡丹、常春藤、紫叶李、兰花、大丽花、紫荆、仙客来、鸡冠花、玫瑰等园林植物。

大青叶蝉[*Cicadella virids* (Linnaeus)],又名大绿浮尘子、青叶跳蝉、青叶蝉等,属同翅目、叶蝉科。寄主广泛,可为害豆科、十字花科、蔷薇科、杨柳科等植物。

常见的叶螨主要有朱砂叶螨(*Tetranychus cinnabarinus* Boisduval)、二点叶螨(*T. urticae* Koch)和山楂叶螨(*T. viennensis* Zacher),均属蛛形纲、蜱螨目、叶螨科,广泛分布于全国各地,是园林植物上为害较重的螨类,可以为害金银花、大丽花、万寿菊、蜀葵、海棠、石榴、一串红、碧桃、丁香、锦葵、茉莉、月季等多种园林植物。

一、为害状识别

(一) 识别与观察

仔细观察梨冠网蝽、紫薇绒蚧、烟粉虱、蚜虫、大青叶蝉、叶螨的各类标本及发生现场,描述虫害发生情况。

(二) 总结与归纳

1. 梨冠网蝽

成虫、若虫群集叶背刺吸液汁,被害叶片正面形成苍白斑(图10-8),背面出现锈黄色,严重时,叶片早落,树势衰弱。

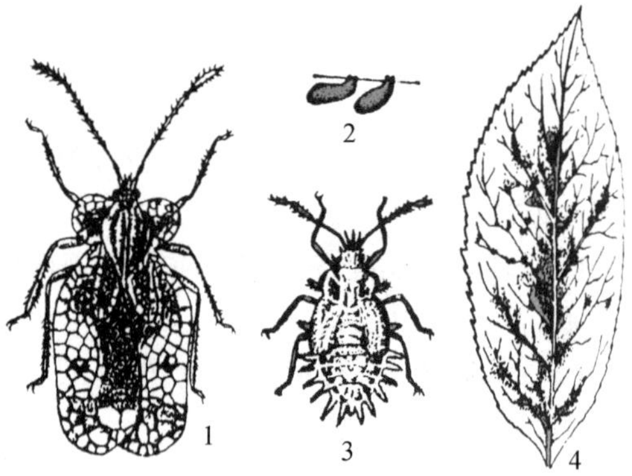

1. 成虫; 2. 卵; 3. 若虫; 4. 为害状。

图10-8 梨冠网蝽及其为害状

(引自张随榜《园林植物保护》)

2. 紫薇绒蚧

紫薇绒蚧主要以若虫和雌成虫聚集在紫薇、石榴茎干、枝条和芽腋等处,吸食汁液,常造成植株长势衰弱,生长不良。其排泄物能诱发煤污病,使叶面枝干失去光泽,导致叶片、小枝呈黑色,影响花卉的生长发育,失去观赏价值。虫口密度大时枝叶发黑,叶片早落,开花不正常,甚至全株枯死。

3. 烟粉虱

幼虫在叶背刺吸汁液,受害叶常出现褪绿斑,同时虫体排出的“蜜露”可引起煤污病,还是一品红卷叶病的传毒介体。

4. 蚜虫

蚜虫主要为害园林植物的嫩叶、嫩梢,也可为害老叶、茎、枝条、花、果等部位,常群集于寄主嫩梢、花蕾、花朵和叶背刺吸汁液,使叶片皱缩卷曲变形、生长缓慢或停滞,并可以传播多种病毒病,严重时造成大量落叶和植株枯死。蚜虫分泌的蜜露还会诱发煤污病,影响观赏性。

5. 大青叶蝉

成虫、若虫均可刺吸植株的汁液,受害叶片正面呈现小白斑,影响光合作用,并能传播病毒病。成虫产卵时将树皮划破,造成半月形伤口,受害株易受冻害,为害严重时,被害枝条逐渐干枯死亡。

6. 叶螨

叶螨主要为害叶片,也可为害嫩梢及花,高温干旱季节,常暴发成灾。以成螨、若螨在叶片背面及嫩梢与花上刺吸汁液。叶片受害时，产生密集的黄白色褪绿小点，使叶片变色、卷曲、枯黄，提早落叶，导致植株衰弱，甚至死亡。

二、形态识别

(一) 识别与观察

仔细观察梨冠网蝽、紫薇绒蚧、烟粉虱、蚜虫、大青叶蝉、叶螨的标本，描述害虫的主要特征。

(二) 总结与归纳

1. 梨冠网蝽

(1) 成虫(图 10-8)：体长 3.5mm 左右，暗褐色，扁平。触角丝状，前胸背板隆起，向后延伸如扁板状，两侧向外突出呈翼片状。前翅近方形，胸背及翅均布有黑褐色网状斑纹，半透明。后翅透明。

(2) 卵：呈长椭圆形，长 0.4~0.6mm。初产时半透明，淡绿色，后变为淡黄色。

(3) 若虫：共 5 龄，淡绿色至深褐色，3 龄以后出现翅芽，腹部两侧有很多突起。

2. 紫薇绒蚧

(1) 成虫：雌成虫扁平，椭圆形，长约 2~3mm，暗紫红色，老熟时虫体外包裹白色绒质蚧壳。雄成虫体长约 0.3mm，翅展约 1.0mm，紫红色。

(2) 卵：呈卵圆形，紫红色，长约 0.25mm。

(3) 若虫：椭圆形，紫红色，虫体周缘有刺突。

(4) 蛹：雄蛹紫褐色，长卵圆形，外包以袋状绒质白色茧。

3. 烟粉虱

(1) 成虫(图 10-9)：个体小，体长约 1mm，体色嫩黄色。前后翅大小相似。翅及虫体密被白色蜡粉，故有小白蛾之称。

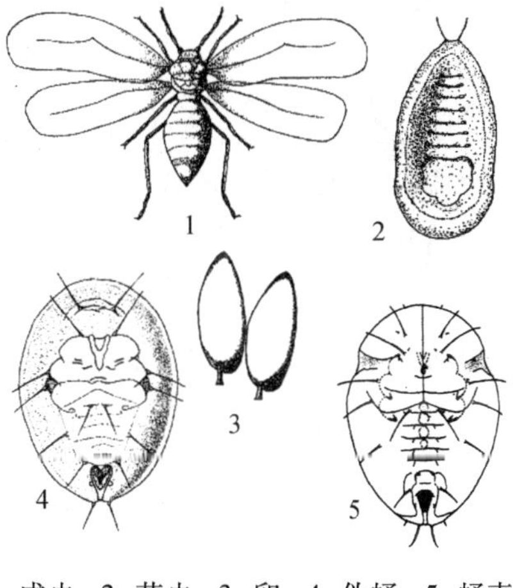

1. 成虫；2. 若虫；3. 卵；4. 伪蛹；5. 蛹壳。

图 10-9　烟粉虱

(2) 卵：体小，犹如针尖，为长椭圆形。基部有 1 个短柄，用于插入叶背的组织中，初产为淡绿色，其上有白色蜡粉，后渐变为褐色，孵化前为黑色。

(3) 若虫：1 龄若虫体扁平，长椭圆形，黄绿色，可缓慢爬行。2 龄后 3 对足退化，虫体紧贴在叶片上固定不动，将口针刺入叶片，营固定生活。脱皮 3 次后，4 龄若虫即为“伪蛹”，扁圆形盒状，中心部略高，体表附有长短不一的蜡丝。

4. 蚜虫

(1) 桃蚜：无翅胎生雌蚜(图 10-10)体长 2.2mm，体色为黄绿色、橘黄色或红褐色；额瘤显著，复眼红色，触角 6 节，较体短，无次生感觉圈；腹管圆管形，稍长，有瓦纹；尾圆锥形、黑褐色，有刚毛 6~7 根。有翅胎生雌蚜体长 2.2mm；头、胸部黑色，额瘤明显，复眼红色，腹部颜色变化大，为绿、黄绿、赤褐至褐色；触角 6 节，较体短，仅第 3 节有小圆次生感觉圈 9~11 个，在外缘全长排列成1行;翅无色透明,翅痣灰黄或青黄色;腹管、尾片形状同无翅型,尾片两侧各有3根长毛;卵长椭圆形,长0.5~0.7mm,初为橙黄色,后变成漆黑色而有光泽。

(2) 棉蚜:无翅胎生雌蚜(图10-11)体长1.5~1.8mm,体色有黄、青、深绿、暗绿等色,夏季黄绿色,春、秋季棕黑色,体被蜡粉;复眼黑色,触角6节,仅第5节端部有1感觉圈;腹管圆筒形,基部较宽;尾片圆锥形,近中部收缩。有翅胎生雌蚜大小与无翅胎生雌蚜相近,体黄色、浅绿至深绿色,前胸背板黑色;触角6节,感觉圈着生在第3、5、6节上,第3节上有成排的感觉圈5~8个;腹部两侧有3~4对黑色斑纹,腹管黑色,圆筒形,上有覆瓦状纹;尾片黑色,形状同无翅型。无翅若蚜共4龄,无尾片,夏季黄色至黄绿色,春、秋季蓝灰色至蓝绿色,复眼红色。有翅若蚜也是4龄,体被蜡粉,夏季黄褐色或黄绿色,秋季灰黄色,2龄后体两侧有短小的褐色翅芽。卵椭圆形,漆黑色,有光泽。

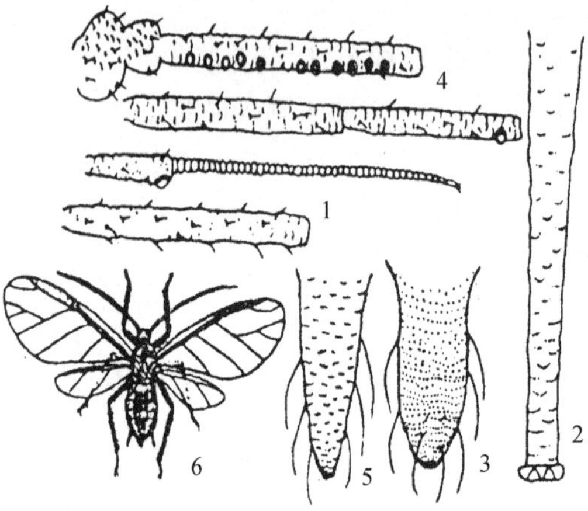

无翅胎生雌蚜:1. 触角;2. 腹管;3. 尾片。
有翅胎生雌蚜:4. 触角;5. 尾片;6. 成虫。

图10-10 桃蚜

(引自费显伟《园艺植物病虫害防治》)

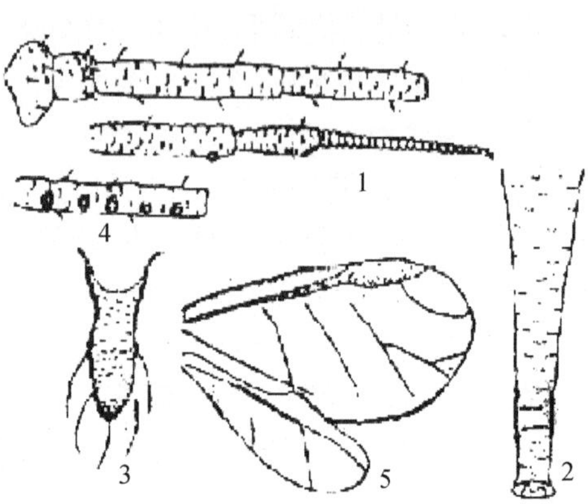

无翅胎生雌蚜:1. 触角;2. 腹管;3. 尾片。
有翅胎生雌蚜:4. 触角(第3节);5. 前后翅。

图10-11 棉蚜

(引自费显伟《园艺植物病虫害防治》)

5. 大青叶蝉

(1) 成虫:雌成虫体长9~12mm,雄成虫体长7~9mm,体青绿色,头黄色,呈三角形(图10-12)。前翅绿色,端部半透明,后翅烟黑色,半透明,腹背黑色,足橙黄色。

(2) 卵:长约2mm,初为乳白色,后变为淡黄色,长椭圆形,稍弯曲。

(3) 若虫:形态似成虫,比成虫小,初为乳白色,后渐变为黄绿色,腹部背面有4条褐色纵纹,无翅,只有翅芽。若虫共5龄。

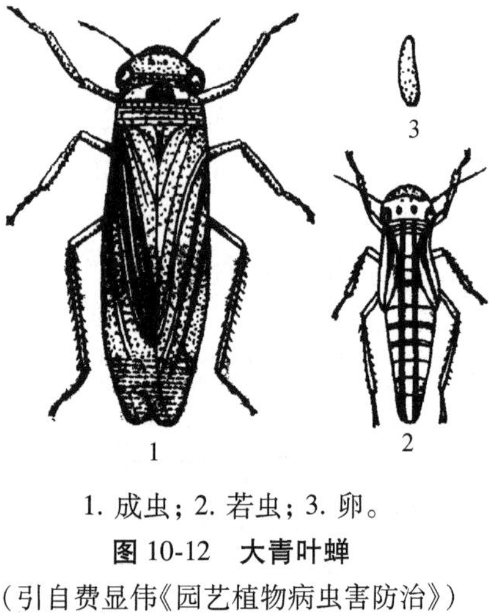

1. 成虫;2. 若虫;3. 卵。

图10-12 大青叶蝉

(引自费显伟《园艺植物病虫害防治》)

6. 叶螨

(1) 朱砂叶螨:成螨(图10-13)体长0.36~0.55mm,椭圆形,朱红色或锈红色,体侧有黑褐色斑纹2对，前面1对较大，后面1对位于体末两侧，背毛26根。若螨椭圆形，体色较深。

（2）二点叶螨：成螨体长0.37~0.53mm，卵圆形，深黄色或黄绿色，体背两侧各有1个横“山”形深色斑块，背毛26根。

（3）山楂叶螨：成螨体长0.43~0.54mm，雌成螨深红色，雄成螨橘黄色，椭圆形，体背前方略隆起，有刚毛6排，共26根。若螨近球形，淡绿色至翠绿色。

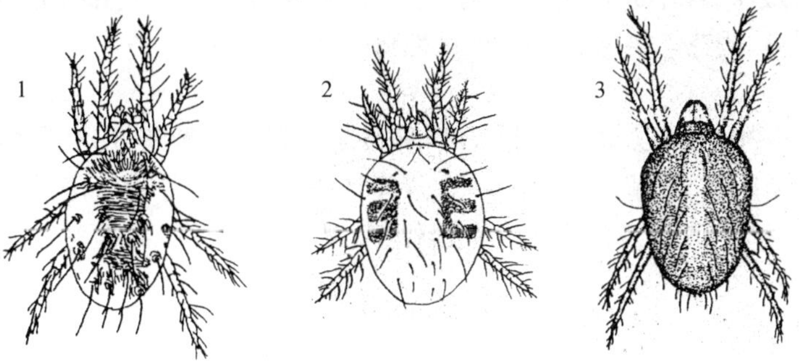

1. 朱砂叶螨；2. 二点叶螨；3.山楂叶螨。

图10-13 3种叶螨成虫形态图

（引自费显伟《园艺植物病虫害防治》）

三、发生规律分析

（一）梨冠网蝽

在江苏每年发生4~5代，以成虫在枯枝落叶、枝干皮缝以及杂草、石缝中越冬。翌年4月越冬成虫开始外出，4月下旬开始产卵，5月下旬孵化为若虫，第1代成虫于6月中旬大量出现。成虫寿命和产卵期长达1个月以上，因此，世代发生不整齐。1年中以7~8月份为害最重，10月下旬开始越冬。成虫产卵于叶片主脉两侧的叶肉内，常为数粒或数十粒排在一起，产卵处的外面有一个小黑点。若虫不太活泼，有群集性，若虫和成虫均喜群集在叶背主脉附近。

（二）紫薇绒蚧

该虫发生代数因地区而异，华北地区一年发生2代，上海、江苏、浙江、山东等华东地区一年发生3~4代。越冬虫态有受精雌虫、2龄若虫或卵等，各地不尽相同，通常在枝干裂缝内越冬。华北地区每年6月上旬至7月中旬以及8中下旬至9月为若虫孵化盛期，华东地区在3月底4月初第1代若虫就发生为害。紫薇绒蚧在温暖高湿环境下繁殖快，干热对发育不利。

（三）烟粉虱

该虫在热带和亚热带地区1年发生11~15代，在华东地区1年发生10~11代。成虫的寿命为10~22天，在25℃下完成1代需要20~28天。烟粉虱不能在露地植物上越冬，但可以卵、若虫、成虫在保护地内安全越冬，并能正常取食为害。3月中旬至6月中旬在保护地内繁殖为害，6月上、中旬开始大量向外扩散迁移，6月下旬保护地内虫量迅速下降，开始转入露地为害。在露地植物上，烟粉虱一般发生在6月上旬至11月中旬，发生高峰期在8月下旬至9月上中旬。6月上、中旬始见成虫，7月上旬至9月中旬在露地植物上大量繁殖，8月下旬至9月中旬不断向秋播植物上转移扩散，10月下旬气温降低后，又开始转入保护地为害,露地植物上虫量开始大幅度下降。11 月中旬,露地植物上烟粉虱的发生基本结束。

(四) 蚜虫

1. 桃蚜

每年发生 10~30 代。以卵在枝梢、芽腋等裂缝和小枝处越冬,或以无翅胎生雌蚜在桃树或温室中越冬。翌春 2 月下旬至 3 月开始孵化为害,先群集在芽上,后转移到花和叶上为害。5~6 月繁殖最快,并不断产生有翅蚜,迁飞到蜀葵和十字花科植物上为害,10~11 月又产生有翅蚜迁回桃、樱花等树木,产生雌、雄性蚜,交尾产卵越冬。

2. 棉蚜

每年发生 20~30 代。以卵在木槿、石榴等枝条上越冬。翌年 3~4 月孵化为干母,在越冬寄主上进行孤雌胎生,繁殖 3~4 代,4~5 月间产生有翅蚜,飞到菊花、扶桑、茉莉、瓜叶菊或棉花等夏季寄主上为害。10 月产生有翅蚜,从夏季寄主迁移到越冬寄主上,产生有性无翅雌蚜和有翅雄蚜,交配产卵。

(五) 大青叶蝉

吉林、新疆、内蒙古 1 年发生 2 代,甘肃为 2~3 代,河北、北京、山东、江苏为 3 代,湖北为 5 代,江西为 5~6 代。一般以卵在花木、果树枝条的皮层内及杂草茎秆内越冬。在南方各虫期均有,无真正的休眠期。在华东地区,翌年 4 月中旬至 5 月卵开始孵化,孵化的若虫刺吸汁液并喜群集,5 月下旬为第 1 代成虫开始为害期。成虫喜群集于矮生植物叶背和叶面,趋光性强,遇惊扰疾行横走,由叶面向叶背逃避,并会跳跃。7~8 月是第 2 代成虫为害期,9~11 月是第 3 代成虫为害期。10 月下旬成虫陆续飞到花木枝条上产卵越冬。夏、秋季卵期为 9~15 天,越冬卵则长达 5 个月。若虫历期 1 个月左右。

(六) 叶螨

1. 朱砂叶螨

每年发生 10~20 代左右,多以受精雌成螨在土缝、树皮缝等处越冬,翌年 4 月上中旬开始为害与繁殖。7~8 月高温干旱少雨时,繁殖迅速,为害猖獗,易暴发成灾,寄主植物出现大量落叶,10 月中下旬开始越冬。成螨常群集于叶背吐丝结网,在网下为害。

2. 二点叶螨

每年发生 20 代左右,发生规律与朱砂叶螨相似。

3. 山楂叶螨

每年发生 10 代以上,以受精雌成螨在土缝、树皮缝等处越冬,翌年 4 月上旬开始为害,梨花盛开时节为该螨活动盛期。成螨不活泼,常群集于叶背吐丝结网,在网下为害,6~8 月发生严重。

四、虫害防治

(一) 分组操作

(1) 分组收集整理虫害关键防治技术方法,并讨论交流。

(2) 选择 1~2 种虫害最佳防治技术方法进行分组实践操作。

(二) 总结与归纳

1. 梨冠网蝽

(1) 冬季清除寄主附近的杂草、枯枝落叶,将其埋入土中或烧毁,消灭其中的越冬成虫。

（2）4 月下旬至 5 月上旬越冬成虫出现盛期和 6 月上旬第 1 代若虫孵化末期，可喷洒 90%敌百虫晶体、80%敌敌畏乳油或 50%杀螟硫磷乳油 1 000~1 500 倍液毒杀，喷药时要将叶背喷洒周到。

2. 紫薇绒蚧

（1）结合冬季整形修剪，清除受害严重、带有越冬虫态的枝条。

（2）虫害发生严重地区，在早春萌芽前喷洒 3~5 波美度石硫合剂，杀死越冬若虫。苗木生长季节，抓住若虫孵化期喷洒 40%杀扑磷乳油 1 500 倍液、48%毒死蜱乳油 1 200 倍液或 50%杀螟硫磷乳油 800 倍液等。

3. 烟粉虱

（1）在没有烟粉虱为害的温室育苗，若发现烟粉虱，应先彻底防治再育苗。在定植前要彻底清除前茬作物的残株、杂草，将其带出温室外处埋，并对温室进行熏蒸杀虫，做到定植前温室清洁，同时在通风口设置防虫网阻虫。

（2）发现烟粉虱为害时，可用 10%噻嗪酮乳油 1 000 倍液、20%吡虫啉浓可溶剂 4 000 倍液、2.5%三氟氯氰菊酯乳油 5 000 倍液、10%吡虫啉可湿性粉剂或 20%甲氰菊酯乳油 2 000 倍液、2.5%联苯菊酯乳油 3 000 倍液喷洒，杀灭成虫、若虫和伪蛹。

4. 蚜虫

（1）园林植物苗期或生长早期，可用银灰膜覆盖或在植株间悬挂，以驱避蚜虫。

（2）有翅蚜迁飞高峰期，在田间设置黄色粘虫板诱蚜，可诱杀大量有翅蚜。

（3）温室和保护地用 40~60 目防虫网覆盖，在早春和蚜虫迁飞期能起到阻止蚜虫迁入为害的作用。

（4）蚜虫发生期可交替使用 3%啶虫脒乳油 2 000~2 500 倍液、0.26%苦参碱水剂 1 500~2 000 倍液、0.65%茼蒿素杀虫水剂 300~400 倍液、2.5%联苯菊酯乳油或 10%吡虫啉可湿性粉剂 2 000~3 000 倍液、40%乐果乳油 1 000 倍液喷雾，重点喷施叶背和嫩枝等蚜虫聚集较多的地方，可取得很好的防治效果。保护地可用烟剂烟熏。

（5）保护和利用瓢虫、大草蛉、丽草蛉、食蚜蝇、蚜茧蜂、蚜小蜂、蚜霉菌等蚜虫的天敌进行生物防治。

（6）盆栽花卉零星发生蚜虫时，可用毛笔蘸水同方向轻刷，避免刷伤嫩梢、嫩叶。木本花卉可在早春刮除老树皮并剪除受害枝条，消灭越冬卵。

5. 大青叶蝉

（1）在成虫产越冬卵前涂刷白涂剂，阻止成虫在枝条上产卵。

（2）成虫发生初期，可以设置黑光灯进行灯光诱杀。

（3）冬、春季及时清除杂草，发现有卵的枝条及被害枝条，及时进行人工剪除。

（4）害虫发生期喷洒 2.5%溴氰菊酯乳油 2 000 倍液、50%异丙威乳油 1 500 倍液、3%啶虫脒乳油 3 000 倍、10%吡虫啉可湿性粉剂 2 000 倍液或 20%氰戊菊酯乳油 3 000 倍液等，消灭成虫和若虫。

6. 叶螨

（1）加强养护管理，清除枯枝落叶、杂草等，减少越冬场所和虫源地。

（2）保护利用天敌，如胡瓜钝绥螨、草蛉、六点蓟马、粉蛉、花蝽等。

(3) 早春花灌木发芽前,喷洒100倍液石硫合剂,消灭越冬雌成螨。叶螨为害期喷施5%唑螨酯乳油4 000倍液、20%哒螨酮净乳油2 000倍液、5%噻螨酮乳油2 000倍液或10%浏阳霉素乳油2 000倍液。在平均每叶片2~3头螨时用药。注意早期用药,治前控后,各种杀螨剂交替使用,以减少螨类抗药性。

学习成果

(1) 将木本植物常见害虫发生状用照相机或高像素手机拍摄记录,并进行整理。

(2) 将木本植物常见害虫主要识别特征及关键防治技术要点填入表10-2。

表10-2　木本植物常见害虫主要识别特征及关键防治技术要点记录表

项目名称		记录内容
主要识别特征	1. 2. ……	
关键防治技术要点	1. 2. ……	

任务评价

任课教师当堂发放任务评价单,由学习者当堂完成组间评价和组内评价后,收回任务评价单。任课教师可以当堂给出教师评价分,也可以在任务学习者将当堂任务学习成果提交给任课教师后,课后给出教师评价分。任课教师根据学习者任务完成情况,按照教师评价分占50%、组间评价分占30%、组内评价分占20%进行加权计算,最终形成每个学习者的任务完成评价成绩。成绩可以当堂反馈,也可以在下一次课堂上反馈。

职业能力测试

(1) 梨冠网蝽的形态识别要点是什么?

(2) 烟粉虱大发生的关键环境因素是什么?

【任务小结】

本任务主要传授和训练木本花卉病虫害的相关内容和技能,为园林植物病虫草害的防治工作奠定基础。

【讨论与提高】

(1) 樱花穿孔病的关键防治技术是什么?

(2) 棉蚜与桃蚜的区别是什么?

【考证提示】

本任务涉及园林植物保护工、绿化工、花卉工、花卉园艺师等工种的考核,涉及考证的内容主要为木本花卉病虫害的识别诊断与防治,应牢固掌握以上要点。

任务2 园林树木病虫害的识别诊断与防治

子任务1 园林树木常见病害的诊断与防治

目标要求

通过园林树木常见病害的学习，能对园林树木常见病害进行正确诊断和有效防治。理解二十大报告中提出的“推动绿色发展，促进人与自然和谐共生”的意义。

工作准备

（1）材料准备：松材线虫病、杨树溃疡病的新鲜标本、盒装标本、散装标本、病原切片以及照片、课件图片或挂图等。

（2）教学场地准备：松材线虫病、杨树溃疡病发生现场、多媒体教室。

（3）用具准备：显微镜、擦镜纸、搪瓷盘、放大镜、盖玻片、载玻片、挑针、刀片、吸水纸等。

任务实施

病害发生概述：松材线虫病是松树的一种毁灭性病害，导致树木死亡速度快。该病传播蔓延迅速、寄主植物分布广、防治难度大，被世界各国列为头号的植物检疫对象。松树一旦感染该病，1~3个月内即可全株枯死，最快的仅需40天左右，3~5年间便造成大面积毁林的恶性灾害，我国大部分地区是其适生区。我国1982年首次在南京中山陵发现松材线虫病，现该病广泛分布于江苏、安徽、浙江、山东、江西、广东、福建、湖北、台湾、香港等地，可以危害黑松、马尾松等松属树木以及落叶松、云杉、冷杉等非松属树木，是松树的毁灭性病害，病情蔓延迅速，危害严重，无论是幼龄树还是数十年生的大树都能被侵害。

杨树溃疡病是杨树上的常见枝干病害，在我国分布广泛，遍布我国主要杨树种植区。除危害杨树外，该病还能危害核桃、刺槐、苹果、梧桐和榆树等多种园林植物，严重影响树木的成活及生长，造成枯梢，严重时引起整株死亡。

一、症状识别

（一）识别与观察

仔细观察松材线虫病、杨树溃疡病的各类标本及发生现场，描述病害发生的病状和病征。

（二）总结与归纳

1. 松材线虫病

松树发病初期，病株针叶变为红褐色，树脂分泌减少至完全停止分泌，后整株迅速枯萎死亡，针叶长时间不脱落，红褐色，远观似火烧状。松树感病后，多在当年夏季或9~10月整株枯死。有些病株第 2 年枯死,有些 1~2 年内不枯死,仅有少量枝条枯死。

2. 杨树溃疡病

该病主要发生在树干和主枝上。幼树的溃疡病斑主要发生于树干的中下部,大树受害时枝条上也出现病斑。3 月底至 4 月初,在树干上出现褐色水渍状圆形或椭圆形病斑(图 10-14),病斑直径约 1cm,后有紫红色液体流出。病斑有 3 种类型:① 水泡型。光皮树种在皮层表面形成一个约 1cm 大小的圆形水泡,充满褐色树液,树皮凸出,破裂后有褐色腥臭味红褐色树液流出,遇空气变黑褐色,病斑周围也呈黑褐色。失水干瘪后,形成圆形稍下陷的灰褐色枯斑。② 黑斑型。粗皮树种发病时不形成水泡,仅树皮下变褐腐烂,流出液体。后期病斑下陷,呈灰褐色,中央有 1 纵裂小缝,病斑边缘不明显,皮层腐烂,黑褐色,5 月中旬在病部产生小黑点,突破表皮外露,即病原菌的分生孢子器。受害严重时,树干上病斑密集,相互连成片,病部皮层变褐腐烂。当病斑环绕树干 1 周时,上部枝干枯死。秋后在老病斑处出现较大的黑点,即病原菌的子座及子囊壳。③ 枯梢型。多出现在新移栽幼树主干上部枝条的中部,首先出现不明显的灰褐色病斑,后病斑迅速包围树干,上部枝梢枯死,枯死部位出现小黑点。

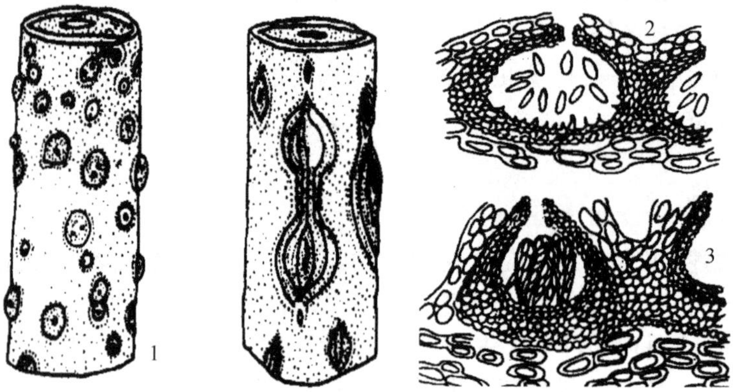

1. 症状; 2. 分生孢子器; 3. 子囊及子囊孢子。

图 10-14 杨树溃疡病

(引自徐明慧《园林植物病虫害防治》)

二、病原识别

(一) 识别与观察

仔细观察松材线虫病、杨树溃疡病的病原及其切片,描述病原菌的主要特征。

(二) 总结与归纳

1. 松材线虫病

病原为松材线虫[*Bursaphelenchus xylophilus*(Steiner et Bührer) Nickle],属线形动物门、线虫纲、垫刃目、滑刃科、伞滑刃属。虫体线形(图 10-15),雌虫体长 0.9~1.3mm,雄虫体长 0.9~1.2mm。

2. 杨树溃疡病

该病的病原菌为茶藨子葡萄座腔菌[*Botryosphaeria ribis*(Tode) Grossenb. et Dugg.](图 10-14),属子囊菌亚门、腔菌纲、格孢腔菌目、葡萄座腔属。无性态为聚生小穴壳菌

(*Dothiorella gregaria* Sacc.)，属半知菌亚门、腔孢纲、球壳孢目、小穴壳属。

三、发生规律分析

(一) 松材线虫病

发病温度范围为9.5℃~33℃，最适温度为25℃。松墨天牛(*Monochamus alternatus*)是携带松材线虫传播的媒介昆虫。松材线虫的远距离传播是靠人为运输病木及其制品传播的。每年5~7月，松墨天牛飞往松树嫩枝取食补充营养、产卵，线虫从伤口进入松树体内，繁殖扩散。1只松墨天牛成虫最高可携带28万条线虫。8~10月松树出现症状并迅速枯死。干燥可加快病树的死亡速度和病树死亡率。松材线虫病的发生主要有3个条件：平均气温10℃以上；海拔高度800m以下；有松墨天牛发生的大面积松林。

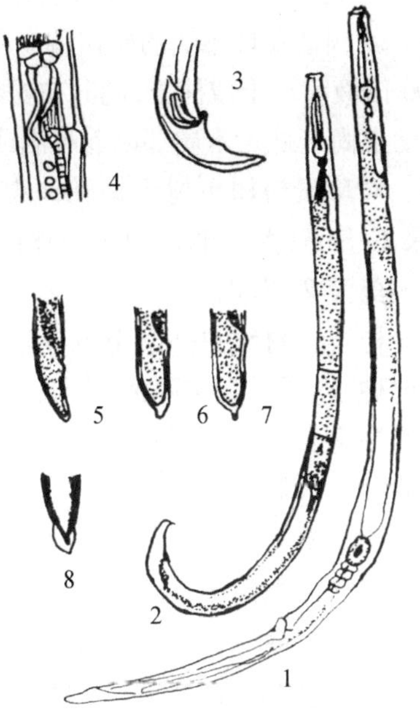

1. 雌成虫；2. 雄成虫；3. 雄虫尾部；4. 雌虫阴门；5~7. 雄虫交合伞；8. 雌虫尾部。

图10-15　松材线虫病

(引自徐明慧《园林植物病虫害防治》)

(二) 杨树溃疡病

病原菌主要以菌丝体或未成熟的子实体在病组织内越冬，也可以分生孢子及子囊孢子在病组织内越冬。翌年，气温10℃以上时，菌丝开始活动，杨树表皮出现明显的病斑。病菌主要借风雨传播，通过带菌苗木和插穗等繁殖材料的调运进行远距离传播。病菌主要通过伤口侵入，也可由皮孔或自表皮直接侵入，潜育期为1个月左右。江苏等地每年3月下旬开始发病，4月中旬至5月上旬为发病高峰，5月下旬至6月初基本停止，9月再次出现高峰，11月后逐渐停止发展。病菌的生长温度为13℃~38℃，最适温度为25℃~30℃。

杨树溃疡病的发生与温度、湿度和降雨量有密切关系。月平均气温在10℃以上，相对湿度60%以上，或小阵雨后，病害开始发生。月平均气温18℃~25℃，相对湿度在80%以上时，病害发展迅速。杨树树皮含水量越低，发病率愈高。假植、运输、移栽过程中，树皮失水越多，往往发病越严重。移栽后灌水不及时以及树势衰弱的植株易发病，健壮植株发病少。一般光皮树种发病重，粗皮树种发病轻。青杨、大官杨、北京杨、加青杨等高度感病，沙兰杨、健杨等黑杨较抗病，毛白杨、新疆杨和银白杨抗病。4~12年生苗木和幼树发病多。

四、病害防治

(一) 分组操作

(1)分组收集整理病害关键防治技术方法，并讨论交流。

(2)选择1~2种病害最佳防治技术方法进行分组实践操作。

(二) 总结与归纳

1. 松材线虫病

(1) 加强检疫措施，避免病木及其制品人为调运传播。病木每立方用50~90g溴甲烷熏蒸 24~72h,或用 45℃~65℃热水浸泡 24h。也可将病木置于水中浸泡处理 100 天以上。

(2) 新病区发现感病的松树就立即清除,彻底铲除新疫点。一般病区用 16%线虫清乳油 100~200 倍液喷树干或注干,同时在松墨天牛成虫期喷洒 30%高效氯氰菊酯触破式胶囊剂 300 倍液。幼虫尚未蛀入木质部以前喷洒或注射 1%杀螟硫磷乳油,杀死树皮下的天牛幼虫。

(3) 对珍贵松树可树干钻孔注射具有内吸作用的药剂。胸径 10cm 以下的树,凿 2 个孔,孔深 2~3cm;胸径 11~20cm 的树,凿 4~5 个孔;胸径 30cm 以上的树,凿 5 个以上的孔,每孔注射药液 2~3mL。

(4) 构建松材线虫病防范隔离带,砍伐重点保护区周边半径 4km 内的所有松树,补种非松树类树种,形成无寄主隔离带,阻止天牛迁入。

(5) 注意保护利用天敌昆虫,人工释放管氏肿腿蜂或喷洒白僵菌等天敌,使其寄生于松墨天牛的幼虫或蛹。

2. 杨树溃疡病

(1) 建立卫生苗圃,培养健康壮苗,对重病区的苗木必须严格处理,加强苗木出圃检疫,严格实行苗木消毒,杜绝病害传播。苗木或插条可用苯菌灵可湿性粉剂 100 倍液浸泡 2~3h 或用代森锰锌可湿性粉剂 200~300 倍液浸泡 24h 消毒。

(2) 在起苗、运输、假植、定植时,尽可能减少伤根和碰伤树干。苗木运输、假植时间尽量缩短,最好就地育苗,就地造林,随起随栽,减少苗木失水。

(3) 定植前用水浸根,定植时根部施用萘乙酸刺激生根,加吸水剂增加土壤的蓄水能力,地面覆盖农用薄膜,防止土壤水分散失,控制杂草丛生。树干喷洒高脂膜、甲基纤维素防止水分蒸腾。定植后及时灌水,保证及时成活。冬季剪除病枝烧毁,春季树干涂白。

(4) 选用抗病树种,适地适树。

(5) 药剂防治以秋防为主,春秋结合。发病高峰前选用 2∶2∶100 波尔多液、50%多菌灵可湿性粉剂 1 000 倍液或 70%甲基硫菌灵可湿性粉剂 500 倍液、75%百菌清可湿性粉剂 500 倍液或 80%抗菌剂 402 的 200 倍液喷雾。病株要轻刮表皮,清除病斑,涂抹 10%碳酸钠碱水,抑制病情扩展。

学习成果

(1) 将园林树木常见病害发生症状用照相机或高像素手机拍摄记录,并进行整理。

(2) 将园林树木常见病害主要识别特征及关键防治技术要点填入表 10-3。

表 10-3　园林树木常见病害主要识别特征及关键防治技术要点记录表

项目名称		记录内容
主要识别特征	1. 2. ……	
关键防治技术要点	1. 2. ……	

任务评价

任课教师当堂发放任务评价单，由学习者当堂完成组间评价和组内评价后，收回任务评价单。任课教师可以当堂给出教师评价分，也可以在任务学习者将当堂任务学习成果提交给任课教师后，课后给出教师评价分。任课教师根据学习者任务完成情况，按照教师评价分占50%、组间评价分占30%、组内评价分占20%进行加权计算，最终形成每个学习者的任务完成评价成绩。成绩可以当堂反馈，也可以在下一次课堂上反馈。

职业能力测试

（1）松材线虫病的症状识别要点是什么？

（2）杨树溃疡病流行的关键环境因素是什么？

子任务2　园林树木常见害虫的识别与防治

目标要求

通过园林树木常见害虫的学习，能对园林树木常见害虫进行准确识别和有效防治。树立和践行“绿水青山就是金山银山”的理念，培养学生的职业责任感和社会担当。

工作准备

（1）材料准备：樟巢螟、天牛、柏肤小蠹、梧桐木虱、刺蛾、杨扇舟蛾、吉丁虫、蔗扁蛾、白杨透翅蛾、咖啡木蠹蛾、大袋蛾、黄尾毒蛾的标本、照片、课件图片或挂图等。

（2）教学场地准备：樟巢螟、天牛、柏肤小蠹、梧桐木虱、刺蛾、杨扇舟蛾、吉丁虫、蔗扁蛾、白杨透翅蛾、咖啡木蠹蛾、大袋蛾、黄尾毒蛾发生现场、多媒体教室。

（3）用具准备：体视显微镜、擦镜纸、搪瓷盘、放大镜、眼科剪刀、镊子、蜡盘、大头钉、吸水纸等。

任务实施

虫害发生概述：樟巢螟（*Orthaga achatina* Butler），又名樟叶瘤丛螟，属鳞翅目、螟蛾科，广泛分布于长江流域及华东地区，发生为害较为严重，可以为害香樟、山苍子、山胡椒等樟科植物，是香樟树上的主要害虫之一。

天牛在全国各地分布广泛，是园林植物上重要的蛀茎干害虫，主要种类有星天牛、桑天牛、光肩星天牛、桃红颈天牛等，均属鞘翅目、天牛科。星天牛[*Anoplophora chinensis*（Forster）]，全国分布十分普遍，可以为害柑橘、杨、柳、红枫、枫香、榆、刺槐、悬铃木、无花果、樱花、合欢、银桦、相思树、海棠、垂柳、紫薇、桑、大叶黄杨、罗汉松等园林植物。桑天牛[*Apriona germari*（Hope）]，国内分布很广，我国南北各地均有发生，幼虫为害桑、榆、海棠、无花果、杨、柳、紫薇、柑橘、枣、女贞、椿树、刺槐等多种园林植物。

柏肤小蠹(*Pholoeosinus aubei* Perris),又名侧柏小蠹,属鞘翅目、小蠹虫科,分布于山东、江苏、河南、山西、河北、北京、陕西、甘肃、四川、云南等地,以成虫、幼虫蛀食为害侧柏、桧柏、龙柏、柳杉等。

梧桐木虱(*Thysanogya limbata* Enderlein),又名青桐木虱,属同翅目、木虱科,广泛分布于我国多数省份,华东地区发生较为严重。

刺蛾又名痒辣子,属鳞翅目、刺蛾科。刺蛾幼虫具有枝刺和毒毛,刺入皮肤会导致红肿,剧痛奇痒。为害严重的有褐刺蛾(*Setora postornata* Hampson)、褐边绿刺蛾(*Latoia consocia* Walker)、扁刺蛾(*Thosea sinensis* Walker)、黄刺蛾(*Cnidocampa flavescens* Walker)4 种,我国各地几乎均有分布,可以为害悬铃木、枫杨、月季、三角枫、石榴、榆树、樱花、桃、梨、苹果、红枫、乌桕、重阳木、海棠、青桐、蜡梅、银杏等多种园林植物。

杨扇舟蛾(*Clostera anachoreta* Fabricius),又称杨树天社蛾,属鳞翅目、舟蛾科,全国各地均有分布,可以为害多种杨树和柳树,在华东地区对速生杨、意杨的为害较为严重。杨扇舟蛾繁殖力强、幼虫食量大,容易暴发成灾,能在短时间内将大面积杨树叶片吃光。

吉丁虫又称爆皮虫,属鞘翅目、吉丁虫科,可以为害合欢、杜英、大叶黄杨、梅花、樱花、桃花、海棠、梨、苹果等多种园林植物。为害园林植物的吉丁虫主要有六星吉丁虫(*Chrysobothris succedanea* Saunders)、金缘吉丁虫(*Lampra limbata* Gebler)、大叶黄杨窄吉丁虫(*Agrilus nakanei* Kurosawa)等。六星吉丁虫主要分布于华东、华北、东北、西北等地区;金缘吉丁虫分布于华北、华东、西北及辽宁、河北、湖北等地;大叶黄杨窄吉丁虫主要分布在江苏、上海等地。

蔗扁蛾(*Opogona sacchari* Bojer),又名香蕉蛾,属鳞翅目、辉蛾科,是一种危害极大的检疫性害虫,可为害巴西木、鹅掌柴、棕竹、一品红、鹤望兰、袖珍椰子、凤梨、百合、棕竹、一品红等 50 种园林植物和经济作物,严重为害巴西木、发财树、苏铁等观赏植物。原产非洲,1987 年随巴西木调运进入我国广州,现已传入广东、海南、福建、北京、江苏、上海、浙江、河南、新疆、四川等地,在我国许多园林温室内为害严重。

白杨透翅蛾(*Parathrene tabaniformis* Rottenberg),属鳞翅目、透翅蛾科,分布于河北、河南、北京、内蒙古、山西、陕西、江苏、浙江、上海等省市,为害杨、柳科植物,以银白杨、毛白杨被害最重。

咖啡木蠹蛾(*Zeuzera coffeae* Nietner),又名咖啡豹蠹蛾,属鳞翅目、木蠹蛾科,分布于浙江、江苏、上海、河南、湖南、广东、江西、福建、台湾、四川等地,可以为害月季、木槿、紫荆、菊花、石榴、白兰花、山茶、茶花、樱花、香石竹、羊蹄甲、杜鹃、海棠、丁香、桃、枣树、杜英、狭叶十大功劳、栀子花等木本园林植物。

袋蛾又称蓑蛾,属鳞翅目、袋蛾科。常见的有大袋蛾、小袋蛾等。大袋蛾(*Clania uariegata* Snellen),又名大蓑蛾、避债蛾、吊死鬼等,分布于华东、中南、西南等地,可为害榆、蜡梅、山茶、樱花等多种园林树木。

黄尾毒蛾(*Euproctis similes* Fuessly),又名盗毒蛾、桑毛虫、黄尾白毒蛾等,属鳞翅目、毒蛾科,广泛分布于东北、华北、华南、华东等地,为害乌桕、桑、李、梅及樱花等多种植物。

一、为害状识别

(一)识别与观察

仔细观察樟巢螟、天牛、柏肤小蠹、梧桐木虱、刺蛾、杨扇舟蛾、吉丁虫、蔗扁蛾、白杨透翅蛾、咖啡木蠹蛾、大袋蛾、黄尾毒蛾的各类标本及发生现场，描述虫害发生情况。

（二）总结与归纳

1. 樟巢螟

幼虫在香樟树上吐丝缀成鸟巢状虫苞（图 10-16）后躲在虫苞内取食叶片和嫩梢。严重时一棵树上有多个鸟巢状虫苞，影响树木的生长势、观赏性和绿化效果，重者可使树冠枯萎，树木死亡。

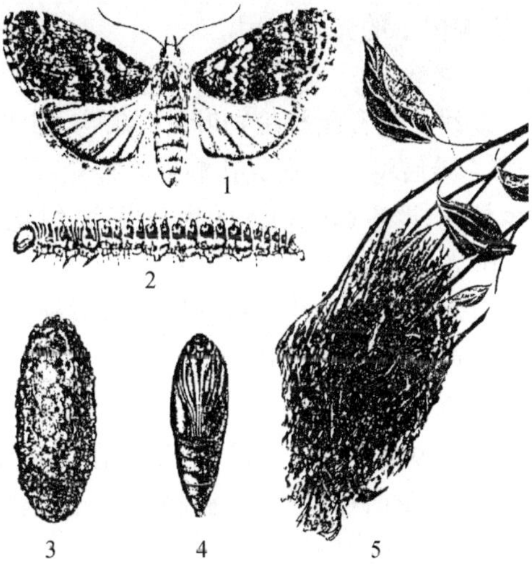

1. 成虫；2. 幼虫；3. 茧；4. 蛹；5. 为害状。

图 10-16　樟巢螟及其为害状

2. 天牛

主要以幼虫钻蛀植株茎干，在韧皮部和木质部形成蛀道。成虫可以在树干基部产卵并形成刻痕。初孵幼虫取食韧皮部及形成层，树皮稍下陷，隐蔽性较强，树皮外有水状树液流出。之后幼虫逐渐钻入木质部形成扁圆形孔洞，虫孔外及树干基部地面有许多木屑；或幼虫仍然在韧皮部取食为害，当虫伤围绕树干一周时则引起树木整株性死亡。拨开受害部位树皮可见许多木屑和虫粪，剖开树干受害部位可见许多被蛀空的蛀道及木丝、木屑。幼树或树木枝条受害时，易被风折断。

3. 柏肤小蠹

被害树木表皮产生许多圆形侵入孔，坑道位于韧皮部和边材之间，单纵坑，长 2~5cm，子坑长 3~4cm，侵入孔位于母坑中部，子坑自母坑两侧水平伸出，然后向上下方扩展，树皮疏松，易于破碎脱落（图 10-17）。新羽化的成虫取食柏树枝梢，枝梢基部被蛀空后，风吹易折断，发生严重时，二年生枝叶脱落，影响树形、树势及绿化景观效果。

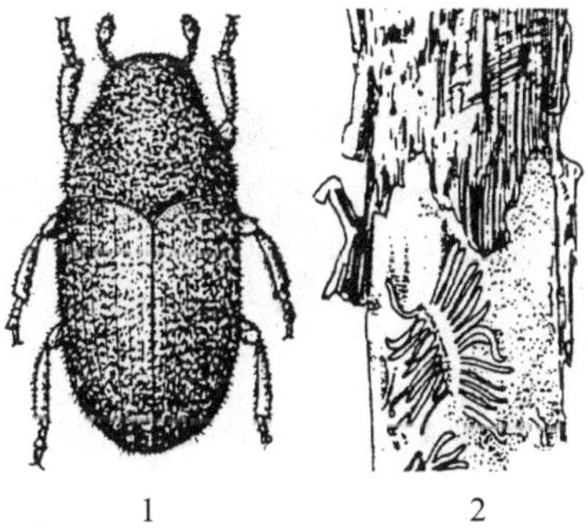

1. 成虫；2. 为害状。

图 10-17　柏肤小蠹及其为害状

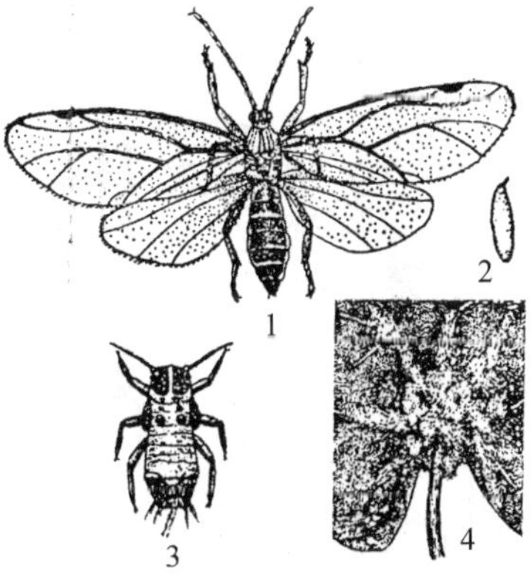

1. 成虫；2. 卵；3. 若虫；4. 为害状。

图 10-18　梧桐木虱及其为害状

（引自费显伟《园艺植物病虫害防治》）

4. 梧桐木虱

以成虫、若虫群集于叶背、幼芽、嫩枝吸食汁液,使叶片变黄、凋萎、早落(图 10-18)。若虫会分泌大量白色絮状蜡丝,覆盖枝叶,并易从树上落下,污染环境,同时还会诱导煤污病发生,影响树木的光合作用。

5. 刺蛾

以幼虫取食园林植物叶片,初孵幼虫取食叶片下表皮和叶肉,只留下上表皮,形成透明小斑,4 龄后将叶片吃成孔洞或吃掉全叶,仅留叶脉和叶柄,严重时可以吃光全部叶片,造成树木枯死,严重影响树木的生长发育、绿化效果和景观效果。

6. 杨扇舟蛾

以幼虫为害叶片、啃食叶肉,造成缺刻,影响杨树的生长,严重时将全株叶片吃光,导致树木死亡,造成严重的损失。

7. 吉丁虫

成虫咬食叶片造成缺刻,幼虫在树干皮下迂回串食,蛀食枝干皮层,被害处有黑褐色流胶,为害严重时树皮爆裂,树势衰弱,甚至造成整株枯死。

8. 蔗扁蛾

主要以幼虫钻蛀巴西木、发财树等植株皮层内上下蛀食,输导组织会全部被破坏,严重时受害部位只剩下一薄层外表皮和木质部,树皮与木质部极易分开,剥开后可见里面充满虫粪。为害症状轻者不易察觉,为害严重时,阻碍植物的正常生长发育,导致植株干枯,不发芽,甚至整株死亡。

9. 白杨透翅蛾

以幼虫蛀食杨树顶芽及茎干、枝条,抑制顶芽生长,树干部位形成瘤状虫瘿,易枯萎,遇风易折断(图 10-19)。

10. 咖啡木蠹蛾

以幼虫钻蛀枝条或茎秆。幼虫蛀入枝条后,在木质部与韧皮部之间,环绕枝条蛀食成环状,切断枝条的水分输导,使枝叶枯萎,枝条枯死(图 10-20)。

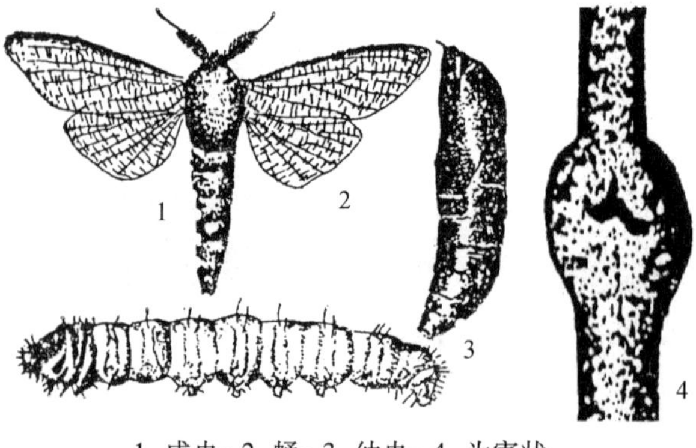

1. 成虫;2. 蛹;3. 幼虫;4. 为害状。

图 10-19 白杨透翅蛾及其为害状

(引自费显伟《园艺植物病虫害防治》)

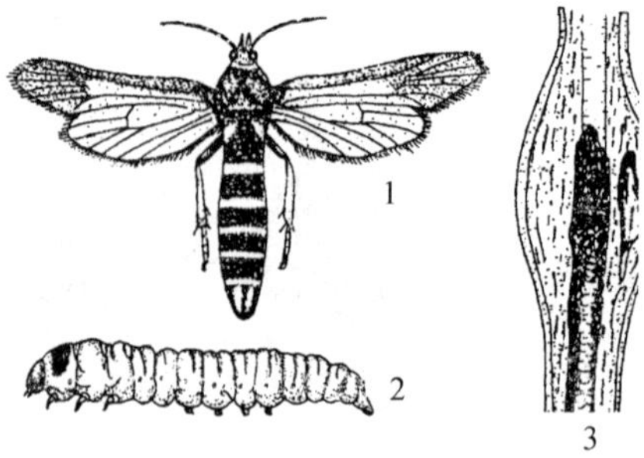

1. 成虫;2. 幼虫;3. 为害状。

图 10-20 咖啡木蠹蛾及其为害状

(引自徐明慧《园林植物病虫害防治》)

11. 大袋蛾

幼虫体外有用植物残屑和丝织而成的袋囊，幼虫终生负囊生活，蚕食叶片，呈大孔洞和缺刻。大袋蛾大发生时可将叶吃光，影响植株生长发育。

12. 黄尾毒蛾

幼虫取食为害叶、芽，越冬幼虫剥食春芽，严重时可将树芽食光，取食叶片时可将叶片吃成残缺或吃光。幼虫多毒毛，幼虫毒毛触及人体后常引起红肿疼痛。

二、形态识别

（一）识别与观察

仔细观察樟巢螟、天牛、柏肤小蠹、梧桐木虱、刺蛾、杨扇舟蛾、吉丁虫、蔗扁蛾、白杨透翅蛾、咖啡木蠹蛾、大袋蛾、黄尾毒蛾的标本，描述害虫的主要特征。

（二）总结与归纳

1. 樟巢螟

（1）成虫（图 10-16）：体长 12～15mm，翅展 25～30mm，体、翅灰褐色，前翅具深褐色波纹状内横线和外横线，内横线两侧各有 1 个毛丛。雄蛾前翅有蓝绿色金属光泽，前翅前缘中部有 1 个三角形黄色斑，雌蛾无此斑，全翅棕褐色。

（2）幼虫：老熟幼虫体长 20～28mm，棕黑色，背线浅，亚背线较宽，气门线细、灰黄色、较明显，中胸至腹末有 1 条黄色宽带。幼虫各体节均有黑色瘤点，生有刚毛 1 根。

（3）蛹：棕红色，12～15mm，腹末有 8 根短臀棘。茧扁椭圆形，长 13～16mm，土黄色泥团状，丝质较软。

（4）卵：扁平、椭圆形，长 0.5～1.0mm，鳞片状重叠排列。初产时白色，孵化前变为淡红色。

2. 天牛

星天牛和桑天牛的形态特征如表 10-4、图 10-21 所示。

表 10-4　2 种天牛的形态特征

虫　态	星　天　牛	桑　天　牛
成虫	体长 27～41mm，体翅黑色，有光泽，每鞘翅上有大小白斑约 20 个，鞘翅基部密布黑色小颗粒；触角第 3～11 节每节基部有淡蓝色毛环；雄虫触角超过体长 1 倍，雌虫触角超过身体 1～2 节；前胸背板中瘤明显，两侧具尖锐粗大的侧刺突	体长 26～51mm，体翅黑色，翅面密布黄褐色短毛；头顶隆起，中央有纵沟；前胸背板有横皱纹，两侧中央各有 1 刺状突出；鞘翅内外端角有刺突，基部密生颗粒状小黑点，约占全翅三分之一区域
卵	长 5～6mm，长椭圆形，初产时白色，以后渐变为浅黄白色	长 5～7mm，长椭圆形，黄白色，略弯曲
幼虫	老熟幼虫体长 45～67mm，淡黄白色，前胸背板前方左右各有 1 黄褐色飞鸟形斑纹，后方有 1 块黄褐色“凸”字形大斑纹	老熟幼虫体长 45～60mm，圆筒形，乳白色，第一胸节较发达
茧	长 30～38mm，纺锤形，初化时淡黄色，羽化前各部分逐渐变为黄褐色至黑色	长 50mm，纺锤形，淡黄色

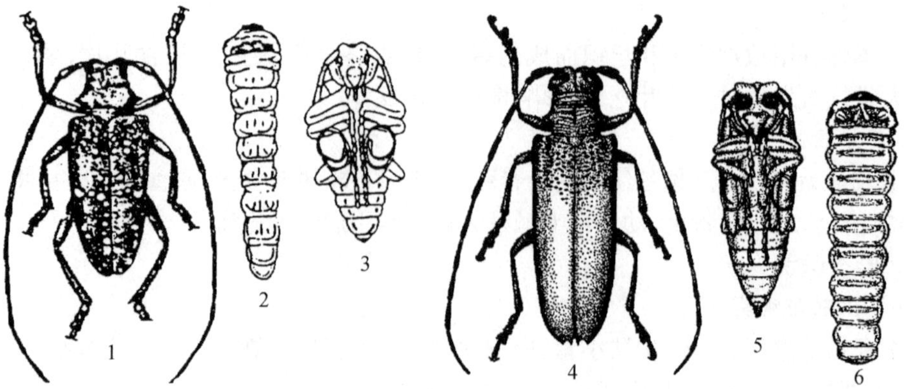

1. 星天牛成虫；2. 星天牛幼虫；3.星天牛蛹；4. 桑天牛成虫；5. 桑天牛蛹；6. 桑天牛幼虫。

图 10-21　2 种天牛的形态特征

（引自费显伟《园艺植物病虫害防治》）

3. 柏肤小蠹

（1）成虫（图 10-17）：体长 2~3mm，赤褐或黑褐色，无光泽。头部小，藏于前胸下，触角顶端膨大呈椭圆形，体密被刻点及灰黑色细毛。鞘翅上各具 9 条纵沟纹，鞘翅斜面具凹面，雄虫鞘翅斜面有栉齿状突起。

（2）卵：白色，圆球形。

（3）幼虫：初孵幼虫乳白色，老熟幼虫头淡褐色，体弯曲。

（4）蛹：乳白色，长 2.5~3mm。

4. 梧桐木虱

（1）成虫（图 10-18）：体黄绿色，长 4~5mm，翅展 12~13mm。复眼赤褐色。胸部黑褐色，中胸背盾板上具 6 条纵纹，后胸盾板上有 2 个圆锥状突起。翅无色，透明，翅脉茶黄色，前缘近端部有 1 个褐斑。触角 10 节，黄色，端部 2 节黑色，末端具 2 根叉状刺毛。

（2）卵：纺锤形，一端较尖，长约 0.7mm，初产时浅黄白色，后变为红褐色。

（3）若虫：共 3 龄，灰绿色，1~2 龄时呈长方形，体稍扁，3 龄时近长圆筒形，体长 4~5mm，体被较厚的白色絮状蜡质，翅芽明显，淡褐色。

5. 刺蛾

褐刺蛾、褐边绿刺蛾、扁刺蛾、黄刺蛾的形态特征如表 10-5、图 10-22 所示。

表 10-5　4 种刺蛾的形态特征

虫态	褐刺蛾	褐边绿刺蛾	扁刺蛾	黄刺蛾
成虫	体暗褐色，前翅褐色，中部有 2 条“八”字形斜纹把翅分成 3 段，中段色浅，体长约 18mm	头、胸、背及前翅青绿色，前翅基部褐色，外缘淡棕色，体长约 15mm	体褐色，前翅暗灰色，翅中部有 1 条褐色条纹，条纹内有浅色宽带，内侧稍上方有 1 个黑点，体长约 16mm	体黄色，前翅黄褐色，顶角有 1 条斜纹把翅斜分为两部分，上方黄色，有 2 个褐点，下方褐色，有 2 条斜线在翅尖汇合，体长 15mm
卵	椭圆形，黄色，散生或叠生于叶背边缘附近	扁椭圆形，黄色，数十粒鱼鳞状产于叶背	长椭圆形，背面隆起，淡黄色，散生于叶背	扁椭圆形，浅黄色，散生或数粒在一起产于叶背

续表

虫态	褐刺蛾	褐边绿刺蛾	扁刺蛾	黄刺蛾
幼虫	体长 23~25mm，黄绿色，背线蓝色，两旁有红黄色或红色和黄色枝刺	体长 24~27mm，绿色，有 1 条蓝色背线，腹末有 4 丛蓝黑色刺毛，背面有 2 排黄枝刺	各节有 4 个刺突，体侧各有 1 列红点，体长 22~26mm，翠绿色，体扁平	体长 18~25mm，头黄褐色，体黄绿色，体背有哑铃形褐色大斑，每节背侧有 1 对枝刺
茧	灰白色，表面有褐色点纹，卵圆形，在根际松土中结茧	栗棕色，表面有棕色毛，筒形，两端钝平，在树下松土中结茧	暗褐色，近球形，在树下周围浅土层中结茧	灰白色，卵形，表面有黑褐色纵向宽条纹带，在树干缝隙或枝杈上结茧

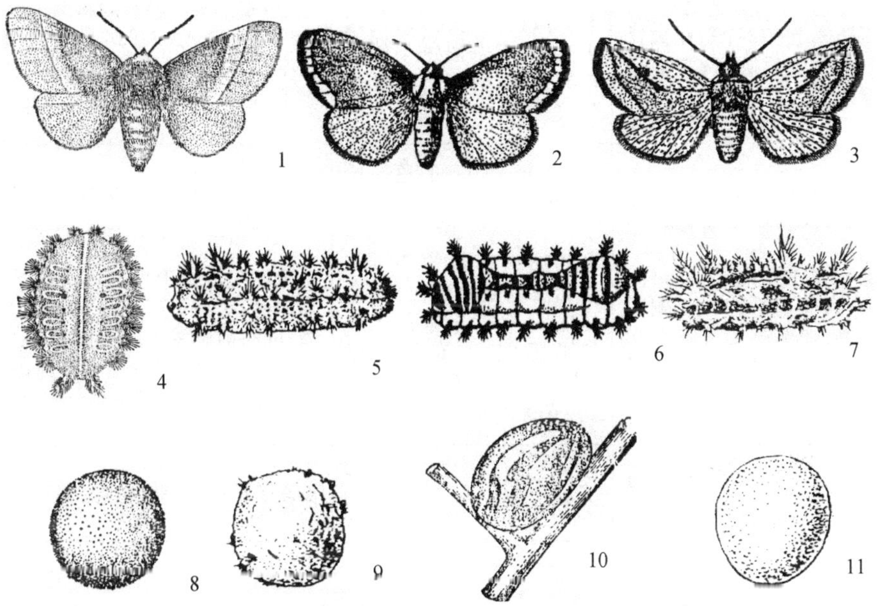

1. 扁刺蛾成虫；2. 褐边绿刺蛾成虫；3. 黄刺蛾成虫；4. 扁刺蛾幼虫；5. 褐边绿刺蛾幼虫；6. 黄刺蛾幼虫；7. 褐刺蛾幼虫；8. 扁刺蛾茧；9. 褐边绿刺蛾茧；10. 黄刺蛾茧；11. 褐刺蛾茧。

图 10-22　4 种刺蛾的形态特征

6. 杨扇舟蛾

（1）成虫（图 10-23）：体淡灰褐色，头顶有 1 个椭圆形黑斑。体长 15~20mm，翅展 38~42mm，雌虫略大，触角单栉齿状。前翅灰褐色，翅面有 4 条灰白色波状横纹，外横线外方斑内有黄褐色斑 1 排，顶角有 1 个暗褐色扇形斑，占前翅面积的三分之一，扇形斑下方有 1 个较大的黑斑。后翅灰褐色。

（2）卵：半馒头形，初产时橙红色，随后变为红紫色，孵化前变为黑色。

（3）幼虫：老熟幼虫体长 35~40mm，全体被白色细毛。头黑褐色，体灰褐色，背面淡黄绿色，两侧有灰

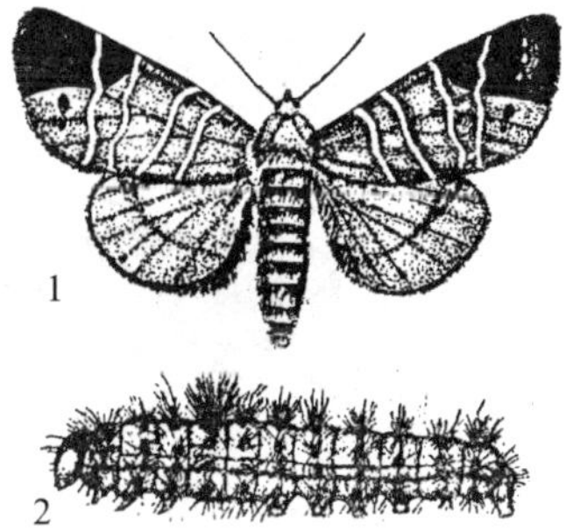

1. 成虫；2. 幼虫。

图 10-23　杨扇舟蛾

（引自徐明慧《园林植物病虫害防治》）

褐色宽带。腹部第1节和第8节背面中央各有1个枣红色大肉瘤。身体每节有环形排列的红色小瘤8个,其上具有长毛。

(4) 蛹:长13~18mm,椭圆形,红褐色,臀棘端分叉,包裹在茧内。茧椭圆形,灰白色。

7. 吉丁虫

六星吉丁虫、金缘吉丁虫、大叶黄杨窄吉丁虫的形态特征如表10-6、图10-24所示。

表10-6 3种吉丁虫的形态特征

虫 态	六星吉丁虫	金缘吉丁虫	大叶黄杨窄吉丁虫
成虫	体长10~13mm,茶褐色,略呈纺锤形,有金属光泽;每鞘翅上有3个等距离排列的金绿色圆斑;腹面金绿色	体长13~16mm,翠绿色,有金属光泽;前胸背板上有五条蓝黑色条纹;鞘翅上有10多条黑色小斑组成的条纹,两侧有金红色带纹	体长5~7mm,头、胸部黑褐色,鞘翅古铜色,后中部具一较宽的斜形黑斑;鞘翅近中腰处细隘,后2/3处最宽,后渐向顶端收窄,鞘翅表面具细密刻点及少许白短绒毛;雄虫头顶蓝色,雌虫褐色
卵	椭圆形,乳白色	长圆形,乳白色,长约2mm	球形,白色,长1mm左右
幼虫	老熟幼虫体长30mm左右,身体扁平;头小,胴部白色,胸部第1节特别膨大,中央有黄褐色"人"字纹	老熟幼虫体长约30mm,由乳白色变为黄白色,全体扁平;头小,前胸第1节扁平肥大,上有黄褐色"人"字纹;腹部逐渐细长,节间凹进	老熟幼虫体长10mm,体形扁平念珠形,乳白色;头缩于第1胸节内,仅见1对大颚外露;前胸发达,中间有1纵向黄褐色条纹,中、后胸较前胸及腹部各节小;腹节末端有褐色锯刺1对
蛹	长10mm,乳白色,略呈纺锤形	长15~19mm,乳白、黄白至淡绿色	长6~7mm,初蛹乳白色,羽化前为黑色

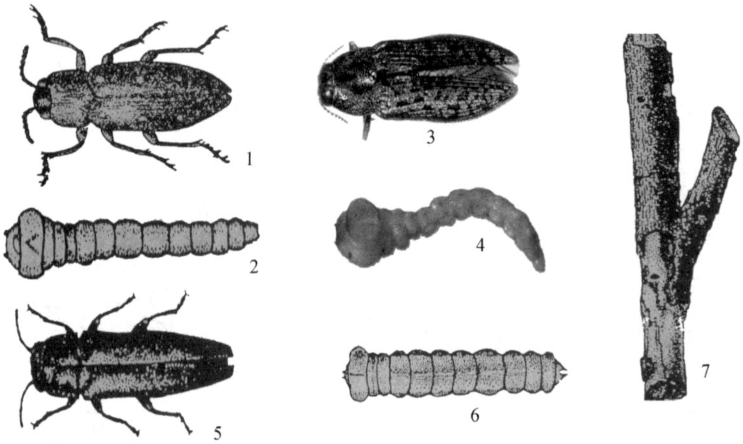

1. 六星吉丁虫成虫; 2. 六星吉丁虫幼虫; 3. 金缘吉丁虫成虫; 4. 金缘吉丁虫幼虫;
5. 大叶黄杨窄吉丁虫成虫; 6. 大叶黄杨窄吉丁虫幼虫; 7. 吉丁虫为害状。

图10-24 3种吉丁虫的形态特征及其为害状

8. 蔗扁蛾

（1）成虫（图10-25）：体黄褐色，长8～10mm，翅展22～26mm。前翅深棕色，中室端部和后缘有1黑色斑点。前翅后缘有毛束，停息时毛束竖起如鸡尾状。后翅黄褐色，后缘有长毛。后足长，超出后翅端部，后足胫节具长毛。腹部腹面有2排灰色点列。停息时，触角前伸。爬行速度快，形似蜚蠊，并可做短距离跳跃。雌虫前翅基部有1黑色细线，达翅中部。

（2）卵：淡黄色，卵圆形，长0.5～0.7mm，宽0.3～0.4mm。

（3）幼虫：乳白色，透明。老熟幼虫体长30mm，粗3mm。头红棕色，胴部各节背面有4个毛片排成2排，各节侧面亦有4个小毛片。

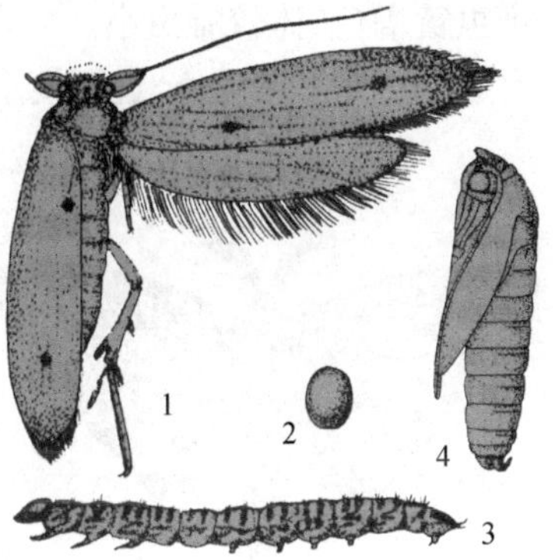

1. 成虫；2. 卵；3. 幼虫；4. 蛹。

图10-25　蔗扁蛾

（引自蔡平等《园林植物昆虫学》）

（4）蛹：长约10mm，宽4mm，亮褐色，背面暗红褐色，腹部淡褐色，首尾两端多呈黑色。头顶具三角形粗壮而坚硬的构造，尾端有1对向上钩弯的粗大臀棘。

9. 白杨透翅蛾

（1）成虫（图10-19）：体长11～21mm，翅展23～29mm。前后翅大部分透明，无鳞片，外形似胡蜂。头顶有1束黄褐色毛簇。前翅狭长，覆赭色鳞片，后翅透明，缘毛灰褐色。头部与胸部之间有橙黄色鳞片。腹部圆筒形，黑色，有5条橙黄色环带。

（2）卵：椭圆形，黑色，上有灰白色不规则多角形刻纹。

（3）幼虫：有8龄，老熟幼虫体长约30mm，初孵幼虫淡红色，老熟时黄白色。胸足3对，腹足、臀足退化，仅留趾钩。

（4）蛹：褐色，纺锤形，长12～23mm。

10. 咖啡木蠹蛾

（1）成虫：雌成虫（图10-20）体长12～36mm，翅展13～18mm；雄成虫体长11～20mm，翅展10～14mm。体灰白色，具青蓝色斑点。触角黑色，上具白色短绒毛。雌虫触角丝状，雄虫触角基半部羽毛状，端半部丝状。胸部具白色长绒毛，中胸背板两侧有3对由青蓝色鳞片组成的圆斑和8个近圆形青蓝色斑点。腹部被白色细毛。

（2）卵：椭圆形，杏黄色或淡黄白色，孵化前为黑色，呈块状紧密黏结于枯枝虫道内。

（3）幼虫：初孵幼虫体长1.5～2.0mm，紫黑色，随着虫体生长，色泽变为暗紫红色。老熟幼虫体长30mm左右，头橘红色，体淡赤黄色，前胸背板黑色，较硬。

（4）蛹：长圆筒形，长16～27mm，褐色。

11. 大袋蛾

（1）成虫：雌成虫粗壮，无翅无足，终生在袋囊内生活，体长22～23mm。雄成虫（图10-26）翅展35～44mm，体长约18mm，黑褐色。触角双栉齿状，栉齿在前端1/3处渐小，胸部有5条深纵纹。

（2）卵：卵椭圆形，淡黄色，产于袋囊内。

（3）幼虫：共5龄，3龄起雌雄明显异型。雌虫头及胸部背板褐色，并有2条浅色纵纹。

雄虫黄褐色,体较雌虫小。

(4) 蛹:棕褐色,近圆筒形。

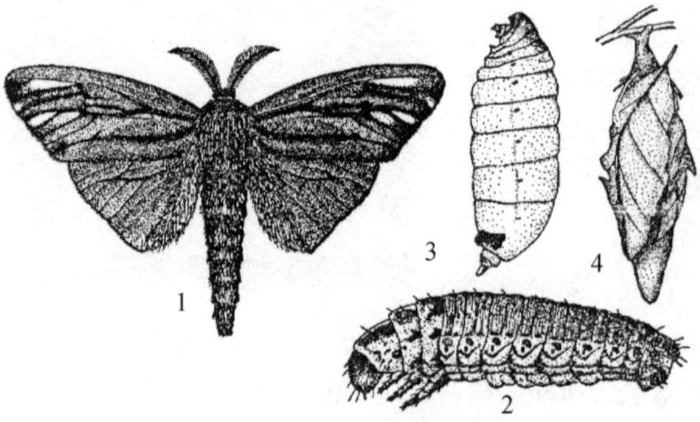

1. 雄成虫;2. 幼虫;3. 雌成虫;4.袋囊。

图 10-26 大袋蛾

(引自费显伟《园艺植物病虫害防治》)

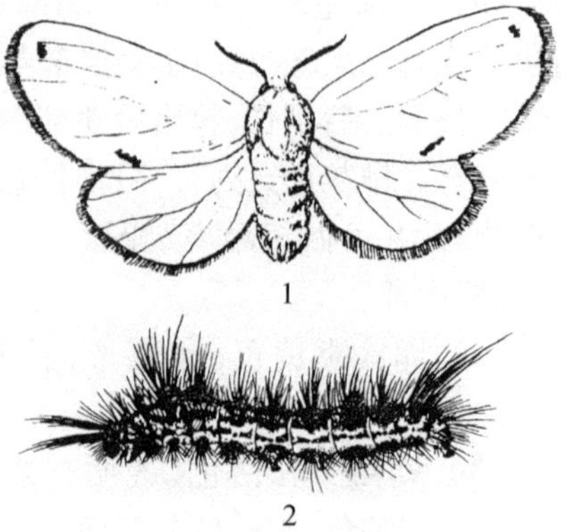

1. 成虫;2. 幼虫。

图 10-27 黄尾毒蛾

(引自徐明慧《园林植物病虫害防治》)

12. 黄尾毒蛾

(1) 成虫(图 10-27):体长 12~18mm,翅展 30~36mm。体、翅白色。前翅内缘近臀角处有浅黑斑,腹末具棕黄色毛丛。

(2) 卵:扁圆形,灰黄色,块产,覆棕黄色毛。

(3) 幼虫:体长 26~38mm,黄色。背线及气门下线红色,亚背线、气门上线、气门线褐色,均断续不连。每节有毛瘤 3 对,上生长短不一的褐色毒毛。

(4) 蛹:黄褐色。茧长椭圆形,土黄色,上覆毒毛。

三、发生规律分析

(一) 樟巢螟

1 年发生 2 代,局部地区 3 代。以老熟幼虫在树基周围浅土层中结茧越冬。翌年 4 月中、下旬化蛹,至 5 月中、下旬羽化为成虫。成虫白天潜伏,夜晚活动,有趋光性。5 月中下旬至 6 月上旬交配产卵,卵块产于两叶间隙及叶缘,每块 5~146 粒,卵期 8~10 天。5 月底至 7 月中旬为第 1 代幼虫为害期,7 月下旬老熟幼虫化蛹,8 月上旬第 2 代成虫羽化,8 月中、下旬起第 2 代幼虫开始为害,11 月底、12 月初老熟幼虫陆续入土结茧越冬。幼虫吐丝结茧和泥土粘在一起,茧外壳似 1 个泥团。幼虫很活跃,为害时将新梢枝叶缀结,连同丝、虫粪粘成一团成鸟巢状,每个巢内有幼虫 5~20 头,幼虫在巢内取食叶片与嫩梢,严重阻碍新梢的生长。

(二) 天牛

1. 星天牛

一般每年发生 1 代,以老熟幼虫在树干或主根内越冬。4 月下旬或 5 月上旬成虫羽化,5~6月为羽化盛期。成虫羽化后,飞向树冠,啃食细枝皮层,造成枯枝。5~6 月产卵最盛,卵多产于树干离地面 0.3~0.7m 范围内,产卵处树皮常裂开、隆起,表面湿润,受害株常有木屑排出。幼虫孵出后,从产卵处蛀入,向下蛀食于表皮和木质部之间,形成不规则的扁平虫道,虫道中充满虫粪。1 个月后开始向木质部蛀食,蛀至木质部 2~3cm 深处就转而向上蛀,蛀道加宽,并开有通气孔从中排出粪便。

2. 桑天牛

南方每年发生1代,江浙等省2年1代,北方2或3年1代,以幼虫在树干孔道中越冬。2~3年1代的地区,幼虫期长达2年,至第2年6月初化蛹,6月下旬羽化,7月上、中旬开始产卵,7月下旬孵化。1年1代的地区,越冬幼虫5月上旬化蛹,5月下旬羽化,6月上旬产卵,6月中旬孵化。成虫一般晚间活动,有假死性,喜食新枝树皮、嫩叶及嫩芽。被害伤痕呈不规则条块状,伤痕边缘残留绒毛状纤维物。成虫产卵于一年生枝条上,咬破树皮和木质部成长方形伤口,然后产卵于其中。初孵幼虫蛀入木质部,逐渐侵入内部,向下蛀食成直孔道。老熟幼虫常在根部蛀食,化蛹时,以木屑填塞蛀道上、下两端。25天左右成虫羽化飞出。

(三)柏肤小蠹

1年发生1代,少数2代,以成虫在柏树枝梢内越冬。翌年3~4月飞出,雌虫寻找生长势弱的侧柏或桧柏,蛀入皮下,侵入孔为圆形,雄虫跟踪进入,共筑交配室,在其内交尾,然后雌虫蛀母坑道并在两侧卵室产卵,雄虫则将木屑清出侵入孔。雌虫一生可产卵20~100粒,卵期为1周左右。幼虫在木质部与韧皮部间筑细长而弯曲的孔道,5月中、下旬老熟幼虫筑蛹室化蛹,蛹期约10天。成虫于6月上旬开始出现,羽化期一直延续到7月中旬,6月中、下旬为羽化盛期。10月中旬后成虫开始越冬。

(四)梧桐木虱

江苏等地每年发生1代,部分地区为2代,以卵在枝干上越冬。翌年4月中旬晚期,梧桐顶芽萌发时,越冬卵开始孵化,5月上、中旬为卵孵化盛期。成虫于5月中旬至7月上旬出现,产卵于叶片背面或枝条上。产于叶背面的卵能发生第2代若虫,产于枝条上的卵滞育越冬。8月上、中旬第2代成虫羽化,9月产卵越冬。5月中旬至6月上旬为害最重。每年以第1代为害为主,第2代种群数量极低。成虫无趋光性,繁殖力强,平均每头雌虫产卵560多粒,卵散产于叶背或枝条表面。1龄若虫在叶面上刺吸并分泌白色蜡质絮状物,树枝上布满絮状物。2~3龄时常以数十头若虫群集于叶背面刺吸汁液,若虫全部隐匿于自身分泌的白色絮状蜡丝中,在刺吸汁液的同时,大量排泄黏性蜜露,常滴落树下。

(五)刺蛾

1. 褐刺蛾

1年发生2~4代,华东地区1年发生2~3代。以老熟幼虫在树干周围的疏松表土层或草地丛间、树叶堆和砾石缝中结茧越冬。5月下旬开始羽化产卵,多成块产于叶背。6月上旬为成虫羽化产卵盛期,成虫有趋光性,夜间活动。第1代和第2代幼虫为害期分别为6月中旬至7月中旬、8月下旬至9月下旬。

2. 褐边绿刺蛾

在华北地区1年发生1代,华东地区1年发生2~3代。以幼虫在树下及附近浅土层中或树下部枝干上结茧越冬。在发生2代的地区,越冬幼虫于翌年4月下旬至5月上中旬化蛹,5月下旬至6月上中旬成虫羽化产卵。成虫昼伏夜出,有趋光性。第1代幼虫发生期在6月下旬至7月下旬,成虫发生期在8月中下旬。第1代幼虫在叶背或浅土层中结茧化蛹。第2代幼虫发生在8月下旬至10月中旬,10月上旬幼虫陆续老熟,在枝干上或树干基部周围的土中结茧越冬。

3. 扁刺蛾

1年发生2代,少数3代。以老熟幼虫在树干基部周围土中结茧越冬,翌年4月中旬化蛹,5月中旬至6月初成虫开始羽化产卵。初孵化的幼虫停息在卵壳附近,并不取食,蜕第一次皮后,先取食卵壳,再啃食叶肉,仅留1层表皮。幼虫取食不分昼夜。幼虫共8龄,自6龄起取食全叶。第1代幼虫发生期为5月下旬至7月中旬,6月初至7月初为发生盛期;第2代幼虫发生期为7月下旬至9月底,7月底至8月底为发生盛期。

4. 黄刺蛾

在华北地区1年发生1代,华东、华南地区1年发生2代。以老熟幼虫在树上结茧越冬,翌年5~6月化蛹。越冬代成虫出现在6月上中旬,6月下旬为幼虫为害盛期。成虫昼伏夜出,有趋光性,羽化多在傍晚。老熟幼虫在树干、树枝上吐丝缠绕,随即分泌黏液结茧。羽化时破茧壳顶端小圆盖而出。第2代幼虫在8月中下旬大量出现,其为害一般年份较第1代轻。天敌有上海青蜂和刺蛾广肩小蜂等,幼虫及蛹被寄生率较高。

(六)杨扇舟蛾

1年发生4代,以蛹在地表枯叶、树干裂缝、树洞、墙缝等处越冬。翌年4月初开始羽化,6月上旬至10月上旬为1~4代幼虫为害期。老熟幼虫于9月下旬至10月中旬化蛹越冬,白天栖息于叶背,夜间活动,趋光性强。成虫产卵大多在叶背,少数产于叶面,卵十几到几百粒排列成卵块,每头雌虫平均产卵500粒。成虫寿命6~9天。4月下旬出现第1代幼虫,1个多月发生1代,有世代重叠现象。幼虫共分5龄,初孵幼虫有群集性,可吐丝下垂随风传播。2龄后吐丝缀叶成虫包,在包内取食肉叶。3龄后食量大增,分散食叶,可将叶吃光,剩下叶柄。幼虫期33天左右,老熟幼虫在树上缀叶吐丝结茧化蛹。5月上旬为第1代幼虫盛发期,6月下旬为第2代幼虫盛发期,8月上旬为第3代幼虫盛发期,9月中下旬为第4代幼虫盛发期。10月中下旬,末代老熟幼虫沿树干爬到地面,钻入土层中化蛹越冬。

(七)吉丁虫

1. 六星吉丁虫

1年发生1代,以幼虫越冬。成虫于5月中旬开始出现,羽化盛期在6~7月。羽化孔扁圆光滑,成虫在晨露未干前较迟钝,并有假死性,中午觅偶交配,飞翔活跃。卵产在皮层缝隙间,产卵期较长。幼虫先在皮层为害,排泄物不排向外面,幼虫老熟化蛹时蛀入木质部为害。茎干5~10cm粗的树木,每株幼虫数可多达100多头。幼虫围绕干部串食皮层,使树皮外表呈现红褐色,树皮干裂翘起,与木质部分离,韧皮部被破坏,充满红褐色粉末黏结的块状虫粪。幼虫由下向上蛀食,隧道长短不一,最长可达20cm左右。幼虫为害韧皮部的时间较长,从6月下旬至9月。8月下旬,幼虫进入木质部,虫粪呈现白色。在钻进木质部之前,幼虫先将木质部咬一新月状的羽化孔,孔口附近有虫粪堵塞,不易发现,翌年羽化的成虫则咬破虫孔飞出。

2. 金缘吉丁虫

1年发生1代,以老熟幼虫在木质部越冬,翌年3月开始活动,4月开始化蛹,5月中、下旬是成虫出现盛期。成虫羽化后,在树冠上活动取食,有假死性。6月上旬是产卵盛期,卵多产于树势衰弱的主干及主枝翘皮裂缝内。幼虫孵化后,即咬破卵壳而蛀入皮层,逐渐蛀入形成层后,沿形成层取食,8月幼虫陆续蛀进木质部越冬。

3. 大叶黄杨窄吉丁虫

1年发生1代,以老熟幼虫越冬,翌年4月下旬开始化蛹,5月上旬为化蛹盛期,6月上旬开始羽化,羽化后成虫在蛹室停留7天左右后飞离蛹室。6月下旬产卵,7月上旬孵化。成虫喜光,晴天午前最活跃,阴雨天栖于叶背。成虫补充营养时,将叶片边缘啃食成细微伤疤。卵产于枝条上树皮裂缝或节疤处。幼虫孵化时,从附着树皮的一面破孔直接钻入皮层为害,卵壳表面看不到已孵化的痕迹。幼虫期在表皮下为害的虫道长达22~28cm。8月中旬,虫体开始钻入木质部,向上或向下蛀食1段后,在虫道顶端形成1个"O"形蛹室,幼虫折叠栖憩于蛹室内。幼虫主要在皮层内蛀食,形成螺旋状虫道,造成枝条和植株枯死。被害枝条表皮易剥落,剥落后可见所蛀虫道,其中充满褐色虫粪。

（八）蔗扁蛾

在广东等南方地区1年发生约5至6代,在北京等北方地区1年发生3至4代。以幼虫在温室盆栽花木的土壤中越冬。第2年温度适宜时幼虫上树为害,多在3年以上巴西木木段的干皮内蛀食,有时可蛀入木质部表层,留下微痕,少数可从伤口、裂缝处钻入木段髓部,造成空心。卵为散产或聚产成块,卵期4天。幼虫孵化后吐丝下垂,很快钻入树皮下为害。幼虫期长达45天,共7龄。老熟幼虫吐丝结茧化蛹。幼虫有食土习性。夏季多在木桩顶部或上部的表皮下结茧化蛹,茧外黏着木屑和纤维等;秋、冬季多在花盆下结茧化蛹,茧外黏着土粒等。蛹期15天左右。羽化前,蛹顶破丝茧和树表皮。成虫爬行能力强,爬行迅速,并可做短距离跳跃。成虫有补充营养和趋糖习性,寿命约5天。

（九）白杨透翅蛾

1年发生1~2代。以幼虫在枝干隧道内越冬,翌年4月初取食为害,4月下旬幼虫开始化蛹,成虫5月上旬羽化,6月到7月上旬为羽化盛期,10月中旬羽化结束。成虫喜光,飞翔力强,白天活动。白杨透翅蛾一生只交配1次。卵多产于叶腋、叶柄、伤口裂缝处及有绒毛的嫩枝上。卵期7~15天。幼虫自6月中旬开始钻入树干为害,多从伤口旧孔道蛀入,10月初停止取食,封闭孔道,吐丝结茧越冬。初龄幼虫啃食韧皮部,4龄以后蛀入木质部为害,无转移为害现象。成虫羽化后,蛹壳仍留在羽化孔处。

（十）咖啡木蠹蛾

1年发生1~2代。发生2代的区域第1代成虫期发生于5月上、中旬至6月下旬,第2代在8月初至9月底。发生1代的地区以幼虫在被害枝条的虫道内越冬,次年3月中旬开始取食,4月中、下旬至6月中、下旬化蛹,5月中旬成虫开始羽化,至7月上旬结束。5月底、6月上旬即可见到初孵幼虫。成虫昼伏夜出,趋光性弱。卵块产于树皮缝隙、旧虫道内、新抽嫩梢或芽腹处。成虫寿命1~6天,卵期9~15天。幼虫孵化后,吐丝结网被覆卵块,群集于丝幕下取食卵壳,2~3天后扩散。幼虫在叶腋处或嫩梢顶端几个腋芽处蛀入,虫道向上。幼虫蛀入后1~2天,蛀孔以上的叶柄凋萎、干枯,并常在蛀孔处折断。取食4~5天后幼虫又转移至新梢,由腋芽处蛀入,6~7月间幼虫向下部二年生枝条转移为害。幼虫在10月底11月初停止取食,在蛀道内吐丝缀合虫粪和木屑封闭两端越冬。

（十一）大袋蛾

多数1年1代,少数2代。以老熟幼虫在袋囊内越冬。5月上旬化蛹,5月下旬羽化。雌成虫经交配后即产卵于袋囊内,平均每头雌虫产卵3 000余粒,6月中下旬孵化,幼虫从囊内涌出，吐丝随风扩散，遇适宜寄主时，可附着取食叶肉。袋囊随虫体长大而不断增大。8、9月份4~5龄幼虫食量最大，为害最重。幼虫具有较强的耐饥性。

（十二）黄尾毒蛾

长江流域每年发生3~4代，以幼虫在树干缝隙及树洞处蛀孔吐丝结茧越冬。4月初，第1代幼虫破茧爬出取食春芽，6月上旬羽化。成虫傍晚活动，有趋光性，每头雌虫产卵150~600粒。其他各代幼虫分别在6月中旬、8月上旬、9月下旬出现。初孵幼虫有群集性，4龄后分散。幼虫具假死性，受惊后吐丝下垂转移。10月底至11月初，老熟幼虫在树皮裂缝、卷叶内、林木附近土块下或篱笆、杂草丛中结茧越冬。

四、虫害防治

（一）分组操作

（1）分组收集整理虫害关键防治技术方法，并讨论交流。

（2）选择1~2种虫害最佳防治技术方法进行分组实践操作。

（二）总结与归纳

1. 樟巢螟

（1）消灭越冬幼虫，清除杂草、枯叶，在樟树的根际周围挖掘虫茧，集中烧毁，减少越冬虫源。

（2）设置频振式杀虫灯或黑光灯诱杀成虫。

（3）幼虫为害期用高枝剪或竹竿前端绑铁丝钩，人工摘除虫巢，集中烧毁。

（4）用10%氯氰菊酯乳油2 000~5 000倍液、2.5%三氟氯氰菊酯乳油300~5 000倍液、40.7%毒死蜱乳油1 000~2 000倍液、50%杀螟硫磷乳油1 500倍液或每克含100亿孢子的杀螟杆菌的菌粉500倍液于幼虫结巢前喷雾。

（5）对根际周围喷施或埋入25%速灭威粉剂。

2. 天牛

（1）及时砍伐严重受害株，剪除被害枝梢，消灭幼虫，避免其蛀入大枝为害，是防治天牛的关键措施。

（2）在天牛活动较弱的清晨，在有新鲜伤口的枝条上寻找成虫并人工捕杀，发现树干有新鲜粪屑时，用小刀挑开皮层捕杀幼虫。在天牛产卵部位及刻槽用小刀刮卵。天牛幼虫尚未蛀入木质部或仅在木质部表层为害或蛀道不深时，用钢丝钩杀幼虫。

（3）用2.5%溴氰菊酯乳油2 000倍液或80%敌敌畏乳油500倍液注射入蛀孔内或用浸药棉塞孔，用泥封孔，或用2.5%溴氰菊酯乳油做成毒签插入蛀孔内，毒杀幼虫。也可用52%磷化铝片剂进行熏蒸。

（4）在成虫羽化前，将树干距地面以上1m范围内，刷白涂剂，配方：石灰10kg+硫黄1kg+盐10g+水20~40kg，可以预防天牛产卵。

（5）树干打孔注射或输乙酰甲胺磷、吡虫啉等内吸性杀虫剂。

（6）释放管氏肿腿蜂寄生天牛的幼虫和蛹，或释放跳小蜂寄生天牛的卵进行生物防治，并注意保护利用其他天敌。

3. 柏肤小蠹

（1）加强养护管理，及时浇水、施肥、松土，适时合理修枝、间伐，对弱树和古树要及时复壮，以增强树势，提高抗虫害能力。及时剪除虫害严重的枝条，烧毁，减少虫源。

（2）4 月上旬至 5 月下旬、6 月中旬至 8 月下旬设置新伐的直径大于 2cm 的侧柏枝干作为饵木，5～10 根成捆平放于背风向阳处，引诱成虫侵入，并在饵木上喷菊酯类农药。也可利用柏树提取液，采取粘胶式诱捕器诱杀成虫。

（3）利用土耳其扁谷盗、绿僵菌等进行生物防治，并注意保护利用天敌。

（4）成虫为害期喷洒 80%敌敌畏乳油 1 000 倍液防治。

4. 梧桐木虱

（1）若虫为害期，喷洒清水冲去絮状物，可消灭很多若虫和成虫。

（2）1～2 龄若虫期，喷 3%啶虫脒乳油、5%高渗吡虫啉可湿性粉剂、30%乙酰甲胺磷乳油或 25%噻嗪酮可湿性粉剂 2 000 倍液、5%甲维盐水分散粒剂 5 000～8 000 倍液。

（3）早春结合修剪，剪除带卵的枝条，并在枝干上喷 65%肥皂石油乳剂 8 倍液，杀灭越冬卵。

（4）保护利用草蛉、瓢虫、寄生蜂等木虱的天敌，可有效控制梧桐木虱。

5. 刺蛾

（1）冬季结合修剪，人工清除树枝上的越冬茧，或在树干周围挖茧。

（2）羽化盛期，用黑光灯或频振式杀虫灯诱杀成虫。

（3）用 Bt 杀虫剂喷雾，或喷每毫升含 0.5 亿活芽孢的青虫菌粉稀释 500～800 倍的菌液。同时，注意保护利用寄生蜂等天敌昆虫。

（4）幼虫 2～3 龄阶段，用 90%晶体敌百虫 1 000 倍液、50%杀螟硫磷乳油 1 000 倍液、30%乙酰甲胺磷乳油 600 倍液或 20%氰戊菊酯乳油 3 000 倍液等喷雾。

6. 杨扇舟蛾

（1）冬季在越冬场所挖掘越冬蛹，集中销毁。人工摘除卵块和虫包，幼虫初龄阶段群集时，剪下虫枝或震落销毁。

（2）幼虫期用 10%氯氰菊酯乳油、2.5%三氟氯氰菊酯乳油 3 000～5 000 倍液、25%灭幼脲Ⅲ号乳油或 4.5%高效氯氰菊酯乳油 2 000 倍液喷雾防治。

（3）害虫发生期的雨后晴天用白僵菌粉炮防治，或用每克含 1 亿活芽孢的青虫菌液或每毫升含 0.5～1 亿活芽孢的苏云金杆菌液喷雾防治幼虫。同时，保护利用黑卵蜂、寄生蝇、胡蜂、螳螂等天敌昆虫和杜鹃、白头翁、黄鹂等益鸟。

（4）在成虫羽化盛期用黑光灯进行诱杀。

7. 吉丁虫

（1）加强检疫，防止吉丁虫随着绿化苗木传播蔓延。

（2）加强养护管理，不断补充水分，使之生长旺盛，保持树干光滑。在成虫羽化前，及时清除枯枝、死树或被害枝条，进行树干涂白，防止其产卵。

（3）在早晨露水未干前震动树干，震落后将其踩死或网捕处死。发现树皮翘起，剥落捕捉幼虫。幼虫已钻入木质部时，可顺隧道钩杀幼虫。

（4）成虫羽化盛期前，向树冠上和干、枝上喷涂 50%杀螟硫磷乳油 50～100 倍液、5%氟虫腈悬浮剂 1 000 倍液或 20%菊杀乳油 1 500～2 000 倍液，防止成虫飞出和毒杀幼虫。

8. 蔗扁蛾

（1）加强植物检疫，严禁带虫巴西木等寄主植物输入输出，发现虫害木桩应及时烧毁，防止进一步扩散蔓延。引种巴西木时,先用20%氰戊菊酯乳油2 500倍液浸泡树桩5分钟,晾干后再行种植。

(2) 幼虫越冬入土期,用40%乐果乳油1 000倍液注入茎段受害处,并用90%敌百虫晶体或50%辛硫磷乳油按1∶200的比例均匀混合细沙土拌成毒土撒在花盆表土内,杀死越冬幼虫。在巴西木茎段局部受害时,用80%敌敌畏乳油1 000倍喷洒,后用塑料薄膜包扎,7~10天喷1次,连续喷2~3次。

(3) 幼虫为害期用2.5%溴氰菊酯乳油或20%氰戊菊酯乳油2 500倍液喷雾或灌注受害寄主植物树干的皮层,每7天喷1次,连续喷3~5次。

(4) 栽植树桩前,先用石蜡均匀涂封处理巴西木的锯口,可以减少桩柱受害率。封蜡后再涂一遍杀虫剂,效果更好。

9. 白杨透翅蛾

(1) 对于引进或输出的杨树苗木和枝条,要严格检验。

(2) 发现虫蛀小瘤或虫瘿、蛀屑等,要及时人工剪除烧毁或钩杀幼虫。

(3) 幼虫进入枝干后,用50%杀螟硫磷乳油20~60倍液或2.5%溴氰菊酯乳油1份加黏土5份再加适量水,调成糊状,在被害处1~2cm范围内,用刷子涂抹环状药带;也可用杀螟硫磷20倍液涂抹排粪孔道,或从排粪孔注射80%敌敌畏乳油30倍液,并用泥封闭虫孔。

(4) 6月下旬和7月下旬成虫羽化期,喷2.5%溴氰菊酯乳油800倍液、50%杀螟硫磷乳油800~1 000倍液或80%敌敌畏乳油1 000~2 000倍液,杀灭成虫和初孵幼虫。

(5) 成虫羽化初期和末期,用性诱剂诱杀雄成虫。虫口密度大时,在用性诱剂诱杀的同时,喷2次持效期较长的触杀剂。

10. 咖啡木蠹蛾

(1) 加强肥水管理,增强树势。结合修剪,及时剪除虫伤枝条,消灭虫源,加强养护管理。

(2) 幼虫孵化期,尚未侵入枝干为害前,喷施50%杀螟硫磷乳油1 000倍液。在幼虫侵入皮层或边材表层期间,用40%乐果乳剂加柴油(1∶9)喷洒。对已侵入木质部的幼虫,用棉球蘸二硫化碳或50%敌敌畏乳油10倍液塞入或注入孔道内,用泥封口。

(3) 成虫羽化期,用黑光灯或频振式杀虫灯诱杀成虫。

11. 大袋蛾

(1) 人工摘除袋囊并集中烧毁。

(2) 5月下旬至6月上旬用黑光灯或频振式杀虫灯诱杀雄蛾。

(3) 用每克含100亿活芽孢的青虫菌粉剂0.5kg混合90%晶体敌百虫0.2kg,稀释成1 000倍液喷洒,也可用40.7%毒死蜱乳油、40%乙酰甲胺磷乳油、50%敌敌畏乳油或90%晶体敌百虫1 000倍液喷雾。

(4) 保护利用伞裙追寄蝇和袋蛾瘤姬蜂等袋蛾天敌。

12. 黄尾毒蛾

(1) 利用毒蛾幼虫群集越冬习性,结合冬季修剪,集中灭虫。可在树干束草,诱集幼虫越冬加以消灭。摘除卵块及消灭初孵群集幼虫。

(2) 傍晚时设置黑光灯或频振式杀虫灯诱杀成虫。

(3) 越冬幼虫活动时和各代幼虫3龄前,用10%氯氰菊酯乳油2 000~5 000倍液、2.5%三氟氯氰菊酯乳油300~5 000倍液、50%杀螟硫磷乳油1 000倍液、50%辛硫磷乳油2 000倍液等喷雾。

(4) 幼虫2~4龄时,喷每克含100亿活芽孢的青虫菌500~800倍液进行生物防治,并注意保护利用天敌。

学习成果

(1) 将园林树木常见害虫发生状用照相机或高像素手机拍摄记录,并进行整理。

(2) 将园林树木常见害虫主要识别特征及关键防治技术要点填入表10-7。

表10-7　园林树木常见害虫主要识别特征及关键防治技术要点记录表

项目名称		记录内容
主要识别特征	1. 2. ……	
关键防治技术要点	1. 2. ……	

任务评价

任课教师当堂发放任务评价单,由学习者当堂完成组间评价和组内评价后,收回任务评价单。任课教师可以当堂给出教师评价分,也可以在任务学习者将当堂任务学习成果提交给任课教师后,课后给出教师评价分。任课教师根据学习者任务完成情况,按照教师评价分占50%、组间评价分占30%、组内评价分占20%进行加权计算,最终形成每个学习者的任务完成评价成绩。成绩可以当堂反馈,也可以在下一次课堂上反馈。

职业能力测试

(1) 樟巢螟的形态识别要点是什么?

(2) 天牛类害虫大发生的关键环境因素是什么?

【任务小结】

本任务主要传授和训练园林树木病虫害的相关内容和技能,为园林植物病虫草害的防治工作奠定基础。

【讨论与提高】

(1) 杨树溃疡病的关键防治技术是什么?

(2) 天牛幼虫与吉丁虫幼虫的区别是什么?

【考证提示】

本任务涉及园林植物保护工、绿化工、花卉工、花卉园艺师等工种的考核,涉及考证的内容主要为园林树木病虫害的识别诊断与防治,应牢固掌握以上要点。

任务3 绿篱植物病虫害的识别诊断与防治

子任务1 绿篱植物常见病害的诊断与防治

目标要求

通过绿篱植物常见病害的学习,能对绿篱植物常见病害进行正确诊断和有效防治。理解党的二十大报告中提出的"推动绿色发展,促进人与自然和谐共生"的意义。

工作准备

(1) 材料准备:大叶黄杨褐斑病、金叶女贞叶斑病的新鲜标本、盒装标本、散装标本、病原切片以及照片、课件图片或挂图等。

(2) 教学场地准备:大叶黄杨褐斑病、金叶女贞叶斑病发生现场、多媒体教室。

(3) 用具准备:显微镜、擦镜纸、搪瓷盘、放大镜、盖玻片、载玻片、挑针、刀片、吸水纸等。

任务实施

病害发生概述:褐斑病是大叶黄杨上普遍发生的叶斑病,华东、华北、华中等地都有发生,发生相当严重且引起大叶黄杨早落叶,树势生长衰弱。

金叶女贞为木犀科女贞属植物,是一种优良的彩色灌木。1999年,金叶女贞开始在江苏试种,随后种植面积迅速增大。自2004年6月至今,华东地区大面积金叶女贞陆续出现斑点,落叶,枝条随之干枯死亡。

一、症状识别

(一) 识别与观察

仔细观察大叶黄杨褐斑病、金叶女贞叶斑病的各类标本及发生现场,描述病害发生的病状和病征。

(二) 总结与归纳

1. 大叶黄杨褐斑病

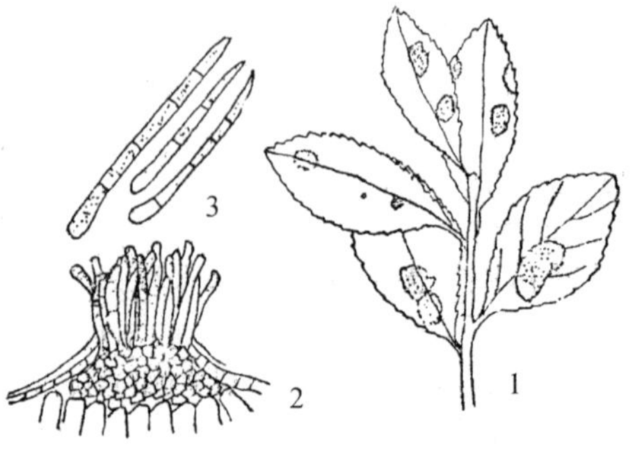

1. 症状; 2. 子座及分生孢子梗; 3. 分生孢子。

图10-28 大叶黄杨褐斑病

(引自徐明慧《园林植物病虫害防治》)

发病初期,叶片上出现黄色的小斑点,后变为褐色,并逐渐扩展成为近圆形或不规则形的病斑(图10-28),直径为5~10mm。发病后期,病斑变成灰褐色或灰白色,边缘色深,上有轮纹。病斑正面散生黑色小霉点,即病原菌的分生孢子及分生孢子梗。发病严重时,病斑相互连接,占叶片面积的一半以上,叶片变黄、枯萎,易脱落。

2. 金叶女贞叶斑病

病斑初为直径4~5mm左右的水渍状近圆形褐色小斑,常具轮纹,周围有紫红色晕圈,散生于叶片,病斑上可见黑色霉状物(图10-29)。初期病斑较小,扩展后病斑直径可达1cm以上,有时病斑融合成不规则形。随着气温的上升,有时数个病斑相连,最后叶片焦枯脱落,枝条随之自上而下逐渐干枯死亡。特别是幼苗叶片脱落后,当年生枝条干枯,整林死亡。

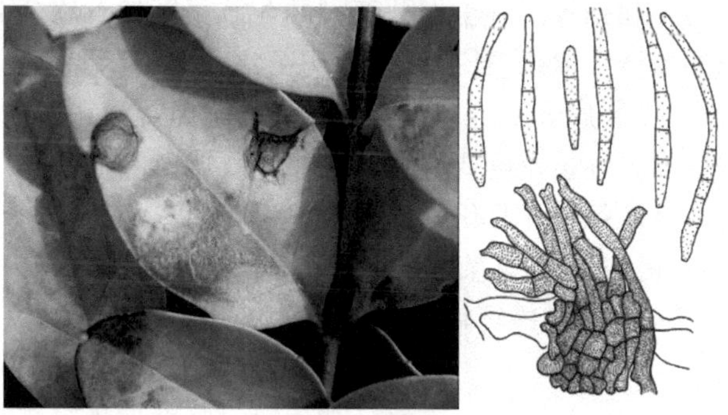

1　　　　2

1. 症状;2. 分生孢子及分生孢子梗。

图10-29　金叶女贞叶斑病

二、病原识别

(一) 识别与观察

仔细观察大叶黄杨褐斑病、金叶女贞叶斑病的病原及其切片,描述病原菌的主要特征。

(二) 总结与归纳

1. 大叶黄杨褐斑病

病原菌为坏损尾孢(*Cercospora destructive* Rav.),属半知菌亚门、尾孢属。子座黑色,发达;分生孢子梗黑色,屈膝状,不分枝,丛生于子座上;分生孢子尾状,有1~5个分隔(图10-28)。

2. 金叶女贞叶斑病

病原菌为假尾孢(*Pseudocercospora* sp.),属半知菌亚门、假尾孢属。分生孢子梗单生或数根聚生(图10-29),孢梗褐色。分生孢子呈倒棒状、柱状、鼠尾状,直或稍弯曲。

三、发生规律分析

(一) 大叶黄杨褐斑病

病原菌以菌丝和子座在病落叶上越冬,次年春形成分生孢子,进行初侵染,分生孢子由风雨传播。在华东地区,5~6月及9~10月为褐斑病的2个发病高峰期。10~11月发病植株大量落叶。管理粗放、多雨、排水不畅、通风透光不良则发病重。夏季炎热干旱、肥水不足、树势生长不良也会加重病害的发生。

(二) 金叶女贞叶斑病

病原菌以菌丝体和分生孢子在土壤中的病残体上越冬。分生孢子主要靠气流和雨水传播,从植物体表气孔和伤口侵入,或自表皮直接侵入。华东地区的最早发病时间为4月下旬,梅雨后进入发病高峰期,秋季随着新叶的萌发,发病率呈一定的下降趋势。7~8月高温多雨期是金叶女贞叶斑病的发病高峰期,10 月是金叶女贞叶斑病的第 2 个高峰期。

四、病害防治

(一) 分组操作

(1) 分组收集整理病害关键防治技术方法,并讨论交流。

(2) 选择 1~2 种病害最佳防治技术方法进行分组实践操作。

(二) 总结与归纳

1. 大叶黄杨褐斑病

(1) 秋季清除病落叶和枯枝。春季发芽前喷洒 5 波美度的石硫合剂,杀死越冬菌源。

(2) 从健康无病的植株上取条,扦插繁殖无病苗木。育苗床要远离发病的苗圃。

(3) 加强养护管理,控制病害发生,肥水要充足,尤其是夏季干旱时,要及时浇灌。在排水良好的土壤上建造苗圃。种植密度要适宜,以便通风透光,降低叶片湿度。

(4) 发病严重的地区从每年 5 月份开始喷施 1%等量式波尔多液、50%多菌灵可湿性粉剂 500 倍液、高脂膜 200 倍液、75%百菌清可湿性粉剂 1 500 倍液或 50%退菌特可湿性粉剂 800~1 000 倍液,7~10 天喷 1 次,连续喷 3~4 次。

2. 金叶女贞叶斑病

(1) 种植时要合理密植,适时修剪,及时处理伤口。随着植株的生长,要合理疏枝,修除过长徒长枝、嫩枝,增强植株内部通风、透光,降低湿度。修剪后要及时喷药保护伤口。

(2) 清洁生产,改善生态环境。修剪后的枝叶要及时收集并带离绿篱烧毁或高温堆肥处理,避免将修后的枝叶堆于绿篱下,同时避免将修剪后的枝叶残留于绿篱上。要及时清除种植地中的病残体,并随时清除杂草。

(3) 加强施肥管理,增加植株本身的抗性。在植株生长期间要增施磷、钾肥,充实枝叶组织,同时控制氮肥的施用量,避免枝叶徒长或柔嫩。可在春季追施一次肥,在雨季结合下雨撒施复合肥。

(4) 定期喷药防治。发病前或发病初期,喷施 75%百菌清或 65%代森锰锌可湿性粉剂 600~800 倍液进行防治,从 6 月下旬开始,7~10 天 1 次。

学习成果

(1) 将绿篱植物常见病害发生症状用照相机或高像素手机拍摄记录,并进行整理。

(2) 将绿篱植物常见病害主要识别特征及关键防治技术要点填入表 10-8。

表 10-8　绿篱植物常见病害主要识别特征及关键防治技术要点记录表

项目名称		记录内容
主要识别特征	1. 2. ……	
关键防治技术要点	1. 2. ……	

任务评价

任课教师当堂发放任务评价单,由学习者当堂完成组间评价和组内评价后,收回任务评价单。任课教师可以当堂给出教师评价分,也可以在任务学习者将当堂任务学习成果提交给任课教师后,课后给出教师评价分。任课教师根据学习者任务完成情况,按照教师评价分占50%、组间评价分占30%、组内评价分占20%进行加权计算,最终形成每个学习者的任务完成评价成绩。成绩可以当堂反馈,也可以在下一次课堂上反馈。

职业能力测试

(1) 金叶女贞叶斑病的症状识别要点是什么?

(2) 大叶黄杨褐斑病流行的关键环境因素是什么?

子任务2　绿篱植物常见害虫的识别与防治

目标要求

通过绿篱植物常见害虫的学习,能对绿篱植物常见害虫进行准确识别和有效防治。树立和践行"绿水青山就是金山银山"的理念,培养学生的职业责任感及社会担当。

工作准备

(1) 材料准备:大叶黄杨金星尺蠖、草履蚧、黄杨绢野螟、红蜡蚧、白蜡蚧的盒装标本、浸泡标本以及照片、课件图片或挂图等。

(2) 教学场地准备:大叶黄杨金星尺蠖、草履蚧、黄杨绢野螟、红蜡蚧、白蜡蚧发生现场、多媒体教室。

(3) 用具准备:体视显微镜、擦镜纸、搪瓷盘、放大镜、眼科剪刀、镊子、蜡盘、大头钉、吸水纸等。

任务实施

虫害发生概述:大叶黄杨金星尺蠖(*Calospilos suspecta* Warren),又名丝棉木金星尺蠖,属鳞翅目、尺蛾科,广泛分布于华东、华北、中南、西北等地区,可以为害大叶黄杨、丝棉木、卫矛、榆、杨、柳等园林植物,是大叶黄杨绿篱的重要害虫。

草履蚧(*Drosicha corpulenta* Kuwama),属同翅目、蚧总科、蚌蚧科,广泛分布于我国大多数地方,可以为害冬珊瑚、无花果、白杨、罗汉松、枫杨、女贞、玉兰、月季等多种园林植物,2002—2004年在江苏等地曾普遍发生且为害严重。

黄杨绢野螟(*Diaphania perspecfalis* Walker),属鳞翅目、螟蛾科,可以为害瓜子黄杨、雀舌黄杨、珍珠黄杨等花木,广泛分布于华东、华中、华北、西南、华南等地,在江苏、浙江、上海等地发生普遍且为害严重。

红蜡蚧(*Ceroplastes rubens* Maskell),属同翅目、蜡蚧科,广泛分布于江苏、浙江、上海、安徽等长江流域以南多数省份以及北方的温室内,可为害女贞、枸骨、大叶黄杨、苏铁、栀子、雪松、蔷薇、石榴、山茶、月桂、八角金盘等20多科100多种园林植物。

白蜡蚧(*Ericerus pela* Chavannes),俗称白蜡虫,属同翅目、蜡蚧科,主要分布于华东、西南、西北、华北、华中、华南等多数省区,可为害女贞属和白蜡树属的20种植物。在华东地区,白蜡蚧对女贞、小叶女贞和金叶女贞绿篱为害较为严重。

一、为害状识别

(一) 识别与观察

仔细观察大叶黄杨金星尺蠖、草履蚧、黄杨绢野螟、红蜡蚧、白蜡蚧的各类标本及发生现场,描述虫害发生情况。

(二) 总结与归纳

1. 大叶黄杨金星尺蠖

以幼虫为害叶片。低龄幼虫在嫩叶背面取食叶肉,仅留下上表皮;3龄后啃食全叶,造成叶片缺刻。受害绿篱有明显的虫害团,叶片稀疏,郁闭度明显减小,并有萎蔫叶片。

2. 草履蚧

主要以若虫和雌成虫刺吸嫩叶、幼芽和枝梢的汁液。若虫和雌成虫常聚集在树干基部或嫩枝、幼芽等处为害,受害植株春芽新抽出的芽梢生长缓慢,花木生长受影响,严重时幼嫩的受害顶梢萎蔫,影响景观。

3. 黄杨绢野螟

幼虫常吐丝连接周围叶片作巢,并在巢内取食新梢叶片,留下透明的上表皮,并排出粪便,使新梢枯白。老熟幼虫蚕食整个叶片,仅留下叶脉,或将叶柄咬断,严重时将叶片咬得残缺不全,上部枝叶全部枯黄脱落。

4. 红蜡蚧

以若虫和雌成虫群集于枝梢和叶片上刺吸汁液,受害枝叶及果实等部位发育不良,新梢停止抽出,同时诱发煤污,枝叶变为煤黑色,导致树势衰弱,枝条枯死,严重者整株死亡。

5. 白蜡蚧

以成虫、若虫在叶背面叶脉两侧刺吸植株汁液为害,秋季转移到枝干处为害,刺吸叶片及枝干皮层汁液。受害白蜡树的枝条上布满了白色絮状囊,常造成树体衰弱,枝条和叶片枯死,严重时可导致树木死亡。

二、形态识别

(一) 大叶黄杨金星尺蠖

1. 成虫

成虫(图10-30)体长10~15mm,翅展33~43mm。雄蛾略小。翅银白色,前翅外缘有淡灰色斑,大小不等,排列不规则。前翅基部有1深黄色花斑。中室端部有1大斑。前、后翅斑纹

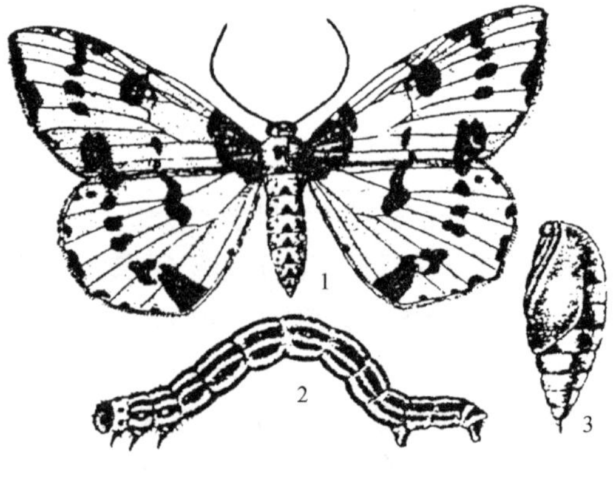

1. 成虫; 2. 幼虫; 3.蛹。

图10-30 大叶黄杨金星尺蠖

(引自徐明慧《园林植物病虫害防治》)

相连。腹部金黄色，上面有成行的黑斑点。

2. 卵

卵椭圆形，黄绿色或灰褐色。

3. 幼虫

老熟幼虫长27~30mm，黑色。身体背面和两侧共有5条白色纵纹，胸足3对，腹足只有2对，生长于第7节和第10节。

4. 蛹

蛹纺锤形，棕褐色。

（二）草履蚧

1. 成虫

雌成虫（图10-31）无翅，扁平椭圆形，长8~10mm，背部稍高，体黄褐色或红褐色，腹背有横皱与纵沟，似草鞋，全身微覆细毛和白色蜡粉。雄成虫紫红色，翅淡紫黑色，体长约5mm，翅展10mm，善飞翔。

2. 卵

卵长椭圆形，初产时黄白色，后变为赤黄色，卵块表面覆1层白丝，称为卵囊。

3. 若虫

若虫赤褐色，常群集为害，体形与雌成虫相似，但较小。

4. 蛹

雄蛹，褐色，圆筒形，体被白色絮状物。

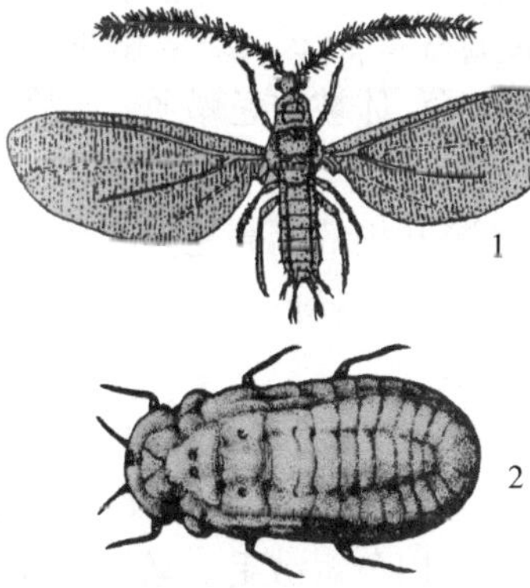

1. 雄成虫；2. 雌成虫。

图10-31　草履蚧

（引自蔡平等《园林植物昆虫学》）

（三）黄杨绢野螟

1. 成虫

成虫体长20~24mm（图10-32），翅展42~50mm，灰白色，翅面半透明，有紫红色闪光。前翅前缘和外缘以及后翅外缘有紫褐色宽带，前翅中室内有2个白点，其中1个呈新月形。雄蛾腹部较瘦且末端有黑色毛丛。

2. 卵

卵长1.5mm，黄绿色，长圆形，表面隆起。

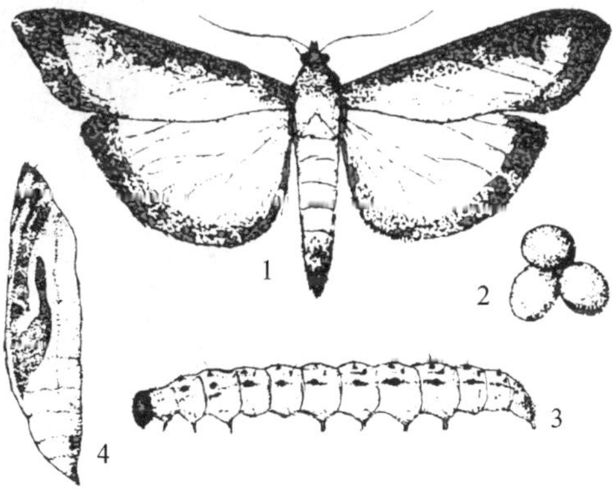

1. 成虫；2. 卵；3. 幼虫；4. 蛹。

图10-32　黄杨绢野螟

（引自朱克恭等《园林植物病虫害防治》）

3. 幼虫

老熟幼虫体长32~42mm，头部黑色，身体黄绿色，胸、腹部深绿色，体表有黑褐色毛瘤，其上生有稀疏毛刺。腹足淡黄色，端部红褐色。

4. 蛹

蛹翠绿色至黄褐色，长18~20mm，末端有8根臀刺。

（四）红蜡蚧

1. 成虫

雌成虫（图10-33）椭圆形，背面有突起的厚蜡覆盖，呈暗红色，半球形，顶部稍凹陷，似脐状,老熟时有4条白色蜡带,体鼓起,呈亮红色。雄成虫体长1mm,翅展2.4mm,暗红色,前翅1对,白色半透明,后翅退化为平衡棒。

2. 卵

卵椭圆形,淡红色,长0.3mm。

3. 若虫

若虫初孵时呈扁平椭圆形,长0.4mm,暗红色,腹端有2根长毛。2龄时呈广椭圆形,稍突起,暗红色,体被白色蜡质。3龄时蜡质增厚。

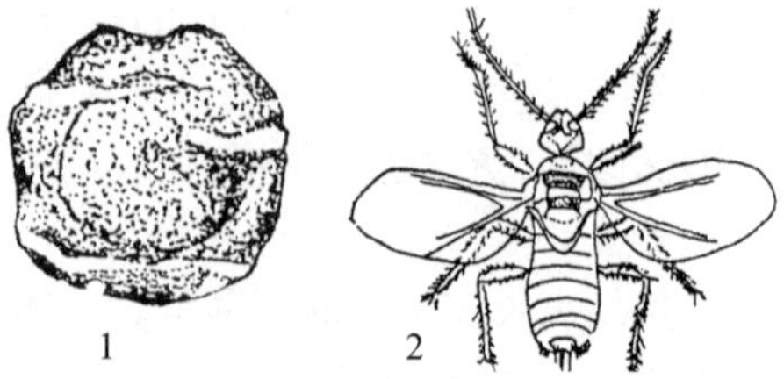

1. 雌成虫;2. 雄成虫。

图10-33 红蜡蚧

(引自徐明慧《园林植物病虫害防治》)

4. 蛹

预蛹和蛹的蜡壳呈暗红色,长形,淡黄色,长1.2mm。茧长1.5mm,椭圆形,暗红色。

(五)白蜡蚧

1. 成虫

雌成虫无翅,刚成熟时(图10-34),胸部背面隆起蚌壳状。受精前背部隆起,受精后虫体膨胀成半球形,外壳较坚硬,红褐色,散生大小不等的淡黑色斑点,腹面土黄色,虫体背面以下密生黄白色短绒毛。老熟雌成虫近球形,体长8~10mm,宽6~8mm,高7~10mm,外壳较坚硬,红褐色,光润,体上黑斑较大。雄成虫体长2mm,翅展5mm,头淡褐色,触角丝状,10节,前翅近于透明,后翅为平衡棒;腹部灰褐色,末端两侧有2根白色长蜡丝。

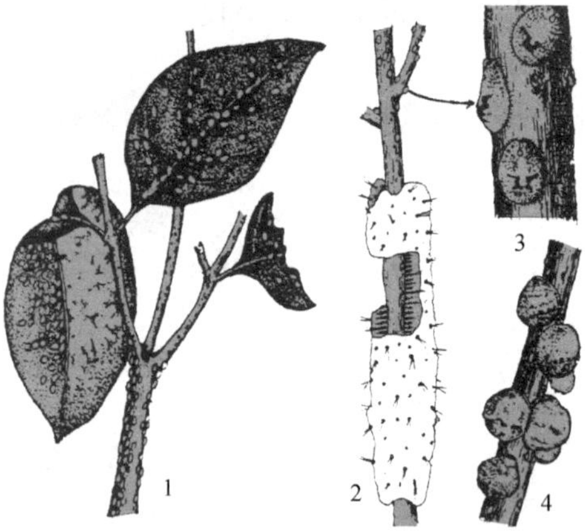

1. 为害状(1~2龄若虫定叶定枝);2. 为害状(鸡腿枝);3. 雌成虫(放大,初熟);4. 雌成虫(老熟)。

图10-34 女贞白蜡蚧及其为害状

(引自朱克恭等《园林植物病虫害防治》)

2. 卵

卵长椭圆形,长约0.4mm,宽0.25mm。雌卵红褐色,雄卵淡黄色,包被于母体下白色蜡丝和蜡粉中。

3. 若虫

若虫长卵形,红褐色,体长0.7mm,宽0.4mm。

4. 蛹

蛹长椭圆形,淡黄色,长 2.4mm。

三、发生规律分析

(一) 大叶黄杨金星尺蠖

每年发生 3~4 代,以蛹在土中越冬,翌年 4 月羽化为成虫,多产卵于叶背,数粒排列成行。低龄幼虫取食叶肉,3 龄后吃全叶,老熟后下树入土化蛹。成虫白天隐伏树冠枝叶间,活动性差,夜晚活动,有弱趋光性。第 1~4 代幼虫分别于 4 月下旬~5 月下旬、6 月上旬~7 月下旬、7 月下旬~9 月下旬、9 月下旬发生。以 5 月上中旬和 7 月上中旬第 1、2 代幼虫为害最重。

(二) 草履蚧

1 年发生 1 代,以卵和初孵若虫在园林植物根际附近的土缝、裂隙、砖石堆中成堆越冬。翌年 2 月若虫孵化,初孵若虫先留在卵囊中,3 月中旬沿树干爬到幼芽、嫩梢上,群集为害,4 月上、中旬为害最重,并分泌蜡质裹身。4 月下旬雄虫蜕皮后爬到树皮缝及树洞内、土缝里化蛹,5 月上旬羽化、交尾,交尾后 2~3 天即死亡。雌虫于 5 月下旬至 6 月上旬开始入土,分泌白色棉絮状卵囊,产卵于其中,以卵越夏、越冬。雌虫产卵后便干缩死亡。每头雌虫产卵 40~50 粒,多者百余粒。

(三) 黄杨绢野螟

1 年发生 3 代,以 2~3 龄幼虫在黄杨的嫩叶内或嫩叶缀起的虫苞间结薄茧越冬。第 2 年春天当气温开始回升时,幼虫于 2 月底至 3 月陆续出蛰,开始活动,取食新梢,仅留白色膜状表皮。幼虫长大后可食全叶,4 月下旬至 5 月上旬是为害盛期。5 月中下旬化蛹,6 月上旬至中旬羽化成虫,6 月上中旬产卵。第 1 代幼虫在 6 月中下旬至 7 月中下旬为害。第 2 代成虫期为 7 月上中旬至 8 月上中旬,第 2 代幼虫在 7 月中下旬至 9 月上中旬为害。幼虫有吐丝习性,9 月后幼虫结茧过冬。

(四) 红蜡蚧

1 年发生 1 代,以受精雌成虫在枝干上越冬。次年 4 月下旬开始孕卵,5 月下旬后陆续产卵于雌虫体下,5 月下旬至 6 月上旬为越冬雌虫产卵盛期。产卵期长达 1 个月,每头雌虫产卵 200~500 粒,最多可达 1 100 粒。6 月上中旬为卵孵化盛期。初孵若虫群集于新叶及嫩枝上,雄若虫多群集在叶片上,雌若虫主要群集于嫩梢上,有趋光性。初孵若虫先在叶、嫩枝上爬行一段时期,后定居下来,刺吸寄主汁液,不久开始分泌蜡质覆盖体背,以后随虫龄的增大,蜡壳逐渐加厚增大。雌若虫第 1 龄若虫期约 20 天,第 2 龄若虫期为 23~25 天,第 3 龄若虫期为 30~35 天,9 月上旬若虫成熟,交尾后越冬。雄虫第 1 龄若虫期与雌虫相同,第 2 龄若虫期为 40~45 天,预蛹期为 1~2 天,蛹期为 2~6 天。雄成虫 8 月中旬至 9 月上旬羽化,寿命仅 1~2 天,交尾后即死亡。

(五) 白蜡蚧

1 年发生 1 代,以受精的雌成虫在枝条上越冬。翌年 3 月中、下旬雌成虫恢复取食活动并开始产卵,最迟可延迟到 5 月。若虫一般在 4 月上旬及 5 月上、中旬孵出。初孵若虫在母壳里停留 10 天左右出壳,雌若虫较雄若虫早 2~7 天出壳,因气温不同而异。雌若虫出壳后在枝条、树干、地面之间爬行,在叶片上停留 20 天左右开始蜕皮,进入 2 龄期,离开叶面,再在枝条上爬行,最后停留在1~2年幼嫩枝条上,少数在3年枝条上固定下来,不再移动,7月下旬至8月下旬羽化为成虫。雌若虫常分散生活;雄若虫有群集为害的习性,常固着在寄主枝条上生活,并分泌大量白色蜡质,包裹枝条,形成蜡白色“鸡腿枝”。

四、虫害防治

(一)分组操作

(1)分组收集整理虫害关键防治技术方法,并讨论交流。

(2)选择1~2种虫害最佳防治技术方法进行分组实践操作。

(二)总结与归纳

1. 大叶黄杨金星尺蠖

(1)成虫飞翔力不强,早晨集中在寄主下部枝叶间,可人工捕杀,也可于9月至次年4月松土灭蛹。

(2)利用幼虫吐丝下垂习性,进行人工震落后捕杀。

(3)幼虫发生期喷10%氯氰菊酯乳油2 000~5 000倍液、2.5%三氟氯氰菊酯乳油3 000~5 000倍液或40%乙酰甲胺磷乳油800倍液等。

2. 草履蚧

(1)加强检疫措施,避免人为传播。

(2)剪除被介壳虫为害的枝条,烧毁。发生量小时,可用软刷蘸水轻刷。对茎、干较粗,皮层不易受伤的花木,在冬季可涂刷白涂剂。保持通风透光。

(3)保护利用红环瓢虫、跳小蜂、大红瓢虫等天敌进行生物防治。

(4)初孵若虫期用5%高渗高效氯氰菊酯乳油2 000倍液、40%杀扑磷乳油2 000~3 000倍液、20%氰戊菊酯乳油2 000倍液、30号机油乳剂30~80倍液重点喷施,进行化学防治。

(5)在草履蚧若虫上树期,用5%高渗高效氯氰菊酯乳油浸麻袋片,包扎在树干基部,或在树干基部涂毒环或胶环,阻隔若虫上树。

3. 黄杨绢野螟

(1)加强检疫,防止黄杨绢野螟随苗木传播蔓延。

(2)加强养护管理,合理施肥浇水,改善通风透光,减少成虫产卵。

(3)幼虫为害期,人工修剪嫩梢,同时将修剪下的枝叶集中销毁,压低幼虫基数。

(4)成虫羽化期,设置频振式杀虫灯或黑光灯诱杀成虫。

(5)幼虫发生期用2.5%溴氰菊酯乳油3 500倍液、4.5%高效氯氰菊酯乳油3 000倍液、50%杀螟硫磷乳油1 000倍液、20%除虫脲悬浮液3 000~4 000倍液、25%灭幼脲Ⅲ号悬浮液2 000倍液、90%晶体敌百虫1 000倍液或1.2%苦・烟乳油1 500倍液喷雾。

4. 红蜡蚧

(1)加强检疫措施,严格禁止带虫苗木的运输。

(2)保持通风透光,剪除被介壳虫为害的枝条,烧毁。

(3)发生量小时,用软刷蘸水轻刷。对茎、干较粗,皮层不易受伤的花木,冬季涂刷白涂剂。

(4)保护利用红蜡蚧的天敌,如蜡蚧扁角跳小蜂、赖食软蚧蚜小蜂等寄生性天敌。

(5)初孵若虫期用5%高渗高效氯氰菊酯乳油2 000倍液、40%杀扑磷乳油2 000~3 000

倍液、20%氰戊菊酯乳油 2 000 倍液、30 号机油乳剂 30~80 倍液重点喷施防治。

5. 白蜡蚧

（1）夏季或秋季，对树木进行适度修剪，通风透光，剪除虫口密度较大的枝条和过密枝。

（2）6~9 月多向金叶女贞叶面喷水，加大湿度，可以造成许多虫体自然致病死亡。

（3）冬季或早春树木发芽前，用 5 波美度石硫合剂液防治；生长季节，在雄虫形成蜡质前，用 40%杀扑磷乳油 1 000~1 500 倍液或 10%吡虫啉可湿性粉剂 1 000 倍液等喷雾防治。

（4）注意保护和利用白蜡蚧长角象、蚜小蜂、异色瓢虫、黑缘红瓢虫和跳小蜂等天敌资源。

学习成果

（1）将绿篱植物常见害虫发生状用照相机或高像素手机拍摄记录，并进行整理。

（2）将绿篱植物常见害虫主要识别特征及关键防治技术要点填入表 10-9。

表 10-9　绿篱植物常见害虫主要识别特征及关键防治技术要点记录表

项目名称		记录内容
主要识别特征	1. 2. ……	
关键防治技术要点	1. 2. ……	

任务评价

任课教师当堂发放任务评价单，由学习者当堂完成组间评价和组内评价后，收回任务评价单。任课教师可以当堂给出教师评价分，也可以在任务学习者将当堂任务学习成果提交给任课教师后，课后给出教师评价分。任课教师根据学习者任务完成情况，按照教师评价分占 50%、组间评价分占 30%、组内评价分占 20%进行加权计算，最终形成每个学习者的任务完成评价成绩。成绩可以当堂反馈，也可以在下一次课堂上反馈。

职业能力测试

（1）黄杨绢野螟的形态识别要点是什么？

（2）红蜡蚧大发生的关键环境因素是什么？

【任务小结】

本任务主要传授和训练绿篱植物病虫害的相关内容和技能，为园林植物病虫草害的防治工作奠定基础。

【讨论与提高】

（1）为什么蚧类害虫较难防治？什么时期是防治蚧类害虫的最佳时期？

(2) 试述绿篱植物叶部病虫害的主要种类及防治要点。

(3) 白蜡蚧的为害状是什么?

【考证提示】

本任务涉及园林植物保护工、绿化工、花卉工、花卉园艺师等工种的考核,涉及考证的内容主要为绿篱植物病虫害的识别诊断与防治,应牢固掌握以上要点。

案例分析

园林木本植物病害——南京中山陵及黄山风景区松树松材线虫病防治案例

1982年秋,南京东郊中山陵园梅花山风景区8株生长健壮的黑松突然针叶枯萎死亡,经取样、分离,有关专家鉴定是由松材线虫危害所致。由于当时缺乏对病害的认识及除治经验,致使病害不断扩散蔓延。1982年,病害仅限于南京东郊局部地区,病死松树265株;1987年,病害蔓延到南京、镇江的12个县(区),短短6年累计病死松树58万株;1988年至1992年,病害被控制在原疫区范围内,每年病死松树约24万株;1993年,病害在无锡惠山地区发生;1995年,苏州虎丘与常熟发现病害;1998年,该病在我省主要松林分布的茅山风景区全面扩散;1999年在南京高淳和扬州仪征、2000年在淮安盱眙和苏州新区、2001年在苏州上方林场和连云港开发区、2002年在南通狼山、连云港连岛和苏州常熟虞山、昆山亭林公园病害相继发生。目前,疫区行政区域涉及南京、镇江、无锡、常州、扬州、淮安、苏州、连云港、南通9个市20个县(区),病害发生面积20余万亩。

松材线虫病发生的严峻形势引起了党中央、国务院领导同志的高度重视。2002年,国务院办公厅专门下发了《关于进一步加强松材线虫病预防与除治工作的通知》,该病的除治工作已关系到政治、社会、经济的各个方面。自1998年国家林业局(现为国家林业和草原局)和财政部启动了广东省松材线虫病工程治理试点项目,1999年启动了全国松材线虫病工程治理项目以来,各地采取了一系列措施,实施疫情封锁和重点除治,拔除了一批县级疫情发生区,老发生区传媒天牛虫口密度有所下降,病害蔓延速度得到减缓,重点保护的黄山风景区、杭州西湖、千岛湖、九华山、太湖等著名的旅游景点和历史名胜未出现疫情。但从整体看,疫情尚未得到有效控制,发病疫点仍在增加,发生范围不断扩大,危害情况日趋严重,需要进一步研究和防治。目前,疫情已对我国5亿多亩松林和一批世界著名风景名胜区、自然文化遗产及重点生态区的安全构成了严重威胁,而且使一些地区的经济建设、外贸出口、群众生活甚至社会稳定受到严重的影响。为此,国家林业局专门制订并公布了松材线虫病防治技术方案。

一、防治规划设计

(1) 国家林业局森林病虫害防治管理部门负责编制全国松材线虫病防治总体规划和年度实施计划。省级林业主管部门根据松材线虫病防治总体规划和年度实施计划,制订本省(市)防治总体设计和年度实施方案。

(2) 各地根据松材线虫病传播规律、发生区地理位置、林分用途、发生面积、危害程度等因素,以县级行政区为单位,进行施工作业设计。作业设计要划分不同治理类型,实行分类施策，分区治理。内容包括不同类型区的特点、范围、面积和治理对策。把面积、技术措施和工程量落实到小班，并绘制施工作业图、表和说明书。

二、疫情监测

疫情监测以地面人工监测和诱捕器监测为主，以航空遥感技术监测为辅。

（一）全面普查

（1）松材线虫病发生区以乡（镇、林场）为单位，每年10~11月按森林资源小班分布图，沿设计路线对全区松林进行普查，查清发生分布范围、发生面积（以小班统计为准）和病死树数量，绘制发生分布图（省级绘至乡镇、市县绘至小班），计算病死树株率和木材损失，掌握疫情发生情况，为制订年度防治计划提供依据。

（2）未发生松材线虫病的省区要以县（区、市）为单位，每年9~10月对交通沿线、风景区、大型企业、仓库、驻军营房、城镇和电视发射台等人为活动频繁的地区附近的松林进行全面普查。发现松树枯死，查明分布地点、树种、面积、枯死株数、松褐天牛为害情况，绘制松树枯死情况分布图。同时取样分离鉴定，确定是否有松材线虫，并及时上报和进行跟踪调查，随时掌握疫情动态。

（二）常年监测

（1）定期巡查。已发生松材线虫病的省市对未发生区要以县（区、市）为单位，组织专业技术人员每季度定期对交通沿线、风景区、大型企业、仓库、码头、车站、驻军营房、城镇周围、木材加工厂、大型建筑工地和电视发射台等人为活动频繁的地区附近的松林进行巡查，发现松树有感病症状，立即取样分离鉴定，确定是否有松材线虫。

（2）固定监测。在发生区边缘地带、交通沿线、风景区、城镇周围和易感林分别设置固定监测点，风景生态林和重要经济地区每村（或林场分场）至少设置1个，其他地区每乡（镇或林场）设置3~5个固定监测点，派专人定期调查，发现松树枯死立即取样分离鉴定，确定是否有松材线虫。

（三）打孔流胶法诊断

于春秋季节在松树干部用打孔器打一孔至皮下，取样部位以胸高、无结疤处为好。2日后观察洞孔流脂情况（冬季3日后观察），松脂流量多，大量溢出洞外为正常；松脂不流出洞孔，仅在洞内，或在洞内滴状凝结为感病。根据上述结果，再结合取样分离作进一步确认。

（四）诱捕器监测

在松褐天牛羽化期（5~8月），每个固定监测点设置一个诱捕器。放置点设在山顶、林道旁空气流通处。诱捕器下端应离地面1.5m左右。集虫器用锌铁皮或塑料等加工，防止天牛成虫爬出逃逸。先在诱捕器诱芯内放入清洁棉花，再加入调配好的引诱剂200mL，以后每隔20日往诱芯中添加140mL。每隔1~2日（羽化后期可5~7日）检查诱捕天牛情况，对收集诱捕的天牛进行分离、镜检，检查是否携带松材线虫，一旦发现天牛携带松材线虫，秋季采用“打孔流胶法”在诱捕点周围1km^2范围内进行早期诊断，抽取病树样品进行分离鉴定，确定疫情发生地点，分析疫情扩散蔓延情况。

（五）航空遥感监测

对地面不易调查的高山密林地区，采用航空遥感技术进行监测，发现枯死松树后，再根据全球定位系统指示位置开展实地调查。实施航空遥感监测，要运用差分方法对机上显示的地理位置进行校正。

（六）取样、分离、鉴定

每个林业小班内可疑病树在 10 株以内则全部取样，10 株以上视其分布情况，先抽取 10 株，再抽取剩余数量的 5%～10%。取样要选择当年新死松树，取样部位以胸高处为好。取样时先把取样部位树皮剥净，选取靠近蛀道、蛹室处，用直径 3cm 左右的手摇钻钻至树心，取适量木屑（不少于 20g），或用柴刀劈至 10cm 深，取木片亦可。取好的样品装入塑料袋，同时用铅笔记录寄主、采集地点、时间、采集人等，一并装袋，用绳扎实。样品若不能立即分离鉴定，应放在冰箱内暂存。所取样品采用漏斗法分离。凡属在未发生区新发现类似松材线虫病症状的病死树，应由省级森防部门或有关专家鉴定，确定是否发生松材线虫病。

（七）疫情报告

一旦经技术鉴定证实新发现松材线虫病，应以省为单位，及时将发生地点、发现日期、林分状况、发病面积、病死树数量等疫情监测调查情况上报国家林业局和省政府。

三、防治措施

（一）清理病死树

（1）病害发生危害历时较长、发生面积大、病死树数量大、病死树株率在 10%以上的病区，在春节前组织专业队，采用一次性全面皆伐，彻底伐除发病山头或地块的感病寄主植物。不能安全、有效处理疫木的地区，全面封山育林。

（2）松材线虫病危害较轻的松林，病死树数量少且分散，病死树株率在 10%以下时，采用全面清理病死树的措施。病木能不下山的尽量不下山。在每年 4 月底前组织专业队对发生区边缘病死树周围 100 米范围内的松树实施强度砍伐病死树，形成隔离带，防止病害继续扩散蔓延，并对中心发生区的病死树进行全面清理，以减少病原，压缩受害面积，控制病害的发生。

（3）对新发生疫点和孤立疫点要采用皆伐措施，并在 4 月份前对周围 1 公里范围内松林采用“流胶法”进行早期诊断，发现松树异常及时伐除，以彻底清除病原，确保拔除效果。

（4）实施病区皆伐时，应先伐死树，后伐残余活树，死树和活树要分开放置，分别进行除害处理。

（5）为保证除治成效，实施清理病死树和病区皆伐时，所有伐桩高度应低于 5cm，病区除治迹地清理干净，不残留直径 1cm 以上的松树枝桠。

（二）病木除害处理

（1）病死树伐根可罩塑料薄膜后覆土或磷化铝（1～2 粒）进行熏蒸处理，或用虫线清等化学药剂进行喷淋，也可采取连根刨除的方法。

（2）病区零星分散的病死树，砍伐后就地将树干和树枝砍成小段，装入专用熏蒸袋（凡直径 1cm 以上的枝条和刨出根桩均要装袋），再投放磷化铝（$20g/m^3$），密封塑料袋，搁置山上原地至传媒天牛羽化期结束。对滞留于林间的病枝材，亦采用此法。

（3）清理下山的病枝、根桩等，集中指定地点及时烧毁。

（4）伐下的病材，在集中指定地点采用的方法处理有：① 药物熏蒸：选择平坦坡地或平地，将砍伐材（包括直径 1cm 以上的枝条和根桩）集中堆放，覆盖熏蒸帐幕，在堆垛四周挖宽 30cm、深 20cm 的小沟，把帐幕四边埋入沟中用土压实，再投放硫酰氟或溴甲烷（$50g/m^3$，

20℃，24～48h），或磷化铝（$20g/m^3$，20℃，72h 以上）熏蒸至木材中松褐天牛和松材线虫死亡率达到 100%。若杀虫率不到 100%，则要再次投药熏蒸，直至检查合格为止。② 加热处理：将病树枝、干置于热处理房加热至 60℃，2～3h（或利用微波处理），取出检查松褐天牛死亡率，若死亡率达不到 100%，继续进行处理，直至松褐天牛全部死亡为止。③ 变性处理：将病木做成胶合板、纤维板、刨花板等，消灭其中的病原和传播媒介。④ 切片处理：将病木切成厚度不超过 1cm 的碎片，以使其中的松褐天牛不能成活。⑤ 烧毁处理：如不具备上述条件则就地烧毁。所有病木除害处理必须于 4 月底松褐天牛成虫羽化前全部结束。

（三）传媒天牛防治

（1）诱木防治。在除治区的山顶、山脊、林道旁或空气流通处，选择衰弱或较小的松树作为诱木，引诱传媒天牛集中在诱木上产卵，每 10 亩设置 1 株（松褐天牛密度大的林分可适当增设诱木数量），于松褐天牛羽化初期（5 月上旬），在诱木基部离地面 30～40cm 处的 3 个方向侧面，用刀砍 3～4 刀（小树可少些），刀口深入木质部约 1～2cm，刀口与树干大致成 30°角。用注射器把引诱剂注入刀口内。诱木引诱剂使用浓度为 1∶3（1 份引诱剂原液用 3 倍清水稀释）。施药量（mL）大致与诱木树干基部直径（cm）相当。于每年秋季将诱木伐除并进行除害处理，杀死其中所诱天牛，减小天牛种群密度。

（2）诱捕器诱杀。在传媒天牛羽化期，在发病林分每隔 1 000m 设置一个诱捕器，诱杀松褐天牛成虫。方法同诱捕器监测。集虫器内盛清水或 3%杀螟硫磷乳剂。

（3）喷药防治。发生区于传媒天牛成虫期采用地面树干、冠部喷洒或飞机喷洒绿色威雷（触破式微胶囊剂）50～80mL/$667m^2$（300～400 倍液），或其他内吸性好、下导性强的杀虫剂，分别于松褐天牛羽化初期、盛期进行防治。松褐天牛幼龄幼虫期采用地面树干喷洒虫线清乳油 80 倍液，喷药量为 2～3 升/株。

（4）树干注药防治。对有特殊意义的名松古树和需保护的松树，于松褐天牛羽化初期，在树干基部打孔注入虫线光 A（Emamectin 安息香酸盐液剂）400mL/m^3（估计立木材积），或注入虫线清 1∶1 乳剂 400mL/m^3进行保护。

（5）生物防治。除治区在传媒天牛幼虫幼龄期，林间释放松褐天牛的天敌肿腿蜂，也可通过肿腿蜂携带白僵菌的方法感染天牛幼虫，以降低林间天牛数量，达到控制和减少病死树的目的。每年于松褐天牛幼虫期释放天敌，最好在气温 25℃以上的晴天进行。放蜂方法采用单株放蜂法、中心放蜂法或分片布点放蜂法，每 6 $667m^2$ 设一个放蜂点，每点放蜂 1 万头左右。

四、检疫措施

（1）松材线虫病检疫范围包括来自国内外疫情发生区的松属、雪松属、冷杉属、云杉属和落叶松属等植物的苗木、接穗、插条、盆景等生长繁殖材料；来自国内外疫情发生区的上述植物的木材、枝丫、根桩、木片以及它们的制品等；带有松材线虫及其传播媒介昆虫活体的货物、包装材料、铺垫材料及运输工具。

（2）各发生区由当地政府发布命令，明确规定禁止任何单位和个人擅自将松材线虫病发生区的松苗、松木、松材调出疫情发生区。

（3）发生区要对松属苗木繁育基地、贮木场和木材加工厂开展产地疫情调查，详细登记带疫情况，并下发除害处理通知书，责令限期对疫情进行除害处理。同时根据产地检疫结果，对要求调运的松属苗木和繁殖材料、松木及其制品数量进行全面核实，严禁带疫苗木、木材及其加工产品进入市场流通。

(4) 调运疫区的松材线虫病寄主植物、繁殖材料、木材及其制品必须实行检疫要求书制度,要事先征求调入地森检部门的意见,并按照调入地的检疫要求书内容,进行严格的现场检疫检验,确认未携带松材线虫病方可签发植物检疫证书,并及时通知调入地森检部门。

(5) 实施检疫检查的抽样比例,苗木按一批货物总件数的5%进行抽样,木材按总件数的10%进行抽样。

(6) 森林植物检疫检查站(或木材检查站)要配备专职检疫人员,对过往的松材线虫病寄主植物及其产品实施严格的检疫检查,严禁未通过检疫的松苗、疫木及其制品调运。

(7) 各地森检部门对来自发生区或来源不明的寄主植物及其产品要进行复检,发现带疫就地销毁;确认无松材线虫的繁殖材料要经过1年以上隔离试种,确认没携带松材线虫方可分散种植;对松木及其制品活包装材料要实施跟踪调查,严防疫情传入。要定期对本地区用材单位进行检疫检查,杜绝非法购买和使用疫情发生区松材及其制品的行为。

园林木本植物害虫——天牛防治案例

山林遭受天牛等害虫迫害的苏州市石湖景区,这几天请来50万"天兵",用以剿灭害虫。连同石湖景区周边和天平山、常熟虞山,苏州今年一共请来180万"天兵",一场"生物大战"正在苏州山林打响。对苏州来说,通过肿腿蜂剿灭害虫,这是今年才出现的新鲜事。这些"天兵"的正式名字叫"管氏肿腿蜂"。别看它们只有蚂蚁那么大,只相当于天牛的百分之一,威力可不小。天牛类蛀干害虫的幼虫潜伏在树干韧皮部和木质部内,通过取食而破坏树木的输导组织,最终导致树木死亡,但因为它们躲藏得十分隐蔽,所以不易被发现。苏州有关单位此前使用过熏蒸、人工捕捉、化学防治等办法,效果都不明显。该市石湖景区有山林7 000多亩,此次请来的50万只肿腿蜂,主要投放在防火通道两侧、桃花源区域、竹海区域,对景区的园林植物保护,特别是黑松和马尾松的松褐天牛防治工作,将起到积极作用。与此同时,石湖景区周边、常熟虞山也分别投放了20万和80万只肿腿蜂。此前的2007年5月下旬,天平山风景区已在天平山南麓古枫林和10余公顷松林内投放了30万只"护林卫士",以此保护天平古枫。

据介绍,天平山风景区现有古树名木170余株,以树龄400年以上的古枫香为主。20世纪90年代以来,由于天牛等害虫的危害,这里的古树陆续出现枯死现象,特别是近3年来,天牛虫害更加严重,平均每年都有一棵古枫树被害死,周边林地也不断出现因天牛等虫害而引发的松树死亡现象。但请来肿腿蜂后,天牛等害虫就彻底没了"活路",因为肿腿蜂能沿虫道找到天牛等害虫的幼虫及蛹,在其体表产卵,蜂卵通过吸取害虫幼虫、蛹的营养而导致其死亡。而肿腿蜂价格不贵,对人和自然界其他昆虫也没有害处,所以是目前对付天牛等害虫最有效、最经济的生物防治手段。

项目成果展示与实战提高

(1) 布展场地准备:精心选择校园人流量较大的道路边或公共场所,准备好布展需要的展板和意见簿,以组为单位进行物理空间的软分割,按照工作小组集中摆放,形成有序的布展参观路线,让参观者既能参观到每一组的每一件展品,又不走回头路。

(2) 成果展出：把本项目各任务所完成的学习成果（照片和实物等）配上说明书和文字介绍，以组为单位在公开场合进行展示，要求完成者本人必须在现场对自己的学习成果进行介绍，听取围观者的评价并认真记录评价要点和改进意见。

(3) 实战提高：购买几盆发生病虫害的盆栽木本植物，提供给几个参观者携带到现场。在活动现场，参观者咨询这些木本植物的病虫害问题，由学习者利用所学知识和技能，现场诊断，互动实战，提高专业知识水平、职业素质和职业能力。

技能强化训练八　园林木本植物病虫害识别

一、能力目标

(1) 熟悉并掌握木本花卉病虫害的主要症状特点及病原菌形态、害虫的主要形态特征及为害状特点。

(2) 熟悉并掌握园林树木病虫害的主要症状特点及病原菌形态、害虫的主要形态特征及为害状特点。

(3) 熟悉并掌握绿篱植物病虫害的主要症状特点及病原菌形态、害虫的主要形态特征及为害状特点。在团队协作中践行知行合一，理解"空谈误国、实干兴邦"的意义，树立"绿色植保"理念。

二、材料

(1) 木本花卉病虫害：月季黑斑病、海棠锈病、桂花枯斑病、茉莉花白绢病、梨冠网蝽、紫薇绒蚧、烟粉虱、螨类（朱砂叶螨、二点叶螨、山楂叶螨）等的新鲜标本、盒装标本、玻片标本及挂图。

(2) 园林树木病虫害：松材线虫病、樟巢螟、天牛（星天牛、桑天牛）、柏肤小蠹、刺蛾（褐刺蛾、褐边绿刺蛾、扁刺蛾、黄刺蛾）、杨扇舟蛾、吉丁虫（六星吉丁虫、金缘吉丁虫、大叶黄杨窄吉丁虫）、白杨透翅蛾等的新鲜标本、盒装标本、玻片标本及挂图。

(3) 绿篱植物病虫害：大叶黄杨褐斑病、大叶黄杨金星尺蠖、草履蚧、黄杨绢野螟、红蜡蚧、白蜡蚧等的新鲜标本、盒装标本、玻片标本及挂图。

三、仪器和用具

(1) 仪器：显微镜、体视显微镜、投影仪、多媒体教学设备等。

(2) 用具：放大镜、镊子、刀片、挑针、培养皿、滴瓶、载玻片、盖玻片、蒸馏水等。

四、内容与方法

(一) 木本花卉病虫害症状与病原、害虫及为害状识别

(1) 海棠锈病：观察海棠叶片正反面的症状特点，观察在海棠及转主寄主桧柏上的危害状、冬孢子角形态及大小，用挑针挑取锈黄色粉末制玻片，镜检病原菌形态。

(2) 月季黑斑病：观察月季叶片上的症状特点，切片或用挑针挑取病斑上的黑色小颗粒镜检。

(3) 桂花枯斑病：观察桂花叶片的症状特点，用挑针挑取病斑上的黑色小颗粒镜检。

(4) 茉莉花白绢病：观察病害的部位、症状特点、菌核大小及形态特征。

(5) 梨冠网蝽：用手持放大镜及体视显微镜观察成虫及若虫的形态、为害状。

(6) 紫薇绒蚧:用手持放大镜及体视显微镜观察成虫及若虫的形态、为害状。

(7) 烟粉虱:用手持放大镜及体视显微镜观察成虫、若虫、伪蛹的形态、为害状。

(8) 螨类:用手持放大镜及体视显微镜观察朱砂叶螨、二点叶螨、山楂叶螨的形态特征,注意比较3种螨的形态区别及为害状。

(二) 园林树木病虫害症状与病原、害虫及为害状识别

(1) 松材线虫病:在显微镜下观察松材线虫形态,观察受害松材的整株症状、松树树干的横截面颜色。

(2) 樟巢螟:观察成虫、幼虫及蛹的形态特征,观察为害状。

(3) 天牛:观察星天牛、桑天牛的成虫、幼虫及蛹的形态特征,注意比较3种天牛的形态特征及为害状的区别。

(4) 柏肤小蠹:观察成虫、幼虫及蛹的形态特征,观察为害状。

(5) 刺蛾:观察褐刺蛾、褐边绿刺蛾、扁刺蛾、黄刺蛾的成虫、幼虫、茧及蛹的形态特征,注意比较4种刺蛾的形态特征及为害状的区别。

(6) 杨扇舟蛾:观察成虫、幼虫及蛹的形态特征,观察为害状。

(7) 吉丁虫:观察六星吉丁虫、金缘吉丁虫、大叶黄杨窄吉丁虫的成虫、幼虫及蛹的形态特征,注意比较3种吉丁虫的形态特征及为害状的区别。

(8) 白杨透翅蛾:观察成虫、幼虫及蛹的形态特征,观察为害状。

(三) 绿篱植物病虫害症状与病原、害虫及为害状识别

(1) 大叶黄杨褐斑病:观察病斑的形状、颜色、小颗粒特征,用挑针挑取病斑中央的小颗粒,镜检分生孢子及分生孢子梗的形态结构。

(2) 大叶黄杨金星尺蠖:观察成虫、幼虫及蛹的形态特征,观察大叶黄杨被害状。

(3) 草履蚧:观察雌成虫、雄成虫的形态特征,观察雌成虫及若虫为害状。

(4) 黄杨绢野螟:观察成虫、幼虫、蛹的形态特征及其在瓜子黄杨上的为害状。

(5) 红蜡蚧:观察雌成虫、雄成虫的形态特征,观察雌成虫及若虫的为害状。

(6) 白蜡蚧:观察雌成虫、雄成虫的形态特征,观察雌成虫及若虫在女贞叶片及枝条上的为害状。

五、实训成果

(1) 按照生物绘图的标准,手工绘制月季黑斑病、桂花枯斑病、大叶黄杨褐斑病症状图及海棠锈病病原菌形态图。

(2) 按照生物绘图的标准,手工绘制樟巢螟、六星吉丁虫、大叶黄杨金星尺蠖、黄杨绢野螟成虫及幼虫的形态图。

(3) 比较所观察的园林木本植物病虫害的特征,填写表10-10。

表10-10 园林木本植物病虫害特征

害虫或病害名称	害虫形态或病原菌形态特征	为害状或症状特点

六、职业能力测试

（1）怎样区别朱砂叶螨、二点叶螨、山楂叶螨？

（2）白杨透翅蛾成虫的外观形态与何种昆虫相似？为什么？

（3）本实验实训所涉及的病害中，哪些病害的症状特点很相似？哪些害虫的为害状很相似？

项目十一 草坪及地被植物病虫害的识别诊断与防治

目标任务

知识目标:了解草坪及地被植物病虫害与环境及养护措施的关联性;理解化学药剂对草坪及地被植物生态系统的影响;掌握草坪及地被植物病虫害防治时机的决策依据。

能力目标:能结合灌溉记录、修剪频率等养护数据,分析草坪及地被植物病虫害爆发的诱因;能针对不同功能区制订差异化防治方案并实施。

素质目标:强化公共安全责任意识,培养成本效益观念,提升资源集约利用能力。

思政目标:培养学生科学诊断病虫害的思维能力,逐步提升学生的科学素养,树立“绿色植保”理念。

任务1 草坪病虫害的识别诊断与防治

项目十一
彩色图片

子任务1 草坪常见病害的诊断与防治

目标要求

通过草坪常见病害的学习,能对草坪常见病害进行正确诊断和有效防治。通过导入草坪产业支撑脱贫攻坚、助力乡村振兴案例,增强学生的专业自信,激发学习热情。

工作准备

(1) 材料准备:褐斑病、腐霉枯萎病、镰刀菌枯萎病、白绢病、锈病的新鲜标本、盒装标本、散装标本、病原切片以及照片、课件图片或挂图等。

(2) 教学场地准备:褐斑病、腐霉枯萎病、镰刀菌枯萎病、白绢病、锈病发生现场、多媒体教室。

(3) 用具准备:显微镜、擦镜纸、搪瓷盘、放大镜、盖玻片、载玻片、挑针、刀片、吸水纸等。

任务实施

病害发生概述：褐斑病是草坪上的主要病害之一。褐斑病应以防为主，如果病害一旦发生，加上天气持续高温高湿，病害就很难控制。

腐霉枯萎病也叫绵腐病、油斑病等，气温高、雨水多、湿度大、土壤含氮量高或碱性土壤易加重病害的发生。该病发病迅速、破坏力极强，既能在冷湿环境中侵染危害，也能在天气炎热时猖獗流行，夏季高温高湿时，能在一夜之间毁坏大面积草坪。

镰刀菌枯萎病又称蛙眼病、根腐病，可以侵染多种禾草，是冷季型草坪草的常见病害，多在夏季湿度过高或过低时发生。

白绢病的别名为南方枯萎病或南方菌核腐烂病，主要发生在我国中南部多雨高温地区。该病寄主范围广泛，多达500余种，主要危害翦股颖、羊茅、黑麦草、早熟禾等多种禾本科和阔叶草坪草，如南方马蹄金受害非常严重。

锈病可以侵染多种冷季型草坪，是一种严重的真菌病害。它主要危害草地早熟禾、多年生黑麦草、狗牙根、高羊茅、台湾草（细叶结缕草、天鹅绒草）、马蹄金等，其中尤以草地早熟禾、黑麦草受害严重。根据寄生种类、症状、病原菌形态不同，锈病可分为叶锈、条锈、秆锈、冠锈。

一、症状识别

（一）识别与观察

仔细观察褐斑病、腐霉枯萎病、镰刀菌枯萎病、白绢病、锈病的各类标本及发生现场，描述病害发生的病状和病征。（培养学生运用系统观察、辩证分析、循证推理思维，提升准确识别与诊断的能力。）

（二）总结与归纳

1. 褐斑病

该病主要侵染草坪植株的叶鞘、茎，引起叶片和茎基的腐烂，一般根部不受害或受害很轻。在冷季型草坪中，高温高湿条件下最易感染该病。发病初期，染病叶片呈现水渍状，边缘呈红褐色，后期变成褐色，最后干枯、萎蔫。受害草坪有近圆形的褐色枯草斑块，条件适宜时，病情快速蔓延，枯草斑块直径可从几厘米迅速扩大到2m左右。由于枯草斑中心的病株比边缘病株恢复得快，因此枯草斑就出现中央呈绿色、边缘呈枯黄色的环状（图11-1）。

图11-1　褐斑病

2. 腐霉枯萎病

病原菌能侵染植株的各个部位，从种子到成株都会受害，染病时间越早，危害越大。在种子萌发时如果感染此病，将出现胚芽发霉而不能出苗；如果出苗后感病，会使幼苗猝倒。成株发病后典型的特征是在早晨有露水或大雨过后的清晨，草坪病株上离地2~3cm处可见一层绒毛状的白菌丝，干燥后菌丝体消失，叶片枯萎失水后变成干稻草色，形成一个个枯死圈。如果持续多日高温高湿，此病会迅速蔓延，危及整块草坪。

3. 镰刀菌枯萎病

该病会引起草坪草的根腐、叶斑和枯萎等症状。草坪发病初期呈现淡绿色小斑,不久后枯黄,高温干旱条件下,形成直径 2~30cm 的不规则形枯草斑,病斑逐渐由浅绿色变成褐黄色。在适宜条件下,草坪大面积发生叶斑。3 年以上的早熟禾草坪受害后,枯草斑直径可达 1m,边缘多为红褐色,中央草坪生长正常,四周枯死,呈“蛙眼”状。

4. 白绢病

病株叶鞘和茎上出现不规则形或梭形病斑,茎基部产生白色棉絮状菌丝体,叶鞘和茎秆间有时亦有白色菌丝体和菌核。病株瘦弱、早衰,严重时皮层撕裂,露出内部机械组织,褐变枯死,最终造成苗枯、根腐、茎基腐等症状。发病草坪开始出现圆形、半圆形、直径可达 20cm 的黄色枯草斑,以后枯草斑边缘病株呈红褐色环带。天气高温高湿时这种环带迅速扩大,直径可达 1m 以上。在枯草斑边缘枯死植株上以及附近土表枯草层上生有白色绢状菌丝体和白色至褐色菌核。

5. 锈病

发病初期,病部形成黄褐色菌落,散出铁锈状物质,造成叶片叶绿素被破坏,光合作用降低,呼吸作用失调,大量失水后叶片变黄枯死。草地早熟禾、黑麦草、结缕草对锈病均很敏感。该病主要发生在叶片和叶鞘,同时也侵染基部和穗部。病害开始时在草坪呈点状分布,很快向四周蔓延,危害严重时成片草坪枯黄。病菌的孢子分夏孢子与冬孢子,叶片上的黄色粉状物为夏孢子,黑褐色粉状物为冬孢子。病菌以菌丝体或夏孢子在被害植株上越冬。发病初期在叶和茎上出现浅黄色斑点,随着病害的发展,病斑数目增多,叶、茎表皮破裂,散发出黄色、橙色、棕黄色或粉红色的夏孢子堆。用手捋一下病叶,手上会有一层锈色的粉状物。随着病害发展,病斑逐渐形成黄褐色的夏孢子堆,夏孢子堆成熟后突破表皮裸露,呈粉堆状,橙黄色,使草坪看上去像生锈一样。草坪感染锈病后,叶片变黄枯死,严重影响观赏性。

二、病原识别

(一) 识别与观察

仔细观察褐斑病、腐霉枯萎病、镰刀菌枯萎病、白绢病、锈病的病原及其切片,描述病原菌的主要特征。

(二) 总结与归纳

1. 褐斑病

病原菌为立枯丝核菌(*Rhizoctonia solani* Kuhm)、禾谷丝核菌(*Rhizoctonia cerealis* Vander Hoeven)、水稻丝核菌(*Rhizoctonia solani oryzae*)和玉米丝核菌(*Rhizoctonia zeae*),属半知菌亚门、无孢目、丝核菌属。不同的病原菌对不同的草坪种类和品种以及因草坪管理水平的差异表现不同的症状,因此,要根据不同的草坪种类和品种仔细观察。

2. 腐霉枯萎病

病原菌为腐霉菌(*Pythium* sp.)(图 11-2),

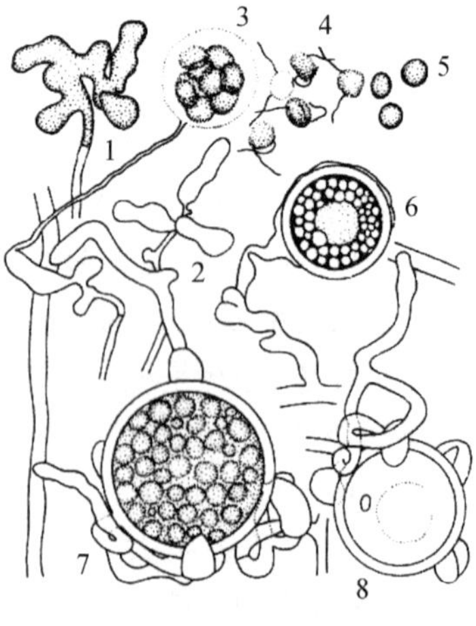

1、2. 孢子囊;3. 泡囊;4. 游动孢子;5. 休止孢子;6~8. 藏卵器、雄器和卵孢子。

图 11-2 禾谷腐霉

(引自商鸿生等《草坪病虫害及其防治》)

属鞭毛菌亚门、霜霉目、腐霉属。

3. 镰刀菌枯萎病

病原菌为镰刀菌(*Fusarium* sp.)(图 11-3),属半知菌亚门、镰孢属。

4. 白绢病

病原菌为齐整小核菌(*Sclerotium rolfsii* Sacc.),属半知菌亚门、丝孢纲、无孢目、小核菌属。

5. 锈病

病原菌(图 11-4)为冠锈菌(*Puccinia coronata* Cda.),又名禾冠柄锈菌,能侵染几十种禾本科植物;叶锈菌(*Puccinia recondita* Rob.ex Desm.),又名隐匿柄锈菌;条锈菌(*Puccinia striiformis* West.),又名条形柄锈菌;秆锈菌(*Puccinia graminis* Pers.),又名禾柄锈菌,均属担子菌亚门、柄锈菌属。

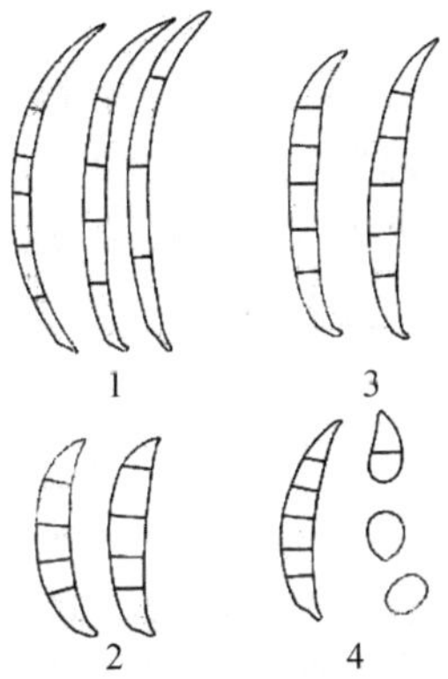

1. 燕麦镰刀菌; 2. 黄色镰刀菌;
3. 禾谷镰刀菌; 4. 梨孢镰刀菌。

图 11-3　镰刀菌的分生孢子

(引自商鸿生等《草坪病虫害及其防治》)

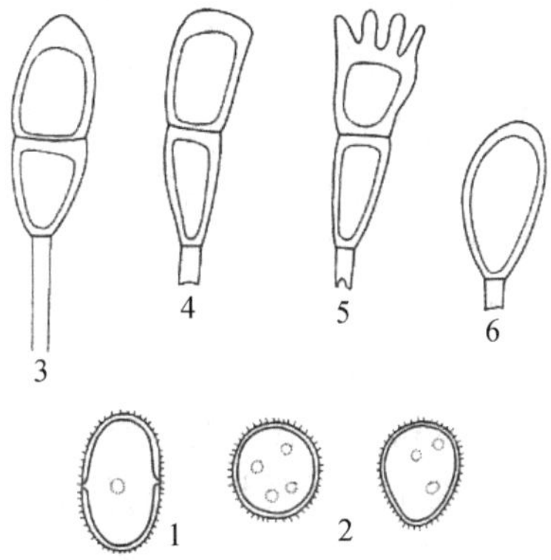

1. 秆锈菌夏孢子; 2. 叶锈菌夏孢子;
3. 秆锈菌冬孢子; 4. 叶锈菌冬孢子;
5. 冠锈菌冬孢子; 6. 单孢锈菌冬孢子。

图 11-4　锈菌的夏孢子和冬孢子

(引自商鸿生等《草坪病虫害及其防治》)

三、发生规律分析

(一) 褐斑病

褐斑病是一种流行性很强的病害,如果条件适宜,只要有几片叶片或几棵植株受害,就会很快造成草坪大面积受害,因此一旦发病就要及时防治。在枯草层较厚的老草坪,病菌较多,发病较多、较重。高温高湿,排水不良,过量施用氮肥,使植株旺长,组织幼嫩,都极易造成褐斑病的流行。

(二) 腐霉枯萎病

腐霉菌是土壤习居菌,具有很强的腐生性,可在土壤、植物体内或病株残体上生存。该菌对水的要求很高,在淹水条件下或池塘中的病株残体上都能很好地生长。该病菌可通过灌溉或雨水传播,也可由机械设备等携带传播。高温高湿是该病发生的条件,白天气温 30℃以上,夜间温度在 20℃以上,相对湿度高于 90%且持续 14h 以上或有降雨天气则易发病。土壤含氮量高、生长茂盛的草坪最易感病,且受害严重。冀中南地区,腐霉枯萎病的主要危害期在6月下旬至9月上旬的高温高湿季节。冷季型草坪夏季施肥过多,初夏生长过旺,草坪徒长,细胞组织太嫩,抗病能力差,加之肥多草质致密,影响通风透光,容易滋生腐霉枯萎病。

(三) 镰刀菌枯萎病

带病菌土壤、种子和病残体是镰刀菌枯萎病的主要初侵染来源。一般种子带菌率较高,常在种子萌发出苗时,引起新建草坪猝倒和立枯。病菌除以菌丝体在病草和病残体上越冬外,有些还可以厚垣孢子在土壤中或土壤顶层枯草层中越冬。春季温度回升,湿度和营养条件适宜时,病菌迅速生长,并产生大量分生孢子,随气流传播,不断进行再侵染,造成叶、冠和根部腐烂。土壤含水量过低或过高都有利于病害的发生,干旱后长期高温或枯草层温度过高时发病较重。此外,在春季或夏季过多施用氮肥,修剪高度过低,枯草层太厚,长期高湿等因素均有利于病害的发生。

(四) 白绢病

病害以菌核为主要初侵染菌源,在土壤和枯草层中越冬(夏),并可在土壤和枯草层中生长蔓延。土壤的有机质含量、酸碱度、通透性与病害的发生密切相关。另外,由于要求23℃以上的温度菌核才能萌发,所以温度条件也很重要。因此,高温(25℃~35℃)、高湿、土壤有机质含量高等因素都有利于病害发生。15℃以下低温,土壤紧实、偏碱性、通气性差均不利于病害。病菌不耐低温,轻霜即能杀死菌丝体,菌核经受短时间-20℃后死亡。

(五) 锈病

锈菌是严格的专性寄生菌,主要以夏孢子在禾草或禾本科寄主上完成周年循环。病菌适宜生长条件为气温17℃~22℃,相对湿度在80%以上。当温度在20℃~30℃时,有利于孢子的形成,尤其是叶片湿润利于夏孢子的萌发和侵入。锈病是对草坪侵害最为严重的病害,空气温度过高、草坪密度大、灌水不当、排水不畅、地表低洼积水、偏施氨肥等是其发病的主要原因。南方雨水多,空气湿度大,气候温和,锈病发生较普遍。3月下旬开始发病,4~6月份和秋末冬初发病较重。特别在低温高湿的秋季,炎热的夏季一过,气温有所下降,加上空气潮湿,病害会迅速发生。据观察,当5cm土层温度达到24.5℃时,病菌就开始侵染,随着温度继续下降,如果再有大量降雨,病害就迅速蔓延,几天之内,草坪明显枯黄。北方地区草坪锈病一般在7月底至8月初开始发生,7、8月份是发病最严重的时期,并持续危害到10月。

四、病害防治

(一) 分组操作

(1) 分组收集整理病害关键防治技术方法,并讨论交流。

(2) 选择1~2种病害最佳防治技术方法进行分组实践操作。

(二) 总结与归纳

1. 褐斑病

(1) 加强草坪的科学管理养护,适量增加磷、钾肥的施用比例,做到均衡施肥。及时疏除枯草层,改善草坪的通风透光条件。

(2) 在草坪建植前用甲基立枯灵、噁霜灵锰锌、粉锈宁等杀菌剂进行药剂拌种处理,或用甲基立枯灵、敌克松等进行坪地土壤处理。

(3) 4月底5月初进行一次灭菌处理。褐斑病发生期,用70%代森锰锌、75%百菌清或50%灭霉灵可湿性粉剂进行喷雾防治。

给草坪营造良好的生境条件，精心管护，合理施肥、浇水，及时喷药预防，是防治该病的关键。

2. 腐霉枯萎病

（1）建立良好的环境条件，防止草坪积水受涝，使草坪生长健壮。草坪建植前对土壤要深耕过筛，清除石块等杂质，对过黏或沙性过大的土壤要改良，使之有 20～30cm 的优质土壤，而且土壤质地要一致。在施工中挖过管沟的地方，回填时应灌水润实，防止以后塌陷积水。床面应稍呈龟背形，使排水通畅。草坪面积过大时，应设积水井埋管排水，以减少地表积水，防止草坪受涝。

（2）选择抗病品种，采用混播方式建植草坪。黑麦草、高羊茅属于易感病品种，早熟禾对腐霉菌的抗性较强。以早熟禾 60%、黑麦草 15%、高羊茅 25%的比例进行混播，黑麦草和高羊茅先成坪，与杂草竞争力提高，成坪后适当低修剪控制黑麦草、高羊茅的生长，给早熟禾留出生长空间，充分发挥各品种的优势，既有利于防止腐霉枯萎病，又能使建植草坪质量好、成坪快、成本低。

（3）播前消毒灭菌，精心管护幼苗。在播种前可用 70%代森锰锌或 64%噁霜灵锰锌可湿性粉剂 800～1 000 倍液喷施床面，消毒灭菌；也可将种子浸泡一昼夜，晾干水分，待种子表皮稍湿时，用 70%代森锰锌可湿性粉剂 250～500g 拌 500g 种子。小苗出土后 10～15 天喷 0.1%多菌灵+0.05%百菌清可湿性粉剂防病，发现小苗叶尖发黄，则隔 7 天补喷 1 次；小苗出土后，勤拔杂草，降低空气湿度，加强通风透光，减少染病机会。

（4）施肥应尽量在春秋两季进行，施肥量应视草坪的颜色、土壤肥瘦、草坪密度及草龄的长短而定。冷季型草坪腐霉枯萎病高发季节应控肥，但不要让其缺肥。

3. 镰刀菌枯萎病

（1）不同草种的抗病性有差异，其抗病性由高到低的顺序为：翦股颖>草地早熟禾>羊茅。种植抗、耐病品种，提倡草地早熟禾与羊茅、黑麦草等混播。病草坪补种黑麦草或草地早熟禾抗病品种，高尔夫球场可改种翦股颖。

（2）从无病的原产地引种，使用种子建植草坪时用 40%乙磷铝、64%噁霜灵锰锌、70%代森锰锌或 70%甲基硫菌灵可湿性粉剂等按种子质量的 0.2%～0.3%进行药剂拌种或种子包衣。

（3）重施秋肥，轻施春肥，增施有机肥和磷、钾肥，控制氮肥用量。减少灌溉次数，控制灌水量。夏季天气炎热时，草坪应在中午喷水降温。及时清理枯草层，使其厚度不超过 2cm。病草坪剪草高度应不低于 4～6cm。

（4）在发生根颈腐烂状初期，用 50%多菌灵、70%甲基硫菌灵或 64%噁霜锰锌可湿性粉剂等内吸杀菌剂喷洒。

4. 白绢病

（1）以精细管理为基础，适时清除枯草层，提高土壤通气性，施用石灰改良酸性土壤，将土壤酸碱性提高到 pH 8.0 以上，加强水肥管理，提高植株生活力。

（2）发病初期，用扑海因、噁霜灵锰锌等药剂喷雾来控制病害。

5. 锈病

（1）选育使用抗病品种。

(2) 加强科学的养护管理,适量施氮肥,保持正常的磷、钾肥比例。合理浇水,避免草地湿度过大或过干燥,要见干见湿,避免傍晚浇水。保证草坪通风透光,抑制锈菌的萌发和侵入。

(3) 夏末秋初是防治草坪锈病最关键的时期,发病初期,用20%三唑酮乳油800倍液或75%百菌清可湿性粉剂500倍液进行防治,7~10天1次,混合施用或交替使用,以免产生抗药性。

学习成果

(1) 将草坪常见病害发生症状用照相机或高像素手机拍摄记录,并进行整理。

(2) 将草坪常见病害主要识别特征及关键防治技术要点填入表11-1。

表11-1 草坪常见病害主要识别特征及关键防治技术要点记录表

项目名称		记录内容
主要识别特征	1. 2. ……	
关键防治技术要点	1. 2. ……	

任务评价

任课教师当堂发放任务评价单,由学习者当堂完成组间评价和组内评价后,收回任务评价单。任课教师可以当堂给出教师评价分,也可以在任务学习者将当堂任务学习成果提交给任课教师后,课后给出教师评价分。任课教师根据学习者任务完成情况,按照教师评价分占50%、组间评价分占30%、组内评价分占20%进行加权计算,最终形成每个学习者的任务完成评价成绩。成绩可以当堂反馈,也可以在下一次课堂上反馈。

职业能力测试

(1) 褐斑病的症状识别要点是什么?

(2) 锈病流行的关键环境因素是什么?

子任务2 草坪常见害虫的识别与防治

目标要求

通过草坪常见害虫的学习,能对草坪常见害虫进行准确识别和有效防治。培养学生的创新意识、求真务实的科学精神、认真细致的工作态度,养成团队协作品质。

工作准备

（1）材料准备：夜蛾的盒装标本、浸泡标本以及照片、课件图片或挂图等。

（2）教学场地准备：夜蛾发生现场、多媒体教室。

（3）用具准备：体视显微镜、擦镜纸、搪瓷盘、放大镜、眼科剪刀、镊子、蜡盘、大头钉、吸水纸等。

任务实施

虫害发生概述：为害园林植物的夜蛾主要有斜纹夜蛾（*Prodenia litura* Fabricius）、银纹夜蛾（*Argyrogramma agnata* Staudinger）、淡剑夜蛾（*Sidemia depravata* Butler），均属鳞翅目、夜蛾科。斜纹夜蛾和银纹夜蛾是为害草花和三叶草等阔叶草坪的主要害虫；淡剑夜蛾，又称淡剑袭夜蛾、淡剑贪夜蛾、小灰夜蛾，主要为害早熟禾、高羊茅、黑麦草等，是禾本科草坪的主要害虫之一。

一、为害状识别

（一）识别与观察

仔细观察夜蛾的各类标本及发生现场，描述虫害发生情况。

（二）总结与归纳

1. 斜纹夜蛾

斜纹夜蛾，食性杂，能为害多种草花和草坪，将叶片吃成孔洞或缺刻。

2. 银纹夜蛾

银纹夜蛾，幼虫食叶，将叶片吃成孔洞或缺刻，并排泄粪便污染植株。

3. 淡剑夜蛾

淡剑夜蛾，幼虫吃食植物叶片，为暴食性害虫。幼虫1~2龄时，只取食嫩叶叶肉，留下透明的叶表皮；2龄后分散，3龄以后取食叶片，吃成缺刻，在草坪的茎部啃食嫩茎；进入5~6龄后食量大增，为暴食期，把叶脉及嫩茎吃光，阴雨天昼夜咬食危害，严重时会造成草坪整片死亡斑秃。

二、形态识别

（一）识别与观察

仔细观察夜蛾的标本，描述害虫的主要特征。

（二）总结与归纳

1. 斜纹夜蛾

（1）成虫（图11-5）：体长14~20mm左右，翅展35~46mm，体暗褐色，胸部背面有白色丛毛，前翅灰褐色，花纹多，内横线和外横线白色，呈波浪状，中间有明显的白色斜阔带纹，所以称斜纹夜蛾。

（2）卵：扁平的半球状，初产时为黄白色，后变为暗灰色，块状黏合在一起，上覆黄褐色绒毛。

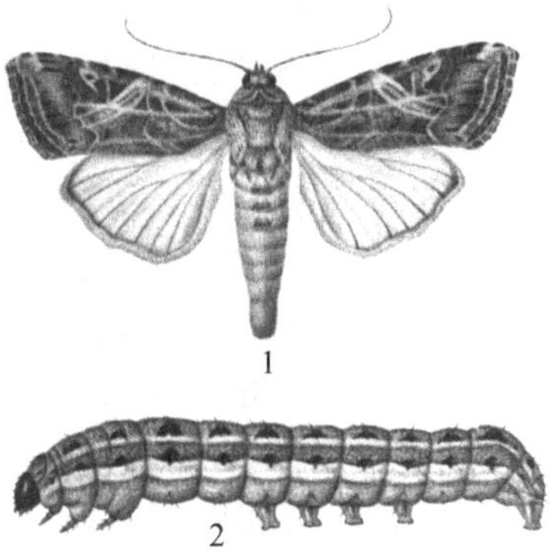

1. 成虫；2. 幼虫。

图11-5　斜纹夜蛾

（引自徐明慧《园林植物病虫害防治》）

(3) 幼虫：体长 33~50mm,头部黑褐色,胸部多变,从土黄色到黑绿色都有,体表散生小白点,各节有近三角形半月黑斑 1 对。

(4) 蛹：长 15~20mm,圆筒形,红褐色,尾部有 1 对短刺。

2. 银纹夜蛾

(1) 成虫(图 11-6)：体长 12 ~ 17mm,翅展 32mm,体灰褐色。前翅深褐色,具 2 条银色横纹,翅中有 1 条显著的 U 形银纹和 1 个近三角形银斑;后翅暗褐色,有金属光泽。

(2) 卵：半球形,长约 0.5mm,白色至淡黄绿色,表面具网纹。

(3) 幼虫：体长约 30mm,淡绿色,虫体前端较细,后端较粗。头部绿色,两侧有黑斑。胸足及腹足皆为绿色,第 1、2 对腹足退化,行走时体背拱曲。体背有纵行的白色细线 6 条,位于背中线两侧,体侧具白色纵纹。

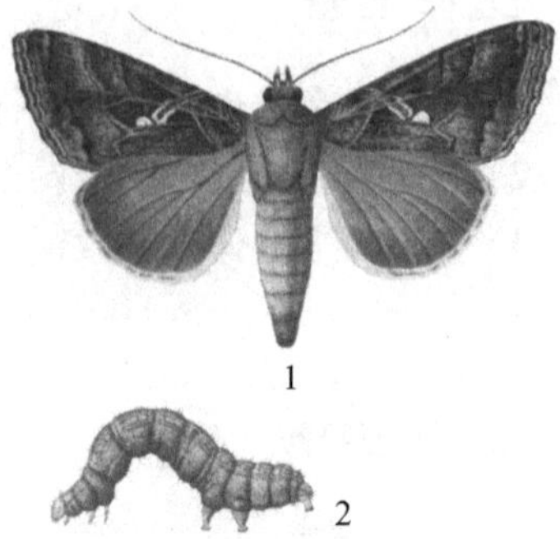

1. 成虫；2. 幼虫。

图 11-6 银纹夜蛾

(引自商鸿生等《草坪病虫害及其防治》)

(4) 蛹：长约 18mm,初期背面褐色,腹面绿色,末期整体黑褐色,茧薄。

3. 淡剑夜蛾

(1) 成虫：体淡灰褐色,前翅灰褐色,后翅淡灰褐色,比前翅阔。雄成虫触角羽状,雌成虫触角丝状。

(2) 卵：馒头形,直径 0.3~0.5mm,有纵条纹,初为淡绿色,后渐变深,孵化前为灰褐色。

(3) 幼虫：体色变化大,初孵时灰褐色,头部红褐色;取食后呈绿色;老熟幼虫为圆筒形,体长 13~20mm,头部为浅褐色,椭圆形,腹部青绿色,沿蜕裂线有黑色"八"字纹。幼虫有假死性,受惊动后卷曲呈"C"型。

(4) 蛹：长 12 ~ 14mm,初化蛹时为绿色,后渐变为红褐色,具有光泽。有臀棘 2 根,平行。

三、发生规律分析

(一) 斜纹夜蛾发生规律

1 年发生 4~5 代,以蛹在土下 3~5cm 处越冬。成虫白天潜伏在叶背或土缝等阴暗处,夜间出来活动。每头雌蛾能产卵 3~5 块,每块约有卵 100~200 个。卵多产在叶背的叶脉分叉处,经 5~6 天就能孵出幼虫。初孵时幼虫聚集叶背,4 龄以后和成虫一样,白天躲在叶下土表处或土缝里,傍晚后爬到植株上取食叶片。成虫有强烈的趋光性和趋化性,黑光灯的效果比普通灯的诱蛾效果明显,另外成虫对糖、醋、酒味很敏感。卵的孵化适温是 24℃左右,幼虫在气温 25℃时,历经 14~20 天,化蛹的适合土壤湿度是土壤含水量在 20%左右,蛹期为 11~18 天。

(二) 银纹夜蛾发生规律

每年发生 4~6 代,以蛹越冬。成虫夜间活动,有趋光性,卵产于叶背,单产。初孵幼虫在叶背取食叶肉,残留上表皮,大龄幼虫则取食全叶及嫩荚,有假死习性。幼虫老熟后多在叶背吐丝结茧化蛹。每年春、秋季节银纹夜蛾与菜青虫、菜蛾同时发生,呈双峰型,但虫口绝对数量远低于前两种。

（三）淡剑夜蛾发生规律

以老熟幼虫在草坪、杂草等处越冬。6 月上中旬，越冬幼虫化蛹陆续羽化、产卵，5～10 月份均有此虫为害。幼虫白天、夜间均取食，以夜间为主。白天栖息于草坪草的叶背、根茎部或贴近土壤潮湿处。高龄幼虫在草坪根际活动，虫粪较明显，多在早晚和夜间取食。羽化时间多在黄昏以后，成虫喜欢夜间活动，白天潜伏在草坪丛中，静伏时两翅呈屋脊状，受惊时短距离飞翔。成虫具有很强的趋光性，夜出交配，下午至傍晚将卵产于草坪叶尖背面或中上部及分杈处，成块或数粒，卵块长条形，外覆灰绒毛，每块粒数不等，70～80 粒。成虫一生平均可产卵 350 粒左右。

四、虫害防治

（一）分组操作

（1）分组收集整理虫害关键防治技术方法，并讨论交流。

（2）选择 1～2 种虫害最佳防治技术方法进行分组实践操作。

（二）总结与归纳

（1）做好虫情调查及预测预报工作，加强草坪养护管理，结合修剪，剪除卵块，集中处理。

（2）根据成虫趋光性强的特点，设置专用灯光诱杀成虫。利用性引诱剂也具有较好的防治效果。

（3）幼虫 3 龄前施每克含 100 亿以上孢子的 Bt 可湿性粉剂或青虫菌粉剂 1 500 倍液或 25%灭幼脲悬浮剂 2 000～2 500 倍液。

（4）低龄幼虫盛期用 90%晶体敌百虫 1 000 倍液或 50%辛硫磷、5%氟啶脲、2.5%溴氰菊酯、5%氟虫脲或 10%顺式氯氰菊酯乳油 2 000 倍液喷雾，10～20 天 1 次。

（5）草坪周围要多层次种植乔灌木和地被植物，以便让喜鹊、麻雀、步甲虫等天敌栖息取食。

学习成果

（1）将草坪常见害虫发生状用照相机或高像素手机拍摄记录，并进行整理。

（2）将草坪常见害虫主要识别特征及关键防治技术要点填入表 11-2。

表 11-2　草坪常见害虫主要识别特征及关键防治技术要点记录表

项目名称		记录内容
主要识别特征	1. 2. ……	
关键防治技术要点	1. 2. ……	

任务评价

任课教师当堂发放任务评价单,由学习者当堂完成组间评价和组内评价后,收回任务评价单。任课教师可以当堂给出教师评价分,也可以在任务学习者将当堂任务学习成果提交给任课教师后,课后给出教师评价分。任课教师根据学习者任务完成情况,按照教师评价分占50%、组间评价分占30%、组内评价分占20%进行加权计算,最终形成每个学习者的任务完成评价成绩。成绩可以当堂反馈,也可以在下一次课堂上反馈。

职业能力测试

(1) 淡剑夜蛾的形态识别要点是什么?
(2) 斜纹夜蛾大发生的关键环境因素是什么?

【任务小结】

本任务主要传授和训练草坪病虫害的相关内容和技能,为园林植物病虫草害的防治工作奠定基础。

【讨论与提高】

(1) 夜蛾类害虫的关键防治技术是什么?
(2) 草坪锈病与褐斑病的症状区别是什么?

【考证提示】

本任务涉及园林植物保护工、绿化工、花卉工、花卉园艺师等工种的考核,涉及考证的内容主要为草坪病虫害的识别诊断与防治,应牢固掌握以上要点。

任务2 地被植物病虫害的识别诊断与防治

子任务1 地被植物常见病害的诊断与防治

目标要求

通过地被植物常见病害的学习,能对地被植物常见病害进行正确诊断和有效防治。践行大力发展生态建设与修复力度,厚植绿色发展优势,培养学生尊重大自然、敬畏大自然的素养。

工作准备

(1) 材料准备:沿阶草炭疽病的新鲜标本、盒装标本、散装标本、病原切片以及照片、课件图片或挂图等。

（2）教学场地准备：沿阶草炭疽病发生现场、多媒体教室。

（3）用具准备：显微镜、擦镜纸、搪瓷盘、放大镜、盖玻片、载玻片、挑针、刀片、吸水纸等。

任务实施

病害发生概述：沿阶草炭疽病，别名沿阶草黑炭疽病，主要分布在上海、浙江、安徽、湖南、江苏等地。

一、症状识别

（一）识别与观察

仔细观察沿阶草炭疽病的各类标本及发生现场，描述病害发生的病状和病征。

（二）总结与归纳

病害发生在叶片上，病斑圆形、椭圆形或半圆形，灰褐色至灰白色，边缘褐色，其后中部颜色变浅，几个病斑愈合时可引起叶片成段枯死，后期病部产生黑色小粒，即病原菌子实体，潮湿时，涌出粉红色发黏的孢子堆。

二、病原识别

（一）识别与观察

仔细观察沿阶草炭疽病的病原及其切片，描述病原菌的主要特征。

（二）总结与归纳

病原菌为沿阶草丛刺盘孢（*Vermicularia ophiopogonis*），属半知菌亚门、丛刺盘孢属。分生孢子盘圆盘状，黑褐色的刚毛密生在盘中；分生孢子新月形，单胞，无色。

三、发生规律分析

病菌以菌丝或分生孢子盘在病残体或病叶上越冬，翌年产生分生孢子侵染危害。台风季节、暴风多雨时，发病较重，分生孢子借风雨传播，侵染嫩叶，植株伤口有利于病菌侵入。7、8 月发病较重。

四、病害防治

（一）分组操作

（1）分组收集整理病害关键防治技术方法，并讨论交流。

（2）选择 1~2 种病害最佳防治技术方法进行分组实践操作。

（二）总结与归纳

（1）清除并深埋病叶、病残体，分根繁殖时挑选无病的母株，或剪除先端成段枯死的病斑，减少侵染来源。

（2）发病季节，用 70%福美双可湿性粉剂或 50%多菌灵可湿性粉剂 500 倍液喷药 1 次进行保护。发病初期喷洒 80%福美双可湿性粉剂 1 200 倍液。

学习成果

（1）将地被植物常见病害发生症状用照相机或高像素手机拍摄记录，并进行整理。

（2）将地被植物常见病害主要识别特征及关键防治技术要点填入表 11-3。

表11-3　地被植物常见病害主要识别特征及关键防治技术要点记录表

项目名称		记录内容
主要识别特征	1. 2. ……	
关键防治技术要点	1. 2. ……	

任务评价

任课教师当堂发放任务评价单,由学习者当堂完成组间评价和组内评价后,收回任务评价单。任课教师可以当堂给出教师评价分,也可以在任务学习者将当堂任务学习成果提交给任课教师后,课后给出教师评价分。任课教师根据学习者任务完成情况,按照教师评价分占50%、组间评价分占30%、组内评价分占20%进行加权计算,最终形成每个学习者的任务完成评价成绩。成绩可以当堂反馈,也可以在下一次课堂上反馈。

职业能力测试

(1) 沿阶草炭疽病的症状识别要点是什么?

(2) 导致沿阶草炭疽病流行的关键环境因素是什么?

子任务2　地被植物常见害虫的识别与防治

目标要求

通过地被植物常见害虫的学习,能对地被植物常见害虫进行准确识别和有效防治。树立“绿色植保”理念,理解党的二十大报告中提出的“大自然是人类赖以生存发展的基本条件”的深远意义。

工作准备

(1) 材料准备:菜粉蝶的盒装标本、浸泡标本以及照片、课件图片或挂图等。

(2) 教学场地准备:菜粉蝶发生现场、多媒体教室。

(3) 用具准备:体视显微镜、擦镜纸、搪瓷盘、放大镜、眼科剪刀、镊子、蜡盘、大头钉、吸水纸等。

任务实施

虫害发生概述:菜粉蝶(*Pieris rapae* Linnaeus),又称白粉蝶、菜白蝶,属鳞翅目、粉蝶科。其幼虫称菜青虫,在中国广为分布。

一、为害状识别

（一）识别与观察

仔细观察菜粉蝶的各类标本及发生现场，描述虫害发生情况。

（二）总结与归纳

菜粉蝶主要为害十字花科甘蓝、羽衣甘蓝、紫罗兰等，尤其偏嗜叶表光滑无毛的甘蓝和花椰菜类。菜粉蝶以幼虫啃食叶片为害，初孵幼虫在叶片背面啃食叶肉，残留表皮，呈小型斑，3 龄以后幼虫取食量增加，将叶片吃成孔洞和缺刻，严重时只残留叶柄和叶脉。

二、形态识别

（一）识别与观察

仔细观察菜粉蝶的标本，描述害虫的主要特征。

（二）总结与归纳

1. 成虫

成虫（图 11-7）体长 12～20mm，初产时淡黄色，前后翅均为粉白色，前翅顶角灰黑色。雌蝶前翅有 2 个显著的黑色圆斑，雄蝶仅有 1 个显著黑斑。

1. 成虫；2. 卵；3. 幼虫；4. 蛹。

图 11-7　菜粉蝶

2. 卵

卵瓶状，长约 1mm，初产时淡黄色，后变为橙黄色，表面具纵脊网络。

3. 幼虫

老熟幼虫体青绿色。

4. 蛹

蛹纺锤形，中间膨大而有棱角状突起。蛹色有绿色、黄绿色、褐色、黄色、灰绿色等。

三、发生规律分析

菜粉蝶 1 年发生的世代数，由北向南逐渐递增，1 年发生 3～8 代。菜粉蝶在各地均以蛹在菜田附近背风向阳的篱笆、屋檐、墙角、枯枝落叶下越冬，翌年 2～3 月开始羽化。成虫以晴天中午活动最盛，晚上栖息在生长茂密的植物上。其产卵对芥子油有趋性。卵散产，直立于叶上，夏季多产在叶片背面，春秋季气温低时多产在叶片正面。越冬代和第 1 代产卵量较大。幼虫初孵时，先吃去卵壳，然后咬食叶片。受惊时 1～2 龄幼虫有吐丝下垂习性，大龄幼虫有卷曲落地的习性。以 3 龄以后幼虫取食为害最大。

四、虫害防治

（一）分组操作

（1）分组收集整理虫害关键防治技术方法，并讨论交流。

（2）选择 1～2 种虫害最佳防治技术方法进行分组实践操作。

（二）总结与归纳

（1）采用 Bt 乳剂或青虫菌六号液剂 500～800 倍液、2.5%溴氰菊酯乳液 3 000 倍液或 2.5%三氟氯氰菊酯乳液 5 000 倍液喷雾。

（2）低龄幼虫发生期用 20%或 25%灭幼脲胶悬剂 500～1 000 倍液喷洒，耐雨水冲刷，药效可维持半个月以上。

学习成果

（1）将地被植物常见害虫发生状用照相机或高像素手机拍摄记录，并进行整理。

（2）将地被植物常见害虫主要识别特征及关键防治技术要点填入表11-4。

表11-4 地被植物常见害虫主要识别特征及关键防治技术要点记录表

项目名称		记录内容
主要识别特征	1. 2. ……	
关键防治技术要点	1. 2. ……	

任务评价

任课教师当堂发放任务评价单，由学习者当堂完成组间评价和组内评价后，收回任务评价单。任课教师可以当堂给出教师评价分，也可以在任务学习者将当堂任务学习成果提交给任课教师后，课后给出教师评价分。任课教师根据学习者任务完成情况，按照教师评价分占50%、组间评价分占30%、组内评价分占20%进行加权计算，最终形成每个学习者的任务完成评价成绩。成绩可以当堂反馈，也可以在下一次课堂上反馈。

职业能力测试

（1）菜粉蝶的形态识别要点是什么？

（2）菜粉蝶大发生的关键环境因素是什么？

【任务小结】

本任务主要传授和训练地被植物病虫害的相关内容和技能，为园林植物病虫草害的防治工作奠定基础。

【讨论与提高】

菜粉蝶的寄主植物有哪些？在菜粉蝶大发生时该采取哪些措施进行防治？

【考证提示】

本任务涉及园林植物保护工、绿化工、花卉工、花卉园艺师等工种的考核，涉及考证的内容主要为地被植物病虫害的识别诊断与防治，应牢固掌握以上要点。

案例分析

分析学校的草坪为什么不绿，有时甚至枯死

学校的草坪不仅能净化空气，还让人赏心悦目，为莘莘学子提供一片体育活动的场地。然而，草坪却开始出现了枯黄、“斑秃”现象，这使校园景色品质下降。通过研究学校草坪为什么不绿，甚至枯死，进而找到草坪养护的一般方法，实现草坪四季常绿、校园满目葱翠的梦想。

研究方法有：① 观察实验法，进行 10 盆盆栽“草坪”的栽培实验和观察；② 比较分类法，对草坪植株进行病原分析，同时对 N、P、K 肥和复合肥料进行施肥的比较分类实验；③ 调查研究法，访问草坪护养员；④ 文献研究法，通过对书刊和互联网资料的查阅，研究草坪养护的方法。

通过以上的调研、实验和信息查询，最后找出了学校草坪不绿甚至枯死的 6 个主要原因：

（1）草坪大面积施用尿素，以致氮肥过剩，而其他元素偏少。这样草生长虽快，但营养不足，造成草色不绿，也不健壮。

（2）运动草坪每年应该施肥 7～8 次，施肥量为 15～18g/m^2。学校草坪每年施肥次数少，这显然是草坪不绿的一个重要原因。

（3）黑麦草喜湿润，高温干旱季节，应该每周早晚各浇 1 次透水，湿润根部达 10～15cm。浇水不当和失时是草坪不绿的又一个原因。

（4）草坪生长旺盛期，应该每周最少修剪 1 次。修剪不到位，营养又跟不上，便形成“豆芽菜体质”，株稀叶黄，观赏价值不高。

（5）草坪管理粗放，病害防治不及时，易引起褐斑病、枯萎病等病害的发生，从而造成草坪枯死。

（6）草坪使用频率过高，小草得不到应有的休息，人类对草坪的利用超过了草坪的承受能力，最后导致草坪失绿，甚至死亡。

项目成果展示与实战提高

（1）布展场地准备：精心选择校园人流量较大的道路边或公共场所，准备好布展需要的展板和意见簿，以组为单位进行物理空间的软分割，按照工作小组集中摆放，形成有序的布展参观路线，让参观者既能参观到每一组的每一件展品，又不走回头路。

（2）成果展出：把本项目各任务所完成的学习成果（照片和实物等）配上说明书和文字介绍，以组为单位在公开场合进行展示，要求完成者本人必须在现场对自己的学习成果进行介绍，听取围观者的评价并认真记录评价要点和改进意见。

（3）实战提高：购买几盆发生病虫害的盆栽地被植物，提供给几个参观者携带到现场。在活动现场，参观者咨询这些地被植物的病虫害问题，由学习者利用所学知识和技能，现场诊断，互动实战，提高专业知识水平、职业素质和职业能力。

项目十二 草坪及园圃杂草识别与防除

目标任务

知识目标:了解杂草防除技术的概念和适用场景;理解科学应用除草剂在有害生物综合治理体系中的作用;掌握不同杂草种类和生长阶段对防除方法选择的关键影响。

能力目标:能依据调查结果,分析杂草发生的主要原因;能科学选择适宜的杂草防除技术;能制订有效的杂草防除方案。

素质目标:强化高度的责任心与安全意识;提升审慎的决策能力,树立风险意识;树立长远的生态保护观与可持续管理观。

思政目标:树立"绿色植保"理念,增强制度自信、文化自信。

任务1 园林植物杂草防除技术选择

项目十二
彩色图片

目标要求

通过园林植物杂草防除技术的学习,能对园林植物杂草技术进行正确选择和应用。通过导入我国除草剂行业的发展现状,增强学生对行业的认同感;通过导入恶性杂草的危害案例,培养学生的社会服务意识和职业责任感。

工作准备

提前给学习者布置任务学习内容,请学习者提前查阅资料,并举出正、反两方面的例子加以说明,以便于课堂上分组讨论。

任务实施

一、分组讨论

根据查阅的资料举例说明园林植物杂草的主要防除技术。

二、总结与归纳

（一）严格杂草检疫

对从国外或外地引进的种子、输入的农产品必须进行严格的杂草检疫，凡是国内或当地没有或尚未广为传播的而具有潜在危害的杂草必须严格禁止或者限制输入。

（二）园艺措施防除

以优化园林植物生态环境为中心，采取减少杂草种子来源、优化水肥、合理密植、覆盖地面等园艺技术措施，达到清除杂草的目的。（挖掘传统农耕智慧中的生态和谐理念，增强学生的文化自信。）

（三）人工或机械防除

采取人工或各种除草机械等手段，在园林植物种植前、苗前或各生育期采取耕翻、耙土、中耕等措施进行除草。人工拔除杂草目前在我国的园林绿化工程建植与养护管理中仍普遍采用，它的最大缺点是费工费时，还会损伤新建植的幼小园林植物。

（四）生物防除

生物除草是利用病菌、昆虫、动物、植物等方法防除某些杂草。也可通过对园林植物施用合理的水肥管理，以促进园林植物的生长，增强与杂草竞争的能力，并通过科学的修剪，抑制杂草的生长，以达到预防为主、综合防除的目的。

（五）化学防除

近几年来，园林植物园圃、草坪化学除草技术发展很快，它与传统的人工除草相比较，具有简单、方便、有效、迅速的特点，得到了人们的认可。然而，由于除草剂品种繁多、特点各异，再加上杂草类型复杂，生物学特性差异较大，尤其是许多杂草与被保护对象之间在外部形态及内部生理上非常接近，因而化学除草技术比一般的用药技术要求严格。若用药不当，往往不仅达不到除草的目的，还有可能对园林植物产生药害。

在相当长的一段时间里，园林植物杂草的防除主要采取化学防除的方式，结合人工拔除、修剪及生物竞争的综合防除措施。

学习成果

掌握园林植物杂草的主要防除技术。

任务评价

任课教师当堂发放任务评价单，由学习者当堂完成组间评价和组内评价后，收回任务评价单。任课教师可以当堂给出教师评价分，也可以在任务学习者将当堂任务学习成果提交给任课教师后，课后给出教师评价分。学习者可以在课后规定时间内继续提交第二课堂自主学习成果。任课教师根据学习者任务完成情况，按照教师评价分占50%、组间评价分占30%、组内评价分占20%进行加权计算，最终形成每个学习者的任务完成评价成绩。成绩可以当堂反馈，也可以在下一次课堂上反馈。

职业能力测试

园林植物杂草防除技术的关键内容是什么?

【任务小结】

本任务主要传授和训练园林植物杂草防除技术。

【讨论与提高】

园林植物杂草防除技术实施的注意事项有哪些?

【考证提示】

本任务涉及园林植物保护工、绿化工、花卉工、花卉园艺师等工种的考核,涉及考证的内容主要为园林植物杂草防除技术选择,应牢固掌握以上要点。

任务2 除草剂的选择应用

目标要求

通过除草剂应用知识的学习,能正确选择和应用除草剂防治园林绿地、苗圃及草坪上的杂草。通过导入我国除草剂的发展历程,坚定学生的制度自信、文化自信。

工作准备

提前给学习者布置任务学习内容,请学习者提前查阅资料并举例加以说明,以便于课堂上分组讨论。

任务实施

一、除草剂分类

(一) 分组讨论

根据查阅的资料举例说明除草剂的分类。

(二) 总结与归纳

除草剂种类很多,为了比较各种除草剂的相似性及差异性,可按作用方式、除草剂在植物体内移动(运转)情况等几方面进行分类。

1. 按作用方式分类

(1) 选择性除草剂。

选择性除草剂是指在一定用量、一定条件下只能杀死某些植物,而对其他植物没有危害的除草剂,如苄嘧磺隆、噁唑酰草胺等。

（2）灭生性除草剂。

灭生性除草剂对一切植物都有杀灭作用，即对植物无选择能力，如草甘膦、草铵膦等。这类除草剂主要在植物栽植前，或者在播种后出苗前使用，也可以在休闲地、道路上使用。

2. 按除草剂在植物体内移动（运转）情况分类

（1）触杀性除草剂。

触杀性除草剂只起局部杀伤作用，不能在植物体内传导。药剂接触部位受害或死亡，未接触部位不受伤害。这类药剂虽见效快，但起不到斩草除根的作用，使用时必须喷洒均匀、周到、才能收到良好效果，如草铵膦、吡草胺等。

（2）内吸传导性除草剂。

内吸传导性除草剂是指喷在植物的某一部位并被吸收后，可被传导到叶片、花、果及根部的除草剂。其作用原理是干扰植物的正常生理活动，如光合作用、细胞分裂等，最终会导致植物细胞功能的丧失，进而引发整株植物的死亡。内吸传导性除草剂如草甘膦、阿特拉津等。

二、除草剂除草保苗的选择性

（一）分组讨论

根据查阅的资料比较说明除草剂除草保苗的选择性。

（二）总结与归纳

园林苗圃使用除草剂的目的是消灭杂草，保护苗木。除草剂除草保苗是人们利用了除草剂的选择性，并采用一定的人为技术的结果。这种杀草保苗的选择性，归纳起来有以下3个方面：

1. 生物原因形成的选择性

（1）形态上的选择性。

形态上的选择性是指利用植物外部形态上的不同获得选择性。如单子叶植物和双子叶植物，外部形态上差别很大，造成双子叶植物容易被伤害。

（2）生理生化上的选择。

生理生化上的选择性是指不同植物对同一种除草剂的反应往往不同。有的植物体内，由于具有某种酶类的存在，可以将某种有毒物质转化为无毒物质，因而不会受到毒害，这种解毒作用或钝化作用可以被利用。如西玛津可杀死一年生杂草，不伤害针叶树。

2. 非生物原因形成的选择性

（1）时差选择。

时差选择是指有些除草剂残效期较短，但药效迅速。利用这一特点，在播种前或播种后出苗前施药，可将已发芽出土的杂草杀死，而无害于种子及以后幼苗的生长。

（2）位差选择。

位差选择是指根据杂草与园林植物生长的位置不同，将除草剂（如乙草胺、嗪草酮等）有针对性地施到杂草生长的地方来杀死杂草，而园林植物由于接触不到除草剂而不受害。

（3）量差选择。

量差选择是指利用苗木与杂草耐药能力上的差异获得选择性。一般木本植物根深叶茂，植株高大，抗药力强；杂草则组织幼嫩，抗药能力差。如用药量得当，也可获得杀草保苗的效果。

3. 采用适当的技术措施获得选择性

采用定向喷雾保护苗木,如采用伞状喷雾器,只向杂草喷药,注意避开苗木。在已经移栽的苗木上,采用遮盖措施进行保护(小苗可用塑料罩盖苗保护),避免药剂接触苗木或其他栽培植物。

对除草剂之所以有抗性,主要是上述某些选择性作用的结果。然而这些抗性是有条件的,条件变了,苗木也可能受到伤害。

三、除草剂的使用方法

(一) 分组讨论

根据查阅资料并举例说明除草剂的使用方法。

(二) 总结与归纳

除草剂的剂型有水剂、颗粒剂、粉剂、乳油等。水剂、乳油主要用于叶面喷雾处理,颗粒剂主要用于土壤处理,粉剂应用较少。

1. 叶面处理

叶面处理是指将除草剂直接喷洒在杂草的叶面上,以达到除草的效果。它通常在杂草出苗后进行。叶面处理时,雾滴越细,附着在杂草上的药剂越多,杀草效果越好(但雾滴过细时易随风产生漂移或悬浮在空气中)。对有蜡质层的杂草,药液不易在杂草叶面附着,可以加入少量展着剂(如洗衣粉、柴油等),以增强药剂附着能力,提高灭草效果。

2. 土壤处理

土壤处理是将除草剂施于土壤中(毒土、喷浇),在播种之前处理或在苗木生长期处理。土壤处理多采用选择性不强的除草剂,但在苗木生长期则必须用选择性强的除草剂,以防苗木受害。土壤处理应注意两个问题:一是要考虑药剂的淋溶,在沙性强、有机质含量少、降水量较多的情况下,药剂会淋溶到土壤的深层,苗木容易受害,施药量应适当降低;二是土壤处理要注意除草剂的残效期(指对植物发生作用的时间期限)。

四、环境条件对除草效果的影响

(一) 分组讨论

根据查阅的资料举例说明环境条件对除草效果的影响。

(二) 总结与归纳

除草剂的除草效果与环境条件关系密切,主要与气象因子和土壤因子有关。

1. 温度

一般情况下,除草效果随温度升高而加快。气温低于 15℃时,除草效果缓慢,有的 15 天才达到除草高峰。

2. 光照

有些除草剂在有光照的条件下效果好,如利用除草醚除草,晴天比阴天效果快 10 倍,所以喷药应选择晴天进行。

3. 天气

晴天无风时喷药效果好,以上午 9 时至下午 4 时喷药好。大风、有雾、有露水的早晨不宜喷药。因为风大容易造成药物漂移,有雾、有露水的早晨会稀释药剂,影响喷药效果。

4. 土壤条件

土壤的性质及干、湿状况,影响用药量及除草效果。一般来讲,沙质土、贫瘠土宜比肥沃土及黏土用药量少,除草效果也不及肥沃土壤。这是因为沙土及贫瘠土对药剂吸附力差,药剂容易随水下渗。用药量过大时,容易对苗木产生药害。干燥的土壤,杂草生长缓慢,组织老化,抗药性强,杂草不易被杀灭;土壤湿润,杂草生长快,组织幼嫩,角质层薄,抗药力弱,灭杀容易。此外,空气干燥,杂草气孔容易关闭,也会影响除草效果。

综上所述,为了充分发挥除草效果,应在晴天无风、气温较高的条件下施药。

五、园林植物对常见除草剂的药害反应

(一) 分组讨论

根据查阅的资料举例说明园林植物对常见除草剂的药害反应。

(二) 总结与归纳

园林植物种类繁多,生活习性差异很大,在对除草剂的反应上也表现出各自不同的特点。用药前搞清花木对所有除草剂的反应情况,无疑具有十分重要的意义。

1. 常绿针叶树

常绿针叶树,如油松、白皮松、华山松、雪松、桧柏、云杉等,对除草剂的耐药力最强,对绝大多数的除草剂的常规剂量无药害反应,甚至使用敌草隆、扑草净、西玛津,按 2.25 ~ 4.50 kg/hm^2 的用量,对白皮松、侧柏实行全株喷洒,也不会产生药害反应。

2. 深根性阔叶树

深根性阔叶树如银杏、槐、元宝枫、栾树、黄波罗、杜仲、核桃、柿树、苹果、梨、白蜡、杨树、刺槐、香椿、合欢、悬铃木、泡桐等,生长慢,根系深,耐药性也强,对多数除草剂的常规用药量也无药害。

3. 柳树、臭椿等

柳树、臭椿等只适用于除草醚,对其他除草剂常规用药量有药害反应。

4. 各种直立型花灌木和小乔木

各种直立型花灌木和小乔木,如丁香、紫珠、木槿、榆叶梅、碧桃、金银木、红叶李等,对多数除草剂也基本无药害。但由于其植株矮小,因而不宜用高压喷枪喷药,而只能用低压喷枪或背负式喷雾器喷药。

5. 各种匍匐类、攀缘类及带刺灌木

各种匍匐类、攀缘类及带刺灌木包括各种蔷薇类、地锦、玫瑰、月季、花椒、连翘、金银花等。对这类苗木,可以在早春萌动前用机动喷雾器或高压喷枪喷药。

6. 各种小苗

对于各种小苗,如播种苗、扦插苗等,采用毒土法比较安全。

防止苗木产生药害还要注意:对试验和推广化学除草的园林苗圃,应坚持科学、严谨、积极的态度,一定要遵循"一切经过试验"的原则。试验规模和计划由小而大,由易而难,以免贪大造成意外损失。固定专人做好化学除草工作,要求其既要掌握基础理论,又必须有熟练的操作技能。要建立完整的技术档案,详细记载树种、栽培方式、苗龄、药名、药量、施药方式、除草效果等,为以后除草积累经验。除草剂要与其他药剂分开保存、专人保管,防止错用,以防药害。药械也要严格分开使用。对沙壤土施药要注意适当减量,否则容易产生药害。作土壤处理喷雾时,水量大些为好。茎叶处理时要加展叶剂,水量酌减,雾点要细、匀。水溶性不好的药剂容易产生沉淀,施药时要注意随对随喷,否则药剂极易发生药害。要明确各种药剂的残效期,第2次喷药一定要在第1次喷洒药剂的残效期的末尾。要尽力避开树叶施药。

学习成果

掌握除草剂的应用技术。

任务评价

任课教师当堂发放任务评价单,由学习者当堂完成组间评价和组内评价后,收回任务评价单。任课教师可以当堂给出教师评价分,也可以在任务学习者将当堂任务学习成果提交给任课教师后,课后给出教师评价分。学习者可以在课后规定时间内继续提交第二课堂自主学习成果。任课教师根据学习者任务完成情况,按照教师评价分占50%、组间评价分占30%、组内评价分占20%进行加权计算,最终形成每个学习者的任务完成评价成绩。成绩可以当堂反馈,也可以在下一次课堂上反馈。

职业能力测试

除草剂的常见类别有哪些?

【任务小结】

本任务主要传授和训练园林植物除草剂的选择应用技术。

【讨论与提高】

除草剂的主要使用方法是什么?

【考证提示】

本任务涉及园林植物保护工、绿化工、花卉工、花卉园艺师等工种的考核,涉及考证的内容主要为除草剂的选择应用,应牢固掌握以上要点。

任务3 园林植物常见杂草防除

目标要求

通过园林植物常见杂草防除技术的学习,能对园林植物常见杂草防除技术进行正确的选择和应用。通过导入我国古人提出的“上医治未病,中医治欲病,下医治已病”,坚定历史自信、文化自信,坚持古为今用、推陈出新。

工作准备

提前给学习者布置任务学习内容，请学习者提前查阅资料并举例加以说明，以便于课堂上分组讨论。

任务实施

园林植物园圃内杂草种类繁多，危害严重，不仅与园林植物争肥、争水、争空间，影响花木的正常生长，而且还会因杂草丛生，降低整体的园林绿化效果。园林苗圃植物及绿化区观赏树木大多为深根性的木本植物，化学除草相对较易。

一、园林植物园圃杂草防除技术

（一）分组讨论

根据查阅的资料举例说明园林植物园圃的杂草防除技术。

（二）总结与归纳

1. 大苗、乔木间定向喷雾

对于园林苗圃中的大苗、绿地观赏乔木间的杂草，可采用灭生性除草剂进行定向喷雾处理。因含有叶绿素的植物组织离地面较高，不会附着药滴，树皮部位因不含叶绿色且组织老化，因而不会产生药害。如用草甘膦在白榆、悬铃木、棕榈、柳杉、水杉、池杉、香樟、夹竹桃、青桐、速生柏、女贞等树木间进行定向喷雾，除对防除香附子有效外，对多种其他的一年生和多年生的杂草也显示出了强大的杀草活性。在田间条件下，采用1~2kg/hm^2的剂量喷射多种杂草，在喷药后1~10天内检查除草效果，发现旱稗、看麦娘、野苋、马唐、狗尾草、牛筋草、佛座、加拿大蓬、繁缕、蒲公英、喜旱莲子菜、细子千金子、千金子、碎米莎草及小蓟等已干枯死亡，小叶藜、灰藜、小旋花、卷耳等植株也已全黄，倾向于死亡。另外，也可在春天杂草出苗初期用敌草隆等药剂进行喷洒，若雨季草多，可在雨季来临前再喷1次药，具体用量为敌草隆3.75~7.5kg/hm^2、西玛津或莠去津4.5~5.25kg/hm^2，也可与除草醚等混用。

2. 苗木间土壤处理防除一年生杂草

苗圃中的苗木大多数是深根性的，且有树皮保护，所以一般对除草剂有较好的耐性。在防除一年生杂草时，一般在其萌发期，选用土壤处理类除草剂进行苗前处理。具体用量为西玛津、莠去津2.25~3.0kg/hm^2，敌草隆、灭草隆、利谷隆、绿麦隆4.5~6.0kg/hm^2或除草醚7.5kg/hm^2。进行土壤处理后可有效地保持1个季度以至1年以内不受此类杂草的危害。这类除草剂对常绿针叶树如松、柏、云杉以及深根性树种如苹果、梨、核桃、柿、白蜡、槐等都比较安全。而柳、臭椿只对除草醚有耐性，对敌草隆、扑草净、西玛津较敏感。

3. 园林植物休眠期土壤处理

对于蔷薇类、黄叶等灌木，采用定向喷雾往往不太容易，因而可在早春树木萌芽前用除草剂（如乙草胺、精异丙甲草胺等）喷于地表以控制杂草。

4. 采用毒土法

对于刚刚扦插、压条的苗木来讲，因苗小根浅、组织幼嫩，一般的喷雾法容易使植株表面附着药剂而产生药害，使用毒土法用药则较为安全。

5. 播前或移前茎叶处理

需播种或移栽的花卉种类,可采用播前、移前或播后苗前对杂草进行茎叶处理。如采用残效期短、无土壤残留的灭生性除草剂草甘膦杀除杂草,光照较好的情况下,经 3~7 天即失去药效。

6. 应用选择性除草剂

三氟啶磺隆除草剂对阔叶杂草具有较强的选择性,适用于狗牙根草坪和结缕草草坪。在杂草生长初期,可使用 11%三氟啶磺隆可分散油悬浮剂,兑水后均匀喷雾处理杂草。在施药前后 1~2 天内,应避免修剪草坪。

7. 采用茎、叶内吸传导性除草剂控制多年生杂草

对于白茅、双稻雀稗、狗牙根、莴苣、田旋花、刺儿菜等多年生杂草,可采用茎、叶内吸传导性除草剂进行防除。如用草甘膦 3.0~3.75kg/hm^2、茅草枯 15.0~22.5kg/hm^2 或四氟丙酸 7.5kg/hm^2,在杂草生育期(开花前)喷施,防除效果达 80%~90%。

二、草坪杂草防除技术

(一) 分组讨论

根据查阅的资料举例说明草坪杂草的防除技术。

(二) 总结与归纳

1. 不同草坪类杂草的防除技术

(1) 禾草草坪的杂草防除。

春天当气温达到 20℃时,对草坪上的阔叶杂草每 667m^2 用 20%二甲四氯水剂 100~150g 加入棉隆乳油 30mL 混合喷雾,即可消灭草坪上的双子叶杂草,但水花生难以根除,应定期喷药抑制其滋生。对莎草科杂草需加大用药量,每 667m^2 用 600mL 二甲四氯,分 2 次施药,间隔半个月,可根除。禾本科杂草与禾草草坪草属同科,药剂防除选择性小,但对于一年生禾本科杂草通过多次的草坪剪草,抑制其生长,防止其结实,第 2 年即可消除多年生禾本科杂草。根据其高度差异和群落特点,用高浓度的乙草胺、吡氟禾草灵和草甘膦等除草剂涂抹茎叶效果良好,对于有些地段已被多年生杂草更替的草坪,用除草剂杀灭,耕翻后重新补种,收效快而彻底。

(2) 马蹄金草坪的杂草防除。

禾本科杂草在春天幼草盛发时,每 667m^2 用乙草胺、吡氟禾草灵、喹禾灵等 60mL 及时喷洒,收效显著。也可针对马蹄金的高度,用割草机及时割除禾本科杂草。新型硫酰脲类除草剂 SL-160 对马蹄金草坪无伤害,而能杀死马蹄金草坪内的多数单、双子叶杂草和莎草科杂草,可示范推广。

2. 不同类型杂草的防除技术

(1) 禾本科杂草防除技术。

禾本科杂草可使用苗前处理除草剂,在杂草生长的早期将之消灭。苗前处理除草剂能覆盖土壤表面,杀死出土的杂草幼苗。种子粒较大的禾本科杂草,土表处理除草剂难以防除,如野黍、双穗雀稗等;种子粒较小的,用土表处理除草剂防除效果好,如稗草、狗尾草等。一年生禾本科杂草可选择的除草剂品种有禾草灵、磺草灵、拿草特、地散磷、精吡氟禾草灵、乙草胺等,除草剂必须在种子萌芽前使用。在日常的管理中,可根据不同的杂草,选择合适

的除草剂，适时加以喷施防除。多年生禾本科杂草通常使用非选择性除草剂，如草甘膦或茅草枯、氯磺隆、禾草灵等，可通过涂抹或定向喷施的方法防除。对于阔叶草坪草（马蹄金、酢浆草、白三叶）中的禾本科杂草，使用精喹禾灵、精吡氟禾草灵、乙草胺、拿捕尽等除草剂可干净地杀灭多种禾本科杂草，如稗草、牛筋草、狗尾草、狗牙根、马唐等。对于麦冬中的禾本科杂草，可以参考阔叶草坪用药，禁止使用二甲四氯类除草剂。对于禾本科草坪草中的禾本科杂草，使用双氟基涕丙酸可以进行有效防除（杂草 9 叶期以内），兼除部分阔叶杂草（5 叶期以内）。

（2）莎草科杂草防除技术。

一年生莎草科杂草宜施用芽处理剂，如莎扑隆。施药时期：种播草坪在草坪草 4~5 叶后；铺植草坪宜在建植 7 天内；成坪草坪在草坪返青期前。对于禾本科草坪草中的莎草科杂草，可以使用苯达松、二甲四氯进行防除，使用 2 次可彻底除根。对于阔叶草坪草中的莎草科杂草，可以使用仅对莎草有特效的莎扑隆，对多种草坪安全，但必须进行土壤混合处理，且用量较大，成本较高，难以推广。二甲吩草胺杀草谱广，除对香附子有效外，还能防除多种禾草和阔叶草，对豆科草坪草安全。此外，三唑磺酰胺类除草剂 F-628 是一种播前混土或播后苗前土表处理的除草剂，适用于豆科草坪草，杀草谱很广，对香附子防效好，持效期较长，能与多种除草剂混用。

（3）阔叶类杂草防除技术。

阔叶杂草主要使用茎叶处理剂防除，如百草敌、2,4-D、二甲四氯钠、麦草畏等，主要在春秋两季使用，在秋天发芽后使用除草剂能够达到最佳的除草效果。除草剂应在土壤湿润，无风时使用，气温在 18℃~27℃时使用最佳。选择性除草剂一般都在杂草出苗后使用，经常是 2~3 种联合使用，而不单独使用。夏季最难消灭阔叶杂草。在干燥、炎热的夏季，很多杂草在叶片表面会形成厚厚的蜡质保护层，使除草剂无法附着在叶面上，更难以渗透。这时最好用酯类除草剂溶液进行点喷，以渗入杂草的叶片。使它隆、二甲四氯、麦草畏、苯达松等都可以有效防除早熟禾、高羊茅、黑麦草、结缕草、狗牙根等禾本科草坪草中的常见阔叶杂草。使它隆在杂草 3 叶期左右使用，但它对泽漆、水花生、空心莲子菜、莎草、播娘蒿效果不好。二甲四氯在杂草 5 叶期以内使用，对泽漆、水花生、空心莲子菜几乎无效，对莎草有抑制作用。巨星在杂草 3 叶期左右使用，对泽漆、水花生、空心莲子菜、莎草无效，对播娘蒿、猪殃殃效果不好，对多年生杂草无效。苯达松在杂草 9 叶期以前使用，对绝大多数杂草均有很好的防效，对恶性杂草莎草、空心莲子菜有除根的效果。防除阔叶草坪草中的阔叶杂草，如对于豆科草坪中的阔叶杂草，使用苯达松进行防除，草坪会有灼伤，3~4 天可恢复。

近几年来，园林植物园圃、草坪化学除草技术发展很快，它与传统的人工除草相比较，具有简单、方便、有效、迅速的特点，得到了人们的认可。然而，由于除草剂品种繁多、特点各异，再加上杂草类型复杂，生物学特性差异较大，尤其是许多杂草与被保护对象之间在外部形态及内部生理上非常接近，因而化学除草技术比一般的用药技术要求严格。若用药不当，往往不仅达不到除草的目的，还有可能对园林植物产生药害。随着农药环境污染问题的日趋严重，人类最终可能通过生物技术解决园林植物杂草问题，如通过基因转移技术培育出对环境污染较少或生物降解较快的除草剂和具有抗性的园林植物新品种。同时也可能培育出一些在较低的养护管理水平上应用，具有很强的生物竞争力的园林植物栽培品种。

学习成果

掌握园林植物常见园圃及草坪杂草的防除技术。

任务评价

任课教师当堂发放任务评价单,由学习者当堂完成组间评价和组内评价后,收回任务评价单。任课教师可以当堂给出教师评价分,也可以在任务学习者将当堂任务学习成果提交给任课教师后,课后给出教师评价分。学习者可以在课后规定时间内继续提交第二课堂自主学习成果。任课教师根据学习者任务完成情况,按照教师评价分占50%、组间评价分占30%、组内评价分占20%进行加权计算,最终形成每个学习者的任务完成评价成绩。成绩可以当堂反馈,也可以在下一次课堂上反馈。

职业能力测试

园林植物园圃杂草的防除技术有哪些?

【任务小结】

本任务主要传授和训练园林植物常见杂草防除技术。

【讨论与提高】

草坪杂草防除有哪些注意事项?

【考证提示】

本任务涉及园林植物保护工、绿化工、花卉工、花卉园艺师等工种的考核,涉及考证的内容主要为园林植物常见杂草防除,应牢固掌握以上要点。

任务 4 寄生性种子植物防除

目标要求

通过寄生性种子植物防除技术的学习,能对园林植物常见寄生性种子植物防除技术进行正确的选择和应用。通过寄生性植物习性的学习,使学生深刻理解在新时代中国人民将继续自强不息、自我革新。

工作准备

提前给学习者布置任务学习内容,请学习者提前查阅资料并举例加以说明,以便于课堂上分组讨论。

任务实施

一、分组讨论

根据查阅资料并举例说明寄生性种子植物的主要防除技术。

二、总结与归纳

（一）轮作

轮作植物须是非寄主植物，这样使寄生性种子植物因找不到食物“饥饿”而死，从而降低寄生性种子植物的数量。根据寄主范围不同，轮作的长短也不同。例如，防除列当，可通过禾本科植物与其他植物轮作换茬的方式来防除，轮作期限应在7~8年以上。

（二）精选播种材料，种植诱发植物

菟丝子的防除主要靠播种前清除混杂在植物种子中的菟丝子种子。防除列当，可通过种植诱发植物，降低土壤中列当种子数量。

（三）清除吸根

高等寄生性种子植物，如菟丝子、槲寄生、桑寄生等，应在寄主植物果实成熟前铲除吸附在寄主植物上的吸根和匍匐茎。

（四）深翻深埋

冬春季节种子发芽前，在受害严重的植株下进行土壤覆盖，土层厚5~10cm，以深埋菟丝子的种子，使种子不能发芽出土。

（五）生物防除

利用寄生菟丝子的炭疽病菌制成生物防菌剂“鲁保一号”，在菟丝子危害初期喷洒，可减少菟丝子的数量并减轻危害。

（六）喷除草剂、杀菌剂

菟丝子在种子萌发前，施用敌草腈作土壤处理防除，也可以在菟丝子发芽期间喷施灭生性除草剂。在菟丝子发生期进行小范围防除还可用克无踪涂抹法，即将克无踪药剂均匀涂抹在菟丝子茎上，在防除菟丝子的同时，还可保护寄主植物免遭药害。桑寄生和槲寄生可以用硫酸铜或氨基醋酸进行化学防除。寄生性藻类可用铜制剂或硫制剂等进行化学防除。

（七）加强检疫

严禁从外地调运带有寄生性种子植物种子的种苗，是最基本的防除措施。

学习成果

掌握寄生性种子植物防除技术。

任务评价

任课教师当堂发放任务评价单，由学习者当堂完成组间评价和组内评价后，收回任务评价单。任课教师可以当堂给出教师评价分，也可以在任务学习者将当堂任务学习成果提交给任课教师后，课后给出教师评价分。学习者可以在课后规定时间内继续提交第二课堂自主学习成果。任课教师根据学习者任务完成情况，按照教师评价分占50%、组间评价分占

30%、组内评价分占20%进行加权计算,最终形成每个学习者的任务完成评价成绩。成绩可以当堂反馈,也可以在下一次课堂上反馈。

职业能力测试

寄生性种子植物防除技术的主要内容是什么?

【任务小结】

本任务主要传授和训练寄生性种子植物防除技术。

【讨论与提高】

寄生性种子植物防除技术实施的注意事项有哪些?

【考证提示】

本任务涉及园林植物保护工、绿化工、花卉工、花卉园艺师等工种的考核,涉及考证的内容主要为寄生性种子植物防除,应牢固掌握以上要点。

案例分析

如何提高叶面处理除草剂的效果

草坪叶面处理除草剂喷施质量的好坏,对除草效果的影响很大,特别是内吸性传导除草剂效果需很长一段时间才能表现出来。要提高草坪叶面处理除草剂的除草效果,必须做到以下几点:

一、药量足、防遗失

这是提高草坪叶面处理除草剂除草效果的关键。喷药时,要保证有足够的药量并促使药剂达到靶标的设计施药量。阻碍茎叶处理除草剂到达靶标的障碍有:除草剂的漂移、除草剂的挥发、杂草的覆盖密度太大或草坪高度太高。克服的办法有:应选择无风或小于2级风的天气施药;尽量缩短配药及喷药的作业时间,以降低除草剂在喷施过程中的挥发及光解,适当加大药液量;当草坪高度超过杂草高度时,用低割草的方法,在割草之后的第2天喷药,可提高除草效果。

二、选晴天、适时喷

温度高,光照强,杂草对除草剂的吸收加快,吸收量也加大,除草剂的传导和运转加快。在光照好、温度高的情况下,喷入杂草叶面的药剂很快被吸收,并容易移动到作用部位。所以应尽量在晴好天气施药。使用有些除草剂,在温度高时,杂草死亡速度快;温度低时,杂草死亡的速度慢,但防效不下降。此外,在杂草幼小时,通常对除草剂的耐受力差,中毒死亡的速度快。有许多草坪管理人员,不愿用芽前除草剂预防杂草,不等到杂草长大不用药。要知道,杂草对除草剂有一个敏感期,此时用药,效果最佳。杂草大了,要加大药量,造成浪费。杂草老了,不能吸收除草剂,或吸收很少,用药剂防除十分困难。

三、防雨淋、迟灌水

喷施草坪叶面处理除草剂最大的忌讳就是喷后遇雨，有时在露水未干时喷施、灌溉不当或药液量太大也会造成叶面处理除草剂应用失败。为此，应当避开降雨前、露水未干时施药，保证药后48小时，至少24小时无降雨。如果草坪灌溉频繁，则只能通过适当加大药量或在灌溉后的1个小时，待杂草叶面干掉后，抓紧喷药，喷后保持24~48小时不灌溉。在防除香附子、水蜈蚣时，尤其要保证药后48小时不灌溉，方能保证除草效果。同时，要求采用适中的药液量，有利于使药剂穿透杂草叶的表皮。药液量太小，无法喷布均匀；药液量太大，会将本来应当喷于杂草叶面的药剂从杂草流到土壤中，浪费掉。增加表面活性剂如中性洗涤剂，有利于增加药剂在叶表面的穿透力，可提高除草效果。

四、先剪草、促吸收

内吸传导性叶面处理除草剂喷施后，从杂草吸收、传导到作用部位，干扰杂草的生长，进而使杂草死亡，需要相当长的时间。如果在喷药后当天或第2天就剪草，喷于杂草叶面上的药剂就会在它们还没有被运送到杂草的作用部位时被剪掉带出草地。因此，提倡在喷药前草坪先剪草，喷除草剂后尽量推迟剪草。

项目成果展示与实战提高

（1）布展场地准备：精心选择校园人流量较大的道路边或公共场所，准备好布展需要的展板和意见簿，以组为单位进行物理空间的软分割，按照工作小组集中摆放，形成有序的布展参观路线，让参观者既能参观到每一组的每一件展品，又不走回头路。

（2）成果展出：把本项目各任务所完成的学习成果照片和实物等配上说明书和文字介绍，以组为单位在公开场合进行展示，要求完成者本人必须在现场对自己的学习成果进行介绍，听取围观者的评价并认真记录评价要点和改进意见。

（3）实战提高：购买几盆发生杂草的盆栽花草树木等园林植物，提供给几个参观者携带到现场。在活动现场，参观者咨询这些花草树木等园林植物的草害问题，由学习者利用所学知识和技能，现场诊断，互动实战，提高专业知识水平、职业素质和职业能力。

模块四

园林植物病虫草害整体防治方案的制订

项目十三　园林植物病虫草害综合治理方案的制订

目标任务

知识目标：了解有害生物生态调控的核心内涵；理解现代技术与园林植物病虫草害综合治理的融合趋势及绿色防控政策导向；掌握病虫草害基本调查方法及指标。

能力目标：能基于生态调控原理，初步设计针对特定有害生物的环境友好的综合防控方案框架；能依据经济阈值动态调整防治优先级；能编制可操作的综合防治方案。

素质目标：培养全局视角、统筹思维与创新意识；养成基于调查证据的决策习惯。

思政目标：坚持系统观念，全局谋划，主动防范化解风险，树立全局观和风险意识。

任务1　了解有害生物生态调控概念

目标要求

通过独立运用各种查询、查阅手段，学会经常了解行业创新思想、专业工作新思路、技术手段新方法。通过不同形式的讨论、评价，培育创新学术氛围，培养学习者的创新思路。坚定历史自信、文化自信，坚持古为今用、推陈出新，把马克思主义思想精髓同中华优秀传统文化精华贯通起来。

工作准备

（1）用具准备：记录本、资料摘录卡、电脑及上网设备。

（2）落实查阅机构：联系相关专业院校资料室、研究单位资料室、图书馆、书刊发行单位，提出资料查询、检索申请。

任务实施

一、查询、检索、浏览、摘录

通过独立查询检索与快速浏览相结合发现有用的资料，进而重点研读与要点摘录相结合，利用7~10天的课余及相关课内时间初步了解与“有害生物生态调控”有关的一系列基本概念。

(1) 需要重点了解的基本概念:生态系统、生态平衡、城市绿地生态系统的特点,园林植物及其病虫草害的相互制约关系,植物、病、虫、杂草与城市绿地生态系统中其他因子的相互制约关系,关于对园林植物病虫草害实施有限的生态调控,关于促进园林植物健康与植物保护工作重心前移。

(2) 推荐参考文献:《中国园林植物保护二十年》,张广增主编,天津科学技术出版社,2011 年。

二、归纳、分析与思考

(1) 归纳查阅相关资料的结果。

(2) 分析思考"有害生物生态调控"理念与以前的"病虫草害防治"思想有什么不同和类似之处。

学习成果

(1) 查阅相关资料的结果。

(2) 用相对简明的文字分析"有害生物生态调控"理念与以前的"病虫草害防治"思想之异同。

任务评价

任课教师当堂发放任务评价单,由学习者当堂完成组间评价和组内评价后,收回任务评价单。任课教师可以当堂给出教师评价分,也可以在任务学习者将当堂任务学习成果提交给任课教师后,课后给出教师评价分。学习者可以在课后规定时间内继续提交第二课堂自主学习成果。任课教师根据学习者任务完成情况,按照教师评价分占 50%、组间评价分占 30%、组内评价分占 20%进行加权计算,最终形成每个学习者的任务完成评价成绩。成绩可以当堂反馈,也可以在下一次课堂上反馈。

职业能力测试

试论如何以生态调控理念构思园林植物病虫草害综合治理工作。

【任务小结】

本任务主要传授和训练有害生物生态调控的相关内容和技能。

【讨论与提高】

什么是有害生物生态调控?其与 IPM 的区别是什么?

【考证提示】

本任务涉及园林植物保护工、花卉工、绿化工等工种的考核,涉及考证的内容主要为有害生物生态调控,应牢固掌握,为防治奠定基础。

任务2　病虫草害发生的调查与研究

目标要求

掌握园林植物病虫草害发生及危害情况调查的基本方法。尊重人民创造,集中人民智慧,坚持守正创新,树立“绿色植保”理念。

工作准备

(1) 户外调查用具:记录用具(记录本、文件夹、摄影器材等);调查观测用具(放大镜、卷尺等);样本采集及收纳携带用具(镊子、修枝剪、伸缩式高枝剪、小铲子、三角纸包、标本夹、集虫瓶等)。

(2) 室内观察研究可能需要的设备:观察、饲养、分离培养等设备。

(3) 收集、查阅资料用具。

任务实施

一、园林植物病虫草害野外调查(建议3人一组合作完成)

选定校园内外适当区域,检查园林植物病虫草害发生情况,记录:① 园林植物种类;② 受到病虫草侵害的植物种类及其生长势(健康)状况,栽植形式(行道树、绿篱、色块、地被、孤植、丛植、群植等),栽植位置;③ 病虫草害种类及其发生阶段(虫态、病程阶段、杂草生长阶段);④ 病虫草害危害症状(植物受害症状);⑤ 取样调查统计病虫草害程度;⑥ 可能遏制病虫草害的天然制约因子(病虫草害天敌、环境制约因子等);⑦ 与植物健康相关的立地环境状况;⑧ 拍摄植物、受害症状、病虫草害、天敌生物特征照片。以下项目需要时备选:采集暂时不能确定种类的植物或病虫草害标本并作相关记录;收集需要带回实验室观察、培养、研究的病虫草害样本并作相关记录。

二、收集、查阅参考资料(独立完成)

尽可能获取更多关于受害植物生物、相关病虫草害的发生规律、天敌生物或环境因子制约病虫草害的机制或机理等方面的资料,为制订科学的防治方案提供依据。

三、园林植物病虫草害实验室研究(需要时备选,独立完成)

如野外调查时有采回标本或样本,须及时处理。根据调查观测结果和已经掌握的参考资料,分析确定是否需要进行进一步实验室研究,实施测量、镜检,或饲养、培育、分离培养、定时观察等,以获取更多第一手关于病虫草害发生及危害规律、天然制约因子消长规律等资料。

四、整理归纳调查研究成果

整理归纳调查研究成果,使之条理化,形成系列化调查成果,以便于制订防治方案时查阅使用。

学习成果

(1) 调查研究原始记录。

(2) 调查研究成果: ① 被调查植物名录及栽植状态、栽植位置;② 受侵害植物名录及实际调查到的与之相关联的有害生物名录;③ 病、虫、杂草等有害生物分类名录及实际调查到的寄主植物名录,相应的危害症状、发生状态、危害程度,以及相应的照片;④ 天敌生物名录及主要天敌生物消长规律,其他可能的天然制约因子目录及其制约机制,天敌生物特征照片、生态照片;⑤ 主要有害生物野外识别特征及其发生、危害规律,有害生物照片;⑥ 主要受害植物生物学特性及与植物健康、有害生物发生相关的立地条件实际状况。

任务评价

任课教师当堂发放任务评价单,由学习者当堂完成组间评价和组内评价后,收回任务评价单。任课教师可以当堂给出教师评价分,也可以在任务学习者将当堂任务学习成果提交给任课教师后,课后给出教师评价分。学习者可以在课后规定时间内继续提交第二课堂自主学习成果。任课教师根据学习者任务完成情况,按照教师评价分占 50%、组间评价分占 30%、组内评价分占 20%进行加权计算,最终形成每个学习者的任务完成评价成绩。成绩可以当堂反馈,也可以在下一次课堂上反馈。

职业能力测试

小结病虫草害调查研究方法学习过程,改进调查、研究方法的建议。

【任务小结】

本任务主要传授和训练病虫草害发生的调查和研究技术。园林植物病虫草害发生及危害情况调查的基本方法具体参见项目五,本任务是对项目五的具体应用和强化提高。

【讨论与提高】

园林植物病虫草害发生及危害情况调查的基本方法有哪些?

【考证提示】

本任务涉及园林植物保护工、花卉工、绿化工等工种的考核,涉及考证的内容主要为园林植物病虫草害调查统计方法,应牢固掌握。

任务 3 病虫草害防治对象的确定与发生情况预测

目标要求

学会综合分析评估调查研究系列结果,确定需要防治的病虫草害目标对象,并会对防治对象病虫草害发生情况进行预测。坚持实事求是、求真务实的工作作风，坚持用系统观念及全局谋划的理论指导病虫害预测预报工作。

工作准备

（1）所需资料准备：前期病虫草害调查研究系列结果。

（2）预测预报用具（参照项目五“园林植物病虫草害调查统计与测报”）。

任务实施

一、病虫草害调查研究结果综合分析评判及综合治理对象确定

（一）综合分析评判

综合分析评判的重点依据：① 病虫草害危害程度。病虫草害危害相对严重、对园林植物的景观效益和环境效益有较大影响者，作为重点考虑需要防治的对象。② 受害植物状况。受害植物自身状况差者，抵御病虫草害的能力相应也差，易发生病虫草害，而且一旦发生病虫草害，多数情况受害较重。换个角度看，病虫草害发生数量多或发生种类多的植物往往自身生长势差，病虫草害乐于也容易侵入为害，此类植物大多会成为病虫草害首先侵害并向周边扩散的基地，所以应考虑作为重点保护的植物对象。③ 立地条件及环境条件状况。立地条件及环境条件差者，不利于植物健康而有利于病虫草害发生，可考虑作为重点治理区域。近年来随着城市建设步伐加快、城市绿化力度加大，因立地条件、环境条件差诱发的园林植物生理性（非侵染性）病害呈多发态势，生理性病害引起植物生长势衰弱还反过来增加了次生侵染性病虫害的发生量，这是立地及环境因素导致植物病害的典型例证。

（二）进一步评判确定综合治理对象

对以上初选出来的初定目标对象进一步评判确认，确定为综合治理对象，进一步评判依据：① 根据园林植物重要性——重要植物种类、骨干植物、重要景观植物、重要环境植物，此类植物多对周围植物、环境、景观有重要意义，如发生病虫杂草等有害生物往往影响较大，因此须重点保护；② 根据有害生物（病虫草害）发生情况——分布面广、发生量大、增殖速度快、突发成灾概率高的病虫草害，此类有害生物如不及时有效控制，多会产生严重危害、造成重大影响，必须重点防控；③ 根据天然制约因子情况——天敌生物少、天然制约因子薄弱的植物或区域，有害生物的天然制约作用效能低下或完全失控，需要人为干预，逐渐恢复天然制约因子对有害生物的制衡。

二、防治对象病虫草害发生情况预测

运用病虫草害调查统计、预测预报方法对确定为防治对象的病虫草害等有害生物未来若干时限内的发生及危害趋势作预测，为设计综合治理方案、选择防治方法提供参考。

最后整理综合分析评判结果及预测预报结果。

学习成果

经过整理的综合治理对象名单以及对象被入选的简明理由与相关依据。

任务评价

任课教师当堂发放任务评价单,由学习者当堂完成组间评价和组内评价后,收回任务评价单。任课教师可以当堂给出教师评价分,也可以在任务学习者将当堂任务学习成果提交给任课教师后,课后给出教师评价分。学习者可以在课后规定时间内继续提交第二课堂自主学习成果。任课教师根据学习者任务完成情况,按照教师评价分占 50%、组间评价分占 30%、组内评价分占 20%进行加权计算,最终形成每个学习者的任务完成评价成绩。成绩可以当堂反馈,也可以在下一次课堂上反馈。

职业能力测试

对综合治理对象预测预报情况进行记录并分析结果。

【任务小结】

本任务主要传授和训练园林植物病虫草害防治对象的确定与发生情况预测技术。

【讨论与提高】

园林植物病虫草害综合分析评判的重点依据有哪些?

【考证提示】

本任务涉及园林植物保护工、花卉工、绿化工等工种的考核,涉及考证的内容主要为园林植物病虫草害预测预报,应牢固掌握。

任务 4 综合治理方案的编制与实施

目标要求

掌握园林植物病虫草害综合治理方案编制、实施、效果检查的基本方法。坚持系统观念,全局谋划,万事万物是相互联系、相互依存的,主动防范化解风险。

工作准备

(1) 所需资料准备:综合治理对象名单、前期病虫草害调查研究系列结果、其他所需参考资料。

(2) 实施治理方案所需物资器材及工具。

(3) 检查统计治理效果所需用具。

任务实施

一、制订综合治理方案

（一）选择治理措施的原则

（1）有利于园林植物健康原则。这是植物保护工作的“首要”原则。直接杀灭病虫草害不是唯一可选的治理措施，而且，即使需要杀灭病虫草害，也应选择尽量能使“促进植物健康”效益最大化的方法。

根据有利于植物健康的原则，提倡植物保护工作的重心由原来的病虫草害发生甚至成灾后防治，前移到贯穿于园林绿化规划设计、建植施工、养护管理等全过程。

（2）有利于天然制约因子势力占优的原则。自然状态下天然制约因子与植物的病虫杂草是相互制衡的关系，注重保护天敌生物、增强天然制约力量，才能使我们的治理措施效果更好、更持久。

（3）有限干预及生态调控的原则。人类因自身需要把植物、病、虫、杂草区分为“益”与“害”，还对不利于人类生活的生态平衡关系进行干预，我们以往采取各种防治措施其实就是在实施这种干预，不管我们是否意识到，其效果就是在调控生态系统的原有平衡关系。但人的能力是有限的，这种干预和调控措施如果不符合生态平衡自然规律，干预形成的不平衡关系便不能持久，甚至可能产生相反效果。所以选择治理措施应小心谨慎，除了直接杀灭病虫草害，还应注意充分利用生态系统中的其他力量制衡病虫草害。（引导学生树立全局观，强化风险意识。）

（二）选择治理措施

可供选择的治理措施包括养护措施、生物防治、物理防治、化学防治等。

另外，治理实施时机与选择什么样的治理措施也有关。

（三）选择治理时机

治理时机选择要点：① 从保护植物考虑，最好在植物受害相对轻的时候就治理。② 从病虫草害发生、增殖及抗逆性逐步增强规律考虑，在病虫草害发生初期治理效果较好。③ 从季节变化影响及植物和病虫草的生长规律考虑，冬季、春季治理的效果可能优于夏、秋季。

（四）编制综合治理方案

方案应包含的要素：① 目标，要治理或要保护的对象。② 措施，简要记叙治理方法及实施时间。③ 必要的要点描述或解释说明。

方案编写要求：① 简明扼要，便于查阅应用。② 可操作性强。

二、病虫草害综合治理方案的实施

（一）细化实施细节，编写实施技术方案

综合治理方案中的各项治理措施在具体实施前都需要细化技术细节或操作细节，明确要求或注意要点，便于按规范操作，以达到较好的治理效果。治理前后关于治理效果的检查统计方法也应在技术方案中明确。

(二) 实施技术方案参考案例

重阳木锦斑蛾第一代幼虫喷雾防治实施方案

1. 实施时间、天气要求:

日期:5 月 10 日—15 日,根据天气预报预定具体时间,要求作业日及前后共 3 天连续晴好或无雨,作业期间风力小于 5 级。

作业时间:为不影响道路交通及市民生活,安排夜间作业,22:30 进场,23:00 开始施药。

2. 地点、植物对象:

××大街全线(××路到××街之间)东西两侧的重阳木行道树。

3. 人员安排:

机械作业班××号车组,养护××队××组。

4. 器械、方法、药剂及配方:

5t 水车,高压水枪喷雾,灭蛾灵(Bt)悬浮剂 1 000 倍液,药剂用量 5kg/车,预计用药 20~30kg,用水量 20~30t。

5. 安全防护措施:

人员防护:草帽、防护镜、口罩、浸塑手套、工作服、工作鞋。

现场安全:指定专职安全员维护安全,劝阻无关人员进入作业区,监督操作人员按规程操作。

6. 防治效果检查(受客观原因限制不设空白对照组):

(1) 防治前:作业日当天白天,于准备施药作业的现场随机抽取 20 个小枝(用高枝剪剪取),现场清点记录叶片上重阳木锦斑蛾幼虫活体虫口数及叶片总数。如果发现有天敌生物,则同时记录天敌种类及其个体数量。

(2) 防治后:作业日起第 3 天、第 4 天、第 8 天检查,取样方法及检查记录内容同“防治前”。

(3) 防治效果计算:

$$\text{防治效果}(\%)=\frac{\text{防治前活虫数}-\text{防治后活虫数}}{\text{防治前活虫数}}\times 100\%$$

活虫数单位:头虫/100 叶片。

(4) 天敌数量消长情况比较或计算:比较防治前后天敌数量消长情况,如天敌数量较多,则参照防治效果计算方法计算天敌生物防治后的消长变化率。

7. 效果反馈:

养护队作业组长负责作业情况记录及防治效果检查统计,作业情况记录及防治效果检查结果报养护项目经理,项目经理汇总各单项作业情况后上报公司养护部。

效果反馈用于改进后续防治作业实施方案,并汇总报告甲方单位。

××景观绿化工程有限公司

养护部××项目组

（三）实施治理

任课教师将学习者分组，各组在交流讨论的基础上挑选一项综合治理方案具体实施。

三、治理前后检查与效果反馈

（1）治理前后分别检查统计病虫草害数量、危害等情况。

（2）计算统计治理效果，反馈检讨治理方案的合理性，为改进下一步或今后工作提供参考。

学习成果

（1）病虫草害综合治理方案。

（2）综合治理措施实施技术方案。

（3）治理效果检查统计结果。

任务评价

任课教师当堂发放任务评价单，由学习者当堂完成组间评价和组内评价后，收回任务评价单。任课教师可以当堂给出教师评价分，也可以在任务学习者将当堂任务学习成果提交给任课教师后，课后给出教师评价分。学习者可以在课后规定时间内继续提交第二课堂自主学习成果。任课教师根据学习者任务完成情况，按照教师评价分占50%、组间评价分占30%、组内评价分占20%进行加权计算，最终形成每个学习者的任务完成评价成绩。成绩可以当堂反馈，也可以在下一次课堂上反馈。

职业能力测试

（1）从实施结果评论自己所做的综合治理方案及实施技术方案。

（2）试议对本项目教学的改进建议，对综合治理相关专业工作的创新设想或改进建议，对自己今后承担综合治理相关工作的设想。

【任务小结】

本任务主要传授和训练综合治理方案的编制与实施的技能。

【讨论与提高】

园林植物病虫草害综合治理方案制订时要考虑哪些因素？

【考证提示】

本任务涉及园林植物保护工、花卉工、绿化工等工种的考核，涉及考证的内容主要为园林植物病虫草害综合治理方案的制订方法，应牢固掌握。

案例分析

参考案例一(以具体病、虫为综合治理对象):

苏州园林绿化植物煤污病综合治理方案

煤污病,危害很多种园林绿化植物,其病原菌有煤炱菌、小煤炱菌等多种真菌。煤污病菌为弱寄生菌,多以害虫分泌物为养分,在植物表面形成黑色煤污状霉层,影响寄主植物光合作用,影响绿化景观。

(1) 苏州园林绿化植物的煤污病呈点片状发生,局部严重,有碍园林绿化观瞻,而且都与刺吸害虫伴生,即先有刺吸害虫危害植物,继而害虫的黏性或油性分泌物引起煤污病菌滋生。有时某株或某些植物上的害虫分泌物还会污染周边环境,引起有虫植株与周围植物同时感染煤污病。

(2) 病害进程:春季植物萌生新枝叶→刺吸害虫寄生危害新生枝叶→害虫分泌物引起当年生枝叶煤污病菌滋生→感染煤污病的当年生枝叶出现放射状霉斑→受害虫与煤污病双重危害致植物长势渐弱→煤污病蔓延加重,植株枝叶或全株被煤黑状煤污菌层覆盖或包裹→病菌、害虫成为下一轮侵害来源→害虫在寄主植物等场所越冬,煤污病菌在病株上越冬,植物持续呈现煤污症状。

(3) 小环境不利可加重虫害和煤污病:植株枝叶过密或植物群落生长过密、局部通风透光不良、湿度较大等小环境条件不利于植物健壮生长,易发生刺吸害虫危害,易加重煤污病害。

(4) 常见可致煤污病的害虫:蚧(红蜡蚧、龟蜡蚧、藤壶蚧等)、蚜、粉虱、木虱等会分泌黏性、油性分泌物的害虫种类。

(5) 已记载发生过刺吸害虫并罹患过煤污病的植物:樟、枸骨、玉兰、广玉兰、雪松、珊瑚树、山茶、大叶黄杨、金边黄杨、月桂、石楠、含笑、乐昌含笑、紫竹、紫薇、海桐、石楠、枇杷、红叶李、梧桐、合欢、桂花、栾树、栀子、石榴、柑橘、蜡梅、榉、榆、朴、月季、重阳木、罗汉松、枫香等。

(6) 煤污病的综合治理:

① 修剪及其他养护:疏剪过密株丛或过密枝叶,改善通风透光,剪除并销毁有虫枝叶;通过水肥管理、改良立地条件等,促进植物健壮生长,改变病虫易发条件。

② 喷防:查找诱发煤污病的刺吸害虫,喷洒花保、苦烟乳油或阿维毒等生物型药剂消杀害虫。

③ 保护利用害虫天敌:选用生物型药剂,在遏制害虫的同时保护天敌;收集、培育增殖本地现有天敌然后释放;必要时引进释放天敌。

④ 煤污病危害严重的植株,可喷灭菌威、甲基托布津或煤污净等抑菌剂治理。

(7) 综合治理的几个关键点:

① 冬季是清除病虫,减少来年侵害源、感染源及改善植物生长环境的重要季节。

② 春季植物生长期、害虫增殖初期(3 月中旬至 6 月中旬)重点控制害虫发生,降低煤污

病发生的可能性。

③ 控制害虫是治理煤污病的治本之措。

④ 对于煤污病株的治理，发病早期治理事半功倍。

参考案例二（以具体植物为综合治理保护对象）：

樟树保护及病虫害综合治理方案

樟树是苏州市树，在城市绿化中应用普遍，分布广泛，故将樟树列为植物保护重点，重点监测并控制樟树上历年常见的病虫害。

一、樟树上各种病虫害的治理

（一）蚧虫（红蜡蚧、龟蜡蚧、藤壶蚧等）

防治方法：① 改善樟树生长环境，增强树势以提高其抗虫力，降低其所受危害；② 保护螳螂、花蝽、瓢虫、草蛉等天敌，发挥自然控制作用；③ 物理防治，人工剪除或刮除；④ 药剂防治，冬防越冬雌成虫，春防初孵若虫，用花保喷雾防治。

（二）蚜虫

防治方法：① 改善生长环境，增强树势；② 保护利用花蝽、瓢虫、草蛉、食蚜蝇等天敌；③ 物理防治，人工剪除有虫樟叶或用黄板诱杀；④ 药剂防治，早春防治越冬后的虫口，降低对植物春梢的危害，用花保、苦烟乳油或阿维毒喷雾防治，因蚜虫世代重叠、虫态不整齐，每轮防治至少喷 2~3 次，间隔 7 天。

（三）樟个木虱

防治方法：① 改善生长环境，增强树势；② 保护天敌，发挥自然控制作用；③ 物理防治，人工剪除有虫樟叶；④ 药剂防治，秋冬季防治虫瘿内越冬的若虫以减少来年发生基数，4 月上中旬防治越冬代成虫，5 月上中旬防治第一代若虫，用阿维毒或杀虫素喷雾防治，防治若虫时重点喷叶背。

（四）黑刺粉虱

防治方法：① 改善生长环境，增强树势；② 保护天敌，发挥自然控制作用；③ 人工清除；④ 药剂防治，秋冬季防治越冬若虫，4 月中下旬防治越冬代成虫，5 月上中旬防治第一代若虫，用花保或阿维毒喷雾防治，防治若虫时重点喷叶背。

（五）网蝽（樟脊冠网蝽、梨冠网蝽）

防治方法：① 改善生长环境，增强树势；② 保护天敌，发挥自然控制作用；③ 秋冬季清除杂草，减少网蝽越冬；④ 药剂防治，4 月上旬防治越冬代成虫，5 月上旬防治第一代若虫，用花保或阿维毒喷雾防治，因网蝽世代重叠、虫态不整齐，每轮防治至少 2~3 次，每次间隔 7~10 天。

（六）叶螨

防治方法：① 改善生长环境，增强树势；② 保护捕食螨类、捕食瓢虫等天敌，发挥自然控制作用；③ 药剂防治，秋冬防治在叶片上越冬的成虫，樟树生长期内叶螨世代重叠、虫态不整齐，故每轮防治至少 2~3 次，每次间隔 7~10 天，用花保、蛾螨灵或阿维毒喷雾。

(七) 樟颈盲蝽(樟颈曼盲蝽)

防治方法：① 增强树势,加强肥水管理,提高抗虫力,减少落叶,降低危害;② 保护螳螂、花蝽、瓢虫、草蛉等天敌,发挥自然控制作用;③ 物理防治,用黄色频振式杀虫灯或黄色杀虫板诱杀成虫;④ 药剂防治,重点防治第一、二代若虫、成虫(6 至 7 月),用宝贵或苦烟乳油喷雾防治。

(八) 刺蛾(黄刺蛾、丽绿刺蛾、扁刺蛾等)

防治方法：① 改善生长环境,增强树势;② 保护寄生蜂、寄生蝇及捕食性天敌,发挥自然控制作用;③ 物理防治,秋冬及 7 月中下旬人工灭茧或除茧,减少下一代发生基数;④ 药剂防治,6 月中下旬防治第一代低龄期幼虫,用灭蛾灵、苦烟乳油或灭幼脲喷雾防治。

(九) 樟巢螟(栗叶瘤丛螟)

防治方法：① 改善生长环境,增强树势;② 保护利用寄生蜂、寄生蝇及捕食性天敌;③ 物理防治,8 至 10 月人工剪除虫巢;④ 药剂防治,6 月中下旬防治第一代低龄期幼虫,用灭蛾灵或苦烟乳油或灭幼脲喷淋虫巢。

(十) 蓑蛾(袋蛾)

防治方法：① 改善生长环境,增强树势;② 保护利用、引进释放寄生蜂、寄生蝇及捕食性天敌,5 月用性诱素诱杀雄成虫;③ 物理防治,人工剪除虫囊;④ 药剂防治,6 月上中旬防治中低龄幼虫,用灭蛾灵或灭幼脲喷雾防治。

(十一) 樟细蛾

防治方法：① 改善生长环境,增强树势;② 保护利用寄生性天敌;③ 物理防治,人工剪除虫叶;④ 药剂防治,5、6 月防治潜叶前后的中低龄幼虫,用阿维毒或艾美乐喷雾防治。

(十二) 卷叶蛾

防治方法：① 改善生长环境,增强树势;② 保护利用寄生性天敌;③ 物理防治,人工摘除虫苞销毁;④ 药剂防治,4 月防治卷叶前后的中低龄幼虫,用苦烟乳油、灭幼脲或阿维毒喷淋虫苞。

(十三) 煤污病

防治方法：① 修剪、养护,疏剪以改善植株通风透光,加强养护改善立地条件促进植物健壮、改变虫、病易发条件;② 喷防,重点在春季控制诱发煤污病的刺吸害虫,喷洒花保或苦烟乳油或阿维毒;③ 喷施灭菌威或甲基托布津或煤污净等抑菌剂治理煤污病株;④ 保护利用害虫天敌。

(十四) 黄化病

冬、春季防治：① 换土,将较差土壤(如建筑或筑路垃圾、深层生土等)改换成中性至微酸性的优质壤土;② 对轻度至中度黄化的植株,于根部松土后施入腐殖酸有机复合液肥或生物有机液肥改良土壤;③ 挖除黄化严重、树冠萎缩的植株,换优质土后补植健康苗木。生长季防治：① 叶面喷施铁肥;② 根施有机复合液肥和铁肥混合肥料。

二、樟树病虫害治理工作月历

(一) 1 月

继续或复查整改 12 月的工作：

(1) 樟树养护：修剪、松土、施肥、防寒防冻等。

（2）需要治理及清除的病虫：红蜡蚧、龟蜡蚧、藤壶蚧、樟个木虱、黑刺粉虱、樟巢螟、刺蛾、蓑蛾、煤污病、黄化病、冻害等。

（二）2月

（1）全面复查冬季养护及病虫治理效果，发现问题立即整改。

（2）春季整形修剪。

（3）对受冻害严重或历年病虫害严重的植株重点施氮、钾肥复壮。

（三）3月

3月下旬起樟树将开始萌新叶，在此之前越冬雌蚧会产卵，越冬的木虱、粉虱羽化出成虫，越冬叶螨卵孵出新一代若螨，所以要做好去年残留病虫的清理。

需要治理及消除的病虫：红蜡蚧、龟蜡蚧、藤壶蚧、盾蚧、樟个木虱、黑刺粉虱、煤污病、黄化病等。

（四）4月

樟树长新叶，蚧虫、叶螨新一代若虫及蚜虫转移到新叶上危害，木虱、粉虱在新叶上产卵，本月需要全面开展病虫害的治理和防治。

需要治理的病虫：红蜡蚧、龟蜡蚧、藤壶蚧、蚜虫、樟个木虱、黑刺粉虱、叶螨、网蝽、卷叶蛾、黄化病。

（五）5月

（1）樟树换新叶、长新枝之后除蘖修剪。

（2）对长势弱的植株施追肥。

（3）春梢生长消耗较多营养，黄化明显的黄化病株实施治疗。

（4）需要治理的病虫：红蜡蚧、龟蜡蚧、藤壶蚧、蚜虫、樟个木虱、黑刺粉虱、叶螨、网蝽、卷叶蛾、黄化病。

（六）6月

樟树上的食叶害虫刺蛾、樟巢螟、蓑蛾、细蛾等开始进入危害期，刺吸害虫持续危害，当年感染的煤污病开始显现症状。

需要治理的病虫：樟巢螟、刺蛾、樟细蛾、蓑蛾、卷叶蛾、红蜡蚧、龟蜡蚧、藤壶蚧、蚜虫、樟个木虱、黑刺粉虱、叶螨、网蝽、煤污病。

（七）7月

高温不利于植物生长但有利于病虫发育与侵害，要做好水分管理。

需要治理的病虫：樟巢螟、刺蛾、樟细蛾、蓑蛾、卷叶蛾、红蜡蚧、龟蜡蚧、藤壶蚧、蚜虫、樟个木虱、黑刺粉虱、网蝽、煤污病。

（八）8月

需要治理的病虫：樟巢螟、刺蛾、樟细蛾、蓑蛾、卷叶蛾、红蜡蚧、龟蜡蚧、藤壶蚧、蚜虫、叶螨、樟个木虱、黑刺粉虱、网蝽、煤污病。

（九）9月

高温缓解，樟树转入秋生长，病虫扩张势头渐减，危害程度加重。

需要治理的病虫：樟巢螟、刺蛾、樟细蛾、蓑蛾、卷叶蛾、红蜡蚧、龟蜡蚧、藤壶蚧、叶螨、樟个木虱、黑刺粉虱、网蝽、煤污病。

（十）10 月

病虫因个体增长危害日益加重、抗性增强，治理难度加大。下旬起少部分病虫将陆续进入越冬状态。黄化病症状再次趋于明显。

病虫治理需加强，以及时控制病虫危害、压低病虫越冬数量、保护樟树安全进入越冬期为养护和植保工作重点。

需要治理的病虫：樟巢螟、刺蛾、蓑蛾、红蜡蚧、龟蜡蚧、藤壶蚧、叶螨、樟个木虱、黑刺粉虱、网蝽、煤污病、黄化病。

（十一）11 月

气候渐次转凉，下半月樟树将进入越冬阶段，病虫危害则随天气状况逐渐减弱至停滞。

（1）气温未明显下降之前，根据病虫的发生情况，及时采取药物及其他控制手段抑制危害；气候转凉之际，结合秋冬养护工作，重点清除准备越冬和已越冬的病虫。

（2）需要治理及清除的病虫：樟巢螟、刺蛾、蓑蛾、红蜡蚧、龟蜡蚧、藤壶蚧、叶螨、樟个木虱、黑刺粉虱、网蝽、煤污病、黄化病。

（3）上旬起对树木实施涂白处理，以阻止病虫在树干上转移、侵害及隐藏，并防止或减轻树木冻伤。

（4）对于冬季可能出现的严寒天气，提前做好防寒防冻准备。

（5）下旬起开始冬季樟树整形修剪，剪除病枝、枯枝、虫卵枝及竞争枝、过密枝等。

（十二）12 月

气温低，开始冬季养护工作：

（1）全面开展整形修剪作业，修剪过密枝，结合修剪清除虫茧、虫卵、虫囊，剪去枯枝、残枝、有病虫的枝叶，集中烧毁或深埋，减少蚧虫、蚜虫、蓑蛾、刺蛾、卷叶蛾等害虫及某些病原菌的越冬基数。

（2）清洁樟树周围绿地，清除枯枝、落叶、杂草（包括枯草）并集中处理，除去部分越冬害虫及越冬病菌。

（3）实施冬耕松土、锄草并挖找销毁樟巢螟、刺蛾等害虫越冬虫茧，之后给樟树施肥

（4）需要治理及清除的病虫：樟巢螟、刺蛾、蓑蛾、红蜡蚧、龟蜡蚧、藤壶蚧、叶螨、樟个木虱、黑刺粉虱、网蝽、煤污病。

参考案例三（以某类植物为保护对象，以某类有害生物为治理对象）：

冷季型草坪杂草综合治理方案

冷季型草坪如种植管护得当，在本地可周年保持常绿，所以受到青睐。20 世纪 90 年代起此类草坪增加较快，常见有黑麦草、高羊茅等品种，还有一部分草地早熟禾。此类草坪常以混播形式种植，在大型绿地广场及中小型绿地中多有种植，在现代化公园、新建的物业小区及企事业单位绿地中也常种植此类草坪。

一、冷季型草坪中常见杂草及其发生期

根据除草剂对不同种类杂草的选择防除特性，把草坪中发生的杂草大致归为阔叶杂草、禾本科杂草及莎草科杂草三种类型。阔叶杂草全年发生种类和发生量都较多，禾本科杂草

春夏季多于秋冬季，莎草科杂草一般发生在春夏季。

（一）阔叶杂草

阔叶杂草是冷季型草坪中发生较普遍、品种最繁杂的一类杂草，其中包括：

（1）秋冬季与春季常见的阔叶杂草：猪殃殃、繁缕、牛繁缕、球序卷耳、荠、碎米荠、阿拉伯婆婆纳、印度蔊菜、野豌豆、佛座草、泽漆、野胡萝卜、蛇床、打碗花、附地菜、车前草、鼠曲草、泥胡菜、遏蓝菜、小白酒草、一年蓬、蒲公英等，其中猪殃殃、繁缕、球序卷耳、荠、阿拉伯婆婆纳、野豌豆、泽漆、小白酒草、蒲公英、车前草等较常见且危害较重。此类杂草秋季或早春出苗，花期在春季或春夏之交。

（2）春季与夏秋季常见的阔叶杂草：地锦、葎草、齿果酸模、灰菜、空心莲子草、凹头苋、酢浆草、马齿苋、石龙芮、通泉草、天胡荽、马兰、续断菊、漆菇草、雪见草等，其中地锦、齿果酸模、空心莲子草、酢浆草、马齿苋、天胡荽、马兰等较常见且危害较重。此类杂草多春季出苗，花期在夏秋季。

（二）禾本科杂草

禾本科杂草一年四季均有发生，由于它们与大多数草坪草同属禾本科，因而防除相对较困难。

（1）秋冬季与春季常见的禾本科杂草：发生较普遍且危害较重的有早熟禾、看麦娘等。此类杂草多秋季或早春出苗，花期在春季或春夏之交。

（2）春、夏、秋季常见的禾本科杂草：狗牙根、白茅草、狗尾草、牛筋草、马唐、千金子、雀麦等，其中狗牙根、白茅草、牛筋草、马唐、千金子等发生较普遍且危害较重。此类杂草春夏季均有出苗，花期多在夏秋季。

（三）莎草科杂草

莎草科杂草在本地一般春夏季出苗，夏秋季危害较重，最常见且危害最重的主要有香附子、异型莎草等。此类杂草因其地下茎较发达且繁殖力强，防除较困难。

二、冷季型草坪杂草一般发生规律

（1）秋冬季和早春冷季型草坪中的杂草一般以阔叶杂草为主，间或有些早熟禾，在草坪边缘也有看麦娘等禾本科杂草。这一时期发生的杂草多在春暖后开始抽薹孕花，抽薹开花时耐药性增强，灭除较难。

（2）春季气候转暖后草坪进入主要生长期，杂草发生量也逐渐增多，除了某些阔叶杂草可能反复发生外，禾本科杂草品种和数量随气温升高增加较快，莎草科杂草也开始出现，特别在明显的降雨之后，各类杂草的增加和生长都很明显。此阶段治理杂草的任务比较艰巨。

三、草坪杂草危害与草坪铺建、养护的关系

草坪杂草的发生和危害程度与草坪土质、草坪铺建质量、草坪养护管理水平有密切关系。土质好，铺建施工各环节比较规范，草坪郁闭成坪较快的草坪，杂草发生较轻；养护管理较规范，草坪生长较好的，杂草发生也较轻。反之则杂草危害较重。

四、冷季型草坪草害综合治理措施

（1）增强科学养护管理，促进草坪草健康生长，降低草坪草害发生概率。主要应做到以下几点：

① 注重草坪的肥、水科学管理，促进草坪草健壮生长。

② 适度增加草坪刈割频度,在刺激草坪草生长、修剪整形的同时抑制杂草生长抽薹。

③ 增强打孔松土、施有机肥、改善排水等改良草坪土壤环境的措施,促使草坪草根系健壮,挤压杂草的生长、生存空间。

(2) 化学防除草害。

① 防除时机和药剂配方:

春季(3、4 月),即秋冬杂草尚未抽薹孕花、春季杂草萌发初期实施第一次喷药除草,自配二甲四氯、使它隆、乙草胺混合配方。

春夏之交、夏季(6 至 7 月,梅雨季前后)实施第二次喷药除草,自配麦草净、高渗异丙隆、乙草胺、稻草净混合配方。

根据草害发生情况决定是否需要及何时进行第三次喷药除草,自配都尔、灭草松、乙莠水混合配方。

秋冬之交(10 月下旬至 11 月中旬)喷药防除秋冬季杂草,自配二甲四氯、使它隆、乙草胺混合配方。

② 注意要点:

严格掌握配方、配比,严格控制使用量,使用量须按单位面积施用量计算。

用小型器械近距离、压低高度喷雾,防止雾滴漂移误伤周边其他园林植物。

化学除草的效果与气温、杂草生长阶段和杂草对除草剂的敏感程度有关,要根据杂草种类及其生长阶段、气温高低等调整配方与用量,配方或用量不当时可能影响处理效果或造成草坪药害。

(3) 人工除草。

① 对于化学除草未达到效果的局部草害进行人工清除。

② 需要精细管理的草坪考虑用人工除草。

(4) 化学除草与人工除草的优劣对比。

化学除草:除草效率高,成本低廉,不损伤草坪,有效期较长(抑制杂草出苗),但化学除草技术要求高、难度大,使用不当易造成草坪草及周边植物药害。

人工除草:清除效果好,但有效期短,成本高,效率低,对草坪损伤较大。

项目成果展示与实战提高

(1) 布展场地准备:精心选择校园人流量较大的道路边或公共场所,准备好布展需要的展板和意见簿,以组为单位进行物理空间的软分割,按照工作小组集中摆放,形成有序的布展参观路线,让参观者既能参观到每一组的每一件展品,又不走回头路。

(2) 成果展出:把本项目所完成的园林植物病虫草综合治理方案配上说明书和文字介绍,以组为单位在公开场合进行展示,要求完成者本人必须在现场对自己的学习成果进行介绍,听取围观者的评价并认真记录评价要点和改进意见。

(3) 实战提高:采集一些不同病虫草活体,提供给几个参观者携带到现场。在活动现场,参观者咨询针对这些病虫草如何制订园林植物病虫草综合治理方案,由学习者利用所学知识和技能,现场答疑,互动实战,提高专业知识水平、职业素质和职业能力。

项目十四　园林植物病虫草害防治周年历的编制

目标任务

知识目标：了解病虫草害周年历的基本结构和核心要素；理解周年历需要因地制宜、因时调整的必要性；掌握设计周年历可视化呈现形式、关键要素与布局技巧，确保信息易读、易懂、易用。

能力目标：能高效检索与筛选信息；能规范编制与清晰呈现周年历。

素质目标：树立强烈的责任意识与时效观念；树立生态保护与可持续发展理念；培养协作精神，提升沟通能力。

思政目标：激发学生勇于实践、知行合一的精神，树立“绿色植保”理念。

任务1　获取编制病虫草害防治周年历所需资料

目标要求

掌握园林植物病虫草害周年发生和危害情况调查及其资料获取方法。践行“实践没有止境，技术创新也没有止境”的理念，坚持系统观念，全局谋划。

工作准备

准备收集、查阅资料用具，野外调查用具，室内观察研究设备。

任务实施

（1）选定校园或城市某一区域为任务实施的目标对象。

（2）收集、查阅编制园林植物病虫草害综合治理工作历所需资料：① 相关地区、区域、地块或特定园林植物种类发生病虫草害的基本情况；② 病虫草害发生周期性规律；③ 相关天敌生物的种类及生活史；④ 受侵害植物的周年生长习性和生物学特性；⑤ 本地区的气象气候资料；等等。获取资料的主要途径：走访管理部门、养护单位、本地的行业研究机构、本地专业院校等。如无现成资料或资料不全，则需进行实地调查。

(3) 园林植物病虫草害野外定期、定点调查:

① 周年定期调查时间间隔:11月至次年2月,间隔20~30天;3、4、9、10月,间隔15~20天;5至8月,间隔10~15天。

② 野外调查定点:城市中的园林植物和病虫杂草分布有显著的不均衡性和局地性,如果需要大范围调查,则调查之前需要先期走访管理部门、养护单位,或实地踏勘,了解园林植物分布情况及以往病虫草害发生情况,然后选取有代表性的地点作定点、定期调查。

③ 野外定期调查方法(参照项目五)。

(4) 园林植物病虫草害实验室研究,根据需要开展(参照项目五)。

学习成果

(1) 资料收集成果。

(2) 调查研究成果。

任务评价

任课教师当堂发放任务评价单,由学习者当堂完成组间评价和组内评价后,收回任务评价单。任课教师可以当堂给出教师评价分,也可以在任务学习者将当堂任务学习成果提交给任课教师后,课后给出教师评价分。学习者可以在课后规定时间内继续提交第二课堂自主学习成果。任课教师根据学习者任务完成情况,按照教师评价分占50%、组间评价分占30%、组内评价分占20%进行加权计算,最终形成每个学习者的任务完成评价成绩。成绩可以当堂反馈,也可以在下一次课堂上反馈。

职业能力测试

园林植物病虫草害周年发生和危害情况调查及其资料获取方法有哪些?

【任务小结】

本任务主要传授和训练获取编制病虫草害防治周年历所需资料的技能。

【讨论与提高】

园林植物病虫草害周年发生和危害情况调查及其资料获取时有哪些规律可循?

【考证提示】

本任务涉及园林植物保护工、花卉工、绿化工等工种的考核,涉及考证的内容主要为园林植物病虫草害防治周年历编制所需资料的获取方法,应牢固掌握。

任务2 编制园林植物病虫草害防治周年历

目标要求

掌握园林植物病虫草害综合治理周期历或周年历编制的基本方法。把握好习近平新时代中国特色社会主义思想的世界观和方法论,推进实施生物多样性保护。

工作准备

(1) 所需资料:病虫草害防治对象及寄主植物名录,病虫草害周年发生规律资料,寄主植物年生长周期及生物学习性资料,本地周年气象资料,其他所需参考资料。

(2) 分析计算及编写用具。

任务实施

(1) 整理分析收集来的资料、调查研究结果,确定需要重点防控的主要病虫草害种类。(强调将所学理论知识与实地观察、操作相结合,并在持续的实践中修正、完善认知。)

(2) 编制病虫草害防治周年历:

① 病虫草害防治周年历的主要构成要素:时间要素,需要实施具体防治项目的时间段或具体时间;防治对象,周年发生的主要病虫草害;工作项目,防治项目或其他治理项目名称及内容;其他需要说明的内容。

② 病虫草害防治周年历的编写架构:以全年12个月的时间段为主框架,列明每个月需要实施的防治工作项目和简要内容,需要时可直接注明某项工作的更确切时间。

③ 方案编写要求:简明扼要,便于查阅并按计划实施;可操作性强。

④ 参考案例:

××公园病虫草害综合治理月历

1月

全年最冷月份,露地植物和病虫草害处于休眠状态。

综合治理工作重点:继续做好清除防治工作(具体参照“12月”治理工作)。

(1) 复查、清洁绿地:进一步清除并集中处理枯枝、落叶、杂草和枯草。

(2) 复查、防治残余病虫:温度4℃以上时再喷施花保50倍液,防治枝叶或芽上越冬的蚧虫或蚜虫;复查处理遗漏的蛀干害虫;对发生立木腐朽和蛀干害虫的古树应于冬季作清创消毒及保护处理。

2月

仍有冷空气侵袭过程,但总体气温已有回升,日照时间渐长,绿化植物逐渐显现萌动迹象,温暖时段某些越冬病虫陆续恢复活动。

治理工作重点：抓紧实施增进植物长势和清除越冬病虫草措施。

(1) 修剪冻伤植物：杜英、茶梅、栀子、八角金盘嫩梢等易受低温冻伤的植物需检查修剪清除伤枝残叶，以防病虫乘虚侵害。

(2) 复查清除残存病虫：去冬以来残存的病残枝叶或害虫将是今年病虫危害的主要源头，需认真复查剪除残留在植株上的有病虫枝叶，清除散落在植株周围的枯枝落叶，为植物生长创造相对洁净的环境，降低病虫害发生的概率。

(3) 整形疏剪植物：生长过于茂密而通风透光不良的植株或植物群落容易发生病虫危害，应在春季植株萌动前后实施整形或疏剪，改善植物通风透光条件，减少易诱发病虫为害的立地条件。

(4) 增强植物长势：对于历来受病虫危害较重以及被冻伤的植株，除了修剪外还要采取施肥(适当多施钾肥)等措施增强其生长势，提高其自身抵御病虫侵害的能力。

(5) 重点治理越冬病虫：对越冬病虫聚集较多又无法修剪清除的某些植株，采用药剂重点消杀。消杀及治理主要对象：蚧虫、蚜虫、粉虱、木虱等。主要寄主植物：樟、枸骨、玉兰、雪松、珊瑚树、山茶、大叶黄杨、月桂、含笑、茶梅、桂花、石楠、紫竹等。备选生物型药剂：花保、阿维毒、苦烟乳油等。

(6) 杂草治理：早春草坪与地被植物未明显萌动前用人工或药剂治理秋冬或早春出苗的杂草。

3 月

气温继续回升，多数绿化植物已萌动或萌发，进入春季生长高峰，与此同时不少病虫也陆续进入活动危害季节，很快将开始春季繁殖，继而扩散侵害植物幼嫩组织，所以此月为防治病虫害关键时期。

治理工作重点：及早开展小型刺吸害虫及某些重要植物病害的春季防控，以掌握植保工作的主动性，从而减少全年防治投入。

(1) 春灌，防止春旱；施肥，促使植物健壮生长。

(2) 虫害治理：

主要虫害：草履蚧等蚧虫、蚜虫、粉虱、瘿螨、黄杨绢野螟、天牛。

相关寄主植物：珊瑚树、樟、枸骨、雪松、海棠、月桂、山茶、石楠、乐昌含笑、含笑、广玉兰、玉兰、茶梅、大叶黄杨、桂花、紫薇、刚竹、箬竹、紫竹等。

治理方法：① 结合春季修剪疏剪过密枝叶、剪除销毁有虫枝叶；② 有虫的植株选用生物性药剂或化学药剂喷杀；③ 天牛幼虫用毒签处理。

(3) 病害治理：

主要病害：流胶病。

治理方法：① 刮除胶块和翘皮集中烧毁，伤口用杀真菌剂处理；② 将生石灰粉涂抹于流胶处，以后随发现随涂粉；③ 加强养护增强树势，提高植株抗病能力。

(4) 草坪杂草治理：人工除草或用选择性除草剂治理阔叶杂草、禾本科杂草等秋冬或早春出苗的杂草。

4 月

气温上升比较快，绿化植物处于抽枝长叶、开花繁殖高峰，各种植物病虫害也将陆续进入繁殖扩散、危害、侵染高峰。无论从保护植物还是控制病虫的角度,4、5月都是关键的时期,及早计划和实施防控事关全年植保工作的投入与成效。

治理工作重点：蚜虫、蚧虫全年首次增殖扩散,需重点控制;某些重要病害开始感染园林植物新梢嫩叶,也需抑制其发展。

(1) 虫害治理：

主要虫害：蚜虫、蚧虫、叶螨、瘿螨、网蝽、黄杨绢野螟、大叶黄杨斑蛾、柳毒蛾、天牛。

相关寄主植物：海棠、红叶李、桃、柳、珊瑚树、月季、蔷薇、梅、石楠、刚竹(叶)、孝顺竹(秆)、樱花、桂花、玉兰、含笑、广玉兰、樟、深山含笑、构骨、雪松、月桂、白三叶、红花酢浆草、垂柳、杜鹃、雀舌黄杨、大叶黄杨等。

治理方法：① 疏剪过密枝叶,剪除销毁有虫枝叶;② 有虫的植株选用生物性药剂或化学药剂喷杀;③ 天牛幼虫用毒签处理。

(2) 病害治理：

主要病害：白粉病、月季黑斑病、桃流胶病、葱兰炭疽病、梨桧锈病、金叶女贞叶斑病、褐斑穿孔病。

相关寄主植物：大叶黄杨、狭叶十大功劳、枸杞、紫薇、月季、蔷薇、海棠、木瓜、樱花、桃等。

治理方法：喷施保护性杀菌剂防病;桃流胶病治理参照“3月”。

(3) 草坪杂草治理：人工除草或用选择性除草剂治理阔叶杂草、莎草科杂草,用专用除草剂防除禾本科杂草;结合草坪定期修剪抑制多年生禾本科杂草生长。

5月

气温明显升高,园林植物生长迅速,病虫发育历期也显著缩短,许多病虫集中在5月大量繁殖和盛发。

治理工作重点：实施对小型刺吸害虫的全面防治;治理已发生的食叶害虫。

(1) 水分管理：5月是植物展叶盛期,需水量大,但过度浇水或供水不足都不利于植物健康,易发生病虫害。

(2) 修剪：5月园林植物生长旺盛,为景观造型目的的修剪频度较高,但修剪过度频繁会抑制植物生长势,不利于植物健康。

(3) 虫害治理：

主要虫害：蚜虫、蚧虫、叶螨、木虱、瘿螨、粉虱、网蝽、蓟马、天牛、潜叶跳甲、柳毒蛾、柳细蛾、卷叶蛾、柳叶甲、金龟甲、蜗牛。

相关寄主植物：樟、柳、珊瑚树、月季、海棠、木瓜、栀子、紫薇、桃、梅、木槿、石榴、杜鹃、火棘、大叶黄杨、橘、木绣球、三角枫、竹、枇杷、白三叶、红叶李、红花酢浆草、樱花、梧桐、合欢、垂柳、枸杞、金叶女贞。

治理方法：① 疏剪过密枝叶,剪除销毁有虫枝叶;② 有虫的植株选用生物性药剂或化学药剂喷杀;③ 天牛幼虫用毒签处理,成虫采用喷施绿色威雷触杀。

(4) 病害治理：

主要病害：白粉病、梨桧锈病、穿孔病、月季黑斑病。

相关寄主植物：枸杞、紫薇、月季、蔷薇、狭叶十大功劳、大叶黄杨、海棠、木瓜、桃、樱、月季。

治理方法：① 喷灭菌威、烯唑醇或惠生等杀菌剂控制病害；② 加强管护，增强植株抗病能力；③ 及时清除焚毁病枝叶，减少再侵染源。

6 月

中下旬可能进入梅雨季，降雨多、湿度大易加重植物病害。食叶害虫进入主要危害期。

（1）水分管理很重要，防止无雨干旱、多雨湿涝，尤需注意雨季排水防涝。

（2）杂草开始旺长并抽薹开花，对除草剂抗性增强，重点部位需以人工除草为主，冷季型草坪可结合定期修剪抑制禾本科杂草生长。

（3）虫害治理：

主要虫害：蚧（红蜡蚧产卵）、叶螨、木虱、蚜虫、粉虱、网蝽、叶蝉、瘿螨、蓟马、卷叶蛾、天牛（成虫羽化）、蓑蛾、刺蛾、毒蛾、尺蛾、樟巢螟、潜叶跳甲、叶甲、细蛾、草坪害虫、地下害虫、蜗牛等。

相关寄主植物：樟、构骨、含笑、深山含笑、雪松、海棠、桔、山茶、月桂、玉兰、广玉兰、石楠、枇杷、樱花、三角枫、珊瑚树、紫薇、梅、红花酢浆草、桃、柳、竹、合欢、梧桐、栀子、月季、杜鹃、火棘、枸杞、金叶女贞等。

治理方法：① 疏剪过密枝叶，剪除销毁有虫枝叶；② 有虫的植株选用生物性药剂或化学药剂喷杀；③ 天牛幼虫用毒签处理，成虫采用喷施绿色威雷触杀；④ 用密达防治蜗牛。

（4）病害治理：

主要病害：叶斑病、炭疽病、白粉病、叶穿孔病、锈病、黑斑病、叶枯病、煤污病（由刺吸害虫诱发）、草坪病害等。

相关寄主植物：紫薇、月季、蔷薇、枸杞、大叶黄杨、樟、狭叶十大功劳、樱花、桃、葱兰、金叶女贞、石楠、枇杷、广玉兰、深山含笑、构骨、紫竹、梧桐等。

治理方法：① 喷灭菌威、苯醚甲环唑或腈菌唑等杀菌剂控制病害；② 加强管护，增强植株抗病能力；③ 及时清除焚毁病枝叶，减少再侵染源。

7 月

进入盛夏高温期，日照强度增大，突发性灾害天气增多。病虫发育加快，发生数量及范围增大，危害趋重，植物叶部病害种类增多且危害趋重，草坪及植物根部病害增多。蚧、网蝽、木虱、粉虱等刺吸害虫仍是绿化植物虫害主体，叶蝉、蓟马也进入了发生高峰期。食叶害虫因种类、数量增多及个体增大危害趋重。

（1）除草：杂草快速生长，要继续中耕除草、疏松土壤。

（2）加强花后追肥，补充植物营养。

（3）虫害治理：

主要虫害：刺蛾、蓑蛾、天牛、蚧、木虱、粉虱、网蝽、蚜、叶蝉、樟巢螟、天牛、跳甲、卷蛾、螟蛾、叶甲、细蛾、草坪及地下害虫、金龟甲等。

相关寄主植物：樟、构骨、含笑、深山含笑、雪松、海棠、橘、山茶、月桂、玉兰、广玉兰、石楠、枇杷、樱花、三角枫、珊瑚树、紫薇、梅、红花酢浆草、桃、柳、竹、合欢、梧桐、栀子、月季、杜鹃、火棘、枸杞、金叶女贞等。

治理方法：① 疏剪过密枝叶，剪除销毁有虫枝叶；② 有虫的植株选用生物性药剂或化学药剂喷杀；③ 天牛幼虫用毒签处理，成虫喷施绿色威雷触杀；④ 草坪及地下害虫用颗粒剂撒施防治；⑤ 金龟甲用灯光诱杀或喷雾防治。

（4）病害治理：

主要病害：炭疽病、白粉病、叶斑病、叶枯病、叶穿孔病、黑斑病、锈病、枯萎病；草坪上的锈病、黑粉病、褐斑病、灰霉病、煤污病。

相关寄主植物：金叶女贞、大叶黄杨、山茶、茶梅、银杏、牡丹、芍药、十大功劳、爬山虎、八角金盘、狭叶十大功劳、紫薇、月季、枸杞、樱花、桃、葱兰、瓜子黄杨、樟、石楠、枇杷、广玉兰、构骨、深山含笑、紫竹。

治理方法：① 喷灭菌威、苯醚甲环唑或腈菌唑等杀菌剂控制病害；② 加强管护，增强植株抗病能力；③ 及时清除焚毁病枝叶，减少再侵染源。

8 月

高温酷暑，间或有台风等灾害性天气，受日灼、人为等因素综合影响植物病害增多；食叶害虫发生周期因高温缩短；蚧虫、粉虱、网蝽发育加快，危害加重。

（1）注意水分管理：高温少雨时节忌先旱后涝，大雨过后，对低洼积水处要及时排涝。

（2）除草：杂草生长旺季，要及时除草，并可结合除草进行施肥。

（3）虫害治理：

主要虫害：蓑蛾、二代刺蛾、天牛、螨类、樟巢螟、斜纹夜蛾、淡剑夜蛾、灰翅夜蛾、地老虎、蚧、网蝽、粉虱、木虱、蚜、蓟马、叶蝉、跳甲、卷蛾、叶甲等。

相关寄主植物：樟、构骨、含笑、深山含笑、雪松、海棠、橘、山茶、月桂、玉兰、广玉兰、石楠、枇杷、樱花、三角枫、珊瑚树、紫薇、梅、红花酢浆草、桃、柳、竹、合欢、梧桐、栀子、月季、杜鹃、火棘、枸杞、金叶女贞等。

治理方法：① 疏剪过密枝叶，剪除销毁有虫枝叶；② 有虫的植株选用生物性药剂或化学药剂喷杀；③ 天牛幼虫用毒签处理，成虫采用喷施绿色威雷触杀；④ 喷雾或撒施颗粒剂防治草坪及地下害虫。

（4）病害治理：

主要病害：炭疽病、白粉病、叶斑病、腐烂病、穿孔病、黑斑病、枯萎病，高温、日灼所致病害，水分失控所致根腐病，刺吸害虫诱发的煤污病，草坪的白粉病、灰霉病、黑粉病等。

相关寄主植物：金叶女贞、大叶黄杨、山茶、茶梅、银杏、牡丹、芍药、十大功劳、八角金盘、狭叶十大功劳、紫薇、月季、枸杞、樱花、桃、葱兰、瓜子黄杨、樟、石楠、枇杷、广玉兰、构骨、深山含笑、紫竹等。

治理方法：① 喷灭菌威、苯醚甲环唑或腈菌唑等杀菌剂控制病害；② 加强管护，增强植株抗病能力；③ 及时清除焚毁病枝叶，减少再侵染源。

9 月

高温逐步缓解，但高温季节所致病害症状明显。秋凉前绿化植物会有新一轮生长小高峰，病虫发育及危害也相应趋重，如蚜虫发生量会有较显著回升，网蝽、叶蝉、蓟马数量增多，蚧虫、卷叶蛾、叶甲、夜蛾、樟巢螟等个体增大或虫口增多等。

（1）施肥：对生长较弱、枝条不够充实的树木，应追加磷、钾肥。

（2）虫害治理：

主要虫害：蚜、蓑蛾、刺蛾、蚧、网蝽、木虱、蓟马、粉虱、叶蝉、卷蛾、樟巢螟、斜纹夜蛾、淡剑夜蛾、灰翅夜蛾、潜叶跳甲、黄杨绢野螟、细蛾、天牛、螨类、蜗牛等。

相关寄主植物：柳、珊瑚树、紫薇、孝顺竹、桃、大叶黄杨、金边黄杨、石榴、海棠、红叶李、木槿、樟、深山含笑、石楠、枇杷、广玉兰、玉兰、构骨、雪松、山茶、栀子、月桂、紫竹、金叶女贞、樱花、杜鹃、合欢、梧桐、白三叶、高羊茅、荷花、瓜子黄杨、雀舌黄杨、垂柳等。

治理方法：① 疏剪过密枝叶，剪除销毁有虫枝叶；② 有虫的植株选用生物性药剂或化学药剂喷杀；③ 天牛幼虫用毒签处理；④ 喷雾或撒施颗粒剂防治草坪及地下害虫；⑤ 撒施密达颗粒剂防治蜗牛。

（3）病害治理：

主要病害：穿孔病、煤污病（发病高峰）、褐斑病、叶斑病、白粉病、叶枯病、黑斑病、草坪病害等。

相关寄主植物：桃、樱花、梅、樟、深山含笑、石楠、海棠、枇杷、广玉兰、玉兰、构骨、雪松、大叶黄杨、山茶、金边黄杨、栀子、月桂、紫薇、紫竹、金叶女贞、爬山虎、牡丹、芍药、狭叶十大功劳、枸杞、月季等。

治理方法：① 喷灭菌威、苯醚甲环唑或腈菌唑等杀菌剂控制病害；② 加强管护，增强植株抗病能力；③ 及时清除焚毁病枝叶，减少再侵染源。

10 月

天气渐凉，植物和各种病虫都在储备营养准备越冬。这个阶段病虫危害相对较重。十月下半月冷空气来袭会趋频繁，日照缩短、气温下降，绿化植物和病虫都陆续转入越冬状态。

治理工作重点：及时控制病虫危害，压低病虫越冬数量，保护植物安全进入越冬期。气温未明显下降之前，应根据病虫的发生情况，及时采取药物及其他控制手段抑制危害；气候转凉之际，应结合秋冬养护工作，重点清除准备越冬和已越冬的病虫。

（1）修剪：去除植物上的病虫枝，及时去除枯枝死树。

（2）施肥：单株植物生长不良时应加紧施肥。

（3）虫害治理：

主要虫害：樟巢螟、蚧、蚜、网蝽、粉虱、木虱、螨类、叶蝉、蓟马、黄杨绢野螟、潜叶跳甲、夜蛾类，蛴螬、地老虎等地下害虫，天牛等。

相关寄主植物：樟、深山含笑、石楠、玉兰、梧桐、含笑、广玉兰、竹、构骨、雪松、山茶、栀子、柳、珊瑚树、蜡梅、紫薇、海棠、桃、杜鹃、合欢、梧桐、红花酢浆草、白三叶、瓜子黄杨、雀舌黄杨、金叶女贞。

治理方法：① 疏剪过密枝叶、剪除销毁有虫枝叶；② 有虫的植株选用生物性药剂或化学药剂喷杀；③ 天牛幼虫用毒签处理；④ 喷雾或撒施颗粒剂防治草坪及地下害虫。

（4）病害治理：

主要病害：多种叶斑病、叶穿孔病、白粉病、黑斑病、煤污病、炭疽病、黄化病等。

相关寄主植物：樟、深山含笑、石楠、玉兰、构骨、雪松、山茶、栀子、柳、珊瑚树、蜡梅、紫薇、梧桐、含笑、广玉兰、竹、金叶女贞、海棠、大叶黄杨、狭叶十大功劳、枸杞、月季、葱兰、杜鹃等。

治理方法：① 喷灭菌威、苯醚甲环唑或腈菌唑等杀菌剂控制病害；② 加强管护，增强植株抗病能力；③ 及时清除焚毁病枝叶，减少再侵染源。

（5）10 月底至 11 月上旬，对重要树木实施涂白处理，以阻止病虫在树干上转移、侵害及隐藏。

（6）对于冬季可能出现的严寒天气，提前做好防寒防冻准备。

（7）10 月下旬至 11 月中旬，喷药防除一次秋冬季杂草。

11 月

本月虽已入秋，但上半月仍可能出现较温暖天气，叶螨、蚜虫、蚧虫、天牛、白粉病、黑斑病可能继续危害。

治理重点：须注意检查控防还在活动的病虫，尤其要抓紧结合植物秋冬养护认真消杀、清除将越冬和已越冬的病虫。

（1）进行冬季树木整形修剪，剪除病枝、枯枝、虫卵枝及竞争枝、过密枝等。

（2）继续除害灭菌，压低病虫越冬基数。特别是除蓑蛾囊、刺蛾茧、螨、蚜、蚧、粉虱、木虱、叶蝉、网蝽、绢野螟及煤污病等，修剪、清除焚毁各种植物病害的病枝，如狭叶十大功劳、紫薇、月季、紫玉兰、枸杞白粉病，月季黑斑病，葱兰炭疽病，大叶黄杨叶斑病与叶枯病，樱花与桃叶穿孔病，柳叶锈病，葱兰炭疽病等。病情较重的植株再用灭菌威、苯醚甲环唑、腈菌唑、甲基托布津消杀病菌。

（3）做好防寒工作，对部分树木进行涂白或用草绳包扎，或设风障。

（4）进行冬翻，改良土壤。

12 月

气温低，开始冬季养护工作。

（1）冬季修剪：全面开展对落叶树的整形修剪作业，修剪过密枝，结合修剪清除虫茧、虫卵、虫囊，剪去枯枝、残枝、有病虫的枝叶，集中烧毁或深埋，减少蚧虫、蚜虫、蓑蛾、刺蛾、卷叶蛾等害虫及某些病原菌的越冬基数。

（2）清洁绿地：枯枝、落叶、病残植株及杂草是病虫越冬的重要场所，所以清除枯枝、落叶、杂草、枯草并集中处理，可以除去部分越冬害虫以及各种叶斑病、褐斑病、炭疽病等病害的越冬病菌。

（3）绿地养护：绿地、花坛注意挑出大型野草，注意绿地防冻浇水。经常注意检查防寒设备、设施及防寒包扎物。

（4）冬耕培土、合理施肥：实施冬耕松土、锄草、培土等措施，可以将表土和落叶层中越冬的病原菌深埋入土，把土层中越冬的害虫翻出冻死或收集后集中烧毁，从而减少土表和土中的越冬病虫。此举既消灭在土中越冬的草履蚧、网蝽、刺蛾、樟巢螟、跳甲等害虫，减少月季黑斑病、黄杨叶斑病等病害的越冬病原菌，还利于植物根系呼吸和生长，再适当给植物施腐熟的有机肥，可以增强其长势，提高植株自身抗病虫害的能力。

（5）病虫冬防：冬季为消灭虫害有利时期，采取树木涂白、涂胶环、缠绕塑膜、施药等措施，阻止害虫藏匿越冬或消灭在树皮缝隙中越冬的病原菌及害虫。在树木枝干上喷施 3～5 波美度的石硫合剂，不仅能防治多种病害，还可以杀死藏在树皮中的蚧虫及螨类；对在枝叶或芽上越冬的蚧虫或蚜虫，在温度 4℃以上时喷施花保 50 倍液防治；对于受蛀干危害严重的树木，向蛀孔内插入毒签，杀死蛀道内越冬的天牛、木蠹蛾幼虫；对发生立木腐朽和蛀干害虫的古树于冬季作清创消毒及保护处理。

(6) 维护修理好各种除虫防病器械并准备好来年所需药剂。

学习成果

学习者独立完成的病虫草害防治周年历。

任务评价

任课教师当堂发放任务评价单，由学习者当堂完成组间评价和组内评价后，收回任务评价单。任课教师可以当堂给出教师评价分，也可以在任务学习者将当堂任务学习成果提交给任课教师后，课后给出教师评价分。学习者可以在课后规定时间内继续提交第二课堂自主学习成果。任课教师根据学习者任务完成情况，按照教师评价分占50%、组间评价分占30%、组内评价分占20%进行加权计算，最终形成每个学习者的任务完成评价成绩。成绩可以当堂反馈，也可以在下一次课堂上反馈。

职业能力测试

园林植物病虫草害防治周年历编制中，哪些因素是关键性因素？

【任务小结】

本任务主要传授和训练编制园林植物病虫草害防治周年历的能力。

【讨论与提高】

如何以较小投入取得最好全年病虫草害防治效果？

【考证提示】

本任务涉及园林植物保护工、花卉工、绿化工等工种的考核，涉及考证的内容主要为园林植物病虫草害综合治理周年历的简单编制方法，应牢固掌握。

项目成果展示与实战提高

(1) 布展场地准备：精心选择校园人流量较大的道路边或公共场所，准备好布展需要的展板和意见簿，以组为单位进行物理空间的软分割，按照工作小组集中摆放，形成有序的布展参观路线，让参观者既能参观到每一组的每一件展品，又不走回头路。

(2) 成果展出：把本项目所完成的园林植物病虫草害防治周年历配上说明书和文字介绍，以组为单位在公开场合进行展示，要求完成者本人必须在现场对自己的学习成果进行介绍，听取围观者的评价并认真记录评价要点和改进意见。

(3) 实战提高：采集一些不同病虫草活体，提供给几个参观者携带到现场。在活动现场，参观者咨询针对这些病虫草如何编制园林植物病虫草害防治周年历，由学习者利用所学知识和技能，现场答疑，互动实战，提高专业知识水平、职业素质和职业能力。

参 考 文 献

［1］北京农业大学.昆虫学通论(上册)［M］.2版.北京：中国农业出版社,1993.

［2］曹恒生,唐燕平.花木病虫害防治［M］.安徽：安徽科学技术出版社,1997.

［3］蔡平,祝树德.园林植物昆虫学［M］.北京：中国农业出版社,2003.

［4］曹若彬.果树病理学［M］.3版.北京：中国农业出版社,1997.

［5］蔡祝南,张中义,丁梦然,等.花卉病虫害防治大全［M］.北京：中国农业出版社,2002.

［6］方中达.植病研究方法［M］.3版.北京：中国农业出版社,1998.

［7］费显伟.园艺植物病虫害防治［M］.2版.北京：高等教育出版社,2015.

［8］费显伟.园艺植物病虫害防治实训［M］.北京：高等教育出版社,2005.

［9］江苏省苏州农业学校.观赏植物病虫害及其防治［M］.北京：中国农业出版社,1991.

［10］欧阳秩,吴帮承.观赏植物病害［M］.北京：中国农业出版社,1996.

［11］商鸿生,王凤葵.草坪病虫害及其防治［M］.北京：中国农业出版社,1996.

［12］苏少泉.杂草学［M］.北京：中国农业出版社,1993.

［13］徐秉良,马书智.百合疫病病原菌的鉴定及培养基的筛选［J］.植物保护学报,2005,32(3)：287—290.

［14］徐明慧.园林植物病虫害防治［M］.北京：中国林业出版社,1993.

［15］许志刚.普遍植物病理学［M］.2版.北京：中国农业出版社,1997.

［16］叶钟音.现代农药应用技术全书［M］.北京：中国农业出版社,2002.

［17］张继祖,徐金汉.中国南方地下害虫及其天敌［M］.北京：中国农业出版社,1996.

［18］张随榜.园林植物保护［M］.北京：中国农业出版社,2001.

［19］赵廷昌,孙福在,阎克峰,等.马蹄莲细菌性软腐病及其防治［J］.植物保护,2000,26(1)：46—47.

［20］中国农业科学院果树研究所,中国农业科学院柑桔研究所.中国果树病虫志［M］.2版.北京：中国农业出版社,1994.

［21］朱克恭,严敖金.园林植物病虫害防治［M］.南京：南京大学出版社,2000.

［22］Agrios G.N.植物病理学［M］.3版.陈永萱,陆家云,许志刚,译.北京：中国农业出版社,1995.

［23］文礼章.昆虫学研究方法与技术导论［M］.北京：科学出版社,2010.

［24］强胜.杂草学［M］.北京：中国农业出版社,2001.

［25］朱秉兰.简明农机手册［M］.郑州：河南科学技术出版社,2001.

［26］刘志琦,董民.普通昆虫学实验教程［M］.北京：中国农业大学出版社,2009.

[27] 浦冠勤，毛建萍，唐奇，等.大叶黄杨白粉病的发病规律及综合防治研究[J].江苏农业科学，2008(6)：125—126.

[28] 薛元海.农田草害预测预报的初步设想[J].杂草科学，1989(1)：37—38.

[29] 王穿才.灰巴蜗牛发生规律和习性观察[J].中国蔬菜，2008(6)：27—29.

[30] 司升云，王贻莲，周利琳.蜗牛和蛞蝓的识别与防治[J].长江蔬菜，2005(10)：30—31.

常见病虫草害彩色图谱

病害

草坪腐霉

草坪黑粉病

玫瑰锈病

樱花穿孔病

月季黑斑病

海棠锈病

瓜叶菊白粉病

草坪褐斑病

郁金香碎锦病

松材线虫染病植株对比图

仙客来灰霉病

害虫

白杨透翅蛾成虫

柏肤小蠹

大青叶蝉成虫

梨冠网蝽

美洲斑潜叶蝇

桃红颈天牛

梧桐木虱若虫

梧桐木虱成虫

温室白粉虱

星天牛

云斑天牛

樟巢螟成虫

寄生性种子植物

独脚金

槲寄生

菟丝子

桑寄生

杂　草

加拿大一枝黄花

繁缕

马唐

牛筋草